普通高等教育"十三五"规划教材
电子电气基础课程规划教材

数字逻辑电路基础

（第2版）

江国强　覃　琴　编著

電子工業出版社
Publishing House of Electronics Industry
北京·BEIJING

内 容 简 介

全书共10章，包括数制与编码、逻辑代数和硬件描述语言基础、门电路、组合逻辑电路、触发器、时序逻辑电路、脉冲单元电路、数模和模数转换、半导体存储器和可编程逻辑器件，各章后附有思考题和习题。

本书是结合传统数字设计技术与最新数字设计技术编写的，书中保留了传统的卡诺图的逻辑化简手段、布尔方程表达式设计方法和相应的中小规模集成电路的堆砌技术等方面内容，新增了以硬件描述语言（HDL）、可编程逻辑器件（PLD）的现代数字电路设计技术方面的内容。书中列举了大量的基于HDL的门电路、触发器、组合逻辑电路、时序逻辑电路、半导体存储器和数字系统设计的实例，供读者参考。每个设计实例都经过了电子设计自动化（EDA）软件的编译和仿真，确保无误。

本教材图文并茂、通俗易懂，并配有电子课件和《数字电路学习指导与实验》辅导教材，可作为高等学校工科有关专业的教材和相关工程技术人员的参考书。

图书在版编目（CIP）数据

数字逻辑电路基础 / 江国强，覃琴编著. —2版. —北京：电子工业出版社，2017.1
电子电气基础课程规划教材
ISBN 978-7-121-30073-8

Ⅰ. ①数… Ⅱ. ①江… ②覃… Ⅲ. ①数字电路－逻辑电路－高等学校－教材 Ⅳ. ①TN79

中国版本图书馆CIP数据核字（2016）第243668号

责任编辑：韩同平　　特约编辑：李佩乾　李宪强　邹凤麒
印　　刷：北京七彩京通数码快印有限公司
装　　订：北京七彩京通数码快印有限公司
出版发行：电子工业出版社
　　　　　北京市海淀区万寿路173信箱　　邮编：100036
开　　本：787×1092　1/16　印张：16.75　字数：500千字
版　　次：2010年5月第1版
　　　　　2017年1月第2版
印　　次：2024年8月第10次印刷
定　　价：42.50元

凡所购买电子工业出版社图书有缺损问题，请向购买书店调换。若书店售缺，请与本社发行部联系，联系及邮购电话：（010）88254888，88258888。

质量投诉请发邮件至zlts@phei.com.cn，盗版侵权举报请发邮件至dbqq@phei.com.cn。

本书咨询联系方式：88254113。

第2版前言

在20世纪90年代，国际上电子和计算机技术先进的国家，一直在积极探索新的电子电路设计方法，在设计方法、工具等方面进行了彻底的变革，并取得巨大成功。在电子设计技术领域，可编程逻辑器件(PLD)的应用，已得到很好的普及，这些器件为数字系统的设计带来极大的灵活性。由于该器件可以通过软件编程而对其硬件结构和工作方式进行重构，使得硬件的设计可以如同软件设计那样方便快捷，极大地改变了传统的数字系统设计方法、设计过程和设计观念。随着可编程逻辑器件集成规模不断扩大、自身功能不断完善，以及计算机辅助设计技术的提高，使现代电子系统设计领域的电子设计自动化（EDA）技术应运而生。传统的数字电路设计模式，如利用卡诺图的逻辑化简手段、布尔方程表达式设计方法和相应的中小规模集成电路的堆砌技术正在迅速地退出历史舞台。

本书是基于硬件描述语言HDL（Hardware Description Language）编写的。目前，国际最流行的、并成为IEEE标准的两种硬件描述语言是VHDL和Verilog HDL，两种HDL各具特色。但Verilog HDL是在C语言的基础上演化而来的，只要具有C语言的编程基础，就很容易学会并掌握这种语言，而且国内外90%的电子公司都把Verilog HDL作为企业标准设计语言，因此**本教材以Verilog HDL为主作为数字电路与系统的设计工具**。

考虑到以卡诺图为逻辑化简手段和相应设计技术这种传统的数字电路设计模式仍然在国内多数高等院校使用，因此本书保留了这部分内容，同时新增了基于Verilog HDL现代的数字电路设计技术。读者通过两种设计技术的比对，更能体会现代数字电路设计技术的优越性与高效率性。

本书第1版于2010年出版，承蒙读者的厚爱，被国内多所大学选作教材。

第2版对第3、4、5、6和9章中的基于Verilog HDL的设计内容进行了修订，使数字电路设计的Verilog HDL源程序更加简洁、明了。

本书共10章：

第1章数制与编码，介绍脉冲信号和数字信号的特点、数制及其转换、二-十进制编码和字符编码。

第2章逻辑代数和硬件描述语言基础，介绍分析和设计数字逻辑电路的数学方法。首先介绍逻辑代数的基本概念、逻辑函数及其表示方法、基本公式、常用公式和重要定理，然后介绍硬件描述语言的基本知识，作为数字逻辑电路的设计基础。

第3章门电路，介绍晶体管的开关特性，TTL集成门电路和CMOS集成门电路。对于每一种门电路，除了介绍其电路结构、工作原理和逻辑功能外，还着重讨论它们的电气特性，为实际使用这些器件打下基础，最后介绍基于Verilog HDL的门电路设计。

第4章组合逻辑电路，介绍组合逻辑电路的特点、组合逻辑电路的分析方法和设计方法。在组合逻辑电路分析内容方面，以加法器、编码器、译码器、数据选择器、数据比较器、奇偶校验器等电路的分析为例，介绍常用组合逻辑电路的结构、工作原理、逻辑功能、使用方法和主要用途，为读者使用这些器件打下基础。在组合逻辑电路设计内容方面，除了介绍传统的设计方法外，还重点介绍了基于Verilog HDL的设计方法。最后介绍组合逻辑电路中的竞争-冒险。

第 5 章触发器，介绍触发器的类型、电路结构和功能的表示方法，并介绍基于 Verilog HDL 的触发器设计，为时序逻辑电路的学习打下基础。

第 6 章时序逻辑电路，介绍时序逻辑电路的结构及特点，常用集成时序逻辑部件的功能及使用方法，时序逻辑电路的分析方法，传统时序逻辑电路的设计方法和基于 Verilog HDL 的时序逻辑电路的设计方法。

第 7 章脉冲单元电路，介绍矩形脉冲信号的产生和整形电路。555 定时器是一种多用途的数字/模拟混合集成电路，本章以 555 定时器为主，介绍用它构成的多谐振荡器、施密特触发器和单稳态触发器电路，同时还介绍用其他方式构成的脉冲单元电路。

第 8 章数模与模数转换，介绍 D/A 转换器和 A/D 转换器的原理、电路结构和主要技术指标，还介绍了集成 D/A 转换芯片 DAC0832 和集成 A/D 转换芯片 ADC0809 的内部结构、工作原理和使用方法。

第 9 章半导体存储器，首先介绍半导体存储器的结构与分类，然后介绍半导体存储器（RAM 和 ROM）的工作原理和使用方法，还介绍了只读存储器 ROM 和可编程逻辑阵列 PLA 在组合逻辑电路设计方面的应用，最后介绍基于 Verilog HDL 的半导体存储器的设计。

第 10 章可编程逻辑器件，介绍可编程逻辑器件（PLD）的基本原理、电路结构和编程方法。

书中列举了大量的基于 Verilog HDL 的门电路、触发器、组合逻辑电路、时序逻辑电路、存储器和数字系统设计的实例，供读者参考。每个设计实例都经过了 EDA 工具软件的编译和仿真，确保无误。

全书逻辑电路图尽可能采用国标 GB4728.12—85（即国标标准 IEC617—12），为了读者习惯，保留了国际和国内的惯用符号。

本书配有**电子课件**，可登录华信教育资源网 www.hxedu.com.cn 下载，并配有《**数字电路学习指导与实验**》辅导教材，可一并选用。

本书由桂林电子科技大学江国强和覃琴编著，如有不足之处，恳请读者指正。

E-mail：hmjgq@gliet.edu.cn

地 址：桂林电子科技大学退休办（541004）

电 话：（0773）5601095，13977393225

编著者

目　　录

第 1 章　数制与编码

本章介绍脉冲信号和数字信号的特点、数制及其转换、二–十进制编码和字符编码。

1.1　概　　述

1.1.1　模拟电子技术和数字电子技术

电子技术可以分为模拟电子技术和数字电子技术。模拟电子技术是分析和处理模拟信号的技术。模拟信号具有在数值上和时间上都连续的特点。正弦波是模拟信号的典型代表。在模拟电路中，使用的主要器件是晶体管，而且控制晶体管工作在线性区（即放大区），构成信号的放大和正弦振荡电路。

数字电子技术是分析和处理数字信号的技术。数字信号具有在数值上和时间上都不连续的特点。矩形波是数字信号的典型代表。在数字电路中，使用的主要器件也是晶体管，但控制晶体管工作在非线性区（即截止区和饱和区），构成信号的开关电路。

1.1.2　脉冲信号和数字信号

从狭义上讲，脉冲信号是指在短时间内突然作用的信号，如图 1.1（a）所示。从广义上讲，除了正弦波或若干个正弦波合成的信号以外的信号都可以称为脉冲信号，例如，矩形波（参见图 1.1（b））、锯齿波（参见图 1.1（c））、三角波（参见图 1.1（d））、尖峰波（参见图 1.1（e））、钟形波（参见图 1.1（f））等。由图 1.1 可见，脉冲波形是不连续的，但一般都有周期性。

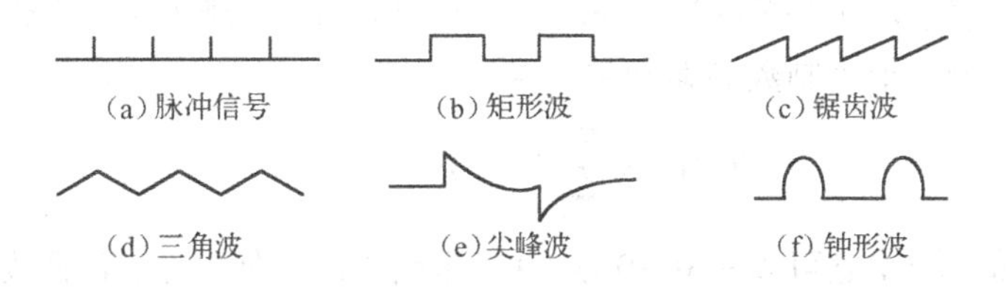

图 1.1　各种脉冲信号波形

数字信号是指由高、低两种电平构成的矩形波，通常用“1”表示高电平，用“0”表示低电平。把矩形波按周期划分，就可以得到由 0 和 1 构成的符号组合，如图 1.2 所示。图中的符号组合是“110100011”，它可以代表二进制数字，所以把矩形波称为数字信号。数字信号也是一种脉冲信号，因此一些教材取名为“脉冲与数字电路”。

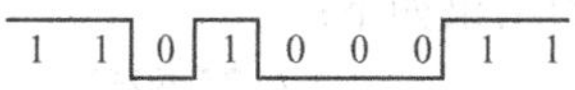

1 1 0 1 0 0 0 1 1

图 1.2　数字信号波形

1.1.3 数字电路的特点

数字电路有以下主要特点：

① 数字电路只有“与”“或”“非”三种基本电路，这些电路对元件的精度要求不高，允许有较大的误差，只要在工作时能可靠地区分高、低两种电平状态就可以了，因此电路简单，而且容易实现。

② 数字电路容易实现集成化，数字集成电路具有体积小、功耗低、可靠性高等特点。

③ 数字电路用 0 和 1 两种状态来表示信息，便于信息的存储、传输和处理。因此，许多现代技术都向着数字技术发展，如数字电话、数字电视等。

④ 数字电路能够对输入的数字信号进行各种算术运算和逻辑运算。所谓逻辑运算，就是按照人们设计好的规则，进行逻辑推理和逻辑判断，得出相应的输出结果。因此，数字电路具有逻辑思维能力，它是计算机以及智能控制电路的基本电路。

由于具有这些显著的特点，数字电路已广泛地应用在计算机、数字通信、智能仪器仪表、自动控制、汽车电子、家用电器、航天航空等领域中。

1.2 数制及其转换

在数字电路和计算机中，只用“0”和“1”两种符号来表示信息，参与运算的数也是由“0”和“1”构成的，称为二进制数。考虑到人类计数习惯，在计算机操作时，一般都要把输入的十进制数转换为二进制数后再让计算机处理；而计算机处理的二进制结果也需要转换为便于人类识别的十进制数后显示出来。因此，需要学习不同的数制及其转换方法。

1. 数制

用数字量表示物理量的大小时，仅用一位数码往往不够用，因此经常需要用进位的方法组成多位数码来记录数的量。把多位数码中每一位的构成方法以及从低位到高位的进位规则称为数制。常用的数制有十进制、二进制、八进制和十六进制。

（1）十进制

十进制用 0～9 这 10 个符号来表示数，计数的基数是 10（即使用的符号个数）。超过 9 的数必须用多位数表示，其中低位和相邻高位之间的关系是“逢十进一”或“借一当十”，故称为十进制。任意一个十进制数 D 均可展开为

$$(D)_{10}=\sum_{i=-m}^{n-1} k_i \times 10^i \tag{1.1}$$

其中，k_i 是第 i 位的系数，它可以是 0～9 这 10 个数码中的任何一个。若整数部分的位数是 n，小数部分的位数是 m，则 i 包含从 n–1 到 0 的所有正整数和从–1 到–m 的所有负整数。10^i 称为第 i 位的权值（即基数的幂次）。任何数制的数都可以按权展开，例如，十进制数按权展开的结果如下：

$$(125.625)_{10}=1\times 10^2+2\times 10^1+5\times 10^0+6\times 10^{-1}+2\times 10^{-2}+5\times 10^{-3}$$

若以 N 取代式（1.1）中的 10，即可得到任意进制（N 进制）数展开式的普遍形式：

$$(D)_N=\sum_{i=-m}^{n-1} k_i \times N^i \tag{1.2}$$

（2）二进制

二进制用 0 和 1 这两个符号来表示数，计数的基数是 2，权值为 2^i。低位和相邻高位之间的关系是“逢二进一”或“借一当二”，故称为二进制。

根据式（1.2）的规则，任意一个二进制数 D 均可展开为：

$$(D)_2 = \sum_{i=-m}^{n-1} k_i \times 2^i \tag{1.3}$$

按权展开可以计算出二进制数表示的十进制数的大小。例如

$$(1101.101)_2 = 1\times 2^3 + 1\times 2^2 + 0\times 2^1 + 1\times 2^0 + 1\times 2^{-1} + 0\times 2^{-2} + 1\times 2^{-3} = (13.625)_{10}$$

（3）八进制

八进制是用 0～7 这 8 个符号来表示数的，计数的基数是 8，权值为 8^i。低位和相邻高位之间的关系是“逢八进一”或“借一当八”，故称为八进制。

任意一个八进制数 D 均可展开为：

$$(D)_8 = \sum_{i=-m}^{n-1} k_i \times 8^i \tag{1.4}$$

按权展开可以计算出八进制数表示的十进制数的大小。例如

$$(376.65)_8 = 3\times 8^2 + 7\times 8^1 + 6\times 8^0 + 6\times 8^{-1} + 5\times 8^{-2} = (254.828125)_{10}$$

（4）十六进制

十六进制是用 0～9 和 A～F 这 16 个符号来表示数的，计数的基数是 16，权值为 16^i。低位和相邻高位之间的关系是“逢十六进一”或“借一当十六”，故称为十六进制。

任意一个十六进制数 D 均可展开为：

$$(D)_{16} = \sum_{i=-m}^{n-1} k_i \times 16^i \tag{1.5}$$

按权展开可以计算出十六进制表示的十进制数的大小。例如

$$(1FD.6C)_{16} = 1\times 16^2 + 15\times 16^1 + 13\times 16^0 + 6\times 16^{-1} + 12\times 16^{-2} = (509.421875)_{10}$$

在数字电路中，为了区别不同数制表示的数，可以用括弧加数制基数下标的方式。但在计算机的编程语言中不能使用这种方式，而是使用加数制后缀或数字前缀的方式来表示不同数制的数。数制表示方式随计算机的编程语言的不同而不同，例如在 Verilog HDL 中，用在数的前面加前缀的方式来区别不同数制的数，其中，十进制数的前缀为 D（Decimal）或 d，二进制数的前缀为 B（Binary）或 b，八进制数的前缀为 O（Octonary）或 o，十六进制数的前缀为 H（Hexadecimal）或 h。例如

$(25)_{10}$ = 'd25 = 25（十进制数的前缀可略）　　$(1101.101)_2$ = 'b1101.101

$(76.56)_8$ = 'o76.56　$(1FD.6C)_{16}$ = 'h1FD.6C

都是不同数制的表示形式。

2. 数制之间的转换

把一种数制的数转换为另一种数制的数的过程称为数制之间的转换。十进制数与二进制数之间的转换是最常用的转换。为了方便表示二进制数，有时也需要在二进制数与八进制数或二进制数与十六进制数之间转换。

（1）十进制数到 N 进制数的转换

十进制数的整数和小数部分到 N 进制数的转换方法是不同的，整数部分按除以 N 看余数

的方法进行，小数部分按乘以 N 看向整数的进位进行。下面以十进制数转换为二进制数为例来讨论这个问题。

假定十进制整数为 $(S)_{10}$，等值的二进制数为 $(k_{n-1}k_{n-2}\cdots k_0)_2$，依式（1.3）可知

$$(S)_{10}=k_{n-1}2^{n-1}+k_{n-2}2^{n-2}+\cdots+k_1 2^1+k_0 2^0$$
$$=2\,(k_{n-1}2^{n-2}+k_{n-2}2^{n-3}+\cdots+k_1)+k_0 \tag{1.6}$$

上式表明，若将 $(S)_{10}$ 除以 2，则得到的商为 $k_{n-1}2^{n-2}+k_{n-2}2^{n-3}+\cdots+k_1$，而余数即 k_0，得到转换后的二进制数的最低位（LSB）。

同理，将式(1.6)中的商除以 2 得到新的商，可写成

$$k_{n-1}2^{n-2}+k_{n-2}2^{n-3}+\cdots+k_1=2\,(k_{n-1}2^{n-3}+k_{n-2}2^{n-4}+\cdots+k_2)+k_1 \tag{1.7}$$

由式（1.7）看出，若将 $(S)_{10}$ 除以 2 的商再次除以 2，则所得的余数即 k_1。

依此类推，反复将每次得到的商再除以 2，就可以得到二进制数的每一位了。当 $(S)_{10}$ 被除到 0 时，得到的最后一个余数是 k_{n-1}，即为转换后的二进制数的最高位（MSB）。

例如，将 $(62)_{10}$ 转换为二进制数可按照如下方法进行：

2 | 62 …… 余数 $=0=k_0$ （LSB）
2 | 31 …… 余数 $=1=k_1$
2 | 15 …… 余数 $=1=k_2$
2 | 7 …… 余数 $=1=k_3$
2 | 3 …… 余数 $=1=k_4$
2 | 1 …… 余数 $=1=k_5$ （MSB）
0

故 $(62)_{10}=(111110)_2$。

其次讨论小数的转换。若 $(S)_{10}$ 是一个十进制数的小数，对应的二进制数为 $(0.k_{-1}k_{-2}\cdots k_{-m})_2$，依式（1.3）可知

$$(S)_{10}=k_{-1}2^{-1}+k_{-2}2^{-2}+\cdots+k_{-m}2^{-m}$$

将上式两边同乘以 2 得到

$$2(S)_{10}=k_{-1}+(k_{-2}2^{-1}+k_{-3}2^{-2}+\cdots+k_{-m}2^{-m+1}) \tag{1.8}$$

上式说明，将小数 $(S)_{10}$ 乘以 2 所得乘积的整数部分即 k_{-1}，这是转换后的二进制小数的最高位（MSB）。

同理，将乘积的小数部分再乘以 2 又可得到

$$2(k_{-2}2^{-1}+k_{-3}2^{-2}+\cdots+k_{-m}2^{-m+1})=k_{-2}+(k_{-3}2^{-1}+k_{-4}2^{-2}+\cdots+k_{-m}2^{-m+2}) \tag{1.9}$$

亦即乘积的整数部分就是 k_{-2}。

依此类推，将每次乘 2 后所得乘积的小数部分再乘以 2，便可求出二进制小数的每一位。例如，将 $(0.625)_{10}$ 转换为二进制数时可按照如下方法进行：

0.625
× 2
1.250 ……………… 整数部分 $=1=k_{-1}$ （MSB）
× 2
0.500 ……………… 整数部分 $=0=k_{-2}$
× 2
1.000 ……………… 整数部分 $=1=k_{-3}$

故 $(0.625)_{10}=(0.101)_2$。

请读者注意，按除以 2 看余数的方法，将十进制数的整数部分转换为二进制数时，任何十进制整数经过若干次除以 2 的运算后，最终结果都可以达到 0，因此十进制整数转换成二进制整数的结果是精确的。而十进制小数部分按乘以 2 看向整数的进位方法转换为二进制小数时，若经过若干次乘以 2 的运算后，其小数部分变为 0 时结束转换，则这些十进制小数转换成二进制小数的结果也是精确的。但是，大部分十进制小数（例如 0.66）不断乘以 2 后，其小数部分结果将永远不会为 0，因此这部分十进制小数转换为二进制小数的结果是不精确的。在这种情况下，可以按照转换精度的要求，进行若干次乘以 2 的运算后结束转换。

（2）*N* 进制数转换为十进制数

将 *N* 进制数按权展开后即可转换为十进制数。例如

$$(1101.011)_2 = 1\times2^3+1\times2^2+0\times2^1+1\times2^0+0\times2^{-1}+1\times2^{-2}+1\times2^{-3}$$
$$=8+4+0+1+0.0+0.25+0.125=(13.375)_{10}$$
$$(376.65)_8 = 3\times8^2+7\times8^1+6\times8^0+6\times8^{-1}+5\times8^{-2}=(254.828125)_{10}$$
$$(1FD.6C)_{16} = 1\times16^2+15\times16^1+13\times16^0+6\times16^{-1}+12\times16^{-2}=(509.421875)_{10}$$

（3）二进制数与八进制数之间的转换

因为 $2^3=8$，所以 3 位二进制数与 1 位八进制数有直接对应关系，即 3 位二进制数直接可写为 1 位八进制数，而 1 位八进制数也可直接写为 3 位二进制数。例如

$$(11010011.1101101)_2=(323.664)_8 \qquad (174.536)_8=(1111100.10101111)_2$$

（4）二进制数与十六进制数的转换

因为 $2^4=16$，所以 4 位二进制数与 1 位十六进制数有直接对应关系，即 4 位二进制数直接可写为 1 位十六进制数，而 1 位十六进制数也可直接写为 4 位二进制数。例如

$$(11010011.1101101)_2=(D3.DA)_{16} \qquad (17C.5F)_{16}=(101111100.01011111)_2$$

十进制数到八进制数（或十六进制数）的转换，可以用整数部分按除 8（或除 16）看余数，小数部分按乘以 8（或乘以 16）看向整数进位的方法进行，但采用这种转换方法时运算比较烦琐。一般采用把十进制数首先转换为二进制数后，再将二进制数写为八进制数或十六进制数方法比较简单。例如

$$(62.625)_{10}=(111110.101)_2=(76.5)_8=(3E.A)_{16}$$

1.3 编　　码

在数字电路和计算机中，“0”和“1”两个二进制符号除了可以表示二进制数以外，还可以表示十进制数（符号）、英文字母、汉字、语音、视频、图像等各种信息。用二进制符号表示特定信息的过程叫做二进制编码。

1.3.1 二-十进制编码

用 4 位二进制符号表示 1 位十进制数的方法叫做二-十进制编码，也称为 BCD（Binary Coded Decimal）代码。表 1.1 中列出了几种常用的 BCD 代码，根据编码规则的不同，分为有权码和无权码两类。

表 1.1 几种常用的 BCD 代码

编码种类 / 十进制数	8421 码	2421 码	4221 码	5421 码	余 3 码
0	0000	0000	0000	0000	0011
1	0001	0001	0001	0001	0100
2	0010	0010	0010	0010	0101
3	0011	0011	0011	0011	0110
4	0100	0100	1000	0100	0111
5	0101	0101	1001	1000	1000
6	0110	0110	1010	1001	1001
7	0111	0111	1011	1010	1010
8	1000	1110	1110	1011	1011
9	1001	1111	1111	1100	1100
权值	8421	2421	4221	5421	无

（1）有权码

在有权码的编码方式中，每个代码中的“1”都代表一个固定的十进制数值，称为这一位的权值。把每一位的“1”代表的十进制数值加起来，得到的结果就是它所代表的十进制数值。例如在 8421 代码中，从左到右每一位“1”的权值依次为 8、4、2、1，所以这种代码称为 8421 码。此外，还有 2421 码、4221 码和 5421 码等，它们都是有权码。

（2）无权码

在无权码的编码方式中，每个代码中的“1”都不代表固定数值，因此不能按照有权码的方法找到每个代码代表的十进制数值。一般无权码都有一定的编码规则，例如，余 3 码是由每个 8421 码加上 3 后得到的。

1.3.2 字符编码

用若干位二进制符号表示数字、英文字母、命令以及特殊符号叫做字符编码。常用的字符编码是美国国家信息交换标准码，简称 ASCII（American Standard Code for Information Interchange）码。ASCII 码用 7 位二进制符号 $a_7a_6a_5a_4a_3a_2a_1$ 来表示字符和命令。

ASCII 编码表如表 1.2 所示，表中列出了各种命令、数字、字母（含大小写）和一些特殊符号的 ASCII 编码。例如，数字字符‘0’（字符要用单引号括起来）的 ASCII 码是’b0110000 或’h30；‘9’是’b0111001 或’h39；大写字母字符‘A’是’b1000001 或’h41；小写字母字符‘a’是’b1100001 或’h61。ASCII 码是目前大部分计算机与外部设备交换信息的字符编码。例如，键盘将按键的字符用 ASCII 码表示送入计算机，而计算机将处理好的数据也是用 ASCII 码传送到显示器或打印机的，因此称为信息交换标准码。

另外，ASCII 码是一组数字组合，因此 ASCII 码有大小之分。例如，字符‘0’的 ASCII 码（’h30）小于字符‘1’（’h31）的、字符‘A’的 ASCII 码（’h41）小于字符‘B’（’h42）的等。在计算机编程中，利用 ASCII 码的大小特征，可以对一些符号组合（例如国家名）进行排序。

表 1.2　ASCII 编码表

$a_7a_6a_5$→ ↓$a_4a_3a_2a_1$	000	001	010	011	100	101	110	111
0000	NUL	DLE	SP	0	@	P	`	p
0001	SOH	DC1	!	1	A	Q	a	q
0010	STX	DC2	”	2	B	R	b	r
0011	ETX	DC3	#	3	C	S	c	s
0100	EOT	DC4	$	4	D	T	d	t
0101	ENQ	NAK	%	5	E	U	e	u
0110	ACK	SYN	&	6	F	V	f	v
0111	BEL	ETB	’	7	G	W	g	w
1000	BS	CAN	(	8	H	X	h	x
1001	HT	EM	)	9	I	Y	i	y
1010	LF	SUB	*	:	J	Z	j	z
1011	VT	ESC	+	;	K	[	k	{
1100	FF	FS	,	<	L	\	l	|
1101	CR	GS	–	=	M	]	m	}
1110	SO	RS	.	>	N	^	n	~
1111	SI	US	/	?	O	–	o	DEL

本 章 小 结

数字信号是指由高、低两种电平构成的矩形波，通常用“1”符号代表高电平，用“0”符号代表低电平。数字电路可以对数字信号进行存储、传输和处理，因此数字电路是计算机的基本电路。用“0”和“1”符号代表的数称为二进制数，它是计算机唯一能识别和处理的数字。为了方便人与计算机的交流，在操作计算机时需要把十进制数转换为二进制数，或者把二进制数转换为十进制数。

“0”和“1”两个符号不仅可以直接代表二进制数，也可以代表各种不同的信息。用二进制符号表示信息的方法称为二进制编码，常用的二进制编码有 BCD 码和 ASCII 码。此外，二进制符号还可以对汉字、声音、视频、图像等各种信息进行编码。

数字电路具有许多显著的特点，随着数字技术的发展，数字电路已涉足很多科技领域，例如，计算机、自动控制、航空、航天仪器仪表、智能设备、汽车电子、数字通信及数字电视等。

思考题和习题

1.1　常用的二-十进制编码有哪些？为什么说用 4 位二进制代码对十进制数的 10 个数字符号进行编码的方案有很多？

1.2　将下列十进制数转换成等值的二进制数和十六进制数。要求二进制数保留小数点以后 4 位有效位。

（1）18；（2）225；（3）0.565；（4）33.625。

1.3 将下列二进制数转换成等值的十进制数和十六进制数。

（1）' b11010001；（2）' b1011000；（3）' b0.101101；（4）' b11.01101。

1.4 将下列八进制数和十六进制数转换成等值的二进制数。

（1）'o56；（2）'o73.54；（3）'h3D；（4）'hF6.2C。

1.5 通过查表 1.2，得出下列字符的 ASCII 码（用十六进制数写出）。

字符	ASCII 码	字符	ASCII 码	字符	ASCII 码	字符	ASCII 码
D		f		#		?	

第2章　逻辑代数和硬件描述语言基础

本章介绍分析和设计数字逻辑电路的数学方法。首先介绍逻辑代数的基本概念、逻辑函数及其表示方法、基本公式、常用公式和重要定理，然后介绍逻辑函数的简化方法，最后介绍硬件描述语言的基本知识，作为数字逻辑电路的设计基础。

2.1　逻辑代数基本概念

1849年，英国数学家乔治·布尔（George Boole）首先提出了描述客观事物逻辑关系的数学方法——布尔代数。后来，由于布尔代数被广泛地应用于开关电路和数字逻辑电路的分析和设计上，所以也把布尔代数叫做开关代数或逻辑代数。逻辑代数是分析和设计数字逻辑电路的数学工具。

2.1.1　逻辑常量和逻辑变量

逻辑代数最基本的逻辑常量是“0”和“1”，一般用来代表两种逻辑状态，如电平的高和低、电流的有和无、灯的亮和灭、开关的闭合和断开等。在后续的章节中，还会见到其他逻辑常量，如高阻“z”、未知“x”等。其中的未知“x”也只有“0”和“1”两种值选择，只是人们不知道它是“0”还是“1”罢了。

逻辑代数中的逻辑变量是由字母或字母加数字组成的，分为原变量和反变量两种表示形式。原变量的名称上没有加“¯”（非）号，例如 A、B、C、A_1 是原变量；反变量的名称上加有“¯”（非）号，例如 $\overline{A}$、$\overline{B}$、$\overline{C}$、$\overline{A_1}$ 是反变量。原变量和反变量都是用来存放逻辑常量，但原变量中的值与反变量中的值总是相反的，若 A 中的值是1，则 $\overline{A}$ 中的值为0，反之亦然。一般把 A 和 $\overline{A}$ 之间的关系称为互非或互补。

2.1.2　基本逻辑和复合逻辑

1. 基本逻辑

逻辑代数中的基本逻辑有与、或、非三种。

（1）与逻辑

与逻辑概念可以用图2.1所示的指示灯控制电路来说明，在此电路中，只有当两个开关 A、B 同时闭合时，指示灯 P 才会亮。电路的功能表明，只有决定事物结果的全部条件同时具备时，结果才发生。这种因果关系叫做“逻辑与”。

在逻辑代数中，可以用真值表、逻辑函数表达式和逻辑符号来表示各种逻辑关系。若用

A、B 作为输入变量来表示开关，用符号“1”表示开关闭合，“0”表示开关断开；用 P 作为输出变量表示灯，用“1”表示灯亮，“0”表示灯灭。则可以列出用 0、1 表示的与逻辑关系的图表，如表 2.1 所示，这种图表称为真值表。

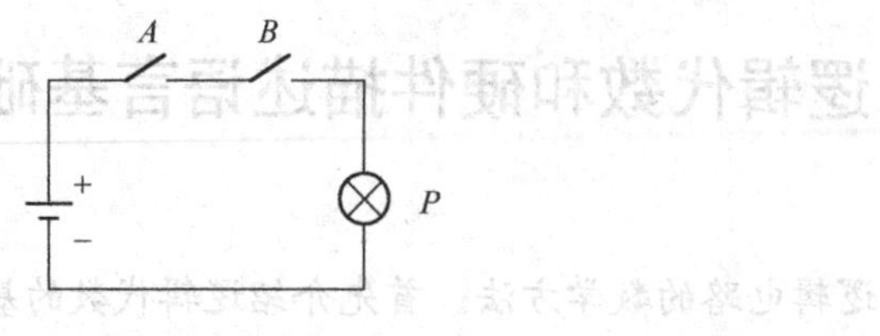

图 2.1 用于说明与逻辑的电路

表 2.1 与逻辑的真值表

A	B	P
0	0	0
0	1	0
1	0	0
1	1	1

在逻辑代数中，可以用运算符号把各种逻辑的输出与输入之间的关系连接起来，形成逻辑函数表达式。与逻辑的运算符号是“·”（点乘），因此逻辑与也称为逻辑乘。A 和 B 进行逻辑乘运算时可以写成：

$$P = A \cdot B \tag{2.1}$$

逻辑乘运算符号在使用中可以省略，因此与逻辑表达式也可以写成：$P = AB$。

由表 2.1 中可以看出，与逻辑的运算规则是：

$$0 \cdot 0 = 0 \quad 0 \cdot 1 = 0 \quad 1 \cdot 0 = 0 \quad 1 \cdot 1 = 1$$

与逻辑的运算规则是：只有全部输入为 1 时输出才为 1，否则输出为 0。

为了方便数字逻辑电路的分析与设计，各种逻辑还可以用逻辑符号来表示。图 2.2 列出了目前国家标准规定的与逻辑符号，也列出了常见于国内外一些书刊和资料上的与逻辑符号。其中，国内常用符号来源于原电子工业部部颁标准。

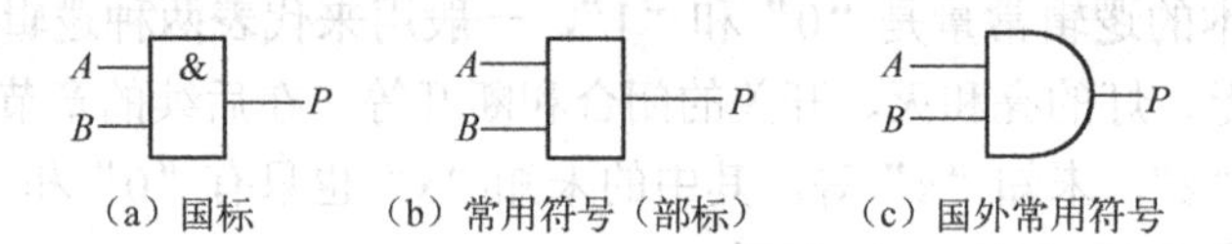

（a）国标　（b）常用符号（部标）　（c）国外常用符号

图 2.2 与逻辑符号

（2）或逻辑

或逻辑概念可以从图 2.3 所示的指示灯的控制电路来说明，在此电路中，只要两个开关 A、B 中的任何一个闭合，指示灯 P 就会亮。电路的功能表明，在决定事物结果的诸多条件中只要有任何一个满足，结果就会发生，这种因果关系叫做“逻辑或”。

或逻辑的真值表如表 2.2 所示。或逻辑的运算符号是“+”（加），因此逻辑或也称为逻辑加。A 和 B 进行逻辑加运算时可以写成：

$$P = A + B \tag{2.2}$$

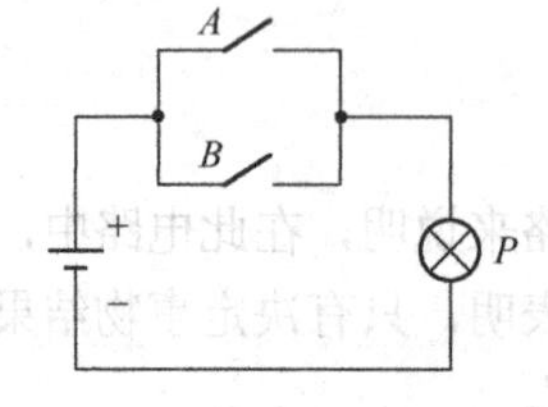

图 2.3 用于说明或逻辑的电路

表 2.2 或逻辑的真值表

A	B	P
0	0	0
0	1	1
1	0	1
1	1	1

由表 2.2 可知，或逻辑的运算规则是：

$$0+0=0 \qquad 0+1=1 \qquad 1+0=1 \qquad 1+1=1$$

或逻辑的运算规则是：只有全部输入为 0 时输出才为 0，否则输出为 1。

或逻辑的国标符号以及国内外常见逻辑符号如图 2.4 所示。

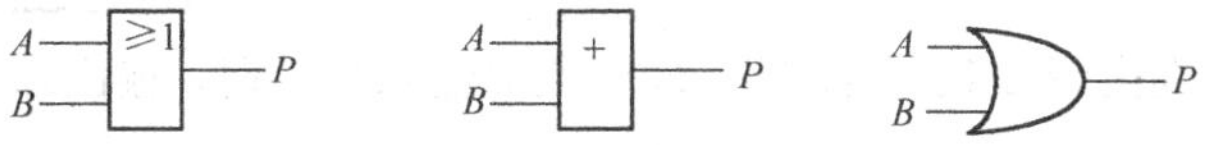

（a）国标　（b）国内常用符号　（c）国外常用符号

图 2.4　或逻辑符号

（3）非逻辑

非逻辑概念可以从图 2.5 所示的指示灯的控制电路来说明，在此电路中，开关 A 闭合时，指示灯 P 不会亮；开关断开时，灯反而亮。电路的功能表明，只要条件具备了，结果便不会发生，而条件不具备时，结果一定发生，这种因果关系叫做“逻辑非”。

非逻辑的真值表如表 2.3 所示。非逻辑的运算符号是“ ¯ ”（反），因此逻辑非也称为逻辑反。对 A 进行逻辑非运算时可以写成

$$P=\overline{A} \tag{2.3}$$

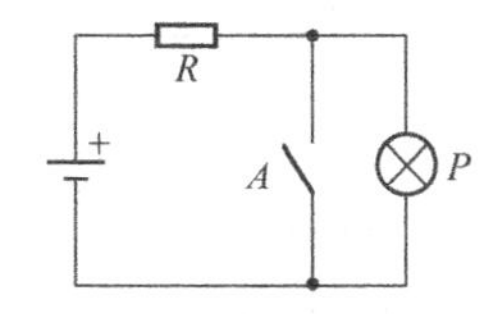

图 2.5　用于说明非逻辑的电路

表 2.3　非逻辑的真值表

A	P
0	1
1	0

由表 2.3 可知，非逻辑的运算规则是：

$$\overline{0}=1 \qquad \overline{1}=0$$

非逻辑的国标符号和常用逻辑符号如图 2.6 所示。尽管各种逻辑非的逻辑符号有所不同，但每种符号的输出端都有一个小圆圈，因此小圆圈代表非运算。

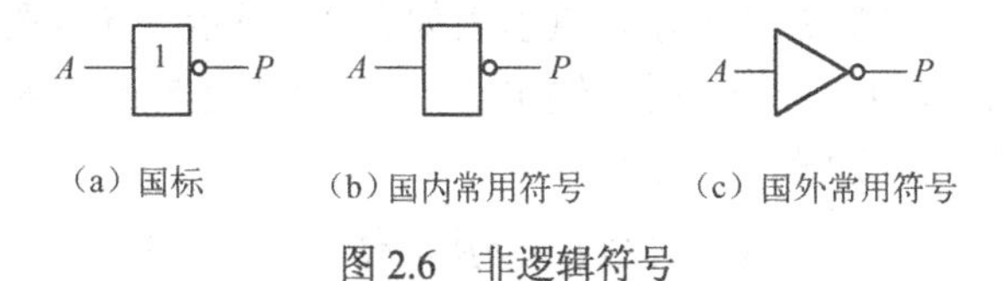

图 2.6　非逻辑符号

2. 复合逻辑

实际的逻辑问题往往比与、或、非基本逻辑复杂，不过它们都可以用与、或、非组合成的复合逻辑来实现。常用的复合逻辑有与非、或非、与或非、异或、同或等。

（1）与非逻辑

与非逻辑的逻辑符号如图 2.7 所示，真值表如表 2.4 所示。由表可见，与非逻辑是将 A、B 进行与运算，然后将其结果求反得到的，因此可以把与非运算看作是与运算和非运算的组合，并用逻辑符号上的小圆圈代表非运算。A、B 与非运算的表达式为：

$$P=\overline{AB} \tag{2.4}$$

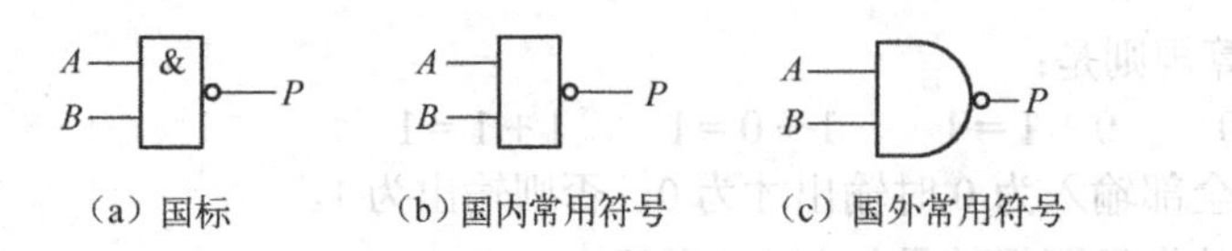

（a）国标　（b）国内常用符号　（c）国外常用符号

图 2.7　与非逻辑符号

表 2.4　与非逻辑的真值表

A	B	P
0	0	1
0	1	1
1	0	1
1	1	0

与非逻辑运算规则由表 2.4 给出，即：只有全部输入为 1 时，输出才为 0，否则输出为 1。

（2）或非逻辑

或非逻辑的逻辑符号如图 2.8 所示，真值表如表 2.5 所示。由表可见，或非逻辑是将 A、B 进行或运算，然后将其结果求反得到的，因此可以把或非运算看作是或运算和非运算的组合。A、B 或非运算的表达式为：

$$P=\overline{A+B} \tag{2.5}$$

或非逻辑运算规则由表 2.5 给出，即：只有全部输入为 0 时，输出才为 1，否则输出为 0。

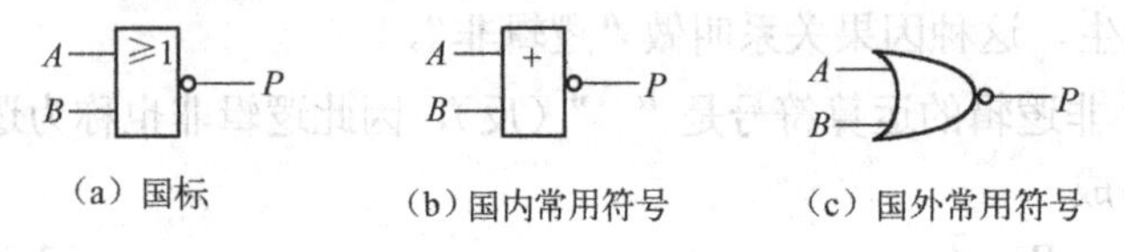

（a）国标　（b）国内常用符号　（c）国外常用符号

图 2.8　或非逻辑符号

表 2.5　或非逻辑的真值表

A	B	P
0	0	1
0	1	0
1	0	0
1	1	0

（3）与或非逻辑

与或非逻辑的逻辑符号如图 2.9 所示。在与或非逻辑中，A、B 之间以及 C、D 之间都是与关系，然后把它们与的结果进行或运算，最后再进行非运算，得到 A、B 与 C、D 的与或非运算结果。因此，可以把与或非运算看作是与运算、或运算和非运算的组合。A、B 和 C、D 的与或非运算的表达式为：

$$P=\overline{AB+CD} \tag{2.6}$$

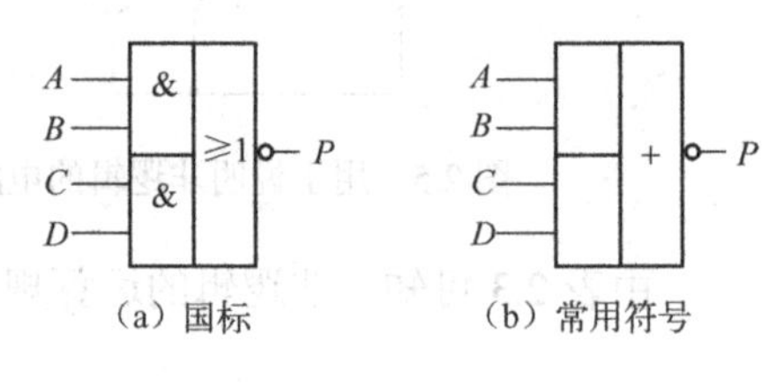

（a）国标　（b）常用符号

图 2.9　与或非逻辑符号

（4）异或逻辑

异或逻辑的逻辑符号如图 2.10 所示，真值表如表 2.6 所示。异或逻辑的关系是：当 A、B 不同时，输出 $P=1$；而 A、B 相同时，输出 $P=0$。“⊕”是异或运算符号，异或逻辑也是与、或、非逻辑的组合，其逻辑表达式为：

$$P=A\oplus B=A\overline{B}+\overline{A}B \tag{2.7}$$

由表 2.6 可知，异或运算的规则是：

$$0\oplus 0=0 \qquad 0\oplus 1=1 \qquad 1\oplus 0=1 \qquad 1\oplus 1=0$$

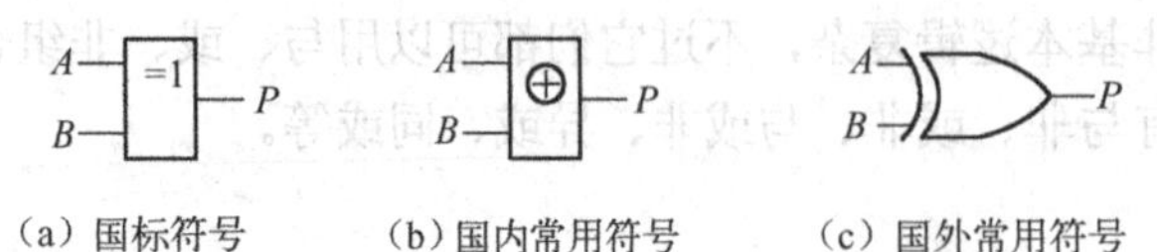

（a）国标符号　（b）国内常用符号　（c）国外常用符号

图 2.10　异或逻辑符号

表 2.6　异或逻辑的真值表

A	B	P
0	0	0
0	1	1
1	0	1
1	1	0

（5）同或逻辑

同或逻辑的逻辑符号如图 2.11 所示，真值表如表 2.7 所示。同或逻辑的关系是：当 A、B

相同时，输出 $P=1$；而 A、B 不同时，输出 $P=0$。“⊙”是同或运算符号，同或逻辑的逻辑表达式为：

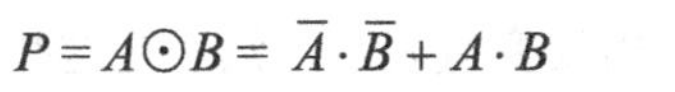

$$P=A\odot B=\overline{A}\cdot\overline{B}+A\cdot B \qquad (2.8)$$

表 2.7　同或逻辑的真值表

A　B	P
0　0	1
0　1	0
1　0	0
1　1	1

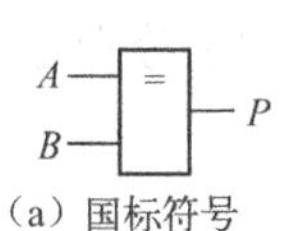

（a）国标符号

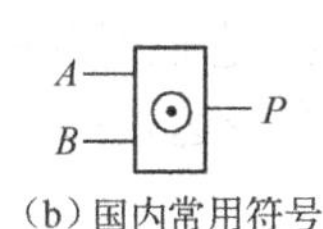

（b）国内常用符号

（c）国外常用符号

图 2.11　同或逻辑符号

由表 2.7 可知，同或运算的规则是：

$$0\odot 0=1 \qquad 0\odot 1=0 \qquad 1\odot 0=0 \qquad 1\odot 1=1$$

由异或运算和同或运算结果可以看出，异或运算与同或运算的结果相反，因此同或是异或的反函数，同理异或也是同或的反函数。

2.1.3　逻辑函数的表示方法

从上面讲述的各种逻辑关系中可以看到，如果以逻辑变量作为输入，以运算结果作为输出，那么当输入变量的取值确定之后，输出的取值便随之而定。因此，输出与输入之间乃是一种函数关系，这种函数关系称为逻辑函数，写作：

$$P=F(A,B,C,\cdots)$$

其中，P 表示输出，$A,B,C,\cdots$ 是输入变量。这是一种以表达式形式表示逻辑函数的方法。由于逻辑函数的输入变量和输出的取值只有 0 和 1 两种，所以把它称为二值逻辑函数。

在数字电路中，除了逻辑函数表达式以外，还可以用真值表、卡诺图和逻辑图来表示逻辑函数。

1. 真值表和逻辑函数表达式

真值表是用 0 和 1 表示输出和输入之间全部关系的表格。一个具体的因果关系一般都可以用真值表来表示，通过真值表还可以推导出这个因果关系的逻辑函数表达式。下面介绍建立因果关系的真值表和推导逻辑函数表达式的方法。

【例 2.1】 楼上楼下开关电路如图 2.12 所示，该电路让用户在楼上或楼下均可控制楼道电灯的亮和灭。

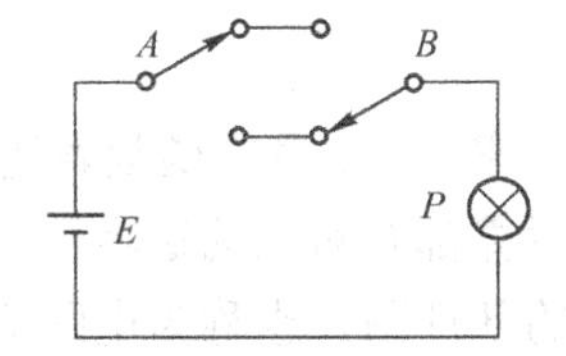

图 2.12　楼上楼下开关电路

表 2.8　图 2.12 所示电路的真值表

A　B	P
0　0	1
0　1	0
1　0	0
1　1	1

解： 该例输入变量是楼上开关 A 和楼下开关 B，设开关 A、B 的扳上状态为 1，扳下状态为 0；输出为灯 P，设灯亮状态为 1，灯灭状态为 0。根据电路不难看出，当 A、B 两个开关同时扳上（$AB=11$）或同时扳下（$AB=00$）时，灯亮（$P=1$），其他状态下（$AB=01$ 或 $AB=10$），灯灭（$P=0$），由此得出的真值表如表 2.8 所示。

由真值表可以用最小项法和最大项法推导出相应的逻辑函数表达式。

（1）最小项推导法。最小项推导法是把使输出为 1 的输入组合写成乘积项的形式，其中取值为 1 的输入用原变量表示，取值为 0 的输入用反变量表示，然后把这些乘积项加起来。由表 2.8 可知，使输出为 1 的输入组合是 $AB=00$ 和 $AB=11$，它们对应的乘积项分别是 $\overline{A}\cdot\overline{B}$ 和 AB，把它们加起来后即得到楼上楼下开关电路的逻辑函数表达式：

$$P=\overline{A}\cdot\overline{B}+AB$$

这种表达式称为标准与或式（积之和式），也称为最小项表达式。

（2）最大项推导法。最大项推导法是把使输出为 0 的输入组合写成和项的形式，其中取值为 0 的输入用原变量表示，取值为 1 的输入用反变量表示，然后把这些和项乘起来。由表 2.8 可知，使输出为 0 的输入组合是 $AB=01$ 和 $AB=10$，它们对应的和项分别是（$A+\overline{B}$）和（$\overline{A}+B$），把它们乘起来后即得到楼上楼下开关电路的逻辑函数表达式：

$$P=(A+\overline{B})(\overline{A}+B)$$

这种表达式称为标准或与式（和之积式），也称为最大项表达式。

【例 2.2】 设计 3 人表决器电路，列出电路的真值表和表达式。

解：3 人表决器电路示意图如图 2.13 所示，A、B、C 是电路的输入，并用“1”表示赞同，用“0”表示反对；输出 F 表示表决结果，当多数人赞同时，用 $F=1$ 表示通过；当少数人赞同或无人赞同时，用 $F=0$ 表示否决。表示 3 人表决器的因果关系的真值表如表 2.9 所示。

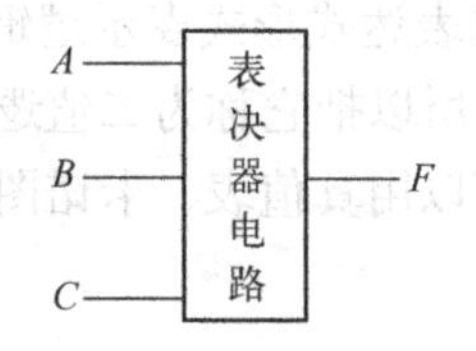

图 2.13　表决器电路示意图

表 2.9　三人表决器的真值表

A	B	C	F
0	0	0	0
0	0	1	0
0	1	0	0
0	1	1	1
1	0	0	0
1	0	1	1
1	1	0	1
1	1	1	1

由真值表用最小项法推导出的 3 人表决器电路的逻辑函数表达式为：

$$F=\overline{A}BC+A\overline{B}C+AB\overline{C}+ABC$$

由真值表用最大项法推导的 3 人表决器电路的逻辑函数表达式为：

$$F=(A+B+C)(A+B+\overline{C})(A+\overline{B}+C)(\overline{A}+B+C)$$

2. 逻辑函数表达式和逻辑图

任何一个具体的因果关系都可以用逻辑函数表达式来表示，逻辑函数表达式包含与、或、非基本逻辑运算以及复合逻辑运算，而且每一种逻辑运算都有对应的逻辑符号。逻辑图就是用逻辑符号实现逻辑函数表达式中的各种运算而画出的部件图，也称为电路原理图。逻辑图是一种逻辑函数的表示方法，它是数字电路设计时画出的设计图纸，在传统设计中，依靠逻辑图来搭建实际的硬件电路，在电子设计自动化中，可以直接把原理图转换为硬件设计结果。

由逻辑函数表达式画出对应的逻辑图时，应遵守“先括号，然后乘，最后加”的运算优先次序。即先用逻辑符号（与逻辑或者或逻辑）表示括弧内的逻辑运算，其次用与逻辑符号表示与运算，最后用或逻辑符号表示或运算。图 2.14 给出了逻辑函数 $F_1=A+BC$ 和 $F_2=(A+B)(C+D)$对应的逻辑图。

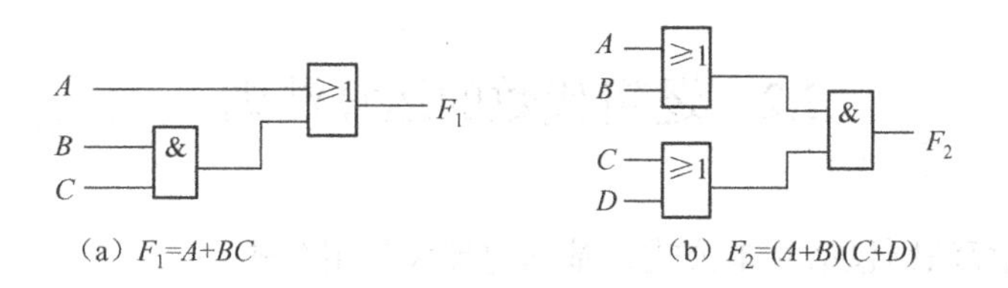

图 2.14　函数 F_1 和 F_2 对应的逻辑图

对于 $F_1 = A + BC$ 来说，BC 运算次序优先，就先用一个与逻辑表示 B 与 C 运算，$A + BC$ 运算在后，因此再用一个或逻辑把 BC 相与的结果与 A 相加，得到 $F_1 = A + BC$ 的结果。

而在 $F_2 = (A + B)(C + D)$中，$(A + B)$和$(C + D)$运算在先，因此先用两个或逻辑表示（$A + B$）和（$C + D$）运算，$(A + B)(C + D)$运算在后，因此再用一个与逻辑把$(A + B)$和$(C + D)$相或的结果相乘，得到 $F_2 = (A + B)(C + D)$的结果。

由图 2.14 对应的逻辑图可以看出，优先级越高的运算对应的逻辑符号越靠近输入端，优先级越低的运算越靠近输出端。

2.1.4　逻辑函数的相等

假设，$F(A_1, A_2,\cdots A_n)$是变量 $A_1, A_2,\cdots,A_n$ 的逻辑函数，$G(A_1, A_2,\cdots, A_n)$是变量 $A_1, A_2,\cdots, A_n$ 的另一逻辑函数，如果对应于 $A_1, A_2,\cdots, A_n$ 的任一组状态组合，F 和 G 的值都相同，则称 F 和 G 是等值的，或者说 F 和 G 相等，记作 $F = G$。

换而言之，如果 $F = G$，那么它们就应该有相同的真值表。反过来，如果 F 和 G 的真值表相同，则 $F = G$。因此要证明两个逻辑函数相等，只要把它们的真值表列出来，如果真值表相同，则两个函数就相等。

【例 2.3】 设函数 $F(A,B,C) = A(B + C)$， $G(A,B,C) = AB + AC$， 试证明 $F = G$。

解：为了证明 $F = G$，先根据 F 和 G 的函数表达式，列出它们的真值表，如表 2.10 所示。真值表是将输入变量的各种取值组合代入逻辑函数表达式，进行逻辑运算后得到的。例如，将 $ABC = 000$ 带入函数 $F = A(B + C)$进行逻辑运算，得出的结果是 0 并填入真值表中；依此类推，可得出各种输入取值组合的运算结果，得到该逻辑函数的真值表。

由表 2.10 可知，对应于 A、B、C 的任何一组取值组合，F 和 G 的值均相同，所以 $F = G$，即 $F = A(B + C) = AB + AC$。在“相等”的意义下，$F = A(B + C)$和 $G = AB + AC$ 是同一逻辑的两种不同的表达式。F 和 G 的逻辑图如图 2.15 所示。虽然逻辑图不同，但它们的逻辑功能是相同的。

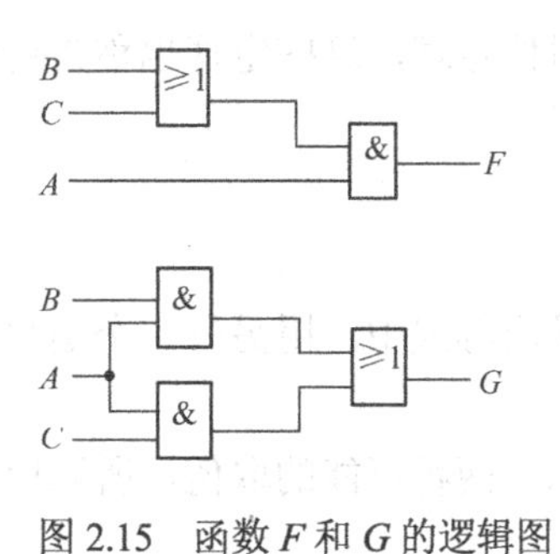

图 2.15　函数 F 和 G 的逻辑图

表 2.10　例 2.3 的真值表

ABC	$F = A(B + C)$	$F = AB + AC$
000	0	0
001	0	0
010	0	0
011	0	0
100	0	0
101	1	1
110	1	1
111	1	1

2.2 逻辑代数的运算法则

逻辑代数的运算法则包括基本公式、基本定理和常用公式。

2.2.1 逻辑代数的基本公式

逻辑代数的基本公式，也叫布尔恒等式，这些公式反映了逻辑代数运算的基本规律，其正确性都可以用真值表加以验证。

1. 关于常量与变量关系公式

$$A+0=A \tag{2.9}$$

$$A\cdot 1=A \tag{2.9'}$$

$$A+1=1 \tag{2.10}$$

$$A\cdot 0=0 \tag{2.10'}$$

2. 若干定律

交换律：

$$A+B=B+A \tag{2.11}$$

$$AB=BA \tag{2.11'}$$

结合律：

$$(A+B)+C=A+(B+C) \tag{2.12}$$

$$(AB)C=A(BC) \tag{2.12'}$$

分配律：

$$A(B+C)=AB+AC \tag{2.13}$$

$$A+BC=(A+B)(A+C) \tag{2.13'}$$

互补律：

$$A+\overline{A}=1 \tag{2.14}$$

$$A\cdot\overline{A}=0 \tag{2.14'}$$

重叠律：

$$A+A=A \tag{2.15}$$

$$A\cdot A=A \tag{2.15'}$$

反演律（德·摩根定律）：

$$\overline{A\cdot B}=\overline{A}+\overline{B} \tag{2.16}$$

$$\overline{A+B}=\overline{A}\cdot\overline{B} \tag{2.16'}$$

还原律：

$$\overline{\overline{A}}=A \tag{2.17}$$

2.2.2 逻辑代数的基本定理

逻辑代数的基本定理包括代入定理、反演定理和对偶定理，这些定理也称为逻辑代数的三个规则。

1. 代入定理

代入定理规定：在任何一个包含某个相同变量的逻辑等式中，用另外一个函数式代入式中所有这个变量的位置，等式仍然成立。

因为任何一个逻辑函数和逻辑变量一样，只有0和1两种可能的取值，所以用一个函数取代某个变量，等式自然成立。

例如，将等式 $A+BC=(A+B)(A+C)$ 两边的变量 A 用函数 $EF+D$ 代入等式仍然成立，即：

$$EF+D+BC=(EF+D+B)(EF+D+C)$$

代入定理扩大了基本公式的使用范围。例如，已知 $A+\overline{A}=1$ 成立，则用 AB 函数代入 A 等式亦成立，即：$AB+\overline{AB}=1$。

2. 反演定理

反演定理规定：将原函数 F 中的全部“·”号换成“+”号，全部“+”号换成“·”号，全部“0”换成“1”，全部“1”换成“0”，全部原变量换成反变量，全部反变量换成原变量，所得到的新函数就是原函数的反演式，记作 $\overline{F}$。

反演定理为求取已知函数的反函数提供了方便。在使用反演定理时还需注意遵守以下两个规则：

① 仍需遵守“先括号、然后乘、最后加”的运算优先次序。

② 不属于单个变量上的非号应保留不变。

【例 2.4】 已知原函数 $F_1=AB+\overline{(C+\overline{D})B}+\overline{BC}+0$，求其反函数 $\overline{F}_1$。

解：用反演定理可得：

$$\overline{F}_1=(\overline{A}+\overline{B})\cdot\overline{(\overline{\overline{C}}D)+\overline{B}}\cdot\overline{\overline{\overline{B}}+\overline{\overline{C}}}\cdot 1$$

【例 2.5】 已知原函数 $F_2=A+\overline{B+\overline{C}\overline{D+\overline{E}}}$，求其反函数 $\overline{F}_2$。

解：用反演定理可得：

$$\overline{F}_2=\overline{A}\cdot\overline{\overline{B}\cdot(C+\overline{\overline{D}E})}$$

3. 对偶定理

对偶定理规定：将原函数 F 中的全部“·”号换成“+”号，全部“+”号换成“·”号，全部“0”换成“1”，全部“1”换成“0”，所得到的新函数就是原函数的对偶式，记作 F' 或 F^*。

对偶定理和反演定理不同之处是，不需要将原变量和反变量互换。在使用对偶定理时仍需注意遵守反演定理的两个规则。

【例 2.6】 已知原函数 $F_1=AB+\overline{(C+\overline{D})B}+\overline{BC}+0$，求其对偶式。

解：用对偶定理可得：

$$F_1'=(A+B)\cdot\overline{(C\overline{D})+B}\cdot\overline{B+C}\cdot 1$$

【例 2.7】 已知原函数 $F_2=A+\overline{B+\overline{C}\overline{D+\overline{E}}}$，求其对偶式。

解：用对偶定理可得：

$$F_2'=A\cdot\overline{B\cdot(\overline{C}+\overline{D\overline{E}})}$$

当已知一个公式成立时，利用对偶定理可以得到它的对偶公式。本节基本公式中的式（2.9）～式（2.16）与式（2.9′）～式（2.16′）互为对偶式。

2.2.3 逻辑代数的常用公式

逻辑代数的常用公式是利用基本公式导出的，直接运用这些常用公式可以给逻辑函数的化简带来方便。

1. 常用公式 1

$$AB+A\overline{B}=A \tag{2.18}$$

证：$$AB+A\overline{B}=A(B+\overline{B})=A\cdot 1=A$$

上式说明，如果两个乘积项除了公有因子（如 A）外，不同的因子恰好互补（如 B 和 $\overline{B}$），则这两个乘积项可以合并为一个由公有因子组成的乘积项。

根据对偶定理，常用公式 1 的对偶公式为：

$$(A+B)(A+\overline{B})=A \tag{2.18'}$$

2. 常用公式 2

$$A+AB=A \tag{2.19}$$

证：$$A+AB=A(1+B)=A\cdot 1=A$$

上式说明，如果两个乘积中有一个乘积项的部分因子（AB 中的 A）恰好是另一个乘积项（如 A）的全部，则该乘积项（AB）是多余的。

根据对偶定理，常用公式 2 的对偶公式为：

$$A(A+B)=A \tag{2.19'}$$

3. 常用公式 3

$$A+\overline{A}B=A+B \tag{2.20}$$

证：$$A+\overline{A}B=(A+\overline{A})(A+B)=1\cdot(A+B)=A+B$$（根据式（2.13′）分配律得到）

上式说明，如果两个乘积中有一个乘积项（如 $\overline{A}B$）的部分因子（如 $\overline{A}$）恰好是另一个乘积项的补（如 A），则该乘积项（$\overline{A}B$）中的这部分因子（$\overline{A}$）是多余的。

根据对偶定理，常用公式 3 的对偶公式为：

$$A\cdot(\overline{A}+B)=A\cdot B \tag{2.20'}$$

4. 常用公式 4

$$AB+\overline{A}C+BC=AB+\overline{A}C \tag{2.21}$$

证：
$$\begin{aligned}AB+\overline{A}C+BC&=AB+\overline{A}C+BC(A+\overline{A})\\&=AB+\overline{A}C+ABC+\overline{A}BC\\&=AB(1+C)+\overline{A}C(1+B)=AB+\overline{A}C\end{aligned}$$

推论：$$AB+\overline{A}C+BCDE\cdots=AB+\overline{A}C$$

证：
$$\begin{aligned}AB+\overline{A}C+BCDE\cdots&=AB+\overline{A}C+BC+BCDE\cdots\\&=AB+\overline{A}C+BC(1+DE\cdots)\\&=AB+\overline{A}C+BC=AB+\overline{A}C\end{aligned}$$

常用公式 4 及其推论说明，如果两个乘积中的部分因子恰好互补（如 AB 和 $\overline{A}C$ 中的 A 和 $\overline{A}$），而这两个乘积项中的其余因子（如 B 和 C）都是第三乘积项的因子，则这个第三乘积项是多余的。

根据对偶定理，常用公式 4 的对偶公式为：

$$(A+B)(\overline{A}+C)(B+C)=(A+B)(\overline{A}+C) \tag{2.21'}$$

2.2.4 异或运算公式

异或运算也是逻辑代数中常用的一种运算，关于异或运算有如下公式。

交换律：
$$A \oplus B = B \oplus A \tag{2.22}$$

结合律：
$$(A \oplus B) \oplus C = A \oplus (B \oplus C) \tag{2.23}$$

分配律：
$$A(B \oplus C) = AB \oplus AC \tag{2.24}$$

常量与变量之间的异或运算：

$$A \oplus 1 = \overline{A} \tag{2.25}$$

$$A \oplus 0 = A \tag{2.26}$$

$$A \oplus A = 0 \tag{2.27}$$

$$A \oplus \overline{A} = 1 \tag{2.28}$$

2.3 逻辑函数的表达式

逻辑函数的表达式可以分为常用表达式和标准表达式两类。

2.3.1 逻辑函数常用表达式

逻辑函数的常用表达式包括与或式、与非与非式、或与式、或非或非式和与或非式。

1. 与或式

与或式的特点是先与运算后或运算。例如：

$$F = AB + CD \tag{2.29}$$

与或式用与逻辑和或逻辑实现，其逻辑图如图 2.16（a）所示。

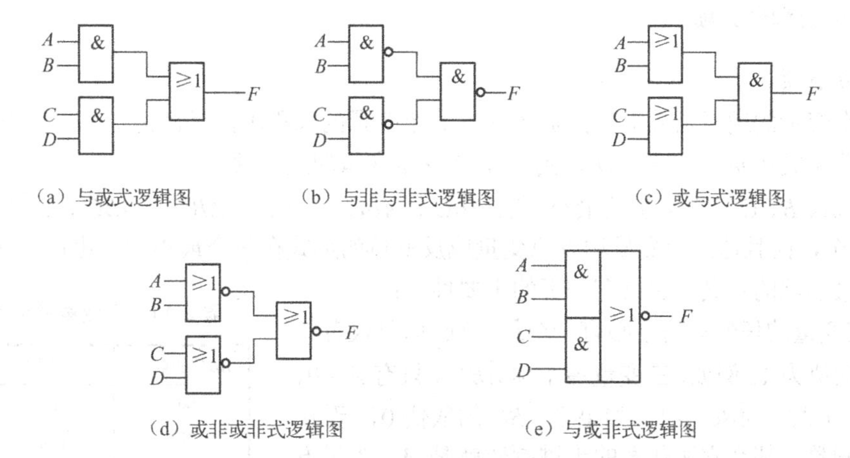

图 2.16 各种表达式对应的逻辑图

2. 与非与非式

与非与非式由与或式按还原律两次取反后，再用德·摩根定律展开得到。例如：

$$F = AB + CD = \overline{\overline{AB + CD}} = \overline{\overline{AB} \cdot \overline{CD}} \tag{2.30}$$

与非与非式全部用与非逻辑实现，它是逻辑电路传统设计中最常用的表达式，其逻辑图如图 2.16（b）所示。

3. 或与式

或与式的特点是先或运算后与运算。例如：

$$F = (A + B)(C + D) \tag{2.31}$$

或与式用或逻辑和与逻辑实现，其逻辑图如图 2.16（c）所示。

4. 或非或非式

或非或非式由或与式按还原律两次取反后，再用德·摩根定律展开得到。例如：

$$F = (A + B)(C + D) = \overline{\overline{(A + B)(C + D)}} = \overline{\overline{A + B} + \overline{C + D}} \tag{2.32}$$

或非或非式全部用或非逻辑实现，这也是传统设计中常见的一种形式，其逻辑图如图 2.16（d）所示。

5. 与或非式

与或非式的格式如下：

$$F = \overline{AB + CD} \tag{2.33}$$

与或非式用与或非逻辑实现，其逻辑图如图 2.16（e）所示。

2.3.2　逻辑函数的标准表达式

逻辑函数的标准表达式包括最小项表达式和最大项表达式，最小项表达式由最小项构成，最大项表达式由最大项构成。

1. 最小项和最大项

（1）最小项

在 n 个变量的逻辑函数中，若 m 为包含 n 个变量的乘积项，而且这 n 个变量均以原变量或反变量的形式在 m 中出现一次，则称 m 为该组变量的最小项。

例如，A、B、C 三个变量的最小项有 $\bar{A}\bar{B}\bar{C}$、$\bar{A}\bar{B}C$、$\bar{A}B\bar{C}$、$\bar{A}BC$、$A\bar{B}\bar{C}$、$A\bar{B}C$、$AB\bar{C}$、ABC 共 8 个，而且这三个变量均以原变量或反变量的形式在每个最小项中出现一次。

根据最小项的定义，它具有如下的重要性质：

① 在变量的任何取值下必有一个最小项，而且仅有一个最小项的值为 1。例如，三变量最小项 $\bar{A}BC$，只有 $A=0$、$B=1$、$C=1$ 时，$\bar{A}BC=1$。如果把 $\bar{A}BC$ 的取值 011 看作一个二进制数，那么它所代表的十进制数就是 3。为了方便最小项的表示，将 $\bar{A}BC$ 记作 m_3。按照这一约定，可以得到三变量最小项的编号表，如表 2.11 所示。n 个变量则有 2^n 个最小项，记作 m_0，m_1，…，m_{n-1}。

② 全体最小项之和为 1。

表 2.11　三变量最小项编号表

ABC 的取值	最小项	编号
000	$\bar{A}\bar{B}\bar{C}$	m_0
001	$\bar{A}\bar{B}C$	m_1
010	$\bar{A}B\bar{C}$	m_2
011	$\bar{A}BC$	m_3
100	$A\bar{B}\bar{C}$	m_4
101	$A\bar{B}C$	m_5
110	$AB\bar{C}$	m_6
111	ABC	m_7

③ 任意两个最小项的乘积为 0。

④ 具有相邻性的两个最小项之和可以合并为一个乘积项，消去一个以原变量和反变量形式出现的变量，保留由没有变化的变量构成的乘积项。

如果两个最小项中只有一个变量以原变量和反变量形式出现，其余的变量不变，则称这两个最小项具有相邻性。例如，$\overline{A}B\overline{C}$ 和 $AB\overline{C}$ 两个乘积项中，只有变量 A 以原变量和反变量形式出现（$\overline{A}$ 和 A），其余的变量 B、C 不变（$B\overline{C}$），所以它们具有相邻性。这两个最小项相加时定能合并为只包含没有变化的变量构成的一个乘积项 $B\overline{C}$，消去以原变量和反变量形式出现的变量 A。

证：
$$\overline{A}B\overline{C}+AB\overline{C}=B\overline{C}(\overline{A}+A)=B\overline{C}$$

（2）最大项

在 n 个变量的逻辑函数中，若 M 是包含 n 个变量的和项，而且这 n 个变量均以原变量或反变量的形式在 M 中出现一次，则称 M 为该组变量的最大项。

例如，A、B、C 三个变量的最大项有 $A+B+C$、$A+B+\overline{C}$、$A+\overline{B}+C$、$A+\overline{B}+\overline{C}$、$\overline{A}+B+C$、$\overline{A}+B+\overline{C}$、$\overline{A}+\overline{B}+C$、$\overline{A}+\overline{B}+\overline{C}$ 共 8 个，而且这三个变量均以原变量或反变量的形式在每个最大项出现一次。

根据最大项的定义，它具有如下的重要性质：

① 输入变量的任何取值下必有一个最大项，而且仅有一个最大项的值为 0。例如，对于最大项（$A+\overline{B}+\overline{C}$），只有 $A=0$、$B=1$、$C=1$ 时，$A+\overline{B}+\overline{C}=0$。如果把 ABC 的取值 011 看作一个二进制数，并以其对应的十进制数值 3 给该最大项编号，则（$A+\overline{B}+\overline{C}$）可记作 M_3。按照这一约定，得到三变量最大项的编号表，如表 2.12 所示。n 个变量则有 2^n 个最大项，记作 M_0，M_1，…，M_{n-1}。

表 2.12 三变量最大项编号表

ABC 的取值	最大项	编号
000	$A+B+C$	M_0
001	$A+B+\overline{C}$	M_1
010	$A+\overline{B}+C$	M_2
011	$A+\overline{B}+\overline{C}$	M_3
100	$\overline{A}+B+C$	M_4
101	$\overline{A}+B+\overline{C}$	M_5
110	$\overline{A}+\overline{B}+C$	M_6
111	$\overline{A}+\overline{B}+\overline{C}$	M_7

② 全体最大项之乘积为 0。

③ 任意两个最大项之和为 1。

④ 具有相邻性的两个最大项之和可以合并为一个和项，消去一个以原变量和反变量形式出现的变量，保留由没有变化的变量构成的和项。

若两个最大项中只有一个变量以原变量和反变量形式出现，其余的变量不变，则称这两个最大项具有相邻性。例如，$\overline{A}+B+\overline{C}$ 和 $A+B+\overline{C}$ 两个最大项中只有变量 A 以原变量和反变量形式出现（$\overline{A}$ 和 A），其余的变量 B、C 不变（$B+\overline{C}$），所以它们具有相邻性。这两个最大项相乘时定能合并为只包含取值没有变化的变量构成的一个和项（$B+\overline{C}$），消去以原变量和反变量形式出现的变量 A。

证：
$$(\overline{A}+B+\overline{C})(A+B+\overline{C})=\overline{A}(B+\overline{C})+A(B+\overline{C})+(B+\overline{C})$$
$$=(B+\overline{C})(\overline{A}+A+1)=(B+\overline{C})$$

2. 最小项表达式

全部由最小项构成的“积之和”式叫做最小项表达式，它是一种标准表达式，也称为标准与或式。

由真值表按最小项规则直接写出来的表达式，就是最小项表达式。在例 2.2 中，由表 2.9 用最小项法推导的 3 人表决器电路的最小项表达式为：

$$F = \overline{A}BC + A\overline{B}C + AB\overline{C} + ABC \tag{2.34}$$

该式也可以用最小项的编号形式写成：

$$F = m_3 + m_5 + m_6 + m_7 \tag{2.35}$$

或写成：

$$F(A,B,C) = \sum m\,(3,5,6,7) \tag{2.36}$$

式（2.34）～式（2.36）是最小项表达式的 3 种不同形式。式中的 $\sum m$ 表示最小项之和。

利用基本公式 $A+\overline{A}=1$ 可以把任何一个逻辑函数化为最小项表达式，这种标准形式在逻辑函数化简以及计算机辅助分析和设计中得到了广泛的应用。

例如，给定逻辑函数为：

$$F = AB\overline{C} + BC$$

则可化为：$F = AB\overline{C} + (A+\overline{A})BC = AB\overline{C} + ABC + \overline{A}BC = m_3 + m_6 + m_7 = \sum m\,(3,6,7)$

3. 最大项表达式

全部由最大项构成的“和之积”式叫做最大项表达式，它是一种标准表达式，也称为标准或与式。

在例 2.2 中，由表 2.9 用最大项法推导出的 3 人表决器电路的最大项表达式为：

$$F = (A+B+C)(A+B+\overline{C})(A+\overline{B}+C)(\overline{A}+B+C) \tag{2.37}$$

根据最大项编号规则，最大项表达式也可以写成：

$$F = M_0 \cdot M_1 \cdot M_2 \cdot M_4 \tag{2.38}$$

或写成：

$$F(A,B,C) = \prod M\,(0,1,2,4) \tag{2.39}$$

式中，$\prod_M$ 表 示最大项之积。

式（2.37）～式（2.39）是最大项表达式的三种不同形式。

2.4 逻辑函数的简化法

在现代数字电路或系统的设计过程中，设计优化是一个重要的技术指标。设计优化主要包括面积优化和时间优化两个方面，面积优化是指设计的电路或系统占用的逻辑资源的数量越少越好；时间优化是指设计电路或系统的输入信号到达输出路程越短越好，使输入信号经历最短的时间到达输出端。逻辑函数的简化是实现面积优化的一种举措。但随着电子设计自动化技术（EDA）的出现，设计优化过程由 EDA 工具软件自动完成，一般不需要设计者介入。本书介绍的逻辑函数简化内容，主要让读者了解简化的意义，并掌握一些简单电路的简化方法。

2.4.1 逻辑函数简化的意义

在进行逻辑运算时常常会看到，同一个逻辑函数可以写成不同的逻辑式，而这些逻辑式的繁简程度又相差甚远。逻辑式越简单，它所表示的逻辑关系越明显，同时也有利于用最少的电子器件实现这个逻辑函数，因此经常需要通过化简的手段找出逻辑函数的最简形式。

例如在例 2.2 中，直接由真值表推导出的 3 人表决电路最小项表达式为：

$$F=\overline{A}BC+A\overline{B}C+AB\overline{C}+ABC \tag{2.40}$$

其对应的逻辑图如图 2.17（a）所示，由图可以看出，式（2.40）需要 4 个与逻辑、3 个非逻辑和 1 个或逻辑器件来实现。

将式（2.40）化简后得到：

$$F=\overline{A}BC+A\overline{B}C+AB\overline{C}+ABC=AB+AC+BC \tag{2.41}$$

其对应的逻辑图如图 2.17（b）所示，由图可以看出，式（2.41）需要 3 个与逻辑和 1 个或逻辑器件来实现。显然，图 2.17（b）比图 2.17（a）要简单得多。

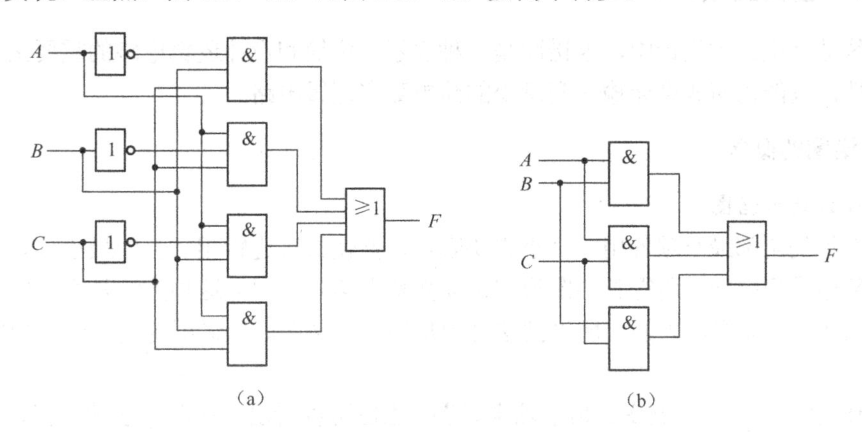

图 2.17　式 2.40 和式 2.41 对应的逻辑图

在与或表达式中，若其中包含的乘积项数最少，而且每个乘积项中的因子也不能再减少时，则称此逻辑函数为最简与或式。例如，式（2.41）就是最简与或表达式。在逻辑函数化简中，可以用不同的方法简化函数，得到最简表达式。

2.4.2　逻辑函数的公式简化法

逻辑函数的公式简化法的原理就是反复使用逻辑代数的基本公式、基本定理和常用公式，消去函数中多余的乘积项和多余的因子，以求得函数式的最简形式。

公式简化法没有固定的步骤。下面通过举例说明公式简化法的过程。

【例 2.9】 化简 $F_1=AB+BCD+\overline{A}C+\overline{B}C$。

解：
$$\begin{aligned}F_1&=AB+BCD+C(\overline{A}+\overline{B})\\&=AB+BCD+C(\overline{AB})\\&=AB+BCD+C\\&=AB+C\end{aligned}$$

【例 2.10】 化简 $F_2=AC+\overline{B}C+B\overline{D}+C\overline{D}+AB+A\overline{C}+\overline{A}BC\overline{D}+A\overline{B}DE$。

解：
$$\begin{aligned}F_2&=AC+\overline{B}C+B\overline{D}+C\overline{D}+A(B+\overline{C})+\overline{A}BC\overline{D}+A\overline{B}DE\\&=AC+\overline{B}C+B\overline{D}+C\overline{D}+A(\overline{\overline{B}C})+\overline{A}BC\overline{D}+A\overline{B}DE\\&=AC+\overline{B}C+B\overline{D}+C\overline{D}+A+\overline{A}BC\overline{D}+A\overline{B}DE\\&=A+\overline{B}C+B\overline{D}+C\overline{D}=A+\overline{B}C+B\overline{D}\end{aligned}$$

【例 2.11】 化简 $F_3 = A(A+B)(\overline{A}+C)(B+D)(\overline{A}+C+E+F)(\overline{B}+F)(D+E+F)$。

解：此例化简的对象是我们不太熟悉的或与表达式，可以先用对偶定理将其化为与或式后再化简，然后对简化后的逻辑式再求一次对偶，可得到原函数的最简表达式。

$$\begin{aligned} F_3' &= A + AB + \overline{A}C + BD + \overline{A}CEF + \overline{B}F + DEF \\ &= A + C + BD + \overline{A}CEF + \overline{B}F \\ &= A + C + BD + \overline{B}F \end{aligned}$$

$$F_3 = F_3'' = AC(B+D)(\overline{B}+F)$$

2.4.3 逻辑函数的卡诺图简化法

在传统数字电路的设计中，卡诺图是一种表示、化简和设计逻辑电路的重要工具，但它具有局限性，只能化简或设计输入变量少的简单数字逻辑电路。

1. 卡诺图的概念

（1）什么是卡诺图

将 n 变量的全部最小项各用一个小方块表示，并使具有逻辑相邻性的最小项，在几何位置上也相邻地排列起来，所得到的图形叫做 n 变量卡诺图。因为这种方法是由美国工程师卡诺（Karnaugh）首先提出来的，所以把这种图形叫做卡诺图。卡诺图也是逻辑函数的一种表示方法。

图 2.18 中画出了三到五变量最小项卡诺图。由图可以看出卡诺图画法的规律，即将 n 变量分成两组，如果是三变量，则分成 A 一组，BC 一组；如果是四变量，则分成 AB 一组，CD 一组。每一组的变量取值组合按循环码的规律排列。所谓循环码，是指相邻的两组之间只有一个变量取值不同的编码。例如，两个变量的取值组合按 00→01→11→10 排列；三个变量的取值组合按 000→001→011→010→110→111→101→100 排列。必须注意，这里的相邻，包含头、尾两组，即 00 与 10 或 000 与 100 也是相邻的。正是由于这种变量取值排列的规律，才能使得卡诺图中，代表最小项的两个相邻的小方块，具有逻辑相邻性。

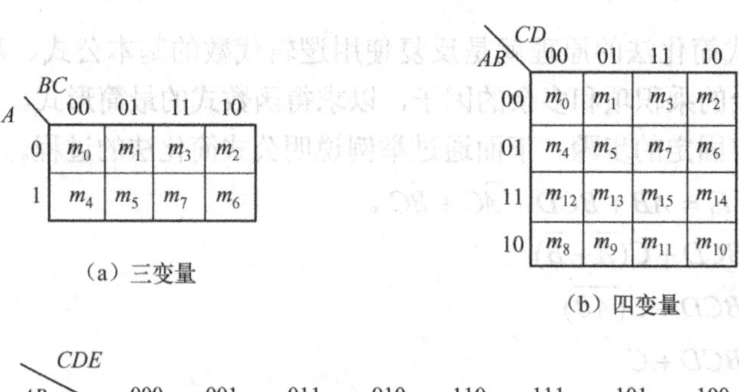

（a）三变量

（b）四变量

AB \ CDE	000	001	011	010	110	111	101	100
00	m_0	m_1	m_3	m_2	m_6	m_7	m_5	m_4
01	m_8	m_9	m_{11}	m_{10}	m_{14}	m_{15}	m_{13}	m_{12}
11	m_{24}	m_{25}	m_{27}	m_{26}	m_{30}	m_{31}	m_{29}	m_{28}
10	m_{16}	m_{17}	m_{19}	m_{18}	m_{22}	m_{23}	m_{21}	m_{20}

（c）五变量

图 2.18 三到五变量最小项卡诺图

（2）用卡诺图表示逻辑函数的方法

由于任意一个 n 变量的逻辑函数都可以换成最小项表达式，而 n 变量的卡诺图包含了 n 变量的所有最小项，所以 n 变量卡诺图可以表示 n 变量的任意一个逻辑函数。具体的方法是，首先把逻辑函数化为最小项表达式，然后在卡诺图上找到这些最小项对应的位置，并填入 1，称为“1”格；在其余的位置填入 0，称为“0”格。“1”格表示逻辑函数中包含的最小项，“0”格（也可以用“空格”代替）表示逻辑函数中不包含的最小项。也就是说，逻辑函数等于它对应的卡诺图中，由“1”格代表的最小项之和。

【例 2.12】 用卡诺图表示逻辑函数 $F = AB\overline{C} + \overline{A}BD + AC$ 。

解：首先把 F 转换为最小项表达式，即将表达式中每个乘积项缺少的变量补上，使它们都成为最小项。具体过程如下

$$
\begin{aligned}
F &= AB\overline{C}(D+\overline{D}) + \overline{A}BD(C+\overline{C}) + AC(B+\overline{B})(D+\overline{D}) \\
&= AB\overline{C}D + AB\overline{C}\,\overline{D} + \overline{A}BCD + \overline{A}B\overline{C}D + ABCD + ABC\overline{D} + A\overline{B}CD + A\overline{B}C\overline{D} \\
&= m_5 + m_7 + m_{10} + m_{11} + m_{12} + m_{13} + m_{14} + m_{15}
\end{aligned}
$$

然后画出四变量卡诺图，找到函数式中各最小项的位置并填入 1，其余位置填入 0，得到 F 的卡诺图，如图 2.19 所示。

把逻辑函数换成最小表达式后，再填入卡诺图的方法十分繁琐，实际上可以采用观察法直接填卡诺图。用观察法直接填卡诺图的基本原理是，对于任何一个最小项，可以找到 1 组变量的组合使其值为 1；而对于一个乘积项，则可以能找到一些变量的取值组合使其值为 1，这些取值组合代表的最小项就包含在该乘积项中。

AB \ CD	00	01	11	10
00	0	0	0	0
01	0	1	1	0
11	1	1	1	1
10	0	0	1	1

图 2.19 例 2.12 的卡诺图

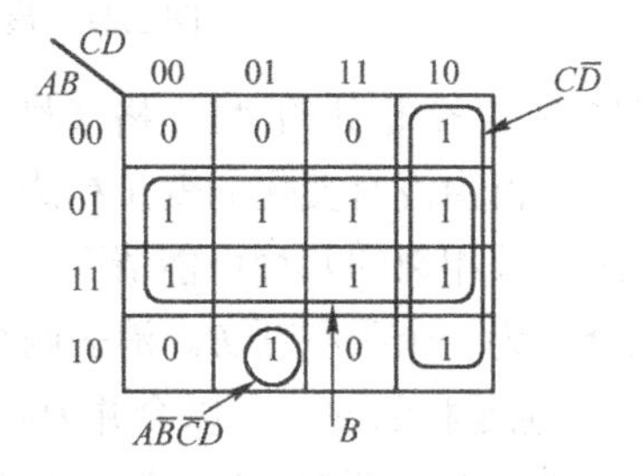

图 2.20 例 2.13 的卡诺图

【例 2.13】 用观察法在卡诺图中表示逻辑函数 $F = A\overline{B}\,\overline{C}D + B + C\overline{D}$

解：这是一个 4 变量 A、B、C、D 的逻辑函数，乘积项 $A\overline{B}\,\overline{C}D$ 是最小项，使其为 1 的变量取值组合是 1001，则在 m_9 小方格填入 1 表示该乘积项。乘积项 B 不是最小项，但由于该乘积项不包含变量 A、C、D，所以 A、C、D 的取值与该乘积项无关，只要 $B=1$，就可以使该乘积项的值为 1。使 $B=1$ 的变量取值组合有 0100、0101、0110、0111、1100、1101、1110、1111 共 8 个，对应的最小项为 m_4、m_5、m_6、m_7、m_{12}、m_{13}、m_{14}、m_{15}。在卡诺图中把这 8 个最小项对应的方格填入 1，即得到乘积项 B 代表的最小项组。同理，对于乘积项 $C\overline{D}$，只要 CD 的取值是 10（与 A、B 的取值无关），该乘积项的值就为 1。使 $C\overline{D}$ 为 1 的变量取值组合有 0010、0110、1010、1110 共 4 个，对应的最小项为 m_2、m_6、m_{10}、m_{14}。在卡诺图中把这 4 个最小项对应的方格填入 1，即得到乘积项 $C\overline{D}$ 代表的最小项组。画出的卡诺图如图 2.20 所示。

2. 卡诺图简化法

（1）卡诺图合并最小项的规律

在卡诺图中，两个几何位置相邻的“1”格具有逻辑上的相邻性，它们代表的最小项可以合并为一个乘积项，并消去一个取值有变化的变量。例如，在图2.21（a）所示的卡诺图中，$ABC(m_7)$和$AB\overline{C}(m_6)$相邻，故可以合并为$ABC+AB\overline{C}=AB(C+\overline{C})=AB$，消去一个取值有变化的变量$C$，保留由没有变化的变量$A$、$B$构成的乘积项$AB$。在卡诺图中，把可以合并的最小项（“1”格）圈起来，一个圈就代表一个乘积项。

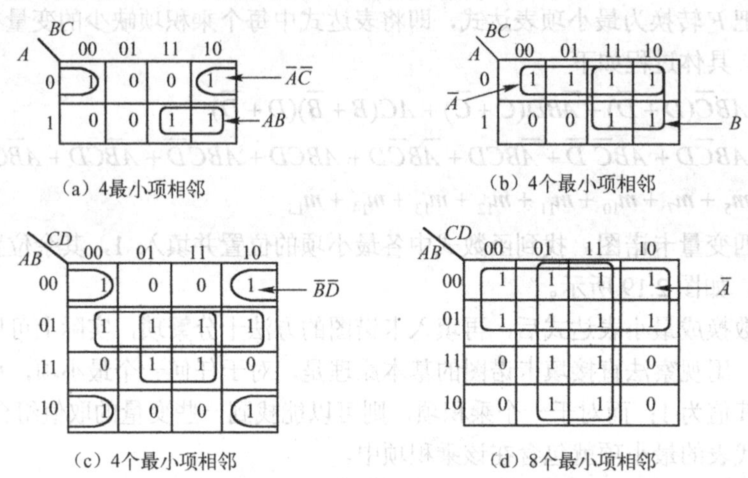

（a）4最小项相邻

（b）4个最小项相邻

（c）4个最小项相邻

（d）8个最小项相邻

图2.21　最小项相邻的几种情况

在卡诺图中4个相邻的“1”格（最小项）也可以合并为一个乘积项，消去两个取值有变化的变量，保留由没有变化的变量构成的乘积项。例如，在图2.21（b）所示的卡诺图中，画出了4个最小项相邻的几种可能情况，$\overline{A}\,\overline{B}C\overline{D}(m_2)$、$\overline{A}\,\overline{B}CD(m_3)$、$\overline{A}BC\overline{D}(m_6)$和$\overline{A}BCD(m_7)$相邻，可以合并为一个乘积项$B$。消去两个有变化的变量$A$、$C$。另外，图2.21（c）中四个角上的“1”格也是相邻的，可以合并为乘积项$\overline{B}\,\overline{D}$。

在卡诺图中8个相邻的“1”格也可以合并为一个乘积项，消去3个取值有变化的变量，保留由没有变化的变量构成的乘积项。例如，在图2.21（d）所示的卡诺图中，$\overline{A}\,\overline{B}\,\overline{C}\,\overline{D}(m_0)$、$\overline{A}\,\overline{B}\,\overline{C}D(m_1)$、$\overline{A}\,\overline{B}C\overline{D}(m_2)$、$\overline{A}\,\overline{B}CD(m_3)$、$\overline{A}B\overline{C}\,\overline{D}(m_4)$、$\overline{A}B\overline{C}D(m_5)$、$\overline{A}BC\overline{D}(m_6)$和$\overline{A}BCD(m_7)$相邻，可以合并为一个乘积项$\overline{A}$，消去三个有变化的变量$B$、$C$、$D$。

综上所述，卡诺图合并最小项的规律可以归纳为：在卡诺图中，2^i（$i=0,1,2,3,\cdots$）个相邻的最小项（”1”格），可以合并为一个乘积项，消去i个以原变量和反变量形式出现的变量，保留由没有变化的变量构成的乘积项。

卡诺图简化法就是在卡诺图上按照合并最小项的规律化简逻辑函数。卡诺图简化法具有简单、直观的特点，而且有简化步骤，容易得到最简结果。但它只适合6个变量以下的逻辑函数的简化。

（2）卡诺图简化法的步骤

用卡诺图化简逻辑函数时可以按如下步骤进行。

（1）画出表示该逻辑函数的卡诺图，并将函数填入卡诺图中。

（2）按合并最小项的规律圈出可以合并的最小项。

（3）选取化简后的乘积项。选取的原则是：

① 乘积项应包括函数式中所有的最小项，即应覆盖卡诺图中所有的”1”格。

② 合并最小项的圈中应包含尽量多的最小项，这样可以使乘积项的因子最少。

③ 合并后最小项的圈数最少，这样可以使化简后的逻辑函数的乘积项数最少。

④ 合并后的乘积项应是必要项（即至少可以找到一个只被圈过1次的”1”格的乘积项），避免多余项（即每个”1”格至少被圈2次或2次以上的乘积项）。

【例2.14】 用卡诺图化简法将下式化简为最简与或式

$$F(A,B,C,D)=\sum m\,(0,2,5,6,7,8,10,14,15)$$

解： 首先，画出表示该逻辑函数的卡诺图，并将函数填入卡诺图中。然后，按合并最小项的规律将可以合并的最小项圈出，如图2.22所示。最后按选取乘积项的原则选取乘积项，并写出简化结果为

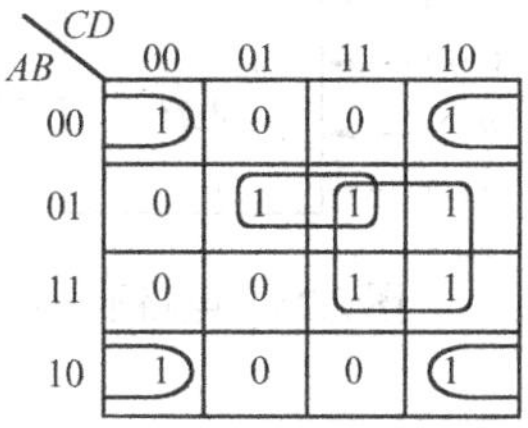

$$F=\overline{B}\,\overline{D}+BC+\overline{A}BD$$

AB \ CD	00	01	11	10
00	1	0	0	1
01	0	1	1	1
11	0	0	1	1
10	1	0	0	1

图2.22　例2.14的卡诺图

【例2.15】 用卡诺图化简法将下式化简为最简与或式

$$F(A,B,C,D)=\sum m\,(3,4,6,7,10,13,14,15)$$

解： 根据逻辑函数画出的卡诺图，以及合并的最小项的圈如图2.23（a）所示，简化结果为

$$F=\overline{A}CD+\overline{A}B\overline{D}+ABD+AC\overline{D}$$

在本例中，如果按图2.23（b）所示的圈法，则在简化结果中多出一个多余项BC。

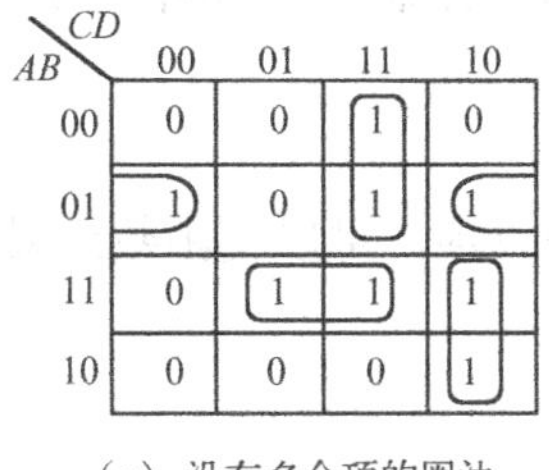

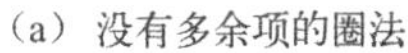

（a）没有多余项的圈法

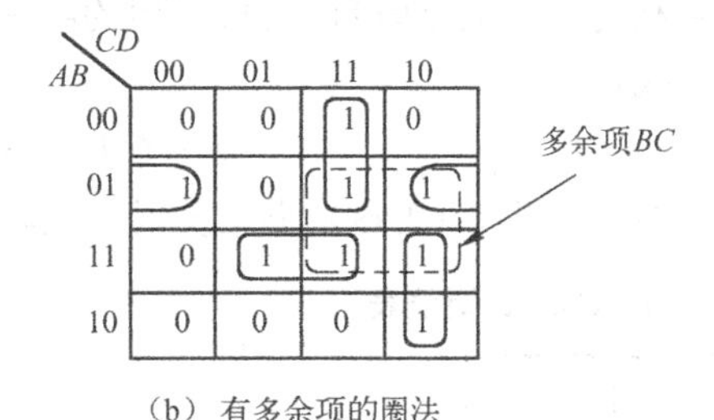

（b）有多余项的圈法

图2.23　例2.15的卡诺图及化简圈法

3. 具有约束的卡诺图的化简

在逻辑电路的设计过程中，对于输入变量的取值组合，常常会遇到有些取值组合不允许出现，而有些取值组合不会出现，还有些取值组合出现或不出现对输出均无影响等情况。这类取值组合就是约束，其代表的最小项称为约束项或任意项、无关项，记作“x”或“Φ”、“d”。

例如，一个简单的行车控制电路的设计示意图如图2.24所示。图中的A、B分别表示电路的红灯信号输入和绿灯信号输入，并用1表示灯亮，0表示灯灭；F是输出信号，$F=0$表示停车，$F=1$表示行车。这样，AB输入组合中的“00”和“11”是不允许出现的，即红、绿灯不允许同时灭或同时亮。这种不允许出现的输入组合代表的最小项，就称为约束或约束项。

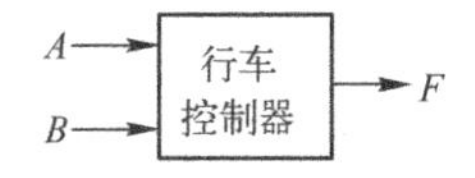

图2.24　行车控制器示意图

由于约束项是不允许出现、不会出现、出现或不出现对输出均无影响的最小项，所以可以对它们做任意处理。在卡诺图化简时，可以把它们合并在最小项的圈中，也可以不圈。正确处理约束项，可以使函数得到最简的结果。

【例 2.16】 设计一位十进制数（采用 8421BCD）的四舍五入电路。

解： 四舍五入电路设计示意图如图 2.25 所示。图中的 D、C、B、A 表示一位十进制数的 8421BCD 编码输入，D 的权值是 8（最高），A 的权值是 1（最低）。由于 8421BCD 用 0000～1001 这 10 组组合代表十进制数的 0～9，1010～1111 这 6 组组合没有使用。没有使用的组合不会出现在输入端，因此 1010～1111 对应的最小项都是约束项。依题意列出的真值表如表 2.13 所示，其中“x”表示约束项。

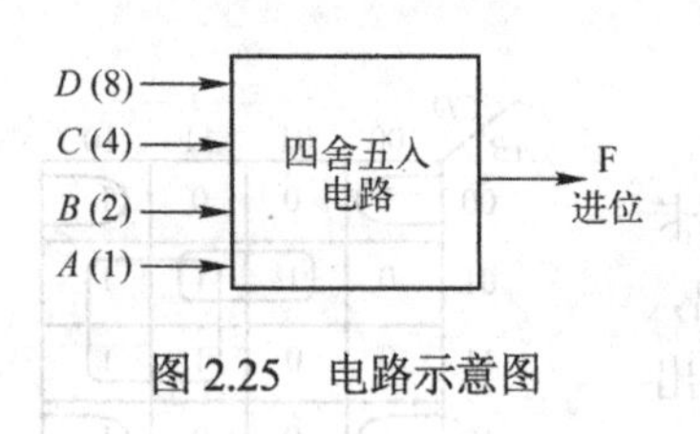

图 2.25　电路示意图

由真值表推出的函数表达式为

$$F(D,C,B,A)=\sum m(5,6,7,8,9)+\sum x(10,11,12,13,14,15)$$

式中，$\sum x(10,11,12,13,14,15)$表示约束条件。约束条件也可以写成

$$\sum d(10,11,12,13,14,15)$$

或用表达式形式写成

$$m_{10}+m_{11}+m_{12}+m_{13}+m_{14}+m_{15}=0$$

在用卡诺图化简时，如果不利用约束项，即只圈卡诺图中的”1”格，如图 2.26 所示，得到的简化与或表达式为

$$F=\overline{D}CA+\overline{D}CB+D\overline{C}\,\overline{B} \tag{2.42}$$

如果正确利用约束项，即可以将可利用的约束项圈入合并最小项的圈中，如图 2.27 所示，得到的简化与或式

$$F=CA+CB+D \tag{2.43}$$

比较式（2.42）和式（2.43）不难发现，正确利用约束项，可以使函数结果更简化。

表 2.13　四舍五入电路的真值表

DCBA	*F*
0000	0
0001	0
0010	0
0011	0
0100	0
0101	1
0110	1
0111	1
1000	1
1001	1
1010	*x*
1011	*x*
1100	*x*
1101	*x*
1110	*x*
1111	*x*

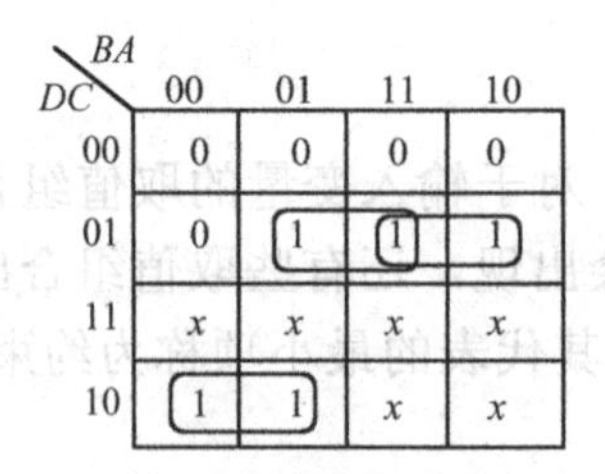

图 2.26　不利用约束项的卡诺图

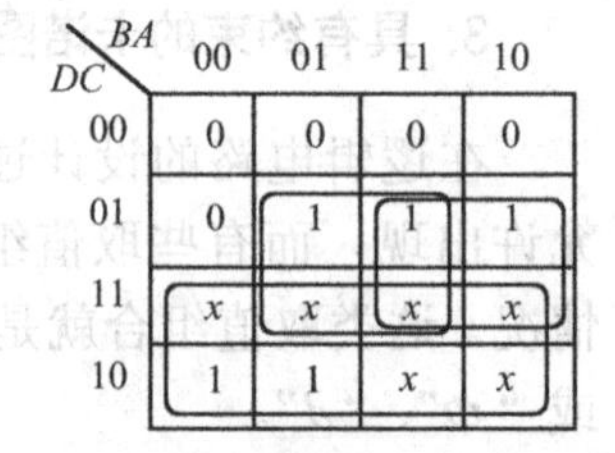

图 2.27　利用约束项的卡诺图

2.5　Verilog HDL 基础

Verilog HDL 是目前应用最为广泛的硬件描述语言，1995 年被 IEEE 采纳为国际标准硬件

描述语言，至今已公布了 Verilog—1995 、Verilog—2001 和 SystemVerilog—2005 三种版本。Verilog HDL 可以进行算法级（Algorithm）、寄存器传输级（RTL）、逻辑级（Logic）、门级（Gate）和版图级（Layout）等各个层次的电路设计和描述。采用 Verilog HDL 进行电路设计与工艺无关性，这使得设计者在进行电路设计时可以不必过多考虑工艺实现的具体细节，设计者只需要利用计算机的强大功能，在 EDA 工具的支持下，通过 Verilog HDL 的描述，即可完成数字电路和系统的设计，大大减少了设计者的繁重劳动。

本章介绍 Verilog HDL 的语言规则、数据类型和语句结构，作为数字逻辑电路设计的基础。

2.5.1 Verilog HDL 设计模块的基本结构

Verilog HDL 程序设计由模块（module）构成，设计模块的基本结构如图 2.28 所示。一个完整的 Verilog HDL 设计模块包括端口定义、I/O 声明、变量类型声明和功能描述等 4 个部分。

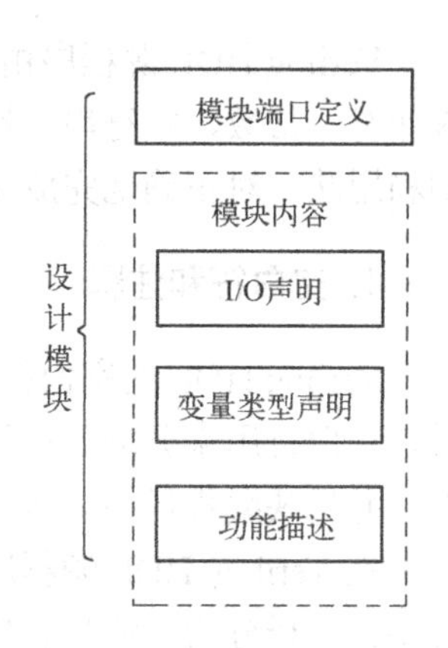

图 2.28 Verilog HDL 程序模块结构

1. 模块端口定义

模块端口定义用来声明电路设计模块的输入/输出端口，端口定义格式如下：

module 模块名（端口 1,端口 2,端口 3,…）；

在端口定义的圆括弧中，是设计电路模块与外界联系的全部输入/输出端口信号或引脚，它是设计实体对外的一个通信界面，是外界可以看到的部分（不包含电源和接地端），多个端口名之间用“,”分隔。例如，在 3 人表决器（参见例 2.2）的设计中，可以用 decide 作为设计电路的 Verilog HDL 设计模块名，f 是电路的输出端，a、b 和 c 是电路的输入端，则 decide 模块的端口定义为：

module decide(f,a,b,c);

说明：Verilog HDL 的端口定义、I/O 声明和程序语句中的标点符号及圆括弧均要求用半角符号书写。

2. 模块内容

模块内容包括 I/O 声明、变量类型声明和功能描述。

（1）模块的 I/O 声明

模块的 I/O 声明用来声明模块端口定义中各端口数据流动方向，包括：输入（input）、输出（output）和双向（inout）。双向是指既可以作为输入，也可以作为输出的双方向端口。

I/O 声明格式如下：

```
input     端口 1,端口 2,端口 3,…;     //声明输入端口
output    端口 1,端口 2,端口 3,…;     //声明输出端口
```

例如，3 人表决器的 I/O 声明为

```
input     a,b,c;
output    f;
```

（2）变量类型声明

变量类型声明用来声明设计电路的功能描述中使用的变量的数据类型。变量的数据类型主要有连线（wire）、寄存器（reg）、整型（integer）、实型（real）和时间（time）等，这部分内容将在后续的章节中详细介绍。

（3）功能描述

功能描述是 Verilog HDL 程序设计中最主要的部分，用来描述设计模块的内部结构和模块端口间的逻辑关系，在电路上相当于器件的内部电路结构。功能描述可以用 assign 语句、元件例化（instantiate）、always 块语句、initial 块语句等方法来实现。

2.5.2 Verilog HDL 的词法

Verilog HDL 源程序由空白符号分隔的词法符号流所组成。词法符号包括空白符、注释、操作符、常数、字符串、标识符和关键词。准确无误地理解和掌握 Verilog HDL 的词法的规则和用法，对正确地完成 Verilog HDL 程序设计十分重要。

1. 空白符和注释

Verilog HDL 的空白符包括计算机键盘上的空格键、Tab 键、换行和换页（ASCII 码）符号。空白符用来分隔各种不同的词法符号，合理地使用空白符可以使源程序具有一定的可读性，并反映编程风格。多余的空白符如果不是出现在字符串中，编译源程序时将被忽略。

在 Verilog HDL 源程序中，注释用来帮助读者理解程序或程序语句，编译源程序时将被忽略。注释分为行注释和块注释两种方式。行注释用符号“//”（两个斜杠）开始，注释到本行结束。例如：

```
//声明输入端口
```

是行注释形式。

块注释用“/*”开始，用“*/”结束。块注释可以跨越多行，但它们不能嵌套。例如：

```
/* input      a,b,c;
output     f;   */
```

是块注释形式。

在 Verilog HDL 源程序中，注释不仅可以帮助读者理解程序，也可以将某条语句或某段程序用注释方式临时屏蔽起来（不执行），便于调试程序和查错。

2. 常数

Verilog HDL 中的常数包括数字、未知 x 和高阻 z 三种。数字可以用二进制、十进制、八进制和十六进制等 4 种不同数制来表示，完整的数字格式为：

```
<位宽>'<进制符号><数字>
```

其中，位宽表示数字对应的二进制数的位数宽度（位宽可以省略）；进制符号包括 b 或 B（表示二进制数），d 或 D（表示十进制数），h 或 H（表示十六进制数），o 或 O（表示八进制数）。例如，8'b10110001 或'b10110001 表示位宽为 8 位的二进制数 10110001；8'hf5 或'hf5 表示位宽为 8 位的十六进制数 f5。

十进制数的位宽和进制符号可以缺省，例如，125 表示十进制数 125。

另外，用 x 和 z 分别表示未知值和高阻值（x 和 z 可以用大写或小写字母书写），它们可以出现在除十进制数以外的数字形式中。x 和 z 的位数由所在的数字格式决定，在二进制数格式中，一个 x 或 z 表示 1 位未知位或 1 位高阻位；在十六进制数中，一个 x 或 z 表示 4 位未知位或 4 位高阻位；在八进制数中，一个 x 或 z 表示 3 位未知位或 3 位高阻位。例如：

```
'b1111xxxx        //等价'hfx
'b1101zzzz        //等价'hdz
```

3. 字符串

字符串是用双引号括起来的可打印字符序列，它必须包含在同一行中。例如，“ABC”，“A BOY.”，“A”，“1234”都是字符串（双引号也是半角符号）。

4. 关键词

关键词（或称为关键字）是 Verilog HDL 预先定义的单词，它们在程序中有不同的使用目的。例如，module 和 endmodule 用来指出源程序模块的开始和结束；用 assign 来描述一个逻辑表达式等。Verilog —1995 的关键词有 97 个，Verilog—2001 增加了 5 个，共 102 个，如表 2.14 所示。每个关键词全部由小写字母组成，少数关键词中包含“0”或“1”数字。

表 2.14　Verilog HDL 关键词

always	and	assign	begin	buf
bufi0	bufu1	case	casex	casez
cmos	deassign	default	defparam	disable
edge	else	end	endcase	endfunction
endmodule	endprimitive	endspecify	endtable	endtask
event	for	force	forever	fork
function	highz0	highz1	if	initial
inout	input	integer	join	large
macromodule	medium	module	nand	negedge
nmos	nor	not	notif0	nottif1
or	output	pmos	posedge	primitive
pull0	pull1	pulldown	pullup	remos
reg	release	Repeatr	rnmos	rpmos
rtran	rtranif0	reranif1	scalared	small
specify	specparam	strong0	strong1	supply0
supply1	table	task	time	tran
tranif0	tranif1	tri	tri0	tri1
triand	trior	vectored	wait	wand
weak0	weak1	while	wire	wor
xnot	xor			

5. 标识符

标识符是用户编程时为常量、变量、模块、寄存器、端口、连线、示例和 begin-end 块等元素定义的名称。标识符可以是字母、数字和下划线“_”等符号组成的任意序列。定义标识符时应遵循如下规则：

① 首字符不能是数字。

② 字符数不能多于 1024 个。

③ 大小写字母是不同的。

④ 不要与关键词同名。

例如，ina、inb、adder、adder8、name_adder 都是正确的标识符；而 1a、?b 是错误的标识符。

Verilog HDL 允许使用转义标识符，转义标识符中可以包含任意的可打印字符，转义标识符从空白符号开始，以反斜杠“\”作为开始标记，到下一个空白符号结束，反斜杠不是标识符的一部分。下面是转义标识符的示例：

```
\74LS00
\a + b
```

6. 操作符

操作符也称为运算符，是 Verilog HDL 预定义的函数符号，这些函数对被操作的对象（即操作数）进行规定的运算，得到一个结果。操作符通常由 1～3 个字符组成。例如，“+”表示加操作，“==”（两个“=”字符）表示逻辑等操作，“===”（3 个“=”字符）表示全等操作。有些操作符的操作数只有 1 个，称为单目操作；有些操作符的操作数有 2 个，称为双目操作；有些操作符的操作数有 3 个，称为三目操作。

Verilog HDL 的操作符有以下 9 类。

（1）算术操作符（Arithmetic operators）

常用的算术操作符有：+（加）、-（减）、*（乘）、/（除）、%（求余）和**乘方 6 种。其中%是求余操作符，在两个整数相除的基础上，取出其余数。例如，5 % 6 的值为 5；13 % 5 的值是 3。

（2）逻辑操作符（Logical operators）

逻辑操作符包括：&&（逻辑与）、||（逻辑或）、!（逻辑非）。例如，A && B 表示 A 和 B 进行逻辑与运算；A || B 表示 A 和 B 进行逻辑或运算；!A 表示对 A 进行逻辑非运算。

（3）位运算（Bitwise operators）

位运算是将两个操作数按对应位进行逻辑操作。位运算操作符包括：~（按位取反）、&（按位与）、|（按位或）、^（按位异或）、^~或~^（按位同或）。例如，设 A = 'b11010001，B = 'b00011001，则：

~A = 'b00101110　　A & B = 'b00010001　　A | B = 'b11011001

A ^ B = 'b11001000　　A ^~ B = 'b00110111

在进行位运算时，当两个操作数的位宽不同时，计算机会自动将两个操作数按右端对齐，位数少的操作数会在高位用 0 补齐。

（4）关系操作符（Relational operators）

关系操作符用来对两个操作数进行比较。关系操作符有：＜（小于）、＜=（小于等于）、＞（大于）、＞=（大于等于）。其中，＜= 也是赋值运算中的一种赋值符号。

关系运算的结果是 1 位逻辑值。在进行关系运算时，如果关系成立，则计算结果为“1”，表示“真”；如果关系不成立，则计算结果为“0”，表示“假”；如果某个操作数的值不定，则计算结果为“x”（未知），表示结果是不定或模糊的。

（5）等值操作符（Equality operators）

等值操作符包括：==（等于）、! =（不等于）、===（全等）、! ==（不全等）4 种。

等值运算的结果也是 1 位逻辑值，当运算结果为真时，返回值“1”；为假则返回值“0”。相等操作符（==）与全等操作符（===）的区别是：当进行相等运算时，两个操作数必须逐位相等，其比较结果的值才为“1”（真），如果某些位是不定或高阻状态，其相等比较的结果就会是不定值；而进行全等运算时，对不定或高阻状态位也进行比较，当两个操作数完全一致时，其结果的值才为“1”（真），否则结果为“0”（假）。

例如，设 A = 'b1101xx01，B = 'b1101xx01 则 A == B 的运算的结果为“x”（未知），A === B 的运算的结果为“1”（真）。

（6）缩减操作符（Reduction operators）

缩减操作符包括：&（缩减与）、~&（缩减与非）、|（缩减或）、~|（缩减或非）、^（缩减异或）、^~或~^（缩减同或）。缩减操作运算法则与逻辑运算操作相同，但操作的运算对象只有一个。在进行缩减操作运算时，对操作数逐位进行与、与非、或、或非、异或、同或等缩减操作运算，运算结果有 1 位“1”或“0”。例如，设 A = 'b11010001，则& A = 0（在与缩减运算中，只有 A 中的数字全为“1”时，结果才为“1”）；|A = 1（在或缩减运算中，只有 A 中的数字全为“0”时，结果才为“0”）。

（7）转移操作符（Shift operators）

转移操作符包括：>>（右移）、<<（左移）。其使用方法为：

操作数 >> n ；　　//将操作数的内容右移 n 位，同时从左边开始用 0 来填补移出的位数。

操作数 << n;　　//将操作数的内容左移 n 位，同时从右边开始用 0 来填补移出的位数。

例如，设 A = 'b11010001，则 A >> 4 的结果是 A = 'b00001101；而 A << 4 的结果是 A = 'b00010000。转移操作符常用于移位寄存器的设计。

（8）条件操作符（Conditional operators)

条件操作符为：?:

条件操作符的操作数有 3 个，其使用格式为：

操作数 = 条件 ？表达式 1：表达式 2;

即当条件为真（条件结果值为 1）时，操作数 = 表达式 1；为假（条件结果值为 0）时，操作数 = 表达式 2。例如：

```
F = a ? b:c;
```

上述表达式实现的功能是：当 a 为“1”（真）时，F = b；当 a 为“0”（假）时，F = c。

（9）并接操作符（Concatenation operators）

并接操作符为：{}

并接操作符的使用格式为：

{操作数 1 的某些位,操作数 2 的某些位,…,操作数 n 的某些位}；

即将操作数 1 的某些位，与操作数 2 的某些位，…，与操作数 n 的某些位并接在一起，构成一个完整的多位数。例如，将 d、c、b、a 这 4 个 1 位二进制变量并接为 1 个 4 位二进制数的格式为：{d,c,b,a}。并接后的数各位都有权值，在并接符号最左边的数（d）权值最高，在最右边的数（a）权值最低，以此类推。

（10）操作符的优先级

在 Verilog HDL 中，不同的操作符具有不同的优先等级，如果一个表达式包含多个不同的操作符，则需要按照优先级高的操作符先运算，优先级低的操作符后运算的规则进行，得到相应的结果。Verilog HDL 操作符的优先级如表 2.15 所示。表中顶部的操作符优先级最高，底部的最低，列在同一行的操作符的优先级相同。所有的操作符（?: 操作符除外）在表达式中都是从左向右结合的。圆括弧可以用来改变优先级，并使运算顺序更清晰。对操作符的优先级不能确定时，最好使用圆括弧来确定表达式的优先顺序，既可以避免出错，也可以增加程序的可读性。

表 2.15　操作符的优先级

优先级序号	操　作　符	操作符名称
1	!、~	逻辑非、按位取反
2	*、/、%	乘、除、求余
3	+、-	加、减
4	<<、>>	左移、右移
5	<、<=、>、>=	小于、小于等于、大于、大于等于
6	==、!=、===、!==	等于、不等于、全等、不全等
7	&、~&	缩减与、缩减与非
8	^、^~	缩减异或、缩减同或
9	|、~|	缩减或、缩减或非
10	&&	逻辑与
11	||	逻辑或
12	?:	条件操作符

7. Verilog HDL 数据对象

Verilog HDL 数据对象是指用来存放各种类型数据的容器，包括常量和变量。

（1）常量

常量是一个恒定不变的值数，也称为参数，一般在程序前部定义。常量定义格式为：

parameter 常量名 1 = 表达式, 常量名 2 = 表达式, …, 常量名 n = 表达式;

其中，parameter 是常量（参数）定义关键词，“常量名”是用户定义的标识符，“表达式”可以是常数、变量或表达式，完成为常量赋值。例如：

```
parameter Vcc = 5, fbus = 'b11010001;
```

上述语句定义了一个名为 Vcc 的常量，其值为十进制数 5；还定义了另一个常量 fbus，其值为二进制数“11010001”。

（2）变量

变量是在程序运行时其值可以改变的量。在 Verilog HDL 中，变量分为网络型（nets type）和寄存器型（register type）两种。nets 型变量是输出值始终根据输入变化而更新的变量，它一般用来定义硬件电路中的各种物理连线。

在 nets 型变量中，wire 型变量是最常用的一种。wire 型变量常用来表示以 assign 语句赋值的组合逻辑变量。在 Verilog HDL 模块中，输入/输出变量类型默认时自动定义为 wire 型。wire 型变量可以作为任何方程式的输入，也可以作为 assign 语句和例化元件的输出。wire 型变量的取值可以是 0、1、x 和 z。

wire 型变量的定义格式如下：

```
wire [位宽]  变量名 1, 变量名 2, …, 变量名 n;
```

用 wire 定义的变量有一个范围选项（即位宽），位宽的格式为："[n1:n2]"，其中 n1 和 n2 为两个大于等于 0 的正整数或表达式。缺少位宽项则默认为位宽是 1。位宽为 1 位的变量称为标量，位宽超过 1 位的变量称为向量。标量的定义不需要加位宽选项，向量定义时需要位宽选项，例如：

```
wire         a,b,c;          //定义了 3 个 wire 型的变量，位宽均为 1 位。
wire[7:0]    databus;        //定义了 1 个 wire 型的数据总线，位宽为 8 位。
wire[15:0]   addrbus;        //定义了 1 个 wire 型的地址总线，位宽为 16 位。
```

register 型变量是用来描述硬件系统的基本数据对象的。它作为一种数值容器，不仅可以容纳当前值，也可以保持历史值。变量也是一种连接线，可以作为设计模块中各器件间的信息传送通道。register 型变量与 wire 型变量的根本区别在于 register 型变量需要被明确地赋值，并且在被重新赋值前一直保持原值。

在 Verilog HDL 中，register 型变量包括有 reg（寄存器）、integer（整型）、real（实型）和 time（时间）4 种，其中 integer、real 和 time 类型变量都是纯数学的抽象描述，不对应任何具体的硬件电路，但它们可以描述与模拟有关的计算。例如，可以利用 time 型变量控制经过特定的时间后关闭显示等。

reg 型变量是数字系统中存储设备的抽象，常用于具体的硬件描述，因此是最常用的寄存器型变量。reg 型变量定义的关键词是 reg，定义格式如下：

```
reg [位宽]  变量 1,变量 2,…,变量 n;
```

用 reg 定义的变量也有范围选项（即位宽），默认的位宽是 1。位宽为 1 位的变量称为标量，位宽超过 1 位的变量称为向量。标量的定义不需要加位宽选项，向量定义时需要位宽选项，例如：

```
reg      a,b;       //定义两个 reg 型变量 a 和 b（标量）
reg[7:0]    data;  //定义 1 个 8 位寄存器型变量，最高有效位是 7（2^7），最低有效位是 0（2^0）
reg[0:7]    data;  //定义 1 个 8 位寄存器型变量，最高有效位是 0（2^7），最低有效位是 7（2^0）
```

向量定义后可以采用多种赋值形式。

为整个向量赋值的形式为：

```
data = 'b00000000;
```

为向量的部分位赋值的形式为：

```
data[5:3] = 'b111;            //将 data 的第 5、4、3 位赋值为"111"
```

为向量的某一位赋值的形式为：

```
data[7] = 1;
```

（3）数组

若干个相同宽度的向量构成数组。在数字系统中，reg 型数组变量即为 memory（存储器）型变量。例如，定义包含 1024×8 位的 reg 型存储器的变量 myrom 的语句为：

```
reg [7:0] myrom[1023:0];
```

数组变量定义后，即可对其中的数据进行读出或写入操作。读出操作的语句为：

```
A = myrom[0];            //将存储器中的第 0 个字的值读出赋给变量 A
```

写入操作的语句为：

```
myrom[0] = A;            //将变量 A 中的值写入到存储器的第 0 个字中
```

2.5.3 Verilog HDL 的语句

语句是构成 Verilog HDL 程序不可缺少的部分。Verilog HDL 的语句包括赋值语句、条件语句、循环语句、结构声明语句和编译预处理语句等类型，每一类语句又包括几种不同的语句。在这些语句中，有些语句属于顺序执行语句，有些语句属于并行执行语句。

顺序语句与传统的计算机编程语句类似，是按程序书写的顺序自上而下、一条一条地执行的。并行语句是 Verilog HDL 最具有特色的语句结构。行语句在设计模块中的执行是同步进行的，或者说是并行运行的，其执行方式与语句书写的顺序无关。当多条并行语句都满足执行条件时，它们就同时运行。

1. 赋值语句

在 Verilog HDL 中，赋值语句常用于描述硬件设计电路输出与输入之间的信息传送，改变输出结果。Verilog HDL 有门基元、连续赋值、过程赋值和非阻塞赋值等 4 种赋值方法（即语句），不同的赋值语句使输出产生新值的方法不同。其中非阻塞赋值应用较少，下面主要介绍门基元、连续赋值和过程赋值语句。

（1）门基元赋值语句

门是实现与、或、非三种基本逻辑和与非、或非、异或等复合逻辑的电路，根据逻辑关系把它们分别称为与门、或门、非门、与非门、或非门和异或门。一般的门电路具有一个输出端和若干个输入端，门基元赋值语句用于描述（设计）这些门电路，语句格式为：

基本逻辑门关键词（门输出,门输入 1,门输入 2,…,门输入 n）；

其中，基本逻辑门关键词是 Verilog HDL 预定义的逻辑门，包括 and（与门）、or（或门）、not（非门）、xor（异或门）、nand（与非门）、nor（或非门）等；圆括弧中内容是被描述门的输出和输入变量。例如，具有 y 为输出和 a、b、c、d 4 个输入的与非门的门基元赋值语句为：

```
nand (y,a,b,c,d);
```

（2）连续赋值语句

连续赋值语句的关键词是 assign，赋值符号是“ = ”，赋值语句的格式为：

```
assign      赋值变量 = 表达式;
```

赋值符号（“ = ”）左边的“赋值变量”是 wire 型变量，右边的“表达式”可以是常量、变量或表达式。

例如，具有 a、b、c、d 4 个输入和 y 为输出的与非门的连续赋值语句为：

```
assign   y = ~(a & b & c & d);
```

在执行中，输出 y 的变化跟随输入 a、b、c、d 的变化而变化，反映了信息传送的连续性。连续赋值语句用于逻辑门和组合逻辑电路的描述。

例如，4 输入端与非门的 Verilog HDL 源程序 nand_4.v 如下：

```
module      nand_4(y,a,b,c,d);
output      y;
input       a,b,c,d;
assign      #1 y = ~(a&b&c&d);
endmodule
```

该程序中的“#1”表示该门的输出与输入变量之间具有 1 个单位的时间延迟，以保证设计结果与实际电路的延迟性能相近。

（3）过程赋值语句

过程赋值语句出现在 initial 和 always 块语句中，赋值符号是“ = ”，语句格式为：

赋值变量= 表达式;

在过程赋值语句中，赋值号“ = ”左边的赋值变量必须是 reg（寄存器）型变量，其值在该语句结束的即可得到。如果一个块语句中包含若干条过程赋值语句，那么这些过程赋值语句是按照语句编写的顺序由上至下一条一条地执行的，前面的语句没有完成，后面的语句就不能执行，就如同被阻塞了一样。因此，过程赋值语句也称为阻塞赋值语句。

（4）非阻塞赋值语句

非阻塞赋值语句也是出现在 initial 和 always 块语句中，赋值符号是“<=”，语句格式为：

```
赋值变量 <= 表达式;
```

在非阻塞赋值语句中，赋值号“<=”左边的赋值变量也必须是 reg 型变量，其值不像在过程赋值语句那样，语句结束时即刻得到，而在该块语句结束才可得到。例如，在下面的块语句中包含 4 条赋值语句

```
always      @(posedge clock)
m = 3;
n = 75;
n <= m;
r = n;
```

语句执行结束后，r 的值是 75，而不是 3，因为第 3 行是非阻塞赋值语句“n <= m”，该语句要等到本块语句结束时，n 的值才能改变。块语句中的“@(posedge clock)”是定时控制敏感函数，表示时钟变量 clock 的上升沿到来的敏感时刻。

2. 条件语句

条件语句包含 if 语句和 case 语句，它们都是顺序语句，应放在 always 块中。

（1）if 语句

完整的 Verilog HDL 的 if 语句结构如下：

```
if （表达式） begin  语句;  end
  else if （表达式） begin  语句;  end
    else  begin  语句;  end
```

在 if 语句中，“表达式”一般为逻辑表达式或关系表达式，也可以是位宽为 1 位的变量。系统对表达式的值进行判断，若值为“1”按“真”处理，执行指定的语句；为“0”、“x”和“z”时，按“假”处理，不执行相关的语句。语句可以是多句，多句时用“begin-end”语句括起来，每条语句用分号“;”分隔；也可以是单句，单句可以省略“begin-end”语句。对于 if 语句嵌套，如果不清楚 if 和 else 的匹配，最好用“begin-end”语句括起来。

根据需要，if 语句可以写为另外两种变化形式：

```
if （表达式）        begin 语句;      end          //变化形式Ⅰ，表示只有一个分支
if （表达式）        begin 语句;      end          //变化形式Ⅱ，表示有两个分支
   else              begin 语句;      end
```

（2）case 语句

case 语句是一种多分支的条件语句，完整的 case 语句的格式为：

```
case （表达式）
        选择值 1：  语句 1;
        选择值 2：  语句 2;
                    ⋮
        选择值 n：  语句 n;
        default：   语句 n + 1;
  endcase
```

执行 case 语句时，首先计算表达式的值，然后执行在条件句中找到的“选择值”与其值相同的语句。当所有的条件句的“选择值”与表达式的值不同时，则执行“default”后的语句。default 语句如果不需要，可以去掉。

case 语句还有两种变体语句形式，即 casez 和 casex 语句，这两种语句与 case 语句的格式完全相同，它们的区别是：在 casez 语句中，如果分支表达式某些位的值为高阻 z，那么对这些位的比较就不予以考虑，只关注其他位的比较结果。在 casex 语句中，把不予以考虑的位扩展到未知 x，即不考虑值为高阻 z 和未知 x 的那些位，只关注其他位的比较结果。

3. 循环语句

循环语句包含 for 语句、repeat 语句、while 语句和 forever 语句 4 种。

（1）for 语句

for 语句的语法格式为：

```
for （循环指针 = 初值; 循环指针 < 终值; 循环指针 = 循环指针 + 步长值）
  begin  语句;  end
```

for 语句可以使一组语句重复执行，语句中的循环指针、初值、终值和步长值是循环语句定义的参数，这些参数一般属于整型变量或常量。语句重复执行的次数由语句中的参数确定，即：

循环重复次数 =（终值-初值）/步长值。

例如语句

```
for (i = 0; i < 100; i = i + 1);
```

其循环重复次数为（100 – 0）/1 = 100（次）。

（2）repeat 语句

repeat 语句的语法格式为：

```
repeat（循环次数表达式） 语句;
```

例如，用 repeat 语句控制循环 100 次的语句为：

```
repeat(99)   begin  语句;   end
```

用 repeat 控制的循环从第 0 次开始到第 99 次后结束，共执行 100 次。

（3）while 语句

while 语句的语法格式为：

```
while （循环执行条件表达式）
  begin
重复执行语句;
修改循环条件语句;
end
```

while 语句在执行时，首先判断循环执行条件表达式是否为真。若为真，则执行其后的语句；若为假，则不执行（表示循环结束）。为了使 while 语句能够结束，在循环执行的语句中必须包含一条能改变循环条件的语句。

（4）forever 语句

forever 语句的语法格式为：

```
forever    begin  语句;   end
```

forever 是一种无穷循环控制语句，它不断地执行其后的语句或语句块，永远不会结束。forever 语句常用来产生周期性的波形，作为仿真激励变量。例如，让 clk 产生矩形波的语句为：

```
#10 foreve #10 clk = !clk;
```

上述语句表明：clk 变量从一个起始值开始，每隔 10 个标准延迟单位就变化为其相反的值），即由 0 变化为 1，由 1 变化为 0。这样，clk 就是一个在 0 和 1 两种电平上变化的矩形波。

4. 结构声明语句

在 Verilog HDL 中，对具有某种独立功能的电路，都是放在过程块中描述的，而任何过程块都是放在结构声明语句中的，结构声明语句包括 always、initial、task 和 function 等 4 种结构。

（1）always 块语句

在一个 Verilog HDL 模块（module）中，always 块语句的使用次数是不受限制的，块内的语句也是不断重复执行的。always 块语句的语法结构为：

```
always @（敏感变量表达式）
  begin
      // 过程赋值语句;
      // if 语句，case 语句;
      // for 语句，while 语句，repeat 语句;
      // tast 语句，function 语句;
end
```

在 always 块语句中，敏感变量表达式（event-expression）应该列出影响块内取值的所有变量（一般指设计电路的输入变量、模块内部使用的变量和时钟变量），多个变量之间用“or”连接。当表达式中任何变量发生变化时，就会执行一遍块内的语句。块内语句可以包括：过程赋值、if、case、 for、while、repeat、task 调用和 function 调用等语句。

（2）initial 块语句

initial 块语句的语法格式为：

```
initial
  begin
      语句;
  end
```

initial 块语句的使用次数也是不受限制的，但块内的语句仅执行一次，因此 initial 语句常用于仿真中的初始化。

（3）task 块语句

在 Verilog HDL 模块中，task 块语句用来定义任务。任务类似于高级语言中的子程序，用来单独完成某项具体任务，并可以被模块或其他任务调用。利用任务可以把一个大的程序模块分解成为若干小的任务，使程序清晰易懂，而且便于调试。

可以被调用的任务必须事先用 task 块语句定义，定义格式如下：

```
task   任务名;
       端口声明语句;
       变量类型声明语句;
  begin      语句;   end
endtask
```

任务定义与模块（module）定义的格式相同，区别在于任务用 task-endtask 语句来定义，而且没有端口名列表。

任务调用的格式为：

```
任务名 （端口名列表）;
```

使用任务时，需要注意几点：

① 任务的定义和调用必须在同一个 module 模块内。

② 定义任务时，没有端口名列表，但要进行端口和数据类型的声明。

③ 当任务被调用时，任务被激活。任务调用与模块调用一样，通过任务名实现，调用时需列出端口名列表，端口名和类型必须与任务定义中的排序和类型一致。

④ 一个任务可以调用别的任务或函数，可调用的任务和函数的个数不受限制。

（4）function 块语句

在 Verilog HDL 模块中，function 块语句用来定义函数。函数类似于高级语言中的函数，用来单独完成某项具体操作，并可以作为表达式中的一个操作数，被模块或任务以及其他函数调用，函数调用时返回一个用于表达式的值。

被调用的函数必须事先定义，函数定义格式如下：

```
function [最高有效位:最低有效位] 函数名;
端口声明语句;
      类型声明语句;
            begin 语句; end
endfunction
```

在函数定义语句中，“[最高有效位:最低有效位]”是函数调用返回值的位宽。

例如，求最大值的函数 max 如下。

```
function [7:0]   max;
      input[7:0]      a,b;
      begin
            if (a> = b) max = a;
            else   max = b;
      end
endfunction
```

函数调用的格式为：

```
函数名（关联参数表）;
```

函数调用一般出现在模块、任务或函数语句中。通过函数的调用来完成某些数据的运算或转换。例如，调用求最大值的 max 函数语句为：

```
peak = max(data,peak);
```

其中，data 和 peak 是与函数定义的两个参数 a、b 关联的关联参数。通过函数的调用，求出 data 和 peak 中的最大值，并用函数名 max 返回。

函数和任务存在以下几点区别：

① 任务可以有任意不同类型输入/输出参数，函数不能将 inout 类型作为输出。

② 任务只可以在过程语句中调用，不能在连续赋值语句 assign 中调用；函数可以作为表达式中的一个操作数，在过程赋值语句和连续赋值语句中调用。

③ 任务可以调用其他任务或函数；函数可以调用其他函数，但不能调用任务。

④ 任务不向表达式返回值，函数向调用它的表达式返回一个值。

5. 语句的顺序执行与并行执行

Verilog HDL 中有顺序执行语句和并行执行语句之分。Verilog HDL 的 always 块属于并行语句，块中的语句是顺序语句，按照程序书写的顺序执行。always 块本身却是并行语句，它与其他 always 语句以及 initial、assign 语句、例化元件语句都是同时（即并行）的。由于 always 语句的并行行为和顺序行为的双重特性，使它成为 Verilog HDL 程序中使用最频繁和最能体现 Verilog HDL 风格的一种语句。

always 块语句中有一个敏感变量表，表中列出的任何变量的改变，都将启动 always 块语句，使 always 块语句内相应的顺序语句被执行一次。实际上，用 Verilog HDL 描述的硬件电路的全部输入变量都是敏感变量，为了使 Verilog HDL 的软件仿真与综合和硬件仿真对应起来，应当把 always 块语句中所有输入变量都列入敏感变量表中。敏感参数有电平（高电平与低电平）和边沿（上升沿与下降沿）两种类型，在编程中，对于电平类型的敏感参数可以不列出，而边沿类型的敏感参数则一定要列出。

2.5.4 不同抽象级别的 Verilog HDL 模型

Verilog HDL 是一种用于逻辑电路设计的硬件描述语言。用 Verilog HDL 描述的电路称为该设计电路的 Verilog HDL 模型。

Verilog HDL 具有行为描述和结构描述功能。行为描述是对设计电路的逻辑功能的描述，并不用关心设计电路使用哪些元件以及这些元件之间的连接关系。行为描述属于高层次的描述方法，在 Verilog HDL 中，行为描述包括系统级（System Level）、算法级（Algorithm Level）和寄存器传输级（RTL，Register Transfer Level）等 3 种抽象级别。

结构描述是对设计电路的结构进行描述，即描述设计电路使用的元件及这些元件之间的连接关系。结构描述属于低层次的描述方法，在 Verilog HDL 中，结构描述包括门级（Gate Level）和开关级（Switch Level）2 种抽象级别。

在 Verilog HDL 的学习中，应重点掌握高层次描述方法，但结构描述也可以用来实现电路的系统设计。

1. 门级描述

Verilog HDL 提供了丰富的门类型关键词，用于门级的描述。常用的门级描述关键词包括：not（非门）、and（与门）、nand（与非门）、or（或门）、nor（或非门）、xor（异或门）、xnor（异或非门）、buf（缓冲器），以及 bufif1、bufif0、notif1、notif0 等各种三态门（缓冲器和三态门的概念将在后继的章节中介绍）。

门级描述语句格式为：

```
门类型关键词 <例化门的名称>（端口列表）；
```

其中，“例化门的名称”是用户定义的标识符，属于可选项；端口列表按输出、输入、使能控制端的顺序列出。例如：

```
nand nand2(y,a,b);        //例化一个 2 输入端与非门
xor myxor(y,a,b);         //例化一个异或门
```

2. Verilog HDL 的行为级描述

Verilog HDL 的行为级描述是最能体现电子设计自动化（EDA）风格的硬件描述方式，它既可以描述简单的逻辑门，也可以描述复杂的数字系统乃至微处理器；既可以描述组合逻辑电路，也可以描述时序逻辑电路。关于 Verilog HDL 的行为级描述方法的应用举例将在后继的章节中陆续介绍。

3. 用结构描述实现电路系统设计

任何用 Verilog HDL 描述的电路设计模块（module），均可以作为一个基本元件，被模块例化语句调用，来实现电路系统的设计。

模块例化语句格式与逻辑门例化语句格式相同，具体为：

设计模块名 <例化电路名>（端口列表）；

其中，“例化电路名”是用户为系统设计定义的标识符，相当于系统电路板上为插入设计模块元件的插座，而端口列表相当于插座上引脚名表，应与设计模块的输入和输出端口一一对应。Verilog HDL 的结构描述方式为大型数字系统的设计带来了方便，其应用示例将在后继的章节中介绍。

本 章 小 结

逻辑代数的公式和定理、逻辑函数的表示方法和逻辑函数的简化方法，是分析和设计数字逻辑电路的数学工具。传统的逻辑函数的表示方法有真值表、逻辑函数表达式、卡诺图和逻辑图 4 种，它们之间可以任意地转换，根据具体的使用情况，可以选择最适当的一种方法，表示所研究的逻辑函数。卡诺图曾经是数字逻辑电路设计中的一种重要工具，但随着电子设计自动化（EDA）技术的出现，其历史使命即将结束，因此本教材仅简单介绍这种工具，主要介绍基于 Verilog HDL 的数字逻辑电路及系统的设计。

Verilog HDL 是 EDA 技术的重要组成部分。本章介绍 Verilog HDL 的基本知识，包括语法结构、变量、语句、模块和不同级别的电路设计和描述，为今后的数字逻辑电路与系统的设计打下基础。

Verilog HDL 具有行为描述和结构描述功能，可以对系统级（System Level）、算法级（Algorithm Level）和寄存器传输级（RTL，Register Transfer Level）等高层次抽象级别进行电路设计和描述，也可以对门级（Gate Level）和开关级（Switch Level）等低层次的抽象级别进行电路设计和描述。

逻辑函数的简化是设计优化的过程之一，但由于 EDA 技术的出现，简化过程一般由 EDA 工具自动完成，设计者对这方面的过问很少甚至完全不过问，因此本章仅介绍了公式简化法，以达到使读者了解简化的意义和目的。

常用的逻辑函数表达式有 5 种，即与或式、或与式、与非与非式、或非或非式和与或非式。各种表达式之间可以互相转换。在设计实际的数字系统时，根据所用器件的要求，可以将表达式转换成满足器件需要的形式，并画出对应的逻辑图，实现数字系统的设计。

思考题和习题

2.1　逻辑代数中 3 种最基本的逻辑运算是什么？

2.2　什么叫真值表？它有什么用处？你能根据给定的逻辑问题列出真值表吗？

2.3　什么叫最小项？最小项有什么性质？

2.4　什么叫最大项？最大项有什么性质？

2.5　什么叫最简与或表达式？化简逻辑函数表达式的意义是什么？

2.6　什么叫约束、约束项和约束条件？在 Verilog HDL 中的约束项用什么符号表示？

2.7　列出下述问题的真值表，并分别用逻辑代数形式和 Verilog HDL 的语句形式写出逻辑函数表达式。

（1）有 A、B、C 三个输入变量，如果这三个输入变量均为 0 或其中一个为 1 时，输出变量 $Y=1$，其余情况下 $Y=0$。

（2）有 A、B、C 等三个输入变量，当这三个输入变量出现奇数个 1 时，输出 $Y=1$，其余情况下 $Y=0$。

（3）有三个温度检测器，当检测的温度超过 60° 时，输出控制变量为 1，低于 60° 时输出为 0。当二个或二个以上的温度检测器的输出为 1 时，总控制器的输出为 1，并控制调控设备，使温度降低到 60° 以下。

2.8　用真值表证明下列等式。

（1）$AB+\bar{A}C+BC=(A+C)(\bar{A}+B)$

（2）$\bar{A}\,\bar{B}+\bar{A}\,\bar{C}+\bar{B}\,\bar{C}=\overline{AB}\;\overline{AC}\;\overline{BC}$

（3）$\overline{A\bar{B}+B\bar{C}+\bar{A}C}=ABC+\bar{A}\,\bar{B}\,\bar{C}$

2.9　直接写出下列各函数的反函数表达式及对偶表达式。

（1）$F=[(A\bar{B}+C)D+E]B$

（2）$F=\overline{C+\bar{A}\,\bar{B}}\;\overline{\bar{A}B+\bar{C}}$

（3）$F=AB+\overline{CD}+\overline{BC+\bar{D}+\bar{C}E+\overline{B+E}}$

2.10　用公式法证明下列各等式。

（1）$AB+\bar{A}C+(\bar{B}+\bar{C})D=AB+\bar{A}C+D$

（2）$\bar{A}\,\bar{C}+\bar{A}\,\bar{B}+\bar{A}\,\bar{C}\,\bar{D}+BC=\bar{A}+BC$

（3）$\bar{B}C\bar{D}+B\bar{C}D+ACD+\bar{A}B\bar{C}\,\bar{D}+\bar{A}\,\bar{B}CD+B\bar{C}\,\bar{D}+BCD=\bar{B}C+B\bar{C}+AC$

2.11　用公式法化简下列各式。

（1）$F=A\bar{B}C+\bar{A}\,\bar{C}D+A\bar{C}$

（2）$F=A\bar{C}\,\bar{D}+BC+\bar{B}D+A\bar{B}+\bar{A}C+\bar{B}\,\bar{C}$

（3）$F=(A+B)(A+B+C)(\bar{A}+C)(B+C+D)$

2.12　一个完整的 Verilog HDL 设计模块包括哪几个部分？

2.13　Verilog HDL 模块的各端口数据流动方向包括哪几种？

2.14　Verilog HDL 的变量的数据类型主要有哪些？

2.15　什么叫做顺序语句？什么叫做并行语句？

2.16　判断下列 Verilog HDL 标识符是否合法，如有错误则指出原因。

A_B_C，_A_B_C，1_2_3，_1_2_3；

74HC245，\74HC574\，\74HC245；

CLR/RESET，\IN4/SCLK，D100%。

第3章　门　电　路

门电路是数字电路的基本逻辑单元。构成门电路的基本元件是晶体二极管、三极管和MOS管。本章首先介绍晶体管的开关特性，然后重点讨论目前广泛使用的TTL集成门电路和CMOS集成门电路。对于每一种门电路，除了介绍其电路结构、工作原理和逻辑功能外，还着重讨论它们的电气特性，为实际使用这些器件打下基础。

3.1　概　述

在数字电路中，“门”是能实现某种逻辑关系的电路。最基本的逻辑关系有与、或、非三种，因此最基本的逻辑门是与门、或门和非门。此外还有实现复合运算的与非门、或非门、与或非门、异或门等。

逻辑门可以用电阻、电容、二极管、三极管等分立元件构成，称为分立元件门。如果把构成门电路的基本元件制作在一小片半导体芯片上，则构成集成门。除了门电路可以集成外，以门电路为基础的数字电路都可以集成，形成数字集成电路（Integrated Circuit，简称IC）系统。集成电路按单位芯片面积上集成门电路的个数（即集成度）分为小规模集成电路（Small Scale Integration，简称SSI）、中规模集成电路（Medium Scale Integration，简称MSI）、大规模集成电路（Large Scale Integration，简称LSI）和超大规模集成电路（Very Large Scale Integration，简称VLSI）。SSI以单个逻辑门为单位进行集成封装，门电路的个数一般不超过10个。目前使用的单门、多门、触发器等型号的产品，都属于SSI的范围。MSI通常是将一些标准的逻辑部件如计数器、比较器、寄存器等集成在一块芯片中，这些部件一般包含10个至100个门电路的全部元件和连线。LSI和VLSI没有本质区别，只是集成度不同。它们可以把一些标准的接口以至微处理器等集成在一块芯片中，LSI一般可包含100个至1000个门电路的全部元件和连线，而VLSI可包含1000个以上门电路的全部元件和连线。随着微电子技术的发展，单片集成电路包含的晶体管个数越来越多，因此也采用单片集成电路中包含的晶体管的个数来衡量集成度的大小，目前集成电路的集成度可达到几亿至数十亿只晶体管/片。

从制造工艺来看，数字集成电路又分为双极型集成电路和单极型集成电路。双极型集成电路中的基本开关元件是晶体三极管。在晶体三极管中，自由电子和空穴两种载流子都参与导电，所以称为双极型材料。双极型集成电路包括TTL、ECL、HTL和I^2L等类型。单极型集成电路中的基本开关元件是MOS晶体管。在MOS晶体管中，只有一种载流子（自由电子或空穴）参与导电，所以称为单极型材料。单极型集成电路包括PMOS、NMOS和CMOS等类型。从目前情况看，双极型集成电路的速度高而集成度低，单极型集成电路的集成度高而速度低，但两者都向着高速、高集成度和低功耗的方向发展。

3.2 晶体二极管和三极管的开关特性

半导体器件如晶体二极管、三极管和 MOS 管都有导通和截止两种状态，在导通状态下，允许电信号通过，在截止状态下，禁止电信号通过，这就是它们的开关特性。半导体器件的开关特性又分为静态特性和动态特性，前者指器件稳定在导通和截止两种状态下的特性，后者指器件在状态发生变化（如导通到截止或截止到导通）过程中的特性。

3.2.1 晶体二极管的开关特性

1. PN 结的形成及 PN 结两边的少数载流子浓度分布

PN 结的结构如图 3.1 所示，它由 P 型和 N 型半导体材料构成。在 P 型半导体中，空穴是多数载流子（简称多子），自由电子是少数载流子（简称少子）；在 N 型半导体材料中，自由电子是多子，空穴是少子。当把 P 型和 N 型半导体材料制作在一起时，由于浓度差的原因，P 型半导体区中的部分多子——空穴，以扩散方式跑到 N 型半导体区，而 N 区的部分多子——自由电子，也要扩散到 P 区。由于空穴带正电，跑掉空穴后失去正电荷，因此在 P 区的边界处形成负电场；而自由电子带负电，跑掉自由电子后失去负电荷，在边界处形成正电场。由于这个电场的存在，可以阻挡扩散作用的继续发展，一般把这个电场称为空间电荷区，也称为位垒或 PN 结。一个 PN 结就是一只晶体二极管（Diode）。

根据半导体物理的基础理论可知，PN 结两边的少数载流子的浓度分布决定流过 PN 结的电流。下面讨论在 PN 结两边加上外电压时，PN 结两边的少数载流子的浓度分布，以及 PN 结的电流状态。

（1）无外加电压时的少数载流子浓度分布

PN 结无外加电压时，相当于外加电压为 0V，称为 0 偏，如图 3.2（a）所示。

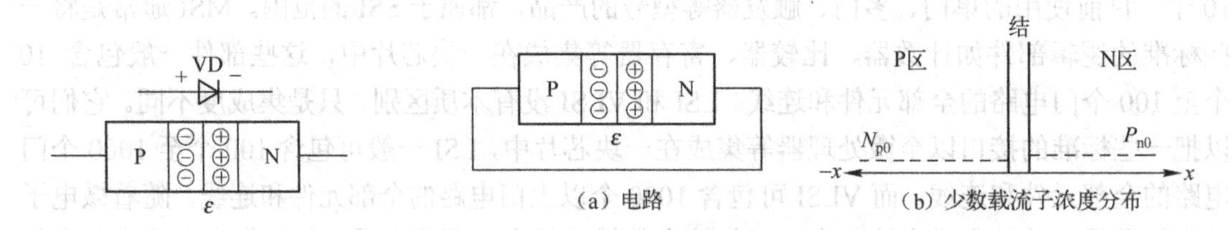

图 3.1 PN 结的结构　　图 3.2 PN 结 0 偏时的电路和少数载流子浓度分布

在 0 偏下，由于浓度差的原因，PN 结两边的部分多子分别以扩散方式跑向对方，形成对方的少子。又由于 PN 结电场的作用，把部分少子漂移回去，扩散和漂移的少子数量相同，达到动态平衡，使 PN 结两边的少子浓度为热平衡值。在热平衡状态下，P 区少子的浓度曲线 N_{p0} 和 N 区少子的浓度曲线 P_{n0} 的斜率均为 0（水平线），如图 3.2（b）所示。少子的浓度曲线的斜率为 0，流过 PN 结的电流 $I_D = 0$，因此 0 偏时二极管处于截止状态。

（2）外加正向电压时的少数载流子浓度分布

在 PN 结两边加上正向电压称为正偏，如图 3.3（a）所示。正偏时，外加电压的正极接在 PN 结电场的负极上，而负极接在 PN 结电场的正极上，大大地降低了 PN 结电场，使阻挡

（漂移）作用削弱，而扩散作用增强。在正偏下，P 区边界处的多子——空穴，扩散到 N 区，形成 N 区的少子。由于空穴带正电，而 N 区中的多子——自由电子带负电，因此扩散到 N 区的空穴随着离开结边界的距离 x 的增加逐渐被自由电子复合，使其浓度逐步下降，最后达到热平衡值，形成了如图 3.3（b）所示的浓度分布曲线 $P_n(x)$。同理，N 区边界的多子自由电子扩散到 P 区，形成浓度分布曲线 $N_p(x)$。浓度分布曲线的下方区域称为扩散区，在扩散区内，是尚未被复合的少数载流子，称为非平衡少数载流子。

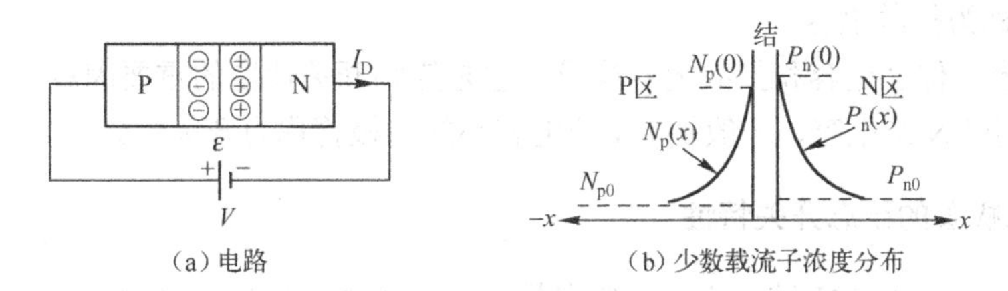

（a）电路　　（b）少数载流子浓度分布

图 3.3　PN 结正偏时的电路和少数载流子浓度分布

理论分析指出，在扩散区内少数载流子的浓度是按指数函数规律分布的，可表示为：

$$P_n(x) = P_{n0} + [P_n(0) - P_{n0}]e^{-x/Lp} \tag{3.1}$$

其中，$P_n(0)$是 $x = 0$（结边界）处的空穴浓度，即

$$P_n(0) = P_{n0}e^{qV/(KT)} \tag{3.2}$$

其中，V 为外加电压，V 越大，$P_n(0)$越大；K 为玻耳兹曼常数；T 为热力学温度。L_p 称为空穴的扩散长度，L_p 的大小与载流子寿命 τ_p 及扩散常数 D_p 有关，即：

$$L_p = (D_p\tau_p)^{1/2} \tag{3.3}$$

理论分析的结果说明，PN 结正偏时处于导通状态，PN 结边界少数载流子浓度与外加正向电压值大小存在对应关系。外加正向电压越高，在结边界处的少数载流子浓度越大，浓度分布曲线的斜率越大，流过 PN 结的电流 I_D 也越大。同时，在扩散区内积累的非平衡的少数载流子电荷也越多。

（3）外加反向电压时的少数载流子浓度分布

在 PN 结两边加上反向电压称为反偏，如图 3.4（a）所示。反偏时，外加电压的正极接在 PN 结电场的正极，而负极接在 PN 结电场的负极上，因而大大地加强了 PN 结电场，使阻挡（漂移）作用增强，而扩散作用削弱。在反偏下，结边界处的少数载流子几乎全部被漂移到对方，形成如图 3.4（b）所示的少数载流子浓度分布曲线。

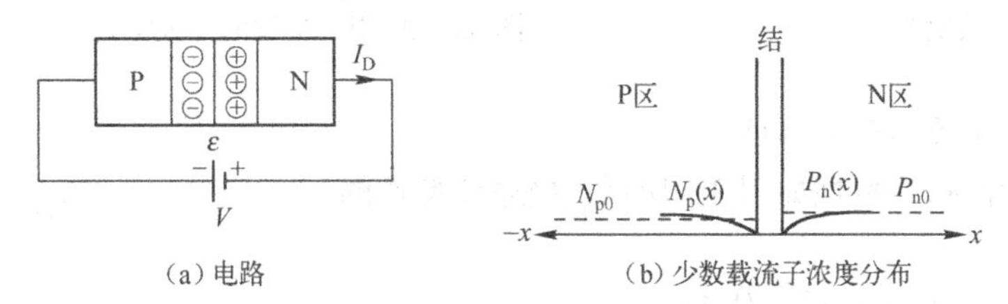

（a）电路　　（b）少数载流子浓度分布

图 3.4　PN 结反偏时的电路和少数载流子浓度分布

在反偏下，PN 结位垒加宽，少数载流子浓度分布曲线的斜率为负值，而且不会随着外加反向电压值的变化而变化。所以 PN 结反偏时，流过 PN 结的电流是基本不变的反向饱和电流 I_S。由于 I_S 很小，在分析时往往忽略不计，即 PN 结反偏时二极管处于截止状态。

（4）PN结的电容效应

当 PN 结外加电压变化时，位垒的宽度要发生变化。外加反向电压时，位垒变宽，位垒中的电荷数量增加；外加正向电压时，位垒变窄，位垒中的电荷数量减少。位垒中的电荷变化过程与电容的充、放电类似，可以等效成一个电容，称为位垒电容。

当PN 结外加正向电压时，PN 结两边的扩散区中的非平衡少数载流子电荷的数量，也会随着外加电压的大小而变化。扩散区中电荷的变化过程与电容的充、放电类似，也可以等效成一个电容，称为扩散电容。

PN 结电容由位垒电容和扩散电容构成，它是影响开关速度的重要因素。在二极管制作时，应尽量减小 PN 结电容，一般把 PN 结电容小的二极管称为开关管。

2. 晶体二极管的稳态开关特性

晶体二级管是一个 PN 结，它具有单向导电性，外加正偏电压时导通，外加反偏电压时截止，相当于一个受外加电压极性控制的开关。晶体二极管的稳态开关特性是指其稳定在正向导通与反向截止两种状态下的特性。

（1）二极管的理想特性

为了了解二极管的开关特性，首先讨论实际开关的特性。图 3.5 是一个实际开关电路，开关 S 应具有的特性是：当 S 闭合时，开关电阻 $R_S=0$，开关上的电压 $V_S=0$，流过开关的电流 $I_S=V_i/R$；当 S 断开时，开关电阻 $R_S=\infty$，开关上的电压 $V_S=V_i$，流过开关的电流 $I_S=0$。

由于二极管具有开关特性，所以可以用二极管 VD 代替实际开关 S，如图 3.6 所示。二极管 VD 应具有的特性是：当外加正向电压时，如图 3.6（a）所示，VD 导通，二极管的导通电阻 $R_D=0$，二极管上的电压 $U_D=0$，流过二极管的电流 $I_D=V_i/R$，相当于开关 S 闭合；当外加反向电压时，如图 3.6（b）所示，VD 截止，二极管的导通电阻 $R_D=\infty$，二极管上的电压 $U_D=V_i$，流过二极管的电流 $I_D=0$，相当于 S 断开。这是二极管理想开关特性，其伏安特性如图 3.6（c）所示。

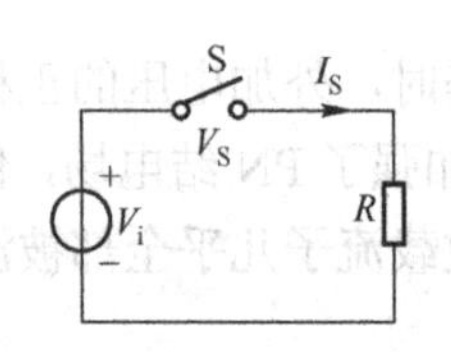

图 3.5　实际开关电路

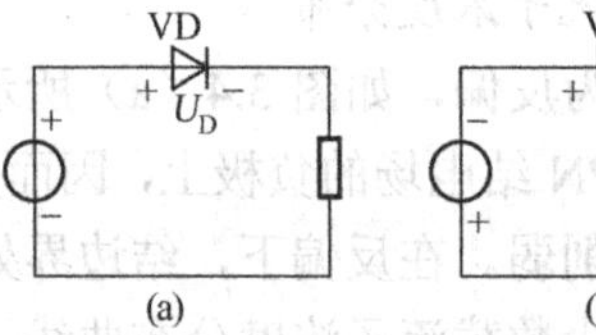

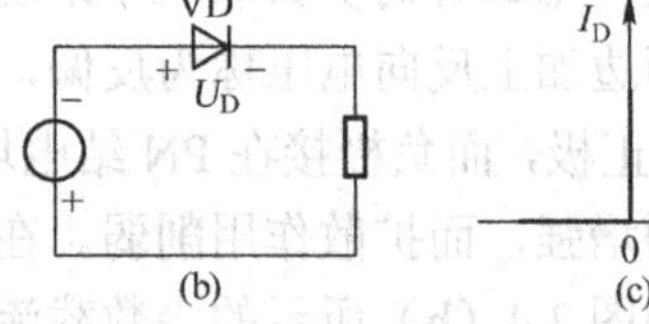

图 3.6　理想二极管的开关特性

（2）实际二极管的开关特性

实际二极管的伏安特性如图 3.7 所示。描述该特性的方程是：

$$I_D=I_S(e^{qV/(KT)}-1) \tag{3.4}$$

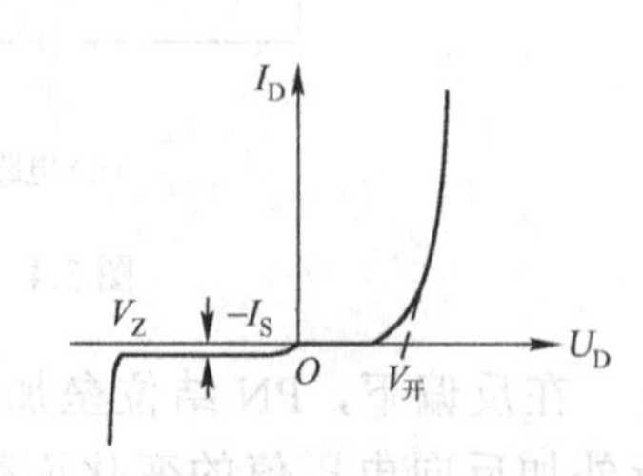

图 3.7　实际二极管的伏安特性

式中，q 为电子的电荷量；V 为外加电压；K 为玻耳兹曼常数；T 为热力学温度；I_S 为反向饱和电流。由式（3.4）和图 3.7 可以归纳出实际二极管的特性：

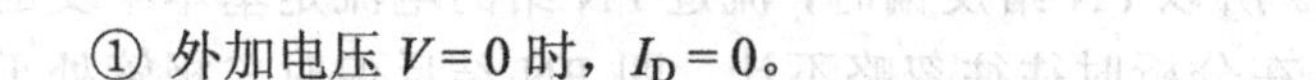

① 外加电压 $V=0$ 时，$I_D=0$。

② 当 V>0V 时，I_D 以指数规律上升。但 $V<V_{开}$时，I_D 电流很小，仍然把二极管视为截止；

只有 $V \geqslant V_{开}$后，I_D迅速增加，二极管才导通。$V_{开}$称为开启电压，对于锗二极管，$V_{开}$约为 0.2～0.3V；对于硅二极管，$V_{开}$约为 0.5～0.7V。二极管导通后，二极管上的电压 V_D基本等于 $V_{开}$不变，这种现象称为二极管的钳位特性。

③ $V<0$ 时，$I_D = -I_S$。由于 I_S很小，分析时被忽略，因此把反偏时的二极管视为截止。

④ 二极管上的反向电压超过 V_Z时，二极管被击穿，二极管上的电压 V_D基本等于 V_Z不变。稳压二极管就是利用二极管的击穿特性制作出来的，在数字电路分析时，一般不涉及二极管的击穿特性。

数字系统基本都是使用硅材料半导体器件，因此把硅晶体二极管的稳态开关特性归纳为：当加在二极管上的电压 $V_D<V_{开}$（0.7V）时，二极管截止，$I_D = 0$。当 $V_D \geqslant V_{开}$（0.7V）时，二极管才导通，而且一旦导通，二极管上的电压降 $V_D = V_{开}$（0.7V）不变。

3. 晶体二极管的瞬态开关特性

瞬态开关特性是二极管由导通到截止，或者由截止到导通，瞬变状态下表现出来的特性。按照理想开关的要求，由导通到截止或由截止到导通，应在瞬间完成。理想二极管的瞬态开关特性如图 3.8 所示，在图中，加在二极管开关电路的外部电压 V_i有正、负两种极性（参见图 3.6）。在 0～t_1时间内，$V_i = -V_R$，二极管截止，二极管上电压 $V_D = -V_R$，$I_D = 0$。在 $t = t_1$时刻，V_i上跳到正电压 V_F，二极管即刻导通，$V_D = 0$，$I_D = I_F = V_F/R$。在 $t = t_2$时刻，V_i下跳到负电压 V_R，二极管即刻截止，$V_D = -V_R$，$I_D = 0$。

实际二极管中存在 PN 结电容，因此二极管由导通到截止或由截止到导通，不能在瞬间完成，瞬态开关特性与理想情况存在一定区别。实际二极管的瞬态开关特性如图 3.9 所示，其工作过程如下。

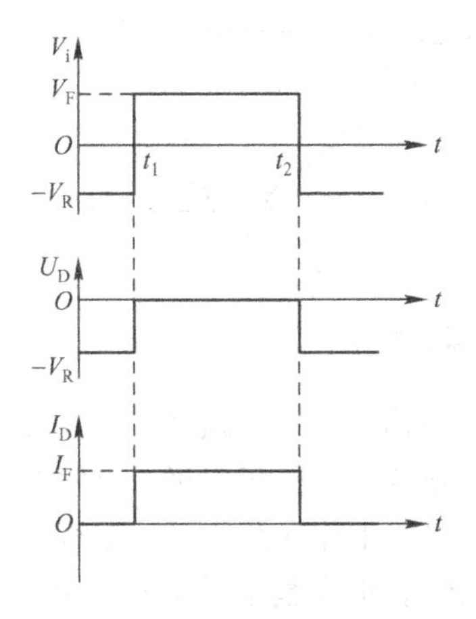

图 3.8 理想二极管瞬态开关特性

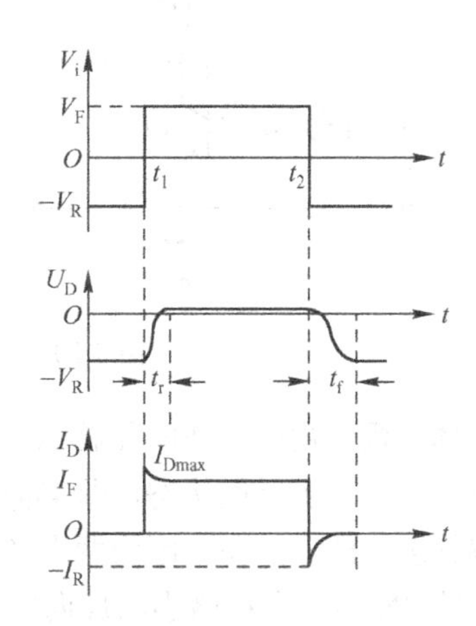

图 3.9 实际二极管瞬态开关特性

在 0～t_1时间内，$V_i = -V_R$，二极管截止，二极管的位垒电容上充有一定电荷，使 $V_D = -V_R$，$I_D = 0$。在 t_1时刻，V_i上跳到正电压 V_F，二极管不能立即导通，首先使位垒电容放电，PN 结由反偏变为正偏，二极管才能导通。二极管由反向截止到正向导通经历的时间，称为正向导通时间 t_{ON}。t_{ON}由上升时间 t_r组成，t_r是二极管上的电压 V_D由$-V_R$上升到正常导通时电压所需要的时间。另外，由于二极管在反偏时，PN 结电容上电压是$-V_R$，在 t_1时刻，电阻 R 上的电压差是 $V_F-(-V_R) = V_F + V_R$，此时在电路中形成最大电流 $I_{Dmax} = (V_F + V_R)/R$。在 I_{Dmax}的作用下，PN 结的位垒电容迅速放电，减少上升时间 t_r。

在 t_1～t_2 时间内，$V_i = +V_F$，二极管导通，二极管的扩散电容上充有一定电荷。在 t_2 时刻，V_i 下跳到负电压$-V_R$，二极管不能立即截止，首先使扩散电容放电，然后位垒电容充电，PN 结由正偏置变为反偏置，二极管才能截止。二极管由正向导通到反向截止经历的时间，称为反向截止时间 t_{OFF}，t_{OFF} 由下降时间 t_f 组成。t_f 是扩散电容放电时间，随着扩散电容放电，流过二极管的电流 I_D 逐渐减小，最后达到稳态值，反向截止过程结束。

3.2.2 晶体三极管的开关特性

在各种电子电路中，晶体三极管得到广泛的应用。在模拟电子电路中，晶体三极管主要作为线性放大元件和非线性元件；在数字电路中，晶体三极管主要作为开关元件。

1. 晶体三极管的稳态开关特性

晶体三极管共发射极电路具有放大能力强的特点，同时也反映了它的控制能力强，在输入端加上两种不同幅值的信号，就可以控制三极管的导通或截止。在开关电路中，广泛使用晶体管共发射极电路。

晶体管共发射极开关电路如图 3.10（a）所示，电路的输出特性曲线如图 3.10（b）所示。共发射极电路有三个工作区，即截止区、放大区和饱和区。作为开关电路，晶体管主要工作在截止区和饱和区。当输入控制信号 V_i 为低电平时，控制三极管截止，相当于开关断开，输出高电平；当 V_i 为高电平时，控制三极管饱和导通，相当于开关闭合，输出低电平。

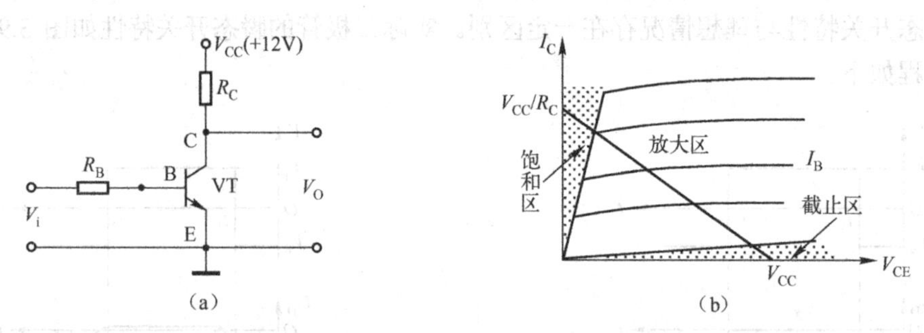

图 3.10 三极管开关电路及其稳态输出特性

晶体三极管由两个 PN 结构成，即发射结和集电结。当输入 V_i 为低电平 V_{IL}（负电压）时，使发射结处于反偏状态，即 $V_{BE}<0$，通过 R_C 接到正电源 V_{CC} 上的集电极，也使集电结处于反偏状态，即 $V_{BC}<0$。因为两个 PN 结都是反偏，使三极管工作在截止区。在截止区，虽然反偏的 PN 结内存在微小的反向饱和电流（或称为漏电流），但在数字系统分析时，一般把它们忽略，因此三个电极的电流均被视为零，即 $I_B \approx I_C \approx I_E \approx 0$。由于 $I_C = 0$，所以输出 $V_O = V_{CC}$。三极管截止时，相当于开关为断开状态。

当输入 V_i 为高电平 V_{IH}（正电压）时，使发射结处于正偏状态，即 $V_{BE}>0$。这时，如果三极管的基极电流比较小，通过 R_C 接到正电源 V_{CC} 上的集电极，仍然使集电结处于反偏置状态，即 $V_{BC}<0$，三极管工作在放大区。在放大区，集电极电流 I_C 与基极电流 I_B 存在β倍的放大关系，即 $I_C = \beta I_B$。这时，输出为：

$$V_O = V_{CC} - I_C R_C = V_{CC} - \beta I_B R_C \tag{3.5}$$

三极管工作在放大区时，发射结处于导通状态，由于 PN 结的钳位作用，使 $V_{BE} = 0.7V$。

分析三极管开关电路时，一般把导通三极管的发射结电压 V_{BE} 等效为一个 0.7V 的恒压源。基区的少数载流子浓度分布曲线如图 3.11 所示，当发射结正偏、集电结反偏时，自由电子从发射区越过发射结注入基区，并在基区扩散，到达反偏的集电结时，被漂移到集电区，形成集电极电流 I_C。随着发射结外加的正向电压的不断上升，从发射区注入到基区的自由电子数量不断增加，基区少数载流子（自由电子）浓度分布曲线的斜率不断增大，变化过程如图 3.11 中的曲线①、②、③所示。集电极电流 I_C 的大小与少子浓度分布曲线在集电结边界处的斜率成正比，随着外加正向电压的不断增加，I_C 也不断增大。

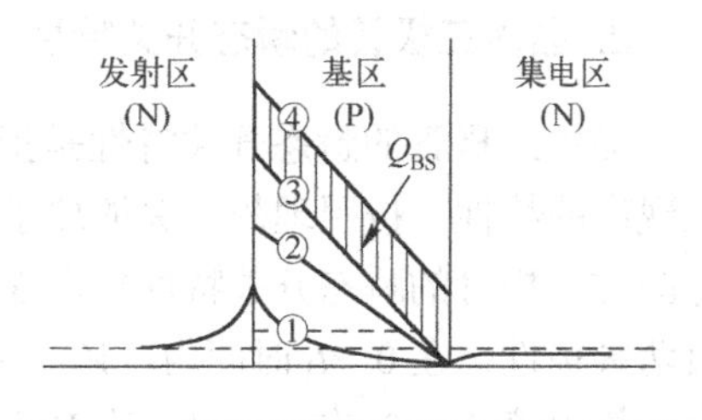

图 3.11　基区少数载流子浓度分布曲线

由式（3.5）可知，当基极电流 I_B 增加时，输出 V_O（即 V_{CE}）下降，当 V_{CE} 下降到 0.7V 左右时，$V_{BC}=V_{BE}-V_{CE}\approx 0$V，集电结由反偏变为 0 偏。如果 I_B 进一步增加，$V_{BC}>0$，集电结变为正偏。集电结正偏后，对扩散到集电结边界处的少子失去了漂移作用，随着基极电流的增加，少子浓度分布曲线在集电结边界处的斜率基本不变，如图 3.11 中的曲线③、④所示。斜率不变，集电极电流也基本不变，此时三极管进入饱和区。

一般把集电结为 0 偏置（即 $V_{CE}=0.7$V）时，称三极管处于临界饱和状态。临界饱和状态下的基极电流是 I_{BS}，集电极电流是 I_{CS}，它们仍然具有β倍的放大关系，即：

$$I_{BS}=\frac{I_{CS}}{\beta}=\frac{V_{CC}-V_{CES}}{\beta R_C} \tag{3.6}$$

其中，V_{CES} 是集、射极间的饱和电压，在实际计算时一般取 $V_{CES}=0.3$V。

如果基极电流 $I_B>I_{BS}$，即：

$$I_B>I_{BS}=\frac{V_{CC}-V_{CES}}{\beta R_C} \tag{3.7}$$

三极管工作在饱和区；而基极电流 $I_B<I_{BS}$，三极管工作在放大区。式（3.7）是判断三极管工作在放大区或在饱和区的条件。

【例 3.1】 分析图 3.10（a）所示的三极管开关电路，已知 $R_C=1\text{k}\Omega$，$V_{CC}=12$V，$\beta=60$。在下列条件下计算 I_B，I_C 及 V_O，并确定三极管 VT 的工作状态。

① 当 $V_i=-3$V 时；② 当 $V_i=+3$V，$R_B=20\text{k}\Omega$时；③ 当 $V_i=+3$V，$R_B=10\text{k}\Omega$时。

解： ① 当 $V_i=-3$V 时 VT 截止，$I_B\approx I_C\approx I_E\approx 0$，$V_O=V_{CC}=12$V。

② 当 $V_i=+3$V，$R_B=20\text{k}\Omega$时，假设 VT 导通，则 $V_{BE}=0.7$V

$$I_B=\frac{V_i-V_{BE}}{R_B}=\frac{3-0.7}{20}=0.115\text{ mA}\quad I_{BS}=\frac{V_{CC}-V_{CES}}{\beta R_C}=\frac{12-0.3}{60\times 1}=0.195\text{ mA}$$

因为 $I_B<I_{BS}$，所以 VT 工作在放大区。

$$I_C=\beta I_B=60\times 0.115=6.9\text{ mA}\qquad V_O=E_C-I_CR_C=12-6.9\times 1.0=5.1\text{ V}$$

③ 当 $V_i=+3$V，$R_B=10\text{k}\Omega$时，

$$I_B=\frac{V_i-V_{BE}}{R_B}=\frac{3-0.7}{10}=0.23\text{ mA}\qquad I_{BS}=0.195\text{ mA}$$

因为 $I_B>I_{BS}$，所以 VT 工作在饱和区

$$I_C=\frac{V_{CC}-V_{CES}}{R_C}=\frac{12-0.3}{1}=11.7\text{ mA}\qquad V_O=V_{CES}=0.3\text{ V}。$$

2. 晶体三极管的瞬态开关特性

晶体三极管的瞬态开关特性是指晶体三极管由导通过渡到截止、或者由截止过渡到导通表现出的特性。按照理想开关的要求，由导通到截止或由截止到导通应在瞬间完成，所以理想晶体三极管的瞬态开关特性如图 3.12 所示。图中，加在三极管开关电路的输入电压 V_i 有正、负两种极性，在 0～t_1 时间内，$V_i = -V$，三极管截止，三极管开关电路的输出电压 $V_O = V_{CC}$，集电极电流 $I_C = 0$。在 $t = t_1$ 时刻，V_i 上跳到正电压 + V，三极管饱和导通，$V_O = 0V$，$I_C = V_{CC}/R_C$。在 $t = t_2$ 时刻，V_i 下跳到负电压$-V$，三极管截止，$V_O = V_{CC}$，集电极电流 $I_C = 0$。

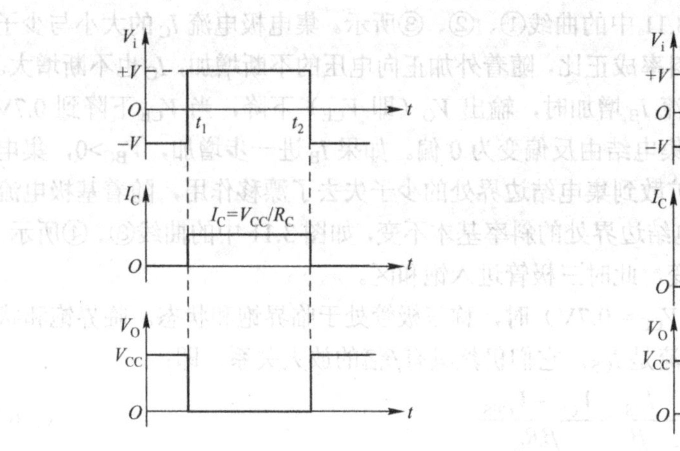

图 3.12　理想三极管瞬态开关特性

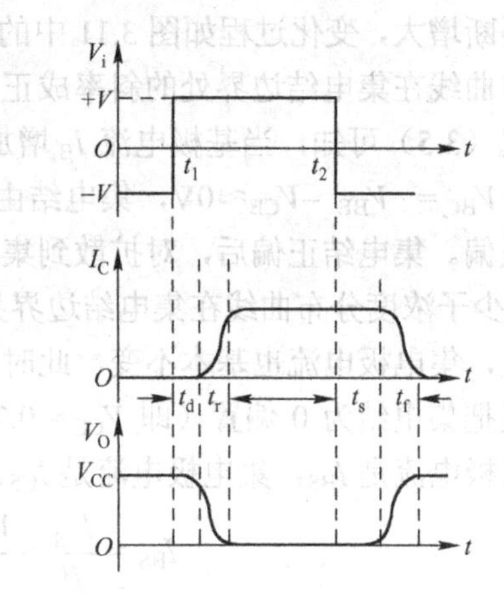

图 3.13　实际三极管瞬态开关特性

实际三极管中存在 PN 结电容，使三极管由饱和导通到截止，或者由截止到饱和导通，都不能在瞬间完成，与理想情况存在一定区别。实际三极管的瞬态开关特性如图 3.13 所示，其工作过程如下。

在 0～t_1 时间内，$V_i = -V$，三极管截止，$I_C = 0$，发射结的位垒电容上充有一定电荷。在 $t = t_1$ 时刻，V_i 上跳到正电压 + V，三极管不能立即导通，首先使发射结的位垒电容放电，由反偏变为正偏，三极管才能进入放大区。在放大区，再通过对扩散电容充电，使少数载流子浓度曲线的斜率逐渐变大，最后进入饱和区。少子浓度曲线变化过程参见图 3.11（b）中的曲线①、②、③、④。三极管进入饱和区后，在基区积累了一定数量的饱和电荷 Q_{BS}。

三极管由反向截止到正向导通经历的时间称为正向导通时间 t_{ON}。t_{ON} 由延迟时间 t_d 和上升时间 t_r 组成。t_d 是位垒电容放电使三极管的发射结由反偏变为正偏所经历的时间，在此时间内，三极管仍处于截止状态，$I_C = 0$。t_r 是基区的扩散电容充电使三极管从放大区进入饱和区所经历的时间。在放大区，集电极电流 I_C 不断上升，输出电压 V_O 逐步下降。进入饱和区后，集电极电流 $I_C = I_{CS}$ 不变，输出电压 $V_O = V_{CES}$ 不变。

在 t_1～t_2 时间内，三极管饱和导通，基区存有一定数量的饱和电荷 Q_{BS}。在 $t = t_2$ 时刻，V_i 下跳到负电压$-V$，三极管不能立即截止，首先驱散基区的饱和电荷 Q_{BS}，使三极管退出饱和区。在退出饱和区之前，三极管仍然处于饱和状态，集电极电流 I_C 不变，输出电压 V_O 也不变。驱散饱和电荷所经历的时间称为存储时间 t_s。驱散 Q_{BS} 过程结束后，三极管进入放大区。在放大区，也要经历扩散电容放电的过程，直至发射结由正偏到 0 偏，最后到反偏截止。扩散电容放电经历的时间称为下降时间 t_f，在此时间内，集电极电流 I_C 不断下降，输出电压

V_O逐步上升。三极管由正向导通到反向截止经历的时间称为反向截止时间 t_{OFF}。t_{OFF} 由存储时间 t_s 和下降时间 t_f 组成。

从实际三极管瞬态开关特性可以看出，由于晶体三极管的PN结电容等因素的影响，输入信号 V_i 通过三极管开关电路时，输出信号 V_O 与输入 V_i 信号之间，存在时间上的延迟和波形上的畸变，影响了开关的速度。在数字电路中，一般用平均传输延迟时间 t_{pd} 来衡量开关电路的速度。t_{pd} 的定义如图3.14所示，即：

$$t_{pd}=\frac{t_{phl}+t_{plh}}{2} \tag{3.8}$$

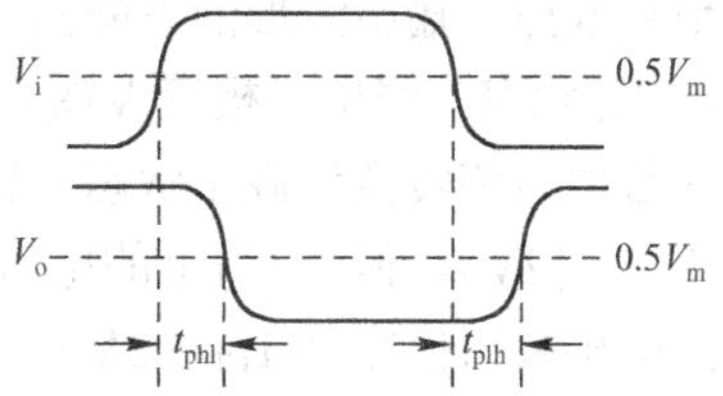

图3.14　t_{pd} 定义示意图

其中，t_{phl} 是输入 V_i 上升沿幅度的50%处，到输出 V_O 下降沿幅度的50%处的延迟时间，t_{plh} 是 V_i 下降沿幅度的50%处，到 V_O 上升沿幅度的50%处的延迟时间。t_{pd} 是开关电路的动态参数，三极管开关的 t_{pd} 随管子类型不同而有很大差别，一般在数纳秒至数百纳秒的范围内。

3. 改善三极管开关速度的方法

改善三极管开关速度是电子元件、数字电路及系统设计工作者持之以恒的奋斗目标。目前，各种数字系统（如计算机）的工作速度大大提高，如计算机的工作速度，比20年前提高了数千倍乃至数万倍。

改善三极管开关速度的方法很多，在元器件的制造方面，尽量减小晶体管PN结电容，降低开关速度的影响；在电路设计方面，控制三极管开关电路在浅截止和微饱和两个状态下工作。晶体管开关在截止不深的条件下，容易退出截止区，减小开关正向导通过程的延迟时间 t_d；在微饱和的条件下，在基区积累的饱和电荷少，减小开关反向截止过程的存储时间 t_S。微饱和的工作方式沿用到集成电路的制作中，形成抗饱和集成电路，这是一种高速集成电路。

在数字电路发展的初级阶段，采用输出端加钳位电路的方法来提高晶体管开关的速度。带输出钳位的三极管开关电路如图3.15所示，其中 VD_{CL} 是钳位二极管，V_{CL} 是钳位电压。在三极管开关电路中，电源电压 V_{CC} 一般为12V，钳位电压 V_{CL} 较低，一般是3V。

在数字系统中，三极管开关不是独立存在的，它的输出端需要通过线路与其他电路的输入端连接，其他电路的输入和布线都存在电容，称为分布电容。因此，任何开关电路的输出端都存在一个分布电容 C_O（见图3.15），C_O 是影响开关速度的主要因素之一。

不带输出钳位的三极管开关电路的输出波形如图3.16（a）所示。在 $t_0 \sim t_1$ 时间内，三极管VT处于截止状态，输出 $V_O = V_{CC}$（12V），输出端的分布电容 C_O 上保存有值为 V_{CC}（12V）的充电电压。在 $t = t_1$ 时刻，三极管由截止转换到饱和状态，由于饱和状态下的三极管的导通电阻很小，所以 C_O 上的充电电压被迅速地释放掉，使输出波形的下降沿比较陡峭。在 $t = t_2$ 时刻，三极管由饱和状态转换到截止状态，输出分布电容 C_O 上的电压由0V左右开始通过 R_C 充电，趋向 V_{CC}（12V），输出波形以电容充电的指数规律上升，使波形的上升沿变得比较缓慢，到达 V_{CC} 的90%处的上升时间 t_r 较长，影响开关的速度。

增加输出钳位的三极管开关电路的输出波形如图3.16（b）所示。在 $t_0 \sim t_1$ 时间内，三极管 VT 处于截止状态，钳位二极管 VD_{CL} 导通，若其导通电压很低而被忽略时，输出 $V_O = V_{CL}$（3V），输出端的分布电容 C_O 上存在值为 V_{CL}（3V）的充电电压。在 $t = t_1$ 时刻，三极管由截止转换到饱和状态，由于饱和状态下的三极管的导通电阻很小，所以 C_O 上的充电电压被迅速地释放掉，输出波形的下降沿还是比较陡峭。在 t_1～t_2 时间内，三极管 VT 处于饱和状态，输出 $V_O \approx 0V$，钳位二极管 VD_{CL} 处于反偏截止状态，VT_{CL} 电压不影响输出。在 $t = t_2$ 时刻，三极管由饱和转换到截止状态，输出分布电容 C_O 上的电压由 0V 左右开始通过 R_C 充电，趋向 V_{CC}（12V）。但当 C_O 上的电压充到钳位电压 VT_{CL}（3V）时，钳位二极管 VD_{CL} 导通，使输出电压被钳位在 VT_{CL}（3V）上不变。从输出波形中可以看出，增加输出钳位电路的三极管开关的输出波形的上升沿也比较陡峭，上升时间大大减少，提高了开关速度。不过这种电路的开关速度是牺牲输出电压幅度换取的。

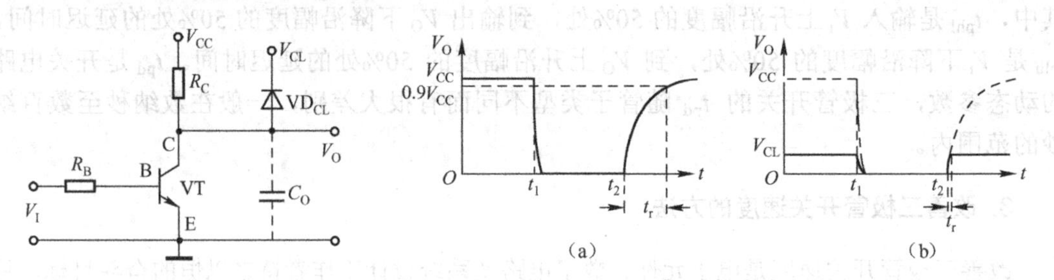

图 3.15　带输出钳位的三极管开关电路　　　　图 3.16　三极管开关电路的输出波形图

3.3　分立元件门

由电阻、电容、二极管、三极管等分立元件构成的逻辑门称为分立元件门。分立元件门的体积大、耗电高、故障多，现在已很少使用。这一节介绍的分立元件门，仅作为逻辑门电路学习的入门基础。

3.3.1　二极管与门

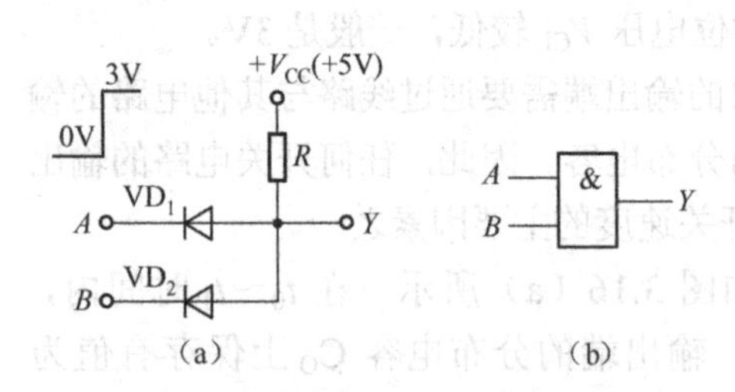

图 3.17　二极管与门电路及逻辑符号

输出与输入之间能满足“与”逻辑关系的电路，称为与门。图 3.17（a）所示的是由半导体二极管组成的两输入端与门电路，其中，A、B 为输入变量，其值可在 3V 和 0V 两种电平下变化，Y 是输出。图 3.17（b）是与门的国标逻辑符号。

当输入信号全为低电平 0V，即 $V_A = V_B = 0V$ 时，VD_1 和 VD_2 都导通。二极管导通后的钳位电压为 0.7V，输出 $Y = 0.7$ V。当输入 A 为低电平 0V，B 为高电平 3.0V 时，则 VD_1 导通，$Y = 0.7V$，VD_2 被反偏截止。当输入 B 为低电平 0V，A 为高电平 3V 时，则 VD_2 导通，输出 $Y = 0.7V$，VD_1 被反偏截止。当输入信号全为高电平，即 $V_A = V_B = 3V$ 时，VD_1 和 VD_2 都导通，$Y = 3 + 0.7 = 3.7V$。

从以上分析可知，只有当电路的全部输入端为高电平时，输出才是高电平，输出和输入之间符合“与”逻辑关系，所以把它称为与门。把上述分析结果归纳在表 3.1 中，这个

表 3.1　与门电路的功能表

输　入		输　出
A(V)	B(V)	Y(V)
0	0	0.7
0	3	0.7
3	0	0.7
3	3	3.7

表 3.2　与门的真值表

A	B	Y
0	0	0
0	1	0
1	0	0
1	1	1

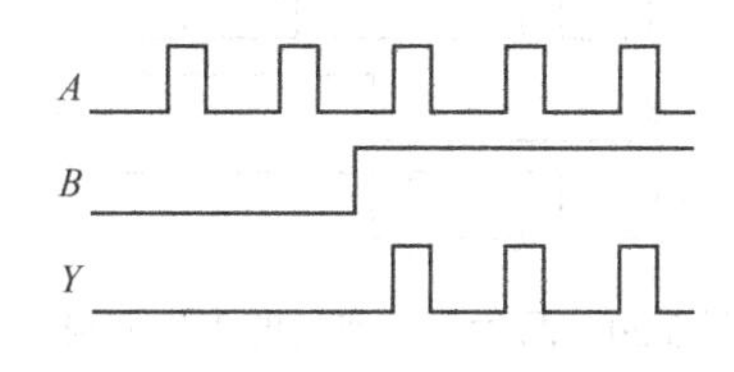

图 3.18　两输入端与门的工作波形图

表格反映了输出与输入之间的功能关系，称为功能表。如果用"0"代表低电平（输入是0V，输出 0.7V），用"1"代表高电平（输入是 3V，输出是 3.7V），得出电路的真值表如表 3.2 所示。

由真值表可得出输出函数 Y 的逻辑表达式为：

$$Y = AB \tag{3.9}$$

从与门的真值表看出，与门可以实现与逻辑运算。

逻辑门电路输出与输入之间的逻辑关系，除了用功能表、真值表和逻辑函数表达式表示外，还可以用工作波形图表示。图 3.18 所示的是两输入端与门的工作波形图，工作波形图也称为时序图，图中的横坐标是时间，纵坐标是波形的幅度，没有坐标的时序图比有坐标的时序图清晰，因此一般把时序图中的坐标省略（EDA 工具上的时序仿真结果图也不给出坐标）。在与门的时序图中，不仅可以看出输出与输入之间的逻辑功能关系，还可以体现"门"的概念。假设 A 是输入信号，B 是控制信号，当 B 为低电平时，输出没有信号，此时，"门"处于关闭状态；当 B 为高电平时，输入 A 能通过电路，输出 Y 与 A 的信号波形相同，此时，"门"处于打开状态。

3.3.2　二极管或门

由半导体二极管组成的两输入端或门电路如图 3.19（a）所示，国标逻辑符号如图 3.19（b）所示。当输入信号全为低电平，即 $V_A = V_B = 0\text{V}$ 时，VD_1、VD_2 都处于正向导通状态。导通后的二极管上有 0.7V 的钳位电压，输出 $Y = -0.7\text{V}$。当输入 A 为低电平 0V，B 为高电平 3V 时，则 VD_2 导通，$Y = 2.3\text{V}$，VD_1 被反偏截止。当输入 B 为低电平 0V，A 为高电平 3V 时，则 VD_1 导通，$Y = 2.3\text{V}$，VD_2 截止。当输入信号全为高电平，即 $V_A = V_B = 3\text{V}$ 时，VD_1 和 VD_2 都导通，$Y = 2.3\text{V}$。

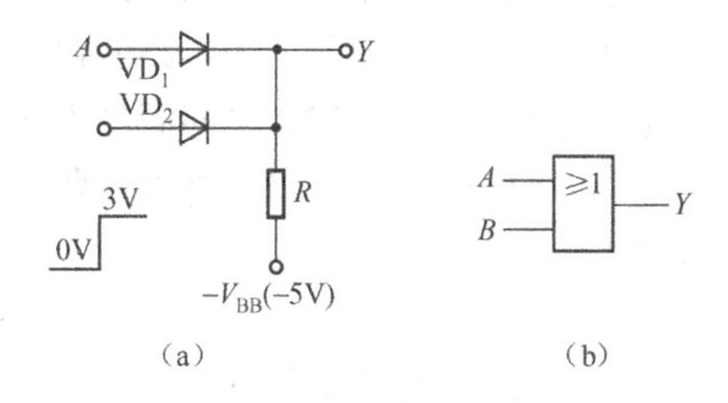

图 3.19　二极管或门电路和逻辑符号

从以上分析可知，只要电路中有任何一个输入端为高电平时，输出就为高电平，输出和输入之间满足"或"逻辑关系，所以称为或门。或门的功能表如表 3.3 所示，真值表如表 3.4 所示。由真值表可得出输出函数 Y 的逻辑表达式为：

$$Y = A + B \tag{3.10}$$

从或门的真值表可看出，或门可以实现或逻辑运算。

两输入端或门的工作波形如图 3.20 所示。从图中可以看出，如果把 B 作为控制信号，则 B 为低电平时，"门"处于打开状态，允许输入信号 A 通过到达输出；当 B 为高电平时，"门"处于关状态，输出没有信号。

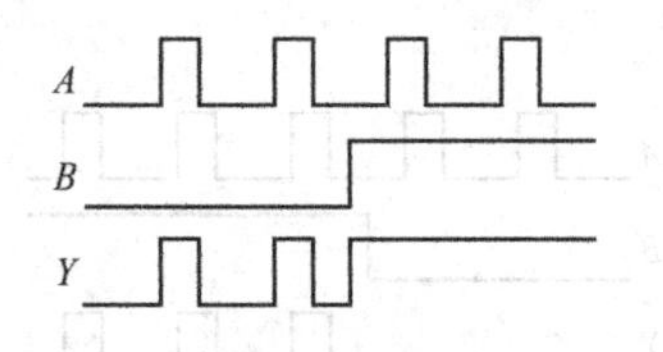

图 3.20　两输入端或门的工作波形

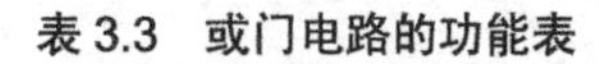

表 3.3　或门电路的功能表

输　入		输　出
A(V)	B(V)	Y(V)
0	0	−0.7
0	3	+2.3
3	0	+2.3
3	3	+2.3

表 3.4　或门的真值表

A	B	Y
0	0	0
0	1	1
1	0	1
1	1	1

3.3.3　三极管非门

三极管非门电路如图 3.21（a）所示，国标逻辑符号如图 3.21（b）所示。电路中的负电源 V_{BB} 和电阻 R_2 的作用是：当输入为低电平时，使三极管的基极为负电位，保证三极管可靠地截止。V_{CL} 和 VD_{CL} 构成输出钳位电路，用于提高非门电路的开关速度。下面分析三极管非门电路的工作原理。

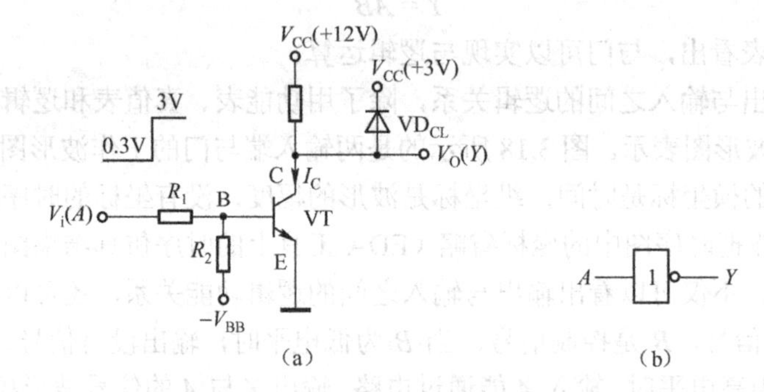

图 3.21　三极管非门电路和逻辑符号

当输入 A 为低电平，即 $V_i = 0.3V$ 时，三极管 VT 截止，输出电路中的钳位二极管 VD_{CL} 导通，使输出 Y 为高电平，$V_O = 3V$（此时忽略了钳位二极管 VD_{CL} 上的电压降）。当输入 A 为高电平，即 $V_i = 3V$ 时，三极管 VT 饱和导通，钳位二极管 VD_{CL} 截止，输出 $V_O = V_{CES} = 0.3V$。

从上述的分析可知，当电路的输入为低电平时，输出为高电平；当输入为高电平时，输出为低电平，输出与输入之间满足"非"逻辑关系，所以把它称为非门。

非门的功能表如表 3.5 所示，真值表如表 3.6 所示。由真值表可得出输出 Y 的逻辑函数表达式：

$$Y = \overline{A} \tag{3.11}$$

非门的工作波形如图 3.22 所示。由图中可以看出，输出与输入波形有 180° 的相位差，所以非门也称为反相器。

表 3.5　非门的功能表

输　入	输　出
A(V)	Y(V)
0.3	3
3	0.3

表 3.6　非门的真值表

A	Y
0	1
1	0

图 3.22　非门的工作波形

3.3.4　复合逻辑门

实际使用的逻辑门除了与、或、非三种基本逻辑门外，还有其他类型的门电路，不过它们都是与、或、非门的组合结构，所以称为复合逻辑门。常用的复合逻辑门有与非门、或非门、与或非门和异或门等。下面以与非门和或非门为例，介绍复合门的电路结构和功能。

1. 与非门

与非门电路结构如图 3.23（a）所示，国标逻辑符号如图 3.23（b） 所示。与非门是由二极管与门和三极管非门复合而成的，当全部输入（A、B）为高电平时，二极管与门的输出为高电平，经三极管非门反相后，使电路输出 Y 为低电平；在此外的其他输入组合条件下，电路输出都是高电平。

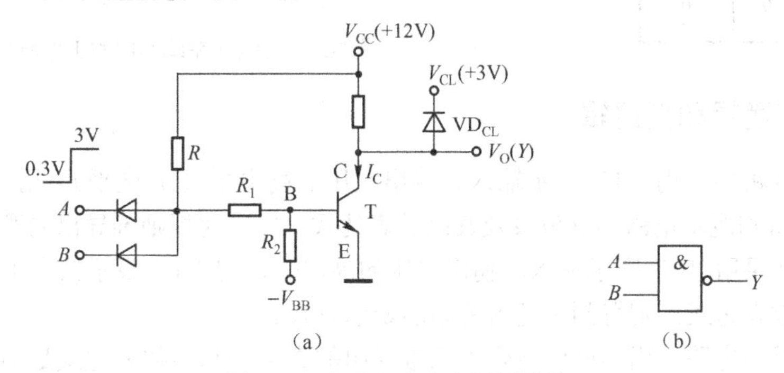

图 3.23　与非门电路和逻辑符号

与非门真值表如表 3.7 所示。由真值表得出与非门输出逻辑表达式：

$$Y = \overline{A \cdot B} \tag{3.12}$$

与非门的工作波形如图 3.24 所示。

表 3.7　与非门的真值表

A	B	Y
0	0	1
0	1	1
1	0	1
1	1	0

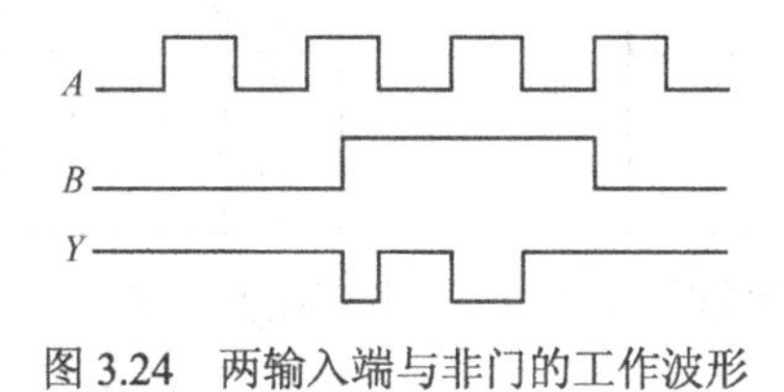

图 3.24　两输入端与非门的工作波形

2. 或非门

或非门电路如图 3.25（a）所示，逻辑符号如图 3.25（b） 所示。或非门电路由二极管或门和三极管非门复合而成，在所有输入（A、B）中，只要有一个输入为高电平时，二极管或门的输出就为高电平，经三极管非门反相后，使电路输出 Y 为低电平；只有全部输入都为低电平时，电路输出才是高电平。

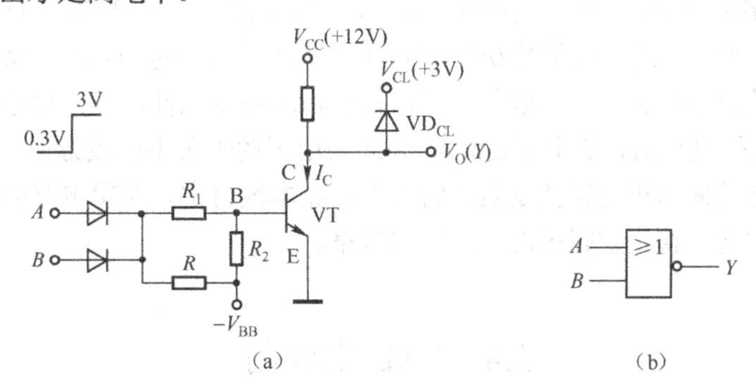

图 3.25　或非门电路和逻辑符号

或非门的真值表如表 3.8 所示。由真值表得出或非门输出逻辑表达式为：

$$Y = \overline{A+B} \tag{3.13}$$

或非门的工作波形如图 3.26 所示。

表 3.8 或非门的真值表

A B	Y
0 0	1
0 1	0
1 0	0
1 1	0

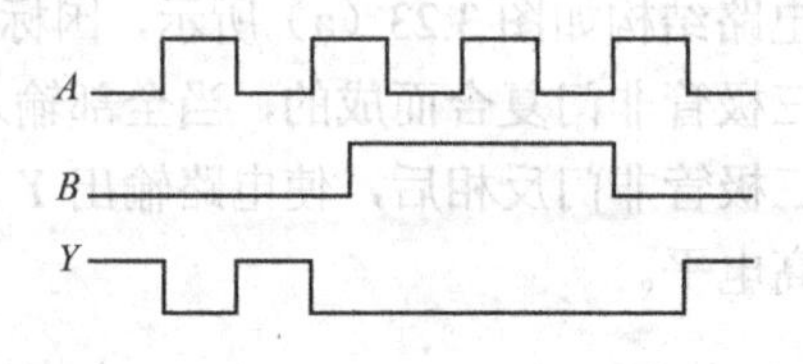

图 3.26 两输入端或非门的工作波形

3.3.5 正逻辑和负逻辑

在上述的分析中，用“1”表示输入、输出电压的高电平（H 电平），用“0”表示低电平（L 电平），得到逻辑电路的真值表及其函数表达式，按照此规则推导出的逻辑关系，称为正逻辑关系。如果用“0”表示输入、输出电压的高电平，用“1”表示低电平，推导出电路真值表及其函数表达式，则得到负逻辑关系的表示方式。

相同的逻辑门电路，用不同的逻辑关系推导出的真值表和函数表达式是不同的。例如，某逻辑门电路的功能表如表 3.9 所示，用正逻辑关系推导的正真值表如表 3.10 所示，用负逻辑关系推导的负真值表如表 3.11 所示。

表 3.9 功能表

A B	Y
L L	L
L H	L
H L	L
H H	H

表 3.10 正真值表

A B	Y
0 0	0
0 1	0
1 0	0
1 1	1

表 3.11 负真值表

A B	Y
1 1	1
1 0	1
0 1	1
0 0	0

由正真值表推导出的正逻辑关系逻辑函数表达式为：

$$Y = AB \tag{3.14}$$

由负真值表推导出的负逻辑关系逻辑函数表达式为：

$$Y = A + B \tag{3.15}$$

对于相同逻辑电路，用正逻辑关系推导出“与”的结果，称为“正与”；而在负逻辑关系下推导出“或”的结果，称为“负或”。“正与”和“负或”是相同电路的不同功能表示形式。同理，“正或”和“负与”也是相同电路的不同功能表示形式。

在早期的数字电路中，一般使用锗材料构成基本元件（二极管和三极管），锗元件电路在负电源下工作，即电路的高电平是 0V，低电平是电源的负极电压，因此采用负逻辑关系比较方便。在目前的数字电路中，一般都使用硅材料构成基本元件，硅元件电路在正电源下工作，即电路的高电平是正值，低电平是 0V，因此采用正逻辑关系比较方便。在分析数字电路时，必须事先规定是采用正逻辑还是负逻辑关系。在本教材中，逻辑电路的推导全部采用正逻辑，为了便于叙述，将正逻辑前的“正”字省略。

3.4 TTL 集成门

TTL 集成电路是一种双极性集成电路，其输入端和输出端都是由晶体三极管构成的电路，称为晶体管–晶体管逻辑，简称 TTL（Transistor-Transistor Logic）。TTL 门是构成数字逻辑系统的基本器件。下面以与非门为典型电路，介绍 TTL 集成电路的结构、工作原理、外部特性和使用方法。

3.4.1 TTL 集成与非门

典型 TTL 与非门的电路如图 3.27 所示，从结构上可分为输入级、中间级和输出级三个部分。输入级由多发射极晶体管 VT_1 和电阻 R_1 构成，VT_1 有一个基极、一个集电极和多个发射极。每个发射极都可以与基极和集电极构成一个独立的三极管，发射极与发射极间构成"与"逻辑关系。中间级由晶体管 VT_2 和电阻 R_2、R_3 构成，VT_2 的集电极和发射极分别提供两组信号，控制输出级的工作状态。输出级由晶体管 VT_3、VT_4、VT_5 和电阻 R_4、R_5 构成，VT_3 和 VT_4 采用达林顿结构，以减小输出电阻。电路工作时，在中间级的控制下，VT_4、VT_5 两只晶体三极管中，总是处于一只截止，另一只导通的状态，即 VT_4 截止则 VT_5 导通，VT_4 导通则 VT_5 截止，一般把这种结构称为推拉输出级。

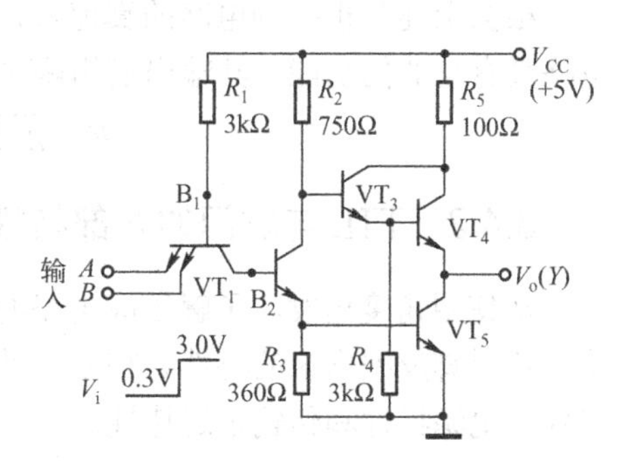

图 3.27　TTL 与非门电路

电路根据 VT_5 的工作状态分为开态和关态，当 VT_5 饱和时输出为低电平 V_{OL}，此时称 TTL 与非门工作于开态；当 VT_5 截止时输出为高电平 V_{OH}，此时称 TTL 与非门工作于关态。

1. 关态工作原理

当与非门输入 A、B 中有任一个为低电平，即 $V_i = V_{IL} = 0.3V$ 时，电源 V_{CC}（+5V）通过 R_1 使 VT_1 的发射结导通，此时，由于 VT_1 的集电极电流 I_{C1} 很小，使 VT_1 处于深饱和状态。晶体管深饱和时，$V_{CES1} \approx 0.1V$，则有 $V_{B2} = V_{IL} + V_{CES1} = 0.3 + 0.1 = 0.4V$，这个电压使 VT_2 和 VT_5 不能导通，处于截止状态。由于 VT_2 截止，V_{CC} 通过 R_2 使 VT_3、VT_4 导通，电路的输出为：

$$V_O = V_{CC} - I_{R2}R_2 - V_{BE3} - V_{BE4} \approx V_{CC} - V_{BE3} - V_{BE4} = 5.0 - 0.7 - 0.7 = 3.6V$$

式中，V_{BE3} 和 V_{BE4} 是三极管的发射结的导通电压降。

在此工作状态下，由于输出级的 VT_5 截止，所以简称为关态。TTL 与非门处于关态时的输出为高电平，典型电路的输出高电平约为 3.6V，即 $V_O = V_{OH} = 3.6V$。

2. 开态工作原理

当与非门输入 A、B 全部为高电平（即 $V_i = V_{IH} = 3.0V$）时，电源 V_{CC} 通过 R_1 使 VT_1 的集电结以及 VT_2、VT_5 的发射结正偏置导通，此时，$V_{B1} = V_{BC1} + V_{BE2} + V_{BE5} = 3 \times 0.7 = 2.1V$，使 VT_1 的发射结反偏。由于 VT_1 的集电结正偏，而发射结反偏，所以把 VT_1 称为"倒置"工作状态。VT_1 和 VT_2 的基极电流为

$$I_{B2} = I_{B1} = \frac{V_{CC} - V_{B1}}{R_1} = \frac{5.0 - 2.1}{3.0} \approx 1mA$$

1mA 左右的基极电流，足以使 VT_2 饱和，同时也使 VT_5 饱和。VT_2 饱和后，其集电极端的电压 $V_{C2} = V_{CES2} + V_{BE5} = 0.3 + 0.7 = 1.0V$，这个电压值可以使 VT_3 刚刚导通。VT_3 导通后，

VT_4基极上的电压 $V_{B4} = V_{C2}-V_{BE3} = 1.0-0.7 = 0.3V$，使 VT_4截止。VT_4截止而 VT_5导通，此时电路的输出 $V_O = V_{CES5} = 0.3V$。

在此工作状态下，由于输出级的 VT_5饱和导通，所以简称为开态。处于开态的 TTL 与非门电路的输出为低电平，典型电路的输出低电平约为 0.3V，即 $V_O = V_{OL} = 0.3V$。

根据上述分析得到电路的真值表，如表 3.12 所示。由表可见，电路具有与非门功能，其输出逻辑函数表达式为：

$$F = \overline{A \cdot B} \tag{3.16}$$

表 3.12 与非门的真值表

A	B	Y
0	0	1
0	1	1
1	0	1
1	1	0

3.4.2 TTL 与非门的外部特性

从使用角度出发，了解集成电路的外部特性是重要的。所谓外部特性，是指通过集成电路芯片引脚反映出来的特性。TTL 与非门的外部特性主要有电压传输特性、输入特性、输出特性、电源特性和传输延迟特性。

1. 电压传输特性

TTL 与非门的电压传输特性是指输出电压 V_O 随输入电压 V_i 变化的曲线。电压传输特性的测量电路如图 3.28 所示。在图中，把与非门的输入端并联在一起作为输入 V_i，并接在可变稳压电源上。将 V_i 从 0V 开始的低电平端，逐步调到 3V 以上的高电平端，用电压表测量输出电压的变化，得到 TTL 与非门的电压传输特性曲线，如图 3.29 所示。

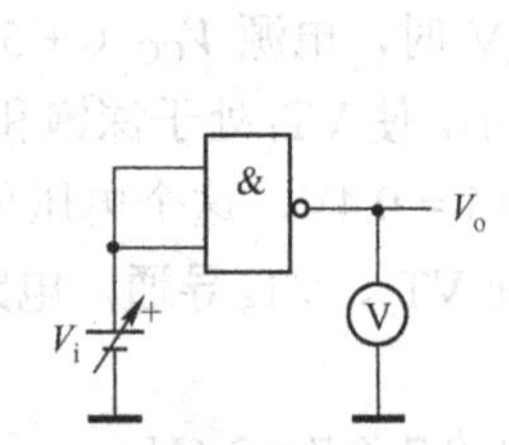

图 3.28 电压传输特性曲线的测量电路

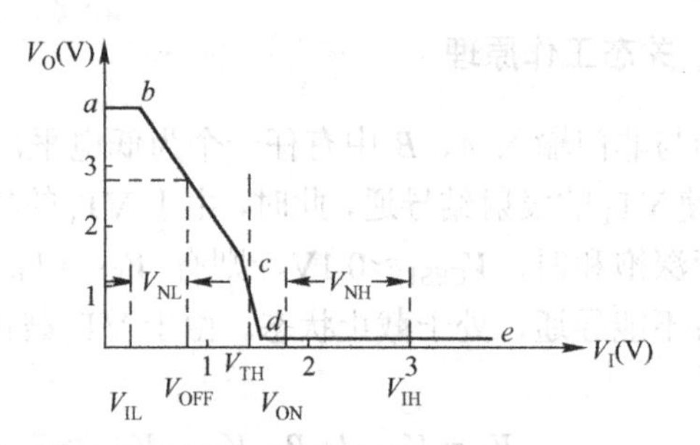

图 3.29 TTL 与非门的电压传输特性曲线

曲线的变化可分为 *ab*、*bc*、*cd* 和 *de* 段。

（1）*ab* 段

ab 段在 $0V \leqslant V_i < 0.6V$ 区域内，在这一段中 VT_1 深饱和，$V_{CES1} = 0.1V$，$V_{B2} = V_i - V_{CES1} < 0.7V$，$VT_2$、$VT_5$ 截止，$V_O = V_{OH} = 3.6V$ 基本不变，一般把这一段称为截止区。

（2）*bc* 段

bc 段在 $0.6V \leqslant V_i < 1.3V$ 区域内，在这一段中 VT_1 仍然深饱和，$V_{CES1} = 0.1V$，$0.7V \leqslant V_{B2} < 1.4V$，$VT_2$ 开始导通，并工作在放大区，而 VT_5 仍然截止。此时的输出为：

$$V_O = V_{CC} - (I_{C2} + I_{B3}) R_2 - V_{BE3} - V_{BE4} \approx V_{CC} - I_{C2}R_2 - V_{BE3} - V_{BE4}$$

输出电压的变化量为：

$$\Delta V_O = \Delta(V_{CC} - I_{C2}R_2 - V_{BE3} - V_{BE4}) \approx -\Delta I_{C2} \cdot R_2$$

由图 3.27 的电路可以推导出输入 V_i 的表达式，即：

$$V_i = I_{E2}R_3 + V_{BE2} - V_{CES1}$$

V_i的变化量为：　　　　　$\Delta V_i = \Delta(I_{E2}R_3 + V_{BE2}-V_{CES1}) \approx \Delta I_{E2}R_3$

因此，bc 段的变化率为：

$$\frac{\Delta V_O}{\Delta V_i} = \frac{-\Delta I_{C2} \cdot R_2}{\Delta I_{E2} \cdot R_3} \approx -\frac{R_2}{R_3} \tag{3.17}$$

由式（3.17）可以看出，在 bc 段，V_O 随着 V_i 的增加而线性下降，所以把这一段称为线性区。

（3）cd 段

cd 段发生在 $1.3V \leqslant V_i < 1.5V$ 小区域内，这时，$V_{B2} \geqslant 1.4V$，T_2 和 T_5 都能导通，曲线的变化率为

$$\frac{\Delta V_O}{\Delta V_i} = \frac{-\Delta I_{C2} \cdot R_2}{\Delta I_{E2} \cdot (R_3 // r_{be5})} \approx -\frac{R_2}{R_3 // r_{be5}} \approx -\frac{R_2}{r_{be5}} \tag{3.18}$$

式中，r_{be5} 是 VT_5 发射结导通电阻，它比 R_3 的阻值小得多，所以 cd 段曲线的斜率很大，即输入电压的微小上升，就会引起输出电压的迅速下降。在这一段中，电路的输出将由高电平转换到低电平，所以把这一段称为转折区。

（4）de 段

随着 V_i 的增加，VT_2、VT_5 稳定工作在饱和区，VT_4 截止，输出 $V_O = V_{CES5} = 0.3V$ 基本不变，一般把这一段称为饱和区。

电压传输特性曲线可以反映 TTL 与非门的几个主要特性参数：

① 输出逻辑高电平 V_{OH} 和输出逻辑低电平 V_{OL}

电路工作在截止区的输出电压，称为输出逻辑高电平 V_{OH}；工作在饱和区的输出电压称为输出逻辑低电平 V_{OL}。对于典型 TTL 与非门电路，$V_{OH} \approx 3.6V$、$V_{OL} \approx 0.3V$。由于器件制造中的差异，不同厂家的集成电路产品芯片的 V_{OH} 和 V_{OL} 略有不同，通常规定 $V_{OH} = 3.0V$ 为额定输出逻辑高电平、$V_{OL} = 0.35V$ 为额定输出逻辑低电平。一般要求门电路的输出高电平要大于额定高电平值；输出低电平要低于额定低电平值。

② 关门电平 V_{OFF}、开门电平 V_{ON} 和阈值电压 V_{TH}

关门电平 V_{OFF} 也称为输入低电平上限 $V_{IL(max)}$，它是使输出高电平为额定值的 90%（即 2.7V）处，对应的输入低电平值，如果输入低电平 $V_{IL} > V_{OFF}$，则电路不能可靠地工作在关态，所以把它称为关门电平或输入低电平上限。对于典型电路，$V_{OFF} \approx 0.8V$。

开门电平 V_{ON} 也称为输入高电平下限 $V_{IH(min)}$，它是使输出低电平为额定值（即 0.35V）时，对应的输入高电平值，如果输入高电平 $V_{IH} < V_{ON}$，则电路不能可靠地工作在开态，所以把它称为开门电平或输入高电平下限。对于典型电路，$V_{ON} \approx 1.8V$。

阈值电压 V_{TH} 是电压传输特性曲线转折区中点对应的输入电压。在分析 TTL 与非门电路时，如果输入电压 $V_i < V_{TH}$，则认为电路工作在截止区；如果 $V_i > V_{TH}$，则认为电路工作在饱和区，它是两个工作区的分界线，称为阈值电压。对于典型电路，$V_{TH} \approx 1.4V$。

③ 输入低电平噪声容限 V_{NL} 和输入高电平噪声容限 V_{NH}

输入噪声容限是定量说明集成电路抗干扰能力的重要参数。由 TTL 与非门的电压传输特性曲线（见图 3.29 所示）可知，输入低电平噪声容限为：

$$V_{NL} = V_{OFF} - V_{IL} \approx 0.8 - 0.3 = 0.5V$$

输入高电平噪声容限为：

$$V_{NH} = V_{IH} - V_{ON} \approx 3.0 - 1.8 = 1.2V$$

2. 输入特性

输入特性是指输入电流 I_i 随输入电压 V_i 变化的曲线。TTL 与非门输入特性的测量电路如图 3.30 所示，输入特性曲线如图 3.31 所示，曲线规定由输入端流出的电流方向为正方向，而从外部流入输入端的方向为负方向。

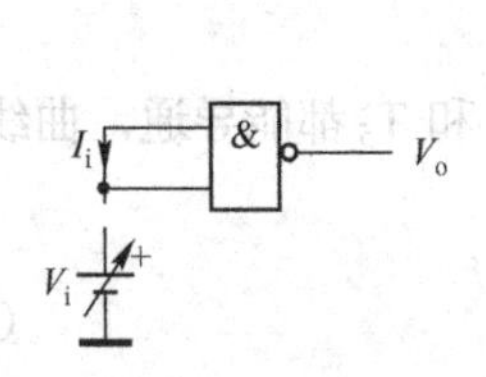

图 3.30　输入特性测量电路

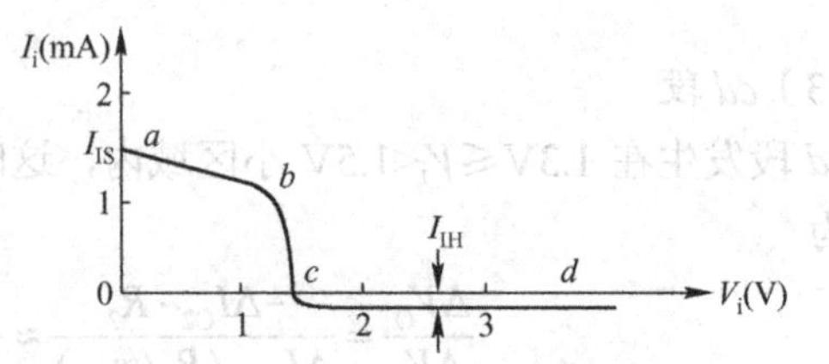

图 3.31　TTL 与非门的输入特性曲线

曲线的变化可分为 *ab*、*bc* 和 *cd* 段。

（1）*ab* 段

这一段包括截止区和线性区，即 $0V \leqslant V_i < 1.3V$。在截止区，VT_1 深饱和，VT_2、VT_5 截止，输入电流为：

$$I_i = \frac{V_{CC} - V_{BE1} - V_i}{R_1} \tag{3.19}$$

当 $V_i = 0V$（即输入短路下地）时，输入电流称为输入短路电流 I_{IS}，对于典型电路，其值为

$$I_{IS} = \frac{V_{CC} - V_{BE1}}{R_1} = \frac{5.0 - 0.7}{3.0} \approx 1.4\text{mA}$$

将式（3.19）的等号两边取变化量，整理后得到输入特性曲线的变化率为

$$\frac{\Delta I_i}{\Delta V_i} = -\frac{1}{R_1} \tag{3.20}$$

随着 V_i 的增加，电路进入线性区，VT_1 仍然深饱和，而 VT_2 开始进入放大区，VT_5 仍然截止。此时，由于电流 I_{B2} 很小，输入特性曲线的变化率，仍然由式（3.20）决定。

（2）*bc* 段

在这一段里，电路处于转折区。随着输入 V_i 的增加，电路由关态向开态转换，VT_1 由深饱和向倒置状态转换，输入电流 I_i 的方向由流出变为流入（在曲线上的电流由正到负变化）。

（3）*cd* 段

在这一段里，VT_2、VT_5 稳定工作在饱和区，VT_5 倒置工作。倒置工作晶体管的放大倍数为 $\beta_i = 0.01 \sim 0.02$，此时的输入电流称为输入高电平电流 I_{IH}，其值为：

$$I_{IH} = I_{B1}\beta_i = \frac{V_{CC} - V_{B1}}{R_1}\beta_i = \frac{5.0 - 2.1}{3} \times 0.02 \approx 0.02\text{mA}$$

3. 输入负载特性

TTL 与非门的输入负载特性是指在输入端加上负载电阻 R_i 后，电路表现出的特性。输入负载特性的测量电路如图 3.32（a）所示，输入端部分的等效电路如图 3.32（b）所示，输入负载特性曲线如图 3.33 所示。

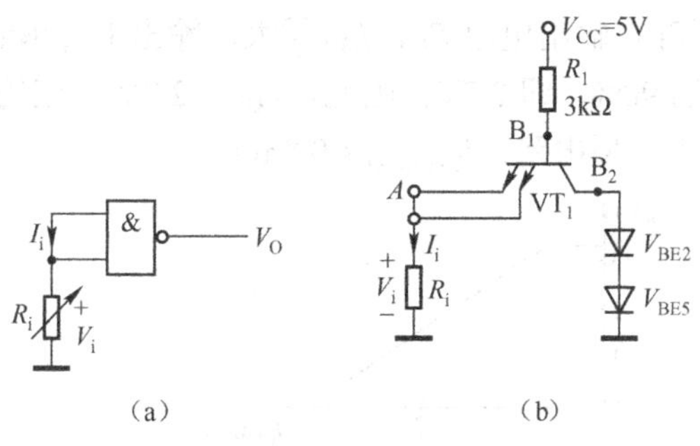

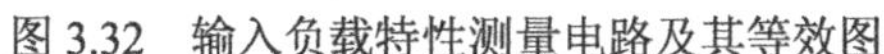

图 3.32　输入负载特性测量电路及其等效图

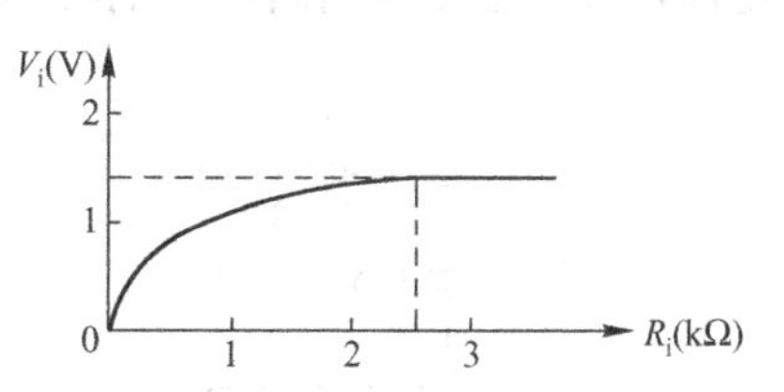

图 3.33　TTL 与非门的输入负载特性

由测量电路及其等效图可知，TTL 与非门接上输入负载电阻 R_i后，输入电流 I_i 在负载电阻上产生的电压（也是输入电压 V_i）为：

$$V_i = I_i R_i = \frac{V_{CC} - V_{BE1}}{R_1 + R_i} \times R_i \tag{3.21}$$

由式（3.21）可知，当输入负载电阻较小时，V_i 也较低，使电路工作在关态。为了电路能可靠地工作在关态，必须满足 $V_i \leqslant V_{OFF}$，即

$$\frac{V_{CC} - V_{BE1}}{R_1 + R_i} \times R_i \leqslant V_{OFF} \tag{3.22}$$

对于典型 TTL 与非门电路，$R_i = 3k\Omega$、$V_{OFF} = 0.8V$，将这些参数代入式（3.22）得到

$$R_i \leqslant 0.68\ k\Omega$$

一般把 0.68 kΩ称为关门电阻 R_{OFF}，即 $R_{OFF} = 0.68\ k\Omega$。

当输入负载电阻较大时，电路工作在开态。按照类似的方法，可以推导出开门电阻 $R_{ON} = 2.5\ k\Omega$（推导过程忽略）。

如果要求与非门能可靠地工作在关态，输入负载电阻必须小于 R_{OFF}；如果要求与非门能可靠地工作在开态，输入负载电阻必须大于 R_{ON}。如果输入负载电阻介于 R_{OFF} 和 R_{ON} 之间，则电路工作在转折区附近，使输出不稳定，利用这个特点，可以用与非门构成振荡器电路，这部分内容将在后面的章节中介绍。

4. 电源特性

TTL 集成电路的工作电源是 +5V，并允许在±10%范围内波动，即 $V_{CC} = 4.5V \sim 5.5V$。TTL 与非门工作在关态和开态时的电源电流值是不同的。电路处于稳定关态时的空载功耗称为空载截止功耗；电路处于稳定开态时的空载功耗称为空载导通功耗。空载截止功耗与空载导通功耗之和的一半，称为平均功耗。TTL 与非门的平均功耗约为 10mW。

另外，当与非门电路在从关态到开态转换，或从开态到关态转换的动态过程中，T_4 和 T_5 会瞬间同时导通，使电源出现瞬时最大电流，这个电流称为动态尖峰电流。动态尖峰电流使电源在一个工作周期中的平均电流加大，因此，在计算数字系统的电源容量时，不可忽略动态尖峰电流的影响。

5. 输出特性

输出特性是指输出电压 V_O 随输出电流 I_O 变化的曲线。TTL 与非门电路处于关态或开态时输出特性是不同的。关态时输出的等效电路如图 3.34 所示，它由 3.6V 的恒压源和输出电阻 R_O 构成，对于典型电路，$R_O \approx 100\Omega$。输出特性曲线如图 3.35 所示。电路处于关态时，输

出为高电平，向外部提供拉电流负载 I_{OH}，由于存在输出电阻 R_O，I_{OH} 越大，输出 V_{OH} 越低。一般要求输出高电平不能低于额定输出高电平的 90%，即 2.7V。因此，$V_{OH}=2.7V$ 对应的输出电流，称为最大输出高电平电流 $I_{OH(max)}$。对于典型电路，$I_{OH(max)}\approx0.8mA$。

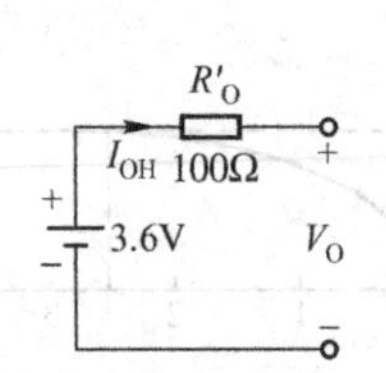

图 3.34　关态时的等效电路

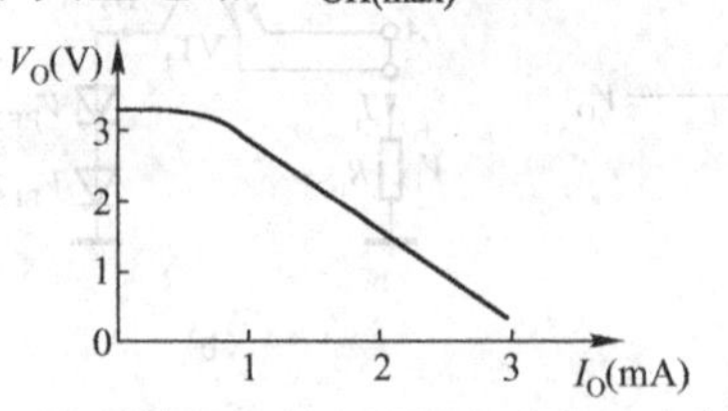

图 3.35　关态时的输出特性曲线

图 3.36 是开态时输出的等效电路，它由 0.3V 的恒压源和输出电阻 R'_O 构成，对于典型电路，$R'_O\approx20\Omega$。输出特性曲线如图 3.37 所示。电路处于开态时，输出为低电平，向外部提供灌电流负载 I_{OL}，由于 R'_O 的影响，当 I_{OL} 越大时，输出 V_{OL} 越高。一般要求输出低电平不能高于 0.7V，即不退出饱和区。因此，$V_{OL}=0.7V$ 对应的输出电流，称为最大输出低电平电流 $I_{OL(max)}$。对于典型电路，$I_{OL(max)}\approx12mA$。

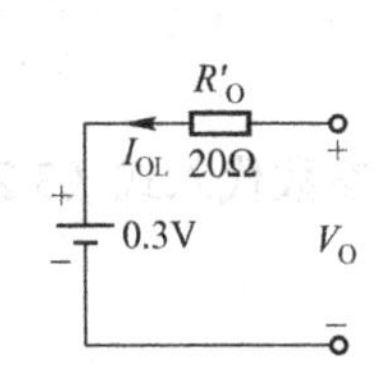

图 3.36　开态时的等效电路

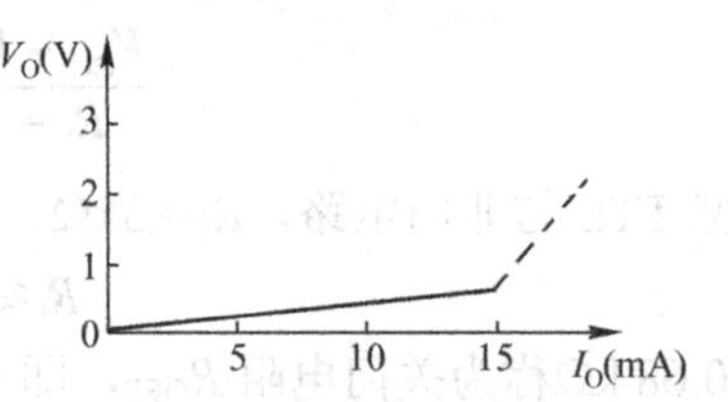

图 3.37　开态时的输出特性

6. 传输延迟特性

传输延迟特性的概念以及平均传输延迟时间 t_{pd} 的定义规则，在论述分立元件非门电路时已提到。平均传输延迟时间 t_{pd} 是衡量 TTL 集成门电路开关速度快慢的动态参数，TTL 与非门的 $t_{pd}=10ns\sim20ns$（纳秒）。根据 t_{pd} 的不同，TTL 集成电路又分为中速 TTL 和高速 TTL。

3.4.3 TTL 与非门的主要参数

TTL 与非门的主要参数包括输出逻辑高电平、输出逻辑低电平、最大输入低电平（关门电平）、最小输入高电平（开门电平）、阈值电平、输入高电平噪声容限、输入低电平噪声容限、输入短路电流、输入高电平电流、关门电阻、开门电阻、空载截止功耗、空载导通功耗、输出高电平电流、输出低电平电流、扇入系数、扇出系数及平均传输延迟时间等。大部分参数的定义在讨论外部特性中均做了说明，下面介绍扇入系数和扇出系数两个参数。

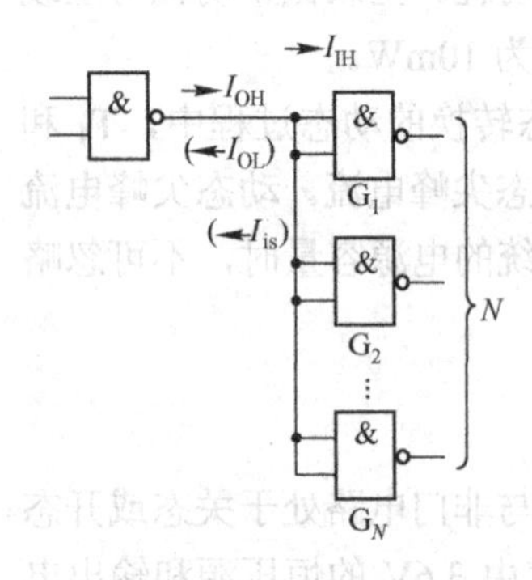

图 3.38　扇出系数测量电路

扇入系数 N_i 是 TTL 与非门输入端的头数，一般 $N_i=2\sim8$，即有 2～8 个输入端的与非门产品。扇出系数 N_o 是 TTL 与非门能带同类门的个数，它代表门的负载能力。下面以典型电路为例，分析它的扇出系数。扇出系数测量电路如图 3.38 所示，其中 G_0 是驱动门，G_1～G_N 是被驱动门，它们都是两输入端的与非门，即同类门，N 是要求的扇出系数。

首先求 G_0 处于关态时的 N_o。关态时，与非门输出高电平，提供高电平电流 I_{OH}，此时 G_1～G_N 处于开态，G_0 向每个被驱动门的每个输入端都提供高电平输入电流 I_{IH}，总电流为 $2NI_{IH}$。这个总电流要小于驱动门的最大输出高电平电流 I_{OHmax}，即：

$$I_{OHmax} \geqslant 2NI_{IH}$$

或者

$$N \leqslant \frac{I_{OHmax}}{2I_{IH}} \tag{3.23}$$

对于典型 TTL 与非门电路，$I_{OHmax} = 0.8mA$、$I_{IH} = 0.02mA$，将这两个值代入式（3.23）得到 $N \leqslant 20$，即关态时的扇出系数为 20。

与非门工作于开态时，输出低电平，提供低电平电流 I_{OL}。此时，G_1～G_N 处于关态，每个被驱动门都向 G_0 灌入输入短路电流 I_{IS}，总电流为 NI_{IS}。这个总电流要小于驱动门的最大输出低电平电流 I_{OLmax}，即：

$$I_{OLmax} \geqslant NI_{IS}$$

或者

$$N \leqslant \frac{I_{OLmax}}{I_{IS}} \tag{3.24}$$

对于典型 TTL 与非门电路，$I_{OLmax} = 12mA$、$I_{IS} = 1.4mA$，将这两个值代入式（3.24）得到 $N \leqslant 8$，即开态时的扇出系数为 8。

综上所述，典型 TTL 与非门的扇出系数 N_o=8。

3.4.4 TTL 与非门的改进电路

工作速度、静态功耗、抗干扰能力和可靠性，是衡量数字集成电路的重要技术指标。随着集成电路工艺的不断发展，集成电路的电路结构也不断改进，使技术指标不断提高。下面主要介绍输入保护电路、有源泄放电路和肖特基电路等改进电路。

1. 输入保护电路

TTL 与非门的输入保护电路如图 3.39 所示，电路在输入端增加了两只二极管 VD_1 和 VD_2。当输入电压低于 0V 时，VD_1 或 VD_2 导通，防止因输入电压过低，产生过大的输入电流而损坏 VT_1。

2. 有源泄放电路

有源泄放电路由 VT_6 和电阻 R_3、R_6 构成（参见图 3.39 所示）。有源泄放电路的作用是在 VT_5 从饱和区向截止区转换过程中，为驱散基区的饱和电荷 Q_{BS} 提供有源泄放通道，减少 VT_5 的反向截止时间，提高工作速度。另外，由于增加了 VT_6，B_2 点通过两个 PN 结下地，使电压传输特性得到改善，即进入线性区的起始输入电压由 0.6V 提高到 1.3V 左右，如图 3.40 所示，关门电平 V_{OFF} 提高到 1.4V 左右，输入低电平噪声容限增加到：

$$V_{NL} = V_{OFF} - V_{IL} = 1.4 - 0.3 = 1.1V$$

提高了低电平输入时的抗干扰能力。

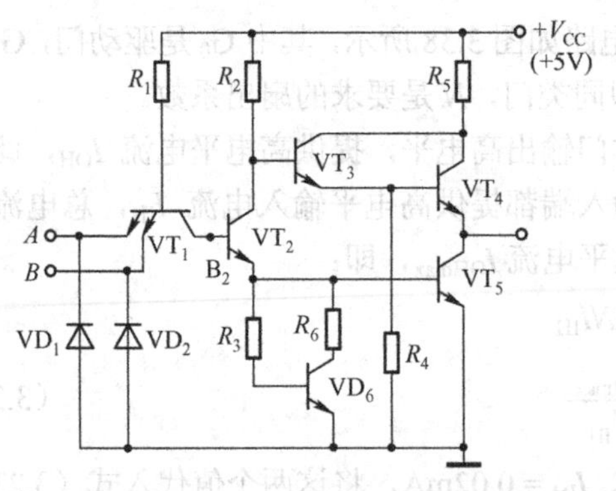

图 3.39　TTL 与非门的输入保护电路

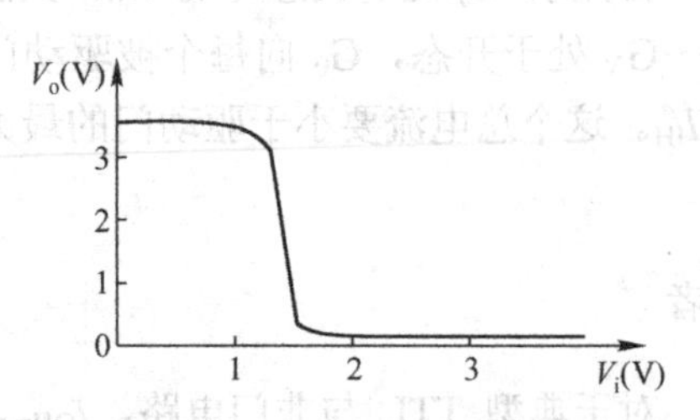

图 3.40　TTL 与非门的传输特性曲线

3. 肖特基 TTL

由晶体管的开关特性可知，当晶体管由饱和状态转为截止状态时，需要驱散基区的饱和电荷，经历一段较长的存储时间，影响门的工作速度。为了提高速度，肖特基 TTL 采用了抗饱和电路，因此称为抗饱和 TTL 或 STTL（Schottky Transistor-Transistor Logic）。

STTL 由抗饱和三极管构成，抗饱和三极管由双极型三极管和肖特基二极管组成。肖特基二极管 SBD（Schottky Barrier Diode）是利用三极管的基极的铝金属引脚和集电极的 N 型硅接触而形成的，也称为金属-半导体二极管。肖特基二极管跨接在三极管的基极和集电极之间，如图 3.41（a）所示。具有这种结构的三极管称为肖特基三极管，其符号如图 3.41（b）所示。肖特基二极管正向导通压降小，约为 0.1V，而且没有电荷存储效应，开关速度快。当三极管进入饱和区后，肖特基二极管导通，使集电结的正向电压被钳制在 0.3V 左右，同时将基极的部分电流分流到集电极，有效地避免了三极管进入深饱和状态，大大提高了工作速度。STTL 的平均传输延迟时间约为 3ns。

肖特基 TTL 有 74S 和 74LS 系列产品，图 3.42 所示的是 74S 系列的 2 输入端肖特基 TTL 与非门的电路结构，该芯片的国家标准型号名称为 CT74S00（关于国产半导体集成电路型号的命名法请参考本书后的附录 A），进口产品型号名称为 74S00。另外，为了降低功耗，大幅度地提高电路中各个电阻的阻值，形成 74LS 系列产品，即低功耗肖特基 TTL。74LS 系列的两输入端与非门的芯片名称为 CT74LS00 或 74LS00。

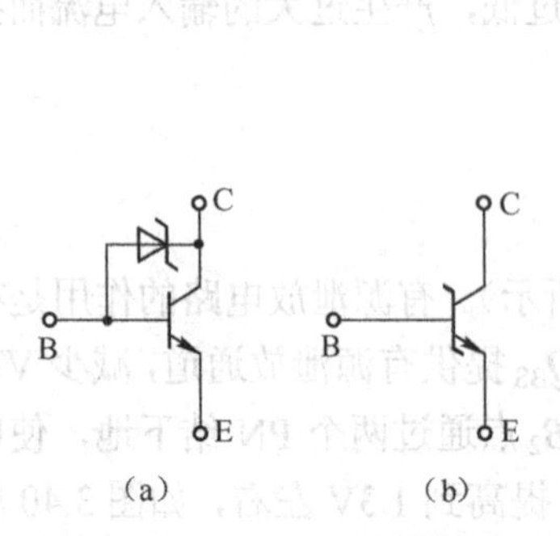

图 3.41　抗饱和三极管

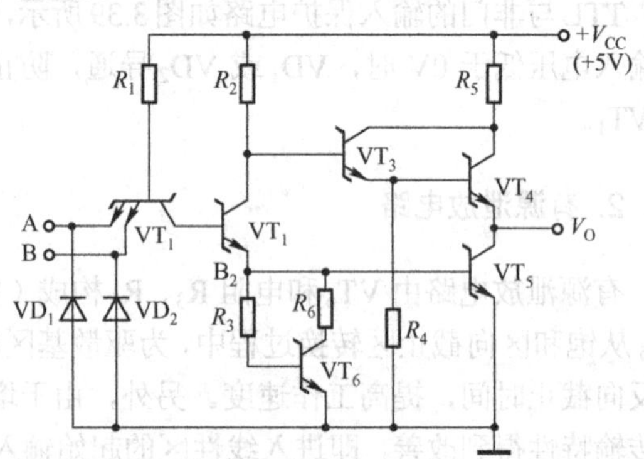

图 3.42　抗饱和 TTL 与非门电路

3.4.5　TTL 其他类型的集成电路

TTL 集成门电路除了与非门外，还有与门、或门、非门、或非门、与或非门、异或门、集电极开路门（OC 门）和三态输出门等产品。下面重点介绍集电极开路门和三态输出门。

1. 集电极开路门

集电极开路门简称为 OC 门（Open Collector Gate）。集电极开路与非门在电路制作时，把晶体管 VT_3、VT_4 去掉，形成输出为集电极开路结构，如图 3.43（a）所示；图 3.43（b）是 OC 门的逻辑符号。

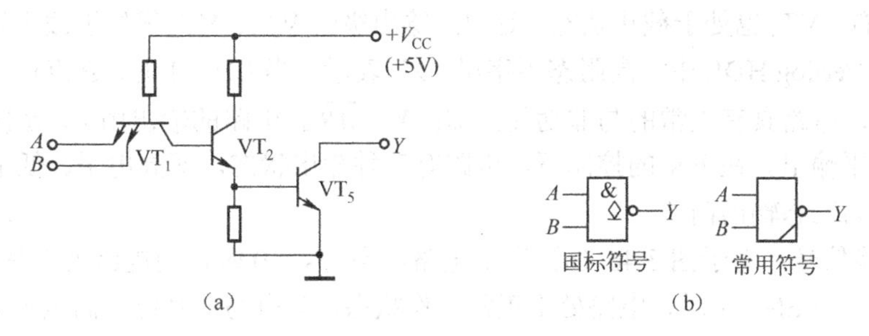

图 3.43　集电极开路与非门电路及其逻辑符号

当 OC 门电路工作在开态时，VT_5 饱和，输出为低电平 0.3V；当电路工作在关态时，VT_5 截止，由于集电极开路，输出呈高阻态。为了使电路具有高电平输出，必须在 OC 门输出端外加负载电阻 R_L 和电源 E_C，如图 3.44 所示，只有这样才能使电路具有与非功能，即：

$$Y=\overline{AB}$$

OC 门的主要用途有：

① OC 门可以用来驱动不同的负载，例如电阻、继电器、发光二极管等，用这些负载代替图 3.44 所示电路的 R_L 即可。

② OC 门还可以实现电平转换。改变图 3.42 所示电路的电源 E_C 的值，就可以改变输出逻辑高电平的值，实现 TTL 电平到其他类型电路的电平转换。在数字系统的应用中，经常需要电平转换，例如，将 TTL 电平转换为高阈值 TTL（HTL）电平，或转换为 CMOS 电平等。

③ 实现“线与”。把若干个 OC 门的输出线直接连接在一起，具有与功能，称为“线与”。两个集电极开路与非门线与的连接电路如图 3.45 所示。其中，$\overline{AB}$ 是门 G_1 的输出，$\overline{CD}$ 是门 G_2 的输出。由电路可以看出，当两个门中有任一个门为开态时，输出 Y 就是低电平；只有两个门都工作在关态时，Y 才是高电平。两个门的输出构成“与”逻辑关系，即 $Y=\overline{AB}\cdot\overline{CD}$。

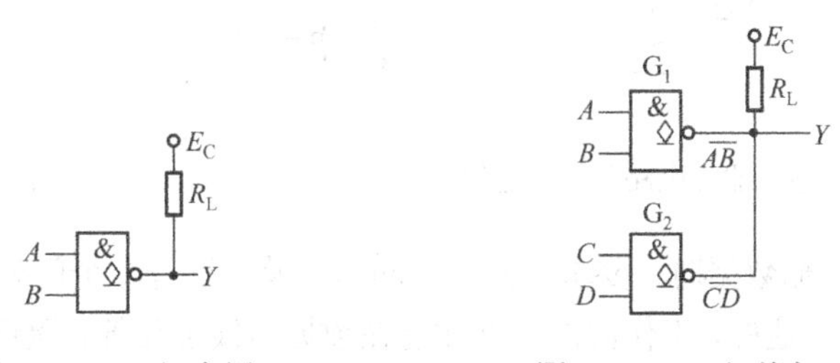

图 3.44　OC 门应用

图 3.45　OC 门线与

请读者注意，普通的 TTL 门是不允许线与的，即不能把两个普通 TTL 与非门的输出端直接连接在一起。因为普通 TTL 门采用推拉输出方式，不论门电路处于开态还是关态，输出都呈现低阻抗。把两个门的输出直接连接后，如果一个门工作于关态（输出高电平），而另一个门工作于开态（输出低电平），则会在两个门的内部形成过电流而损坏器件。

2. 三态输出门

三态输出门（Three State Output Gate，简称 TS 门）是在普通门电路基础上，增加控制输入端和控制电路构成的，如图 3.46（a）所示。在三态门电路中，当控制信号 EN = 0 时，P 点为低电位，它是多发射极晶体管的一个输入信号，因此使 VT_1 深饱和，VT_2、VT_5 截止。同时，由于 P 点为低电位，二极管 VD 导通，使 VT_2 的集电极电位（即 VT_3 的基极电位）被钳位在 1V 左右，VT_4 也处于截止状态。这时，输出级的 VT_4、VT_5 都处于截止状态，输出呈现高阻抗。在 Verilog HDL 中，高阻态用字母“z”表示。当 EN = 1 时，P 点也为高电位，二极管 VD 截止，电路具有正常的与非功能，即：$Y=\overline{AB}$。电路的输出由 A、B 决定，有低电平输出和高电平输出。在 EN 的控制下，电路有三种输出状态，即高电平、低电平和高阻态输出，因此称为三态输出门。

EN 是使能信号，对于图 3.46（a）所示电路，当 EN = 0 时，门电路处于禁止工作状态，输出呈高阻态；当 EN = 1 时，电路处于正常工作状态，具有与非功能。高电平为 EN 控制信号的有效电平（即 EN 为高电平时电路才能工作），其逻辑符号如图 3.46（b）所示，逻辑符号的 EN 端没有小圆圈。

在图 3.46（a）所示的电路中，如果减少 EN 控制电路部分的一个非门，则其控制信号为 $\overline{EN}$。当 $\overline{EN}=0$ 时，使门电路处于正常工作状态；当 $\overline{EN}=1$ 时，门电路处于禁止工作状态，输出呈高阻态。低电平是 EN 控制信号的有效电平（即 $\overline{EN}$ 为低电平时电路才能工作），其逻辑符号如图 3.46（c）所示，逻辑符号的 $\overline{EN}$ 端有小圆圈。

在数字系统中，为了减少输出连线，经常需要在一条数据线上分时传输若干个门电路的输出信号，这种输出线称为总线（BUS）。三态输出门可以实现总线结构，N 个三态门输出的总线结构如图 3.47 所示。

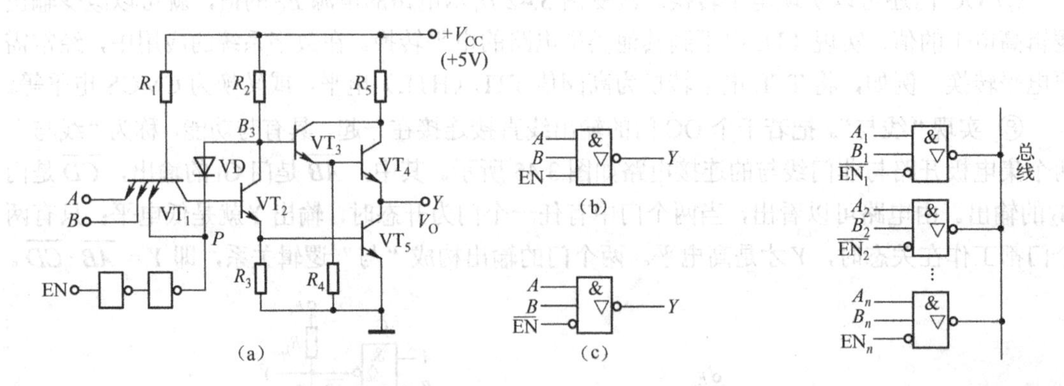

图 3.46 三态与非门电路结构及逻辑符号　　图 3.47 总线结构连接图

以总线方式分时传输数据时，要求在任何时间内，最多只有一个门处于工作状态，其他门被禁止，输出呈高阻态。这样，工作门的数据才能在数据总线上传输，避免数据混乱。在图 3.47 所示的电路中，只要控制各个门的 $\overline{EN}$ 端，轮流定时地使各个门的 $\overline{EN}$ 端为 0（有效），就可以把各个门的输出信号轮流传输到总线上。计算机系统中的数据传输，基本都采用总线方式。

3.4.6 TTL 集成电路多余输入端的处理

多余输入端的处理是在使用数字集成电路时，经常遇到的实际问题。例如，一个四输入端的TTL与非门在设计时只使用三个输入端，有一个输入端未使用，正确处理这个多余输入端的方法有：

① 将多余输入端接正电源或逻辑高电平。对于与非门来说，多余输入端接高电平不会影响其他输入端的功能。

② 将多余输入端与有用输入端并接。

③ 把多余输入端悬空，即不接任何信号。根据TTL与非门的输入负载特性，输入端悬空相当于在输入端接一个无穷大的电阻，并等效接逻辑高电平，不会影响与非门的逻辑功能。但把输入端悬空容易引入干扰，在设计时应注意这个问题。

以上是TTL与非门多余输入端的处理方法，它不代表所有集成门多余输入端的处理方法。其他门多余输入端的处理方法，留给读者自己考虑。如果多余输入端不能得到正确处理，也可能导致设计的数字电路系统不能正常工作。

3.4.7 TTL电路的系列产品

TTL具有74和54两大系列产品，产品型号以74或54开始，如7400或5400，其中"00"是相应系列产品芯片的序号。74系列属于民品，54系列属于军品。相同序号74和54系列产品芯片的逻辑功能相同，只是在特性参数方面，军品系列比民品系列产品优秀，例如在温度系数方面，54系列要求在–55°～+125℃甚至更宽度的温度范围内都能正常工作，而74系列仅要求在常温（0°～+70℃）下能正常工作。

工作速度和功耗是集成电路的两大技术指标，为了满足这方面的要求，在74/54系列产品的基础上，相继出现了74H/54H系列、74S/54S系列、74LS/54LS系列、74AS系列和74ALS系列等改进型TTL电路。74H/54H系列称为高速系列。74S/54S系列称为肖特基系列，电路采用肖特基三极管，避免导通三极管进入深饱和状态来提高工作速度。74LS/54LS是低功耗肖特基系列，电路不仅采用肖特基三极管，而且大幅度地提高了内部各电阻的阻值，是TTL电路系列中功耗最小的一种产品，因此74LS/54LS系列在TTL芯片生产量和使用量方面占很大的比例。74AS系列和74ALS是为了进一步缩短传输延迟时间而设计的改进系列。

我国也制定了国产半导体集成电路型号命名法（GB3430—82），对应74LS系列的国标命名为CT74LS，其中"C"表示中国制造，"T"代表TTL。为了简化说明，本教材在介绍TTL电路的系列产品时，统一用74系列命名，如7400、74138等。

3.5 其他类型的双极型集成电路

在双极型数字集成电路中，TTL电路的应用最广泛。其他种类的双极型集成电路，如二极管三极管逻辑DTL（Diode Transistor Logic）、高阈值逻辑HTL（High Threshold Logic）、发射极耦合逻辑ECL（Emitter Coupled Logic）和集成注入逻辑I^2L（Integrated Injection Logic）等，在某些有特殊要求的场合使用。下面简单介绍ECL和I^2L电路，让读者对它们有一定了解。

3.5.1 ECL电路

由于TTL门中三极管工作在饱和状态，开关速度受到了限制。只有改变电路的工作方式，从饱和型变为非饱和型，才能从根本上提高速度。发射极耦合逻辑电路（ECL），也称电流开关型逻辑电路（CML），就是一种非饱和型高速数字集成电路。

这种电路的主要优点是开关速度高、负载能力强、内部噪声低等；主要缺点是噪声容限小、电路功耗大、输出电平受温度影响大。

这种电路常用于高速中、小规模集成电路中。

3.5.2 I²L 电路

集成注入逻辑电路（I²L）的电路简单，它的基本结构是由一个 NPN 型多集电极三极管和一个 PNP 型恒流源负载组成的反相器。由于 I²L 电路的驱动电流是由 PNP 管的发射极注入的，所以称为集成注入逻辑。它的功耗低，集成度高。I²L 电路的每个基本逻辑单元占的芯片面积很小，工作电流不超过 1nA，因而其集成度可达 500 门/毫米 ^{2} 以上（一般 TTL 电路集成度约为 20 门/毫米 ^{2}）。

注入逻辑电路可以在低电压下工作，其高电平 $V_H = 0.7V$，低电平 $V_L = 0.1V$。注入逻辑电路的缺点是抗干扰能力差，开关速度也较低。

3.6 MOS 集成门

MOS 集成电路是用 MOS 管作为基本元件构成的。MOS 管是金属-氧化物-半导体场效应管（Metal Oxide Semiconductor Field Effect Transistor）的简称。在 MOS 管内，只有一种载流子参与导电，因此 MOS 集成电路属于单极型集成电路。

3.6.1 MOS 管

1. MOS 管的结构

MOS 管分为 NMOS 和 PMOS 两种类型。NMOS 管的结构如图 3.48（a）所示，它是在 P 型半导体底衬上制作两个高掺杂浓度的 N 型区（以 N^+ 表示），形成 MOS 管的源极 S（Source）和漏极 D（Drain）。第 3 个电极叫栅极 G（Gate），通常用金属铝制作。栅极和底衬之间被二氧化硅（SiO_2）绝缘层隔开，这就形成金属（Metal）、氧化物（Oxide）和半导体（Semiconductor）的 MOS 管的结构。底衬也称为 B 极，它是底衬上全部 MOS 管的公共极。

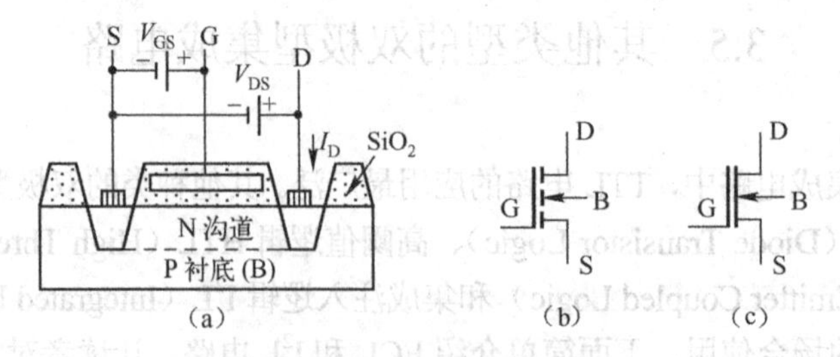

图 3.48 NMOS 管结构及符号

NMOS 管又有增强型和耗尽型两种类型。如果在增强型的 NMOS 管的栅极和源极之间没有加电压，即 $V_{GS} = 0$，则两个 N 区与 P 型底衬形成两个背向串联的 PN 结，此时，无论漏极和源极之间加上哪个方向的电源，总会使一只 PN 结反偏，MOS 管不能导通，漏极电流

$I_D=0$。如果在栅极上加上足够大的正电压，即 $V_{GS}>V_{GS(TH)}$，则自由电子在栅极的正电场的吸引下，聚集在栅极下的底衬表面，形成与P型底衬相反的N型沟道。N沟道把两个N区沟通，在漏源电压 V_{DS} 的作用下，形成漏极电流 I_D。因为导电沟道属于N型，而且必须在栅极上加上足够高的正电压 $V_{GS(TH)}$ 时，沟道才能形成，所以把这种类型的MOS管叫做N沟道增强型MOS管。$V_{GS(TH)}$ 是形成沟道的最低栅源电压，称为开启电压，一般 $V_{GS(TH)}=2V\sim3V$。增强型NMOS管的符号如图3.48（b）所示。

耗尽型NMOS管制作时在栅极的下方就存在N型沟道，因此当 $V_{GS}=0$ 时，MOS管就能导通，只有在栅极加上足够大的负电压，即 $V_{GS}<-V_{GS(TH)}$，使栅极下方的聚集的自由电子被驱散，沟道消失后，MOS管才截止。这种类型的MOS管叫做N沟道耗尽型MOS管。耗尽型NMOS管的符号如图3.48（c）所示。

PMOS管的结构如图3.49（a）所示，它是在N型半导体底衬上制作两个高掺杂浓度的P型区（以 P^+ 表示），形成MOS管的源极S、漏极D和栅极G的。

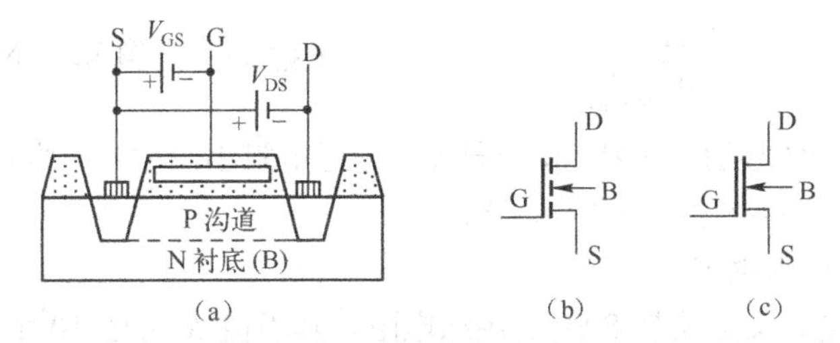

图3.49　PMOS管结构及符号

PMOS管也有增强型和耗尽型两种类型。增强型PMOS管制作时，在栅极的下方没有P型沟道，当 $V_{GS}=0$ 时，MOS管不能导通，漏极电流 $I_D=0$。如果在栅极加上足够大的负电压，即 $V_{GS}<-V_{GS(TH)}$，自由电子在栅极的负电场的排斥下，使栅极下的底衬表面的自由电子数量大大减少，空穴数量大大增加，形成与N型底衬相反的P型沟道，使PN结消失，MOS管导通。这种类型的MOS管叫做P沟道增强型MOS管。增强型PMOS管的符号如图3.49（b）所示。制作时就存在沟道的PMOS管称为耗尽型PMOS管，其符号如图3.49（c）所示。

2. MOS管的开关特性

在数字电路中，MOS管主要作为开关元件来使用。下面以增强型NMOS管为例，介绍MOS管的开关特性。

（1）输出特性

NMOS管的基本开关电路如图3.50（a）所示，这种结构也称为共源接法电路，其输出特性（也称为漏极特性）曲线如图3.50（b）所示。

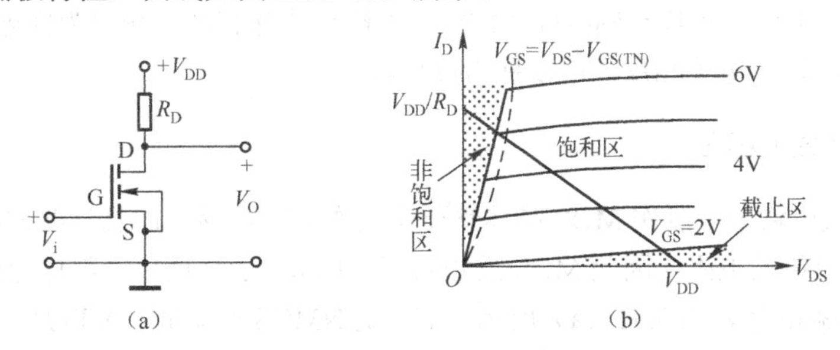

图3.50　MOS管开关电路及其输出特性

漏极特性分三个工作区，即截止区、非饱和区和饱和区。当 $V_{GS}<V_{GS(TH)}$ 时，漏极和源极之间没有导电沟道形成，$I_D\approx 0$，NMOS 管工作在截止区。当 $V_{GS}\geqslant V_{GS(TH)}$ 后，导电沟道形成，产生电流 I_D。在 $V_{DS}<V_{GS}-V_{GS(TH)}$ 区域，导电沟道是完整的，导通电阻基本不变。因此，随着 V_{DS} 的上升，I_D 增加，这个区域（在虚线的左边）称为非饱和区。如果 $V_{GS}\geqslant V_{GS(TH)}$ 形成导电沟道后，而且 $V_{DS}>V_{GS}-V_{GS(TH)}$，则导电沟道被夹断；而且随着 V_{DS} 的增加，被夹断的沟道距离越大，导通电阻也越大，虽然 V_{DS} 增加，但 I_D 基本不变。一般把这个区域（在虚线的右边）称为饱和区。把 $V_{DS}=V_{GS}-V_{GS(TH)}$ 的各点连接起来，如图中的虚线所示，是非饱和区与饱和区的分界。

（2）转移特性

MOS 管的转移特性是 V_{DS} 不变化条件下的 I_D 电流与 V_{GS} 之间的曲线关系，增强型 NMOS 管的转移特性曲线如图 3.51 所示。曲线的斜率称为跨导 g_m，即：

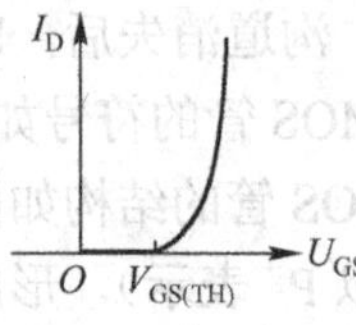

$$g_m=\left.\frac{\Delta I_D}{\Delta V_{GS}}\right|_{\Delta V_{DS}=0} \qquad (3.25)$$

图 3.51　NMOS 管的转移特性

跨导反映 MOS 管的导通电阻特性，跨导大则导通电阻小，跨导小则导通电阻大。在 MOS 管制作时，可以通过控制跨导来改变导通电阻。

（3）输入电阻与输入电容

MOS 管的输入电阻实际就是 SiO_2 的绝缘电阻，其阻值 R_i 可达 $10^{12}\Omega$ 以上。这样大的输入电阻，使 MOS 管在静态时基本不需要输入电流，即 $I_i\approx 0$，属于电压控制器件。因此，MOS 管开关电路的静态输入功耗极低，负载能力很强。

MOS 管的输入电容是栅极和源极之间存在的寄生电容 C_i，其值约在百分之几皮法到几皮法之间。虽然输入电容很小，但输入电阻很大，在动态过程中，输入电容 C_i 充电或放电回路的时间常数 τ_i（$\tau_i=R_iC_i$）很大，充电或放电的时间相对长。这是影响 MOS 开关时间的主要因素。

3.6.2　MOS 反相器

MOS 反相器也称为非门。在 MOS 集成电路中，各种逻辑门基本都是由反相器的组合构成的。

1. 电阻负载反相器

图 3.50（a）所示的共源电路实际就是一个反相器，R_D 是负载电阻。从电路输出特性曲线可以看出，当输入为低电平，即 $V_i=V_{IL}$ 时，MOS 管工作在截止区，输出为高电平，$V_O\approx V_{DD}$；当输入为高电平，即 $V_i=V_{IH}$ 时，MOS 管工作在非饱和区，输出为低电平，$V_O\approx 0V$。电路的输出电平与输入电平相反，所以称为反相器。

2. MOS 管负载反相器

在 MOS 集成电路中，制作 MOS 晶体管要比制作电阻容易，而且只要控制管子的跨导，就可以得到不同阻值的电阻，因此 MOS 反相器都采用 MOS 管代替电阻作为负载的。

NMOS 反相器电路如图 3.52（a）所示，VT_1 是 NMOS 驱动管、VT_2 是 NMOS 负载管。驱动管的栅极与漏极并接于电源 V_{DD} 上，使 VT_2 总是处于导通状态，相当一个负载电阻。图

3.52（b）是 VT_2 的转移特性曲线。在驱动管的漏极特性曲线上，用 VT_2 的转移特性曲线代替电阻负载特性曲线（图中以虚线表示），得到 NMOS 管负载反相器的分析图，如图 3.52（c）所示。当输入为低电平，即 $V_i = V_{IL}$ 时，驱动管 VT_1 的漏极特性曲线与负载管 VT_2 的转移特性曲线交于 A 点，输出为高电平，$V_O \approx V_{DD} - V_{GS(TH)}$；当输入为高电平，即 $V_i = V_{IH}$ 时，VT_1 的漏极特性曲线与 VT_2 的转移特性曲线交于 B 点，输出为低电平，$V_O \approx 0V$。

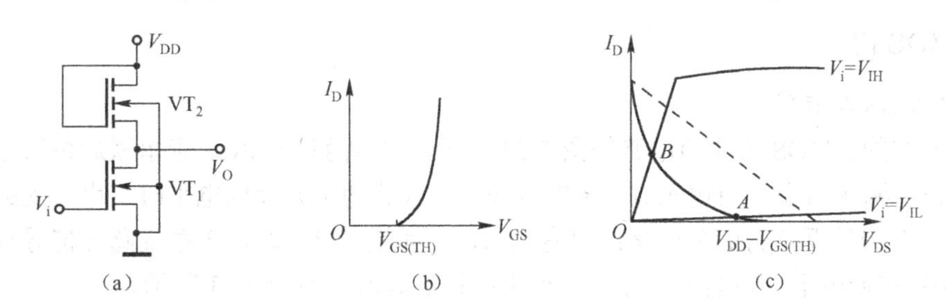

图 3.52　NMOS 反相器及其分析图

3. CMOS 反相器

在制作 NMOS 反相器时，负载管导通电阻的大小是需要综合考虑的问题。如果负载管的导通电阻小，则在驱动管导通时，电路的功耗大；如果导通电阻大，则在驱动管截止时，电路提供的拉电流负载小，驱动能力弱。CMOS 反相器较好地解决了这个问题。

CMOS 反相器电路如图 3.53（a）所示，T_1 是 NMOS 驱动管、T_2 是 PMOS 负载管，这种由两种不同类型的MOS管形成的电路结构，称为互补MOS（Complementary Symmetry MOS），简称 CMOS。

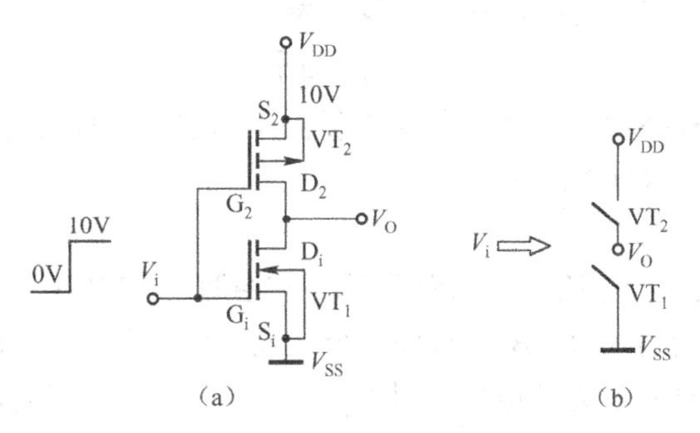

图 3.53　CMOS 反相器

在 CMOS 反相器电路中，把两个 MOS 管的栅极并联在一起作为输入 V_i；两个漏极并联在一起作为输出 V_O；负载管的源极接正电源端 V_{DD}，驱动管的源极接负电源端 V_{SS}。使用时，V_{SS} 可接地或负电源。

CMOS 反相器的等效图如图 3.53（b）所示，VT_1 和 VT_2 相当于两只受输入 V_i 控制的开关。当输入为低电平（即 $V_i = V_{IL} = 0V$）时，驱动管 VT_1 的 $V_{GS} < V_{GS(TH)}$ 而处于截止状态（相当于开关断开），负载管 VT_2 的 $V_{GS} > V_{GS(TH)}$ 而处于导通状态（相当开关闭合），输出 $V_O = V_{OH} = V_{DD}$，为高电平。当输入为高电平（即 $V_i = V_{IH} = 10V$）时，驱动管 VT_1 的 $V_{GS} > V_{GS(TH)}$ 而处于导通状态，负载管 VT_2 的 $V_{GS} < V_{GS(TH)}$ 而处于截止状态，输出 $V_O = V_{OL} = V_{SS} = 0V$，为低电平。

CMOS 反相器工作时，输出回路中的两只晶体管总有一只处于截止状态，即 VT_1 导通则

VT_2截止，VT_2导通则VT_1截止。因此，CMOS反相器的驱动管和负载管的导通电阻都可以很小，增强了电路的负载能力，也使电路的静态功耗很低。

3.6.3 MOS门

常用的MOS门包括NMOS门、PMOS和CMOS门。

1. NMOS门

（1）NMOS与非门

两输入端的NMOS与非门电路如图3.54所示，它由两只NMOS管串联后再通过一只负载管接到正电源V_{DD}端。当输入A、B中有任一个（或两个）为低电平时，串联支路就不能导通，输出Y为接近V_{DD}的高电平；只有当A、B都是高电平时，串联支路才能导通，输出Y为接近0V的低电平。归纳上述分析，得出电路的真值表如表3.13所示。

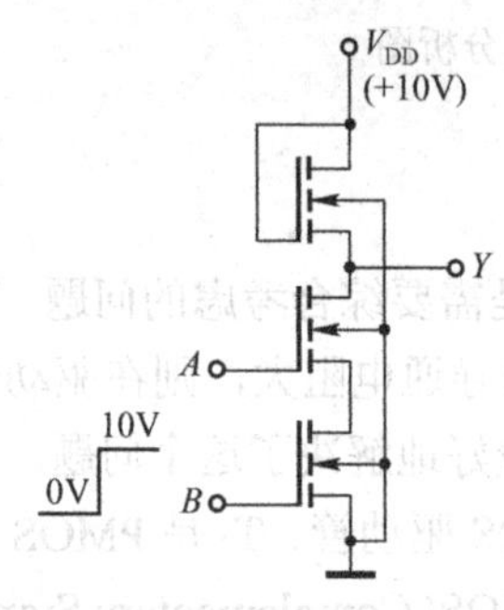

图3.54　NMOS与非门

表3.13　图3.54电路的真值表

A	B	Y
0	0	1
0	1	1
1	0	1
1	1	0

由表可见，电路具有与非功能，其输出逻辑表达式为：

$$Y=\overline{AB}$$

增加串联支路的NMOS管的个数，就可以得到不同扇入系数的与非门。在与非门的输出端再增加一级反相器，就得到NMOS与门电路。

（2）NMOS或非门

两输入端NMOS或非门电路如图3.55所示，它由两只NMOS管并联后再通过一只负载管接到正电源V_{DD}端。当输入A、B中有任一个（或两个）为高电平时，并联支路中就至少有一只晶体管导通，使输出Y为低电平；只有当A、B都是低电平时，并联支路的全部晶体管截止，输出Y才为高电平。归纳上述分析，得出电路的真值表如表3.14所示。由表可见，电路具有或非功能，其输出逻辑表达式为：

$$Y=\overline{A+B}$$

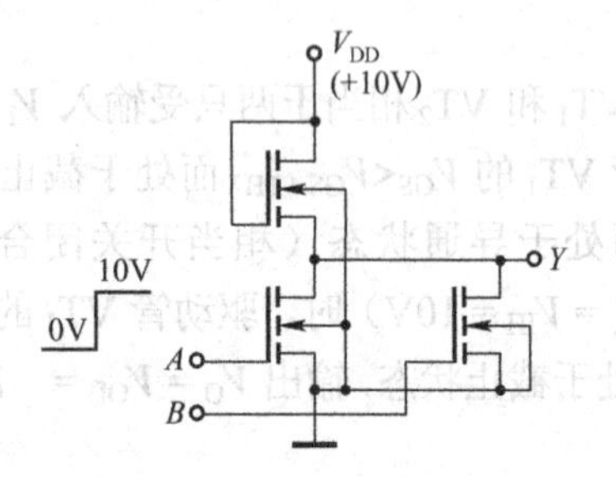

图3.55　NMOS或非门

表3.14　图3.55电路的真值表

A	B	Y
0	0	1
0	1	0
1	0	0
1	1	0

增加并联支路的 NMOS 管的个数，就可以得到不同扇入系数的或非门。在或非门的输出端再增加一级反相器，就得到 NMOS 或门电路。

2. PMOS 门

（1）PMOS 与非门

两输入端 PMOS 与非门电路如图 3.56 所示，它由两只 PMOS 管并联后再通过一只负载管接到负电源（$-V_{DD}$）端，下面以正逻辑关系分析它的工作原理。当输入 A、B 中有任一个（或两个）为低电平$-V_{DD}$时，并联支路中就至少有一只晶体管导通，使输出 Y 为高电平 0V；只有当 A、B 都是高电平 0V 时，并联支路中的晶体管都截止，输出 Y 才为接近$-V_{DD}$的低电平。

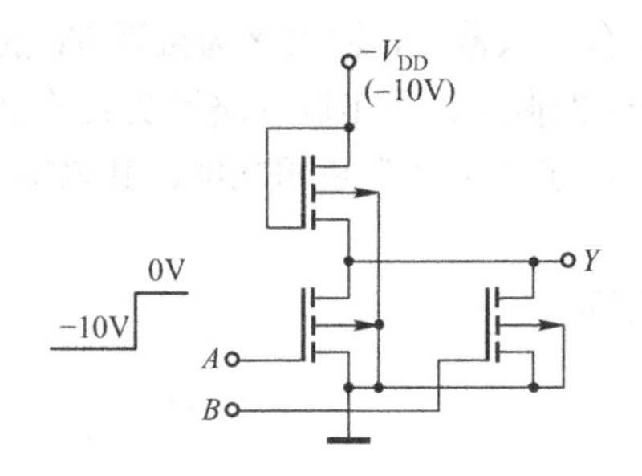

图 3.56　PMOS 与非门

表 3.15　图 3.56 电路的真值表

A　B	Y
0　0	1
0　1	1
1　0	1
1　1	0

归纳上述分析，可知电路具有与非逻辑功能，其真值表如表 3.15 所示，输出逻辑表达式为

$$Y=\overline{AB}$$

（2）PMOS 或非门

两输入端 PMOS 或非门电路如图 3.57 所示，它由两只 PMOS 管串联后再通过一只负载管接到负电源（$-V_{DD}$）端。当输入 A、B 中有任一个（或两个）高电平 0V 时，串联支路中至少有一只晶体管截止，使输出 Y 为接近$-V_{DD}$的低电平；只有当 A、B 都是低电平$-V_{DD}$时，串联支路中的晶体管全部导通，输出 Y 才为接近 0V 的高电平。归纳上述分析，可知电路具有或非逻辑功能，其真值表如表 3.16 所示，输出逻辑表达式为：

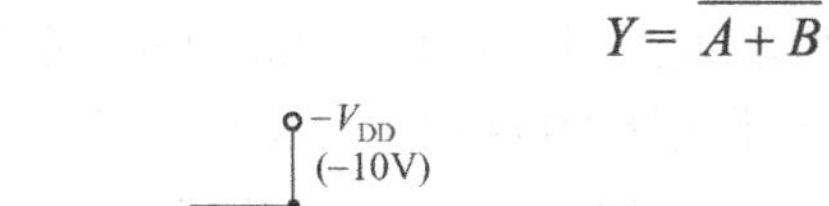

$$Y=\overline{A+B}$$

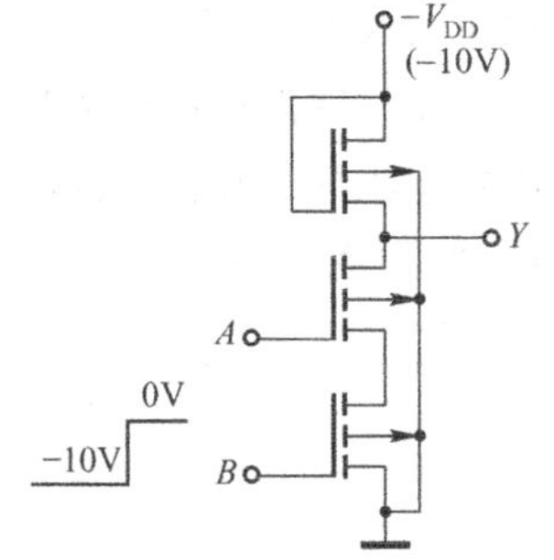

图 3.57　PMOS 或非门

表 3.16　图 3.57 电路的真值表

A　B	Y
0　0	1
0　1	0
1　0	0
1　1	0

3. CMOS 门

（1）CMOS 与非门

两输入端 CMOS 与非门电路如图 3.58 所示，它是把两个 CMOS 反相器的负载管并联、

驱动管串联后得到的。当输入 A、B 中有任一个（或两个）为低电平时，串联支路中的驱动管至少有一只截止，而并联支路中的负载管就至少有一只导通，使输出 Y 为接近 V_{DD} 的高电平；只有当 A、B 都是高电平时，串联支路中的驱动管才能全部导通，而并联支路的负载管全部截止，输出 Y 为接近 0V 的低电平。电路的工作原理反映了“与非”逻辑功能，其输出逻辑表达式为：

$$Y=\overline{AB}$$

（2）CMOS 或非门

两输入端的 CMOS 或非门电路如图 3.59 所示，它是把两个 CMOS 反相器的负载管串联、驱动管并联后得到的。当输入 A、B 中有任一个（或两个）为高电平时，并联支路中的驱动管至少有一只导通，而串联支路中的负载管就至少有一只截止，输出 Y 为接近 0V 的低电平；只有当 A、B 都是低电平时，并联支路中的驱动管全部截止，而串联支路的负载管全部导通，输出 Y 才为接近 V_{DD} 的高电平。电路的工作原理反映了“或非”逻辑功能，其输出逻辑表达式为：

$$Y=\overline{A+B}$$

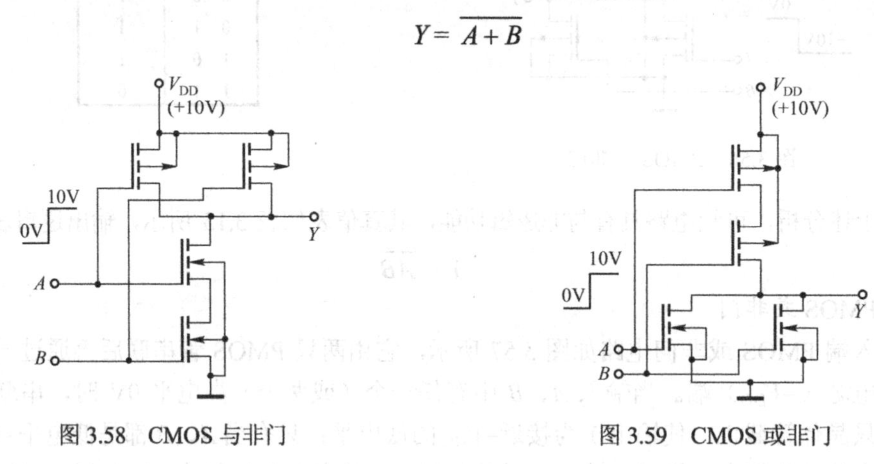

图 3.58　CMOS 与非门　　　　图 3.59　CMOS 或非门

4. CMOS 传输门

CMOS 传输门电路如图 3.60（a）所示,其逻辑符号如图 3.60（b）所示。图中的 VT_1 是 NMOS 管、VT_2 是 PMOS 管，所以它也属于互补 MOS（即 CMOS）。把 VT_1 和 VT_2 的源极并接在一起构成电路的输入 V_i，把漏极并接在一起构成输出 V_o；VT_1 的栅极作为控制输入端 C，将 C 反相后（即 $\overline{C}$）作为 VT_2 的栅极控制信号，形成传输门电路。由于 MOS 晶体管的源极和漏极是完全对称的，输入端可以作为输出，输出端也可以作为输入，因此电路的输入用 V_i/V_o 表示，输出用 V_o/V_i 表示。

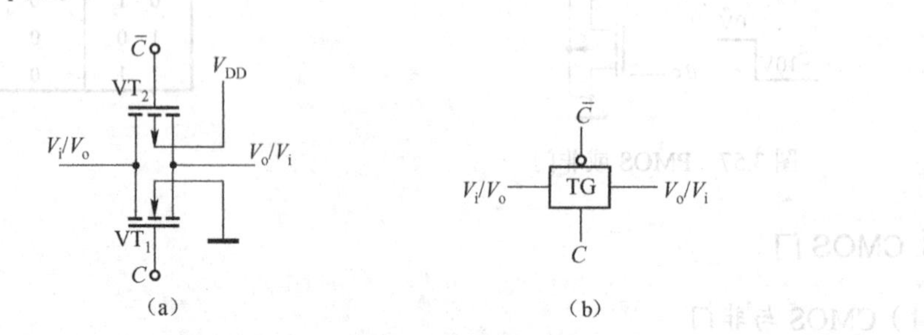

图 3.60　CMOS 传输门及其逻辑符号

下面分析传输门电路的工作原理（假设电路的工作电源 $V_{DD}=10V$，$V_{GS(TH)}=3V$）。当控制端 C 为低电平，即 $C=0V$，$\overline{C}=10V$ 时，输入 V_i 在 0V～10V 的范围内，VT_1、VT_2 晶体管都不能满足 $V_{GS}>V_{GS(TH)}$ 的条件，因此都截止，输出呈高阻态。当 C 为高电平，即 $C=10V$，$\overline{C}=0V$ 时，输入 V_i 在 0V～7V 的范围内，VT_1 满足 $V_{GS}>V_{GS(TH)}$ 的条件，处于导通状态，使输出 $V_o=V_i$；而输入 V_i 在 3V～10V 的范围内，VT_2 满足 $V_{GS}>V_{GS(TH)}$ 的条件，处于导通状态，使输出 $V_o=V_i$。

综合上述的分析，把传输门的工作原理归纳为：当控制端 C 为低电平时，传输门处于关闭状态，输出呈高阻态；当 C 为高电平时，传输门处于导通状态，允许输入信号通过门到达输出端。传输门在开放状态时，不仅允许由高、低两种电平构成的数字信号通过，而且允许模拟信号通过，所以传输门也称为模拟开关。

在与非门、或非门等 CMOS 门电路的输出部分增加一个传输门，就可以得到这些门的三态输出门电路。图 3.61 所示的就是两输入端 CMOS 三态与非门的电路结构及逻辑符号。

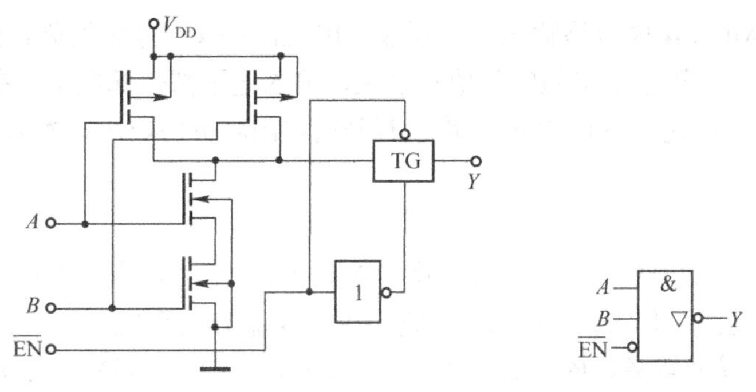

图 3.61　CMOS 三态与非门电路及其逻辑符号

3.6.4　CMOS 门的外部特性

CMOS 是最常用的集成电路类型，从使用角度出发，了解 CMOS 集成电路的外部特性也是重要的。

1. 电压传输特性

图 3.62 是 CMOS 非门的电压传输特性曲线。从该曲线可以反映 CMOS 非门的几个主要特性参数：输出逻辑高电平 $V_{OH}\approx V_{DD}$，输出逻辑低电平 $V_{OL}\approx 0V$，阈值电压（即转折区中点对应的输入电压）$V_{TH}\approx 1/2V_{DD}$，输入低电平噪声容限 V_{NL} 和输入高电平噪声容限 V_{NH} 基本相同，约为 $1/2V_{DD}$。

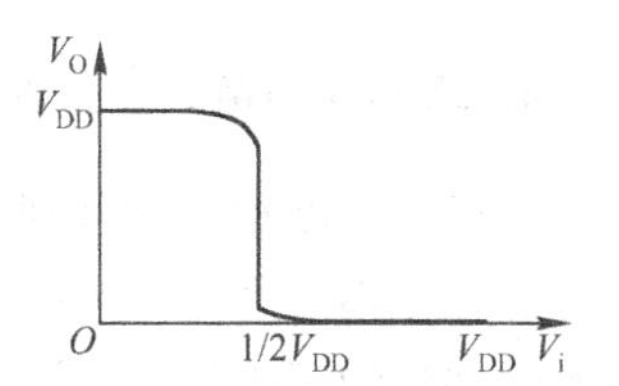

图 3.62　CMOS 非门的电压传输特性曲线

2. 输入保护电路和输入特性

MOS 集成电路的输入端具有很高的输入阻抗（达到 $10^{12}\Omega$），如果在输入端存在一个极小的漏电流，就会产生极高的电压降，致使输入的 SiO_2 绝缘层被击穿而损坏电路。因此，一般的 CMOS 集成电路都增加了输入保护电路。

CMOS 非门的输入保护电路如图 3.63 所示，它由三只二极管和一只限流电阻 R 构成。当输入电压高于正电源电压 V_{DD} 时，D_1 和 D_2 导通，使过高的输入电压不能出现在非门的输入端。当输入电压低于负电源电压 V_{SS} 时，D_3 导通，使过低的输入电压也不能出现在非门的输入端，有效地保护了非门电路。

增加了输入保护电路的 CMOS 非门的输入特性曲线如图 3.64 所示。曲线表明，当输入电压在正常范围内（即 $V_i = 0V \sim V_{DD}$），电路的输入电流 $I_i \approx 0$。如果 V_i 超过 V_{DD}，则保护二极管 VD_1 和 VD_2 导通，产生由外向内的输入电流 I_i，该段的特性曲线由二极管 VD_1 和 VD_2 的伏安特性决定。如果 V_i 低于 V_{SS}，则保护二极管 VD_3 导通，产生由内向外的输入电流 I_i，该段的特性曲线由二极管 D_3 的伏安特性决定。

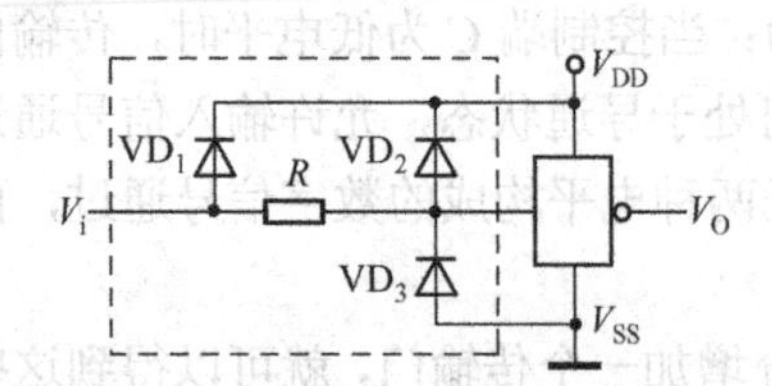

图 3.63 CMOS 非门的输入保护电路

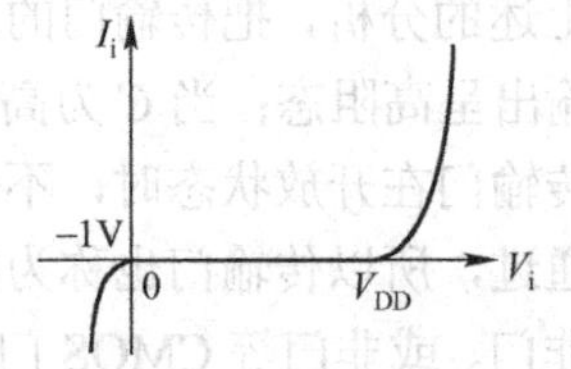

图 3.64 CMOS 非门的输入特性曲线

另外，由于 CMOS 集成电路输入不需要输入电流，所以没有输入负载特性。只要在输入端接一个电阻下地，不管这个电阻的阻值有多大，输入电平都是低电平。在这方面，与 TTL 集成电路存在区别，也就是说 CMOS 电路没有开门电阻和关门电阻这类参数。

3. 电源特性

CMOS 集成电路可以在单电源和双电源两种环境下工作，而且电源电压允许在一个较宽的范围内变化。单电源工作时，V_{SS} 接地电平（0V），V_{DD} 作为正电源，一般 $V_{DD} = 3V \sim 18V$。双电源工作时，V_{SS} 接负电源，V_{DD} 接正电源，一般 $V_{SS} = -3V \sim -18V$。在双电源工作环境下，CMOS 电路的输出在正、负两种电平（双幅度电平）上变换。

CMOS 门处于静态时，输入电流几乎为 0。另外，输出采用互补结构，静态时总有一只晶体管截止，因此电路处于静态时的功耗也极低。

在动态过程中，由于输入电平发生变化，需要一定数量的输入电流对输入寄生电容进行充电或放电。另外，输出发生状态变化的过程中，输出互补晶体管出现瞬间同时导通的状况，此时会产生一个较大的漏极电流。

4. CMOS 门电路多余输入端的处理

由于电路结构上的区别，CMOS 集成电路多余输入端的处理方法与 TTL 多余输入端的处理方法存在不同之处。例如，CMOS 与非门的多余输入端，可以采取接逻辑高电平或与有用输入端并接的正确处理方法，但不能悬空。虽然 CMOS 集成门增加了输入保护电路，输入端悬空后不至于损坏器件，但悬空的输入端容易引入干扰。干扰信号以电荷的形式在输入端的寄生电容上积累，如果寄生电容上的电荷积累得少，相当于在输入端接低电平；而积累得多，则相当于在输入端接高电平，这样就可能引起电路的输出状态不能确定。

3.7 基于 Verilog HDL 的门电路设计

上述的各种类型门的集成电路芯片由世界各地的半导体公司生产和销售，设计者只能将它们作为基本元件，搭成电路形成系统。随着 EDA 技术的出现，这种传统的用中、小规模集成电路以“堆积木”模式设计电路和系统的方法将逐步被淘汰，取而代之的是以 EDA 软件为平台，以硬件描述语言（HDL）为工具，设计数字电路，最后把电路下载到可编程逻辑器件中，形成硬件系统。

各种数字电路中需要的门电路也可以用 Verilog HDL 描述。门电路的描述可以采用 assign 语句建模和门级元件例化建模的方法来描述。

3.7.1 用 assign 语句建模方法实现门电路的描述

用 assign 语句建模实现门电路的描述的方法很简单，只需要在“assign”后面再加一个表达式即可。assign 语句一般适合对门电路和组合逻辑电路的描述。

说明：在用 Verilog HFL 硬件描述语言设计数字电路的基本元件时，需要对设计模块命名，对于常用电路本书采用中国国标名称来命名，例如设计四 2 输入与非门的设计命名为“ct7400”或“CT7400”（即 74LS00）。

【例 3.2】 设计四 2 输入与非门电路 CT7400。

解： CT7400 是有 4 个 2 输入端的 TTL 与非门集成电路芯片，其引脚排列如图 3.65 所示。每个与非门的输入端是 *A* 和 *B*，*Y* 是输出端，并用序号来区分不相同门的输入和输出端名称，例如用 1A、1B 和 1Y 来表示第 1 个与非门的输入和输出，依此类推。在 Verilog HDL 中，用户标识符不能以数字开头，因此设计时分别用 a1、b1 和 y1（以大小写字母命名均可）来表示第 1 个与非门的输入和输出，依此类推。

用 assign 描述第 1 个 2 输入端与非门的语句格式为：

```
assign Y1 =~(A1 && B1);
```

完整的四 2 输入与非门的 Verilog HDL 源程序 CT7400.v 如下：

```
module CT7400(A1,B1,Y1,A2,B2,Y2,A3,B3,Y3,A4,B4,Y4);
      input      A1,B1,A2,B2,,A3,B3,,A4,B4,;
      output     Y1,Y2,Y3,Y4;
      assign     Y1 =~(A1 && B1);
      assign     Y2 =~(A2 && B2);
      assign     Y3 =~(A3 && B3);
      assign     Y4 =~(A4 && B4);
endmodule
```

在 EDA 工具软件的支持下，把 CT7400.v 源程序输入计算机，通过编译后可以形成相应的元件符号。四 2 输入与非门 CT7400 的元件符号如图 3.66 所示。用 HDL 设计电路的元件符号，可以作为一个共享的基本元件，供设计其他电路或系统时调用。

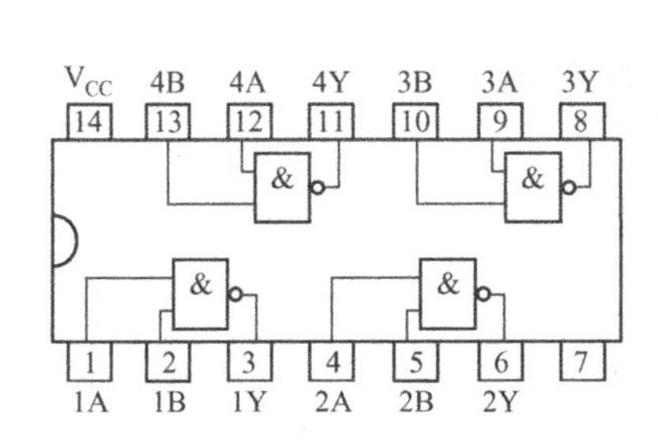

图 3.65　7400 的引脚排列图

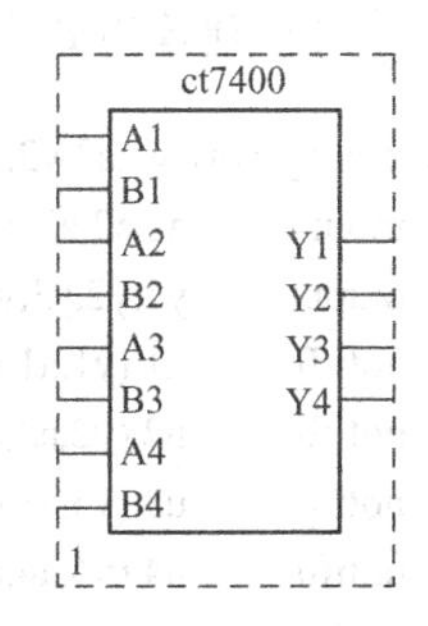

图 3.66　ct7400 的元件符号图

3.7.2 用门级元件例化建模方式来描述门电路

元件例化方式建模是利用 Verilog HDL 提供的门类型关键字实现的。门类型关键字包括：not（非门）、and（与门）、nand（与非门）、or（或门）、nor（或非门）、xor（异或门）、xnor（异或非门）、buf（缓冲器），以及 bufif1、bufif0、notif1、notif0 等各种三态门。其中，bufif1 是同相三态输出缓冲器，使能控制信号（en）为高电平有效；bufif0 是同相三态输出缓冲器，使能控制信号（en）为低电平有效；notif1 是反相三态输出缓冲器，使能控制信号（en）为高电平有效；notif0 是反相三态输出缓冲器，使能控制信号（en）为低电平有效。

门级描述语句格式为：

门类型关键字 <例化门的名称>（端口列表）；

其中，“例化门的名称”是用户定义的标识符，属于可选项；端口列表按：（输出，输入，使能控制端）的顺序列出。例如语句：

```
bufif0 u1(y,a,en);      //u1 是可选的例化门名称
```

例化了一个低电平使能的同相三态缓冲器，该缓冲器的输出端为 y，输入端为 a，使能控制端是 en，低电平有效。

用门级元件例化建模方式来描述四 2 输入端与非门 CT7400 的 Verilog HDL 源程序 CT7400.v 如下：

```
module CT7400(A1,B1,Y1,A2,B2,Y2,A3,B3,Y3,A4,B4,Y4);
    input     A1,B1,A2,B2,,A3,B3,,A4,B4,;
    output    Y1,Y2,Y3,Y4;
    nand      u1 (Y1,A1,B1);
    nand      u2 (Y2,A2,B2);
    nand      u3 (Y3,A3,B3);
    nand      u4 (Y4,A4,B4);
endmodule
```

【例 3.3】 设计一个三态输出的 4 非门电路，使能控制端 en 为低电平有效。

解：用门级元件例化建模方式来描述三态非门的语句格式为：

```
notif0 u1(y1,a1,en1）;
```

其中，y1 是输出端，有高电平、低电平和高阻三种状态输出；a1 是输入端；en1 是使能控制输入端，低电平有效。

用门级元件例化建模方式来描述三态 4 非门的 Verilog HDL 源程序 not_en.v 如下：

```
module not_en(a1,y1,a2,y2,a3,y3,a4,y4,en1,en2,en3,en4);
    input     a1,a2,a3,a4,en1,en2,en3,en4;
    output    y1,y2,y3,y4;
    notif0    u1 (y1,a1,en1);
    notif0    u2 (y2,a2,en2);
    notif0    u3 (y3,a3,en3);
    notif0    u4 (y4,a4,en4);
endmodule
```

三态非门的仿真波形（仅给出其中的一路输出）如图 3.67 所示，从仿真结果可以看出三态非门的功能，当 en1 = 0 时，非门正常工作，具有 $y1 = \overline{a1}$ 的功能；当 en1 = 1 时，非门被禁止，y1 = z（高阻）。仿真图中用位于波形中部的粗黑线表示高阻态。

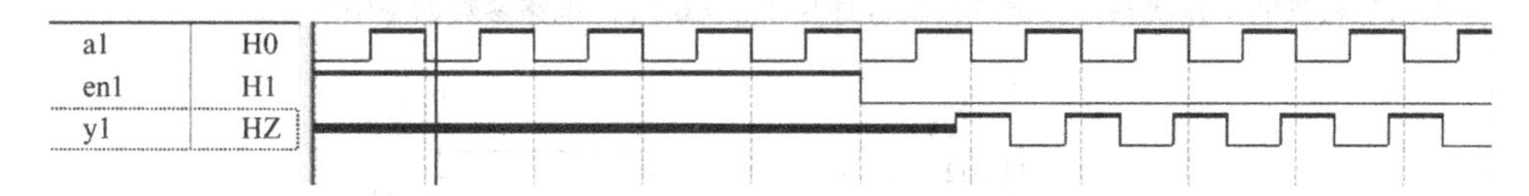

图 3.67　三态非门的仿真波形

本 章 小 结

晶体管二极管、晶体三极管和 MOS 管都具有开关特性，它们是数字电路及系统的基本元件。

TTL 和 CMOS 集成电路是目前数字系统中应用最广的基本电路。在 TTL 中，有两种载流子参与导电，因此称为双极型集成电路；在 CMOS 中，只有一种载流子参与导电，因此称为单极型集成电路。尽管 TTL 和 CMOS 集成电路在制造工艺方面存在区别，但从逻辑功能和应用的角度上讲，TTL 和 CMOS 集成电路没有多大的区别。从产品的角度上讲，凡是 TTL 具有的集成电路芯片，CMOS 一般也具有，不仅两者的功能相同，而且芯片的尺寸、管脚的分配都相同。换句话说，以 TTL 为基础设计实现的电路，也可以用 CMOS 电路来替代。因此，在数字电路系统设计时，不必事先考虑设计目标芯片的类型。

学习集成电路时，应将重点放在它们的外部特性上。外部特性包括电路的逻辑功能和电气特性。集成电路的逻辑功能一般可以用逻辑符号、功能表、真值表、逻辑函数表达式和工作波形来表示。电气特性包括电压传输特性、输入特性、输出特性和动态特性等。

工作速度、抗干扰能力和静态功耗是集成电路的主要技术指标。对于 TTL、CMOS 和 ECL 这几种类型的集成电路产品来说，ECL 集成电路的速度最快，TTL 次之，CMOS 最慢；CMOS 集成电路的抗干扰能力最强，TTL 次之，ECL 最弱；CMOS 集成电路的静态功耗最低，TTL 次之，ECL 最大。在设计数字系统时，可以根据需要选择这些产品。

在基于 Verilog HDL 的门电路设计中，可以采用元件例化和 assig 语句实现，用 Verilog HDL 设计的门电路可以生成一个元件符号，供设计其他数字系统时调用。

说明：普通输出门和三态输出门电路可以用硬件描述语言（HDL）设计，但集电极开路门（OC 门）不能用 HDL 设计。

思考题和习题

3.1　晶体二极管的开关条件是什么？它在开、关状态下有什么显著特点？

3.2　晶体三极管的截止区、放大区和饱和区是如何划分的？各个区有什么显著特点？

3.3　什么叫正逻辑？什么叫负逻辑？

3.4　TTL 与非门的输入噪声容限是怎样规定的？它与电路的抗干扰能力有什么关系？

3.5　门电路的平均传输延迟时间是如何规定的？它的物理意义是什么？

3.6　在图 3.68（a）和（b）两个电路中，试计算当输入端 V_i 分别接 0V、5V 和悬空时输出电压 V_O 的数值，并指出三极管的工作状态。假定三极管导通后 $V_{BE} = 0.7V$，电路参数如图中所注。

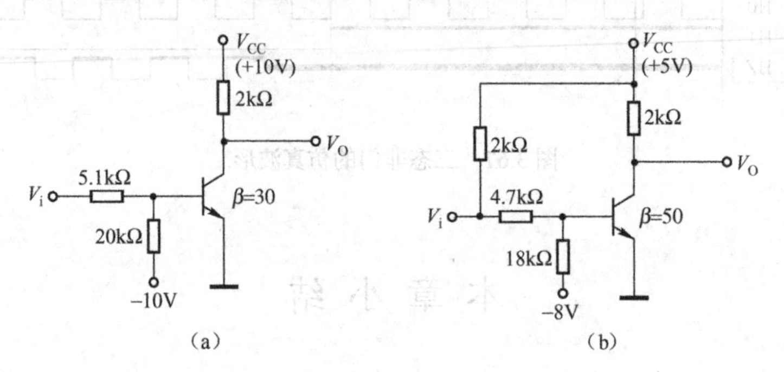

图 3.68

3.7　在图 3.69 所示的电路中，如果三极管的 $\beta = 30$，最大额定电流 $I_{CM} = 30mA$，$R_1 = 1.5k\Omega$，$R_2 = 10k\Omega$，$R_c = 1k\Omega$，$V_{CC} = 10V$，$V_{BB} = -10V$，$V_{CL} = 3V$，输入 V_i 的高电平为 3.6V，低电平为 0.3V。试问：允许的最大灌电流负载和最大拉电流负载各是多少？

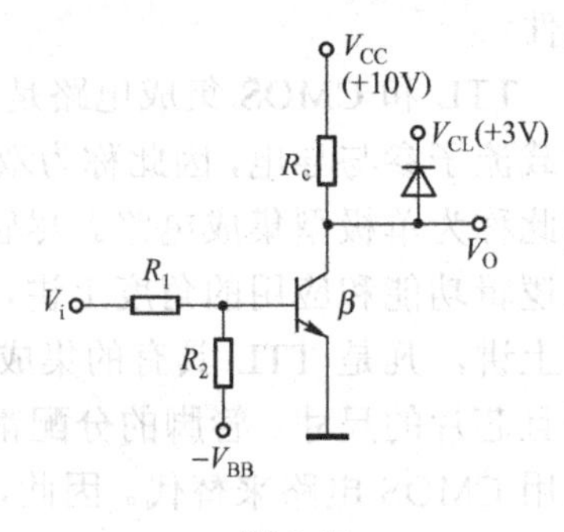

图 3.69

3.8　二极管门电路如图 3.70（a）所示。

（1）分析输出 Y_1、Y_2 和输入 A、B、C 之间的逻辑关系，画出真值表，并写出输出逻辑表达式。

（2）已知 A、B、C 的波形如图 3.70（b）所示，试画出 Y_1、Y_2 的波形。

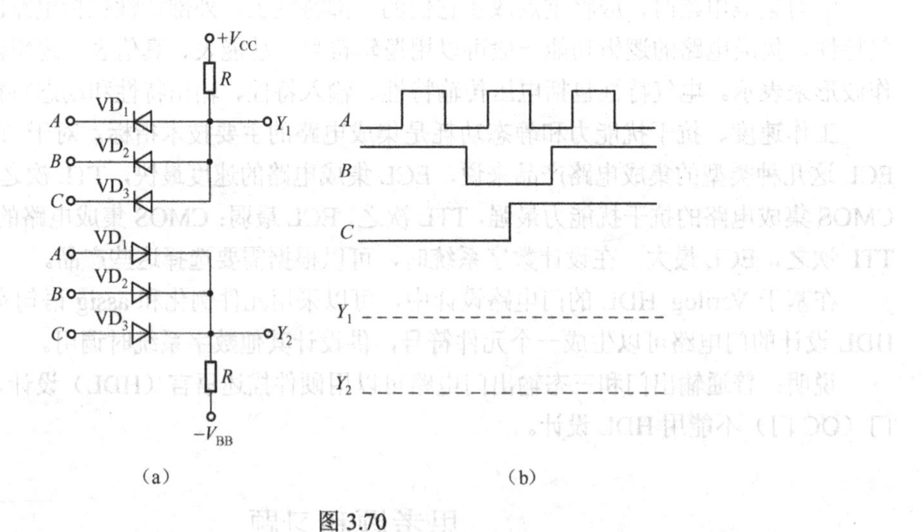

图 3.70

3.9　两输入端 TTL 与非门电路如图 3.71 所示，在下列情况下，如果用内阻很大的电压表去测量 TTL 与非门的输入端 B，测量到的电压值是多少？

（1）输入端 A 悬空；（2）输入端 A 接正电源；（3）输入端 A 接地；（4）输入端 A 通过 3kΩ电阻接地；（5）输入端 A 通过 0.3 kΩ电阻接地。

3.10 在图 3.72 由 74 系列 TTL 与非门组成的电路中，计算门 G_M 能驱动多少同样的与非门。要求 G_M 输出的高、低电平满足 V_{OH}≥3.2V，V_{OL}≤0.4V。与非门的输入电流为 I_{IS}≤1.6mA，I_{IH}≤40μA。V_{OL}≤0.4V

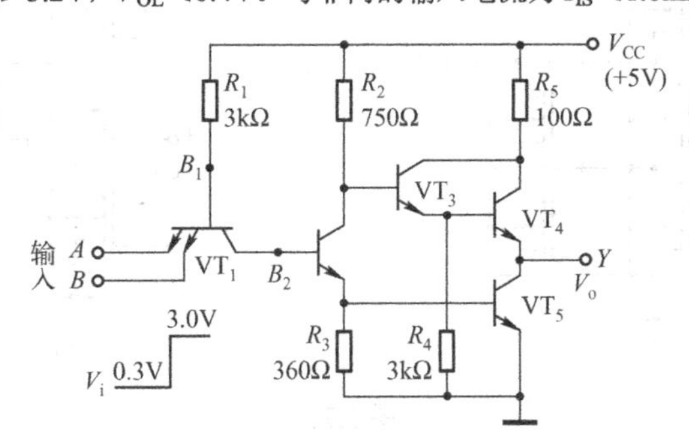

图 3.71　TTL 与非门电路

时输出电流的最大值 I_{OLmax} = 16mA，V_{OH}≥3.2V 时输出电流的最大值 I_{OHmax} = 0.4mA。G_M 的输出电阻可忽略不计。

3.11 二输入端与非门接成图 3.73 所示电路。已知与非门的 V_{OH} = 3.6V，V_{OL} = 0.3V，I_{OH} = 1.0mA，I_{OL} = −20mA，R_C = 1kΩ，E_C = + 10V，β= 40。若要实现 $P = \overline{AB}$ 、$V_O = \overline{\overline{AB}}$，试确定电阻 R_B 的取值范围。

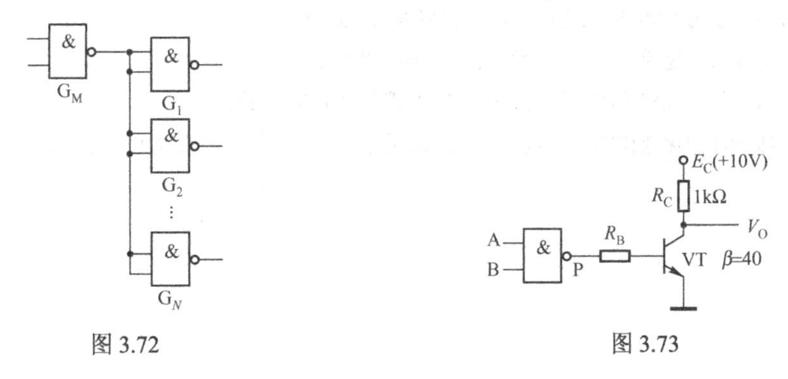

图 3.72　　　　图 3.73

3.12 图 3.74（a）所示为三态门组成的总线换向开关电路，其中 A、B 为信号输入端，分别送两个频率不同的信号；EN 为换向控制端，控制信号波形如图 3.74（b）所示。试画出 Y_1、Y_2 的波形。

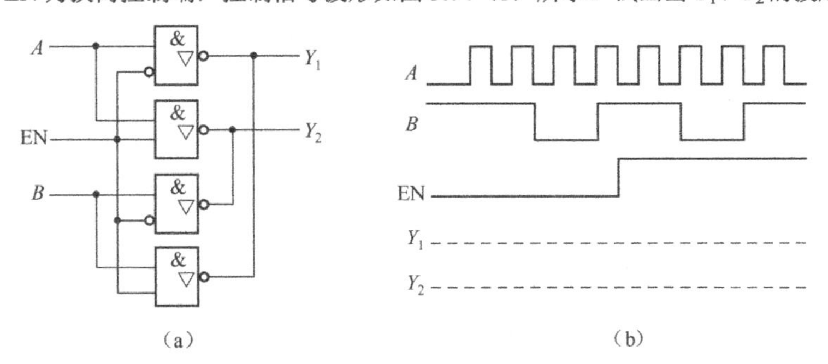

图 3.74

3.13 有两个相同型号的 TTL 与非门，对它们进行的测试结果如表 3.17 所示。试问在输入相同高电平时，哪个抗干扰能力强？在输入相同低电平时，哪个抗干扰能力强？

表 3.17　测试结果

与非门	开门电平/V	关门电平/V
甲	1.4V	1.0V
乙	1.5V	0.9V

3.14 分析图 3.75（a）和（b）所示电路的逻辑功能，写出输出 Y_1 和 Y_2 的逻辑函数式。

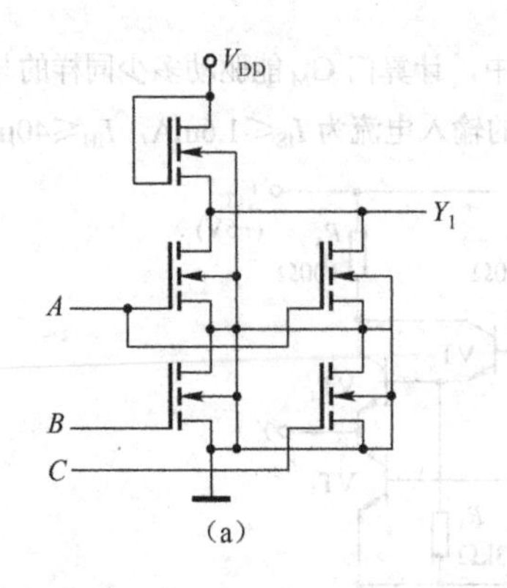

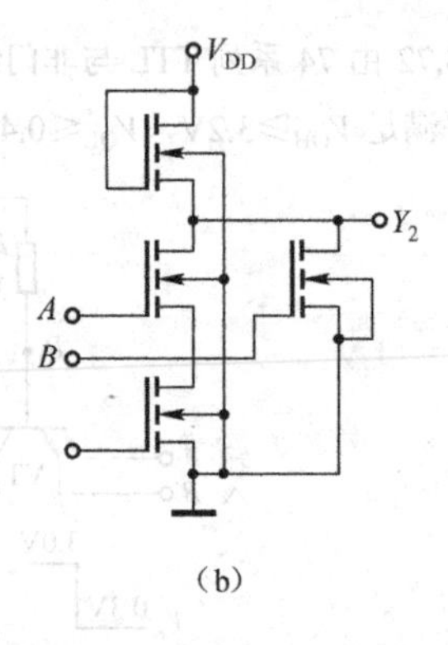

图 3.75

3.15　试画出实现如下功能的 CMOS 电路图。

（1）$Y=\overline{ABC}$　　（2）$Y=\overline{AB+CD}$

3.16　试说明下列各种门电路中哪些可以将输出端并联使用（输入端的状态不一定相同）。

（1）具有推拉式输出级的 TTL 电路；（2）TTL 电路的 OC 门；（3）TTL 电路的三态输出门；（4）普通的 CMOS 门；（5）漏极开路输出的 CMOS 门；（6）CMOS 电路的三态输出门。

3.17　试说明在使用 CMOS 门电路时，不宜将输入端悬空的理由。

3.18　用 assign 语句建模设计四 2 输入或非门 7402 电路。

3.19　用门级元件例化建模的方法设计四 2 输入或非门 7402 电路。

3.20　用门级元件例化建模的方法设计一个三态缓冲器，使能控制端为高电平有效。

第4章　组合逻辑电路

本章介绍组合逻辑电路的特点、组合逻辑电路的分析方法和设计方法，以及加法器、编码器、译码器、数据选择器、数据比较器、奇偶校验器等常用组合逻辑电路的电路结构、工作原理和使用方法。通过对组合逻辑电路分析方法的介绍，让读者了解一些常用组合逻辑部件的功能及用途。在组合逻辑电路设计方法内容中，既介绍传统的设计方法，也介绍基于Verilog HDL的设计，通过学习读者可以比较这两种设计方法的优越性。最后介绍组合逻辑电路中的竞争-冒险。

4.1　概　　述

4.1.1　组合逻辑电路的结构和特点

组合逻辑电路的结构如图4.1所示，它有若干个输入和若干个输出。在组合逻辑电路中，任何时刻的输出仅仅决定于当时的输入信号，这是组合逻辑电路在功能上的共同特点。在下面对组合逻辑电路的分析过程中，我们将会看到：组合逻辑电路由逻辑门电路组成，电路内部不存在反馈电路和存储电路。

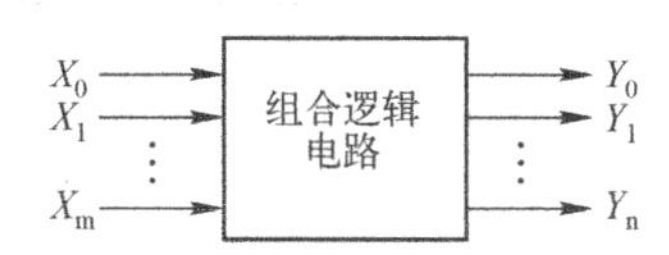

图4.1　组合逻辑电路的结构

4.1.2　组合逻辑电路的分析方法

尽管各种组合逻辑电路在功能上千差万别，但是它们的分析方法有共同之处。掌握了分析方法，就可以识别任何一个给定的组合逻辑电路的逻辑功能。组合逻辑电路的分析就是根据给定的逻辑电路，通过分析找出电路的逻辑功能。组合逻辑电路的分析过程如图4.2所示，即首先根据给定电路，写出输出与输入之间的逻辑表达式，然后把全部输入组合代入表达式，计算得出输出结果，并以真值表的形式表示出来，最后根据真值表说明电路的功能。

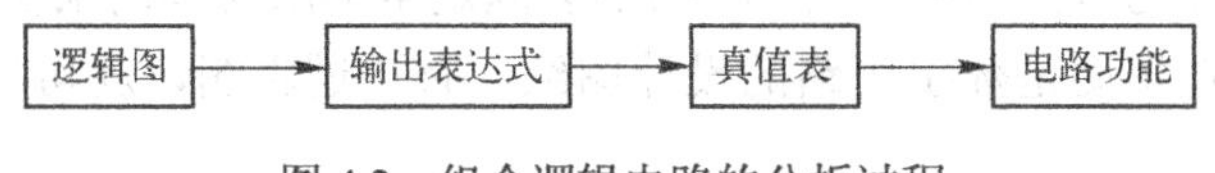

图4.2　组合逻辑电路的分析过程

【例4.1】　分析图4.3所示电路，并说明电路功能。

解： 第1步，写出输出逻辑函数表达式。电路由3级与非门组成，为了得到输出Y的表达式，可以在每一级电路输出中增加中间输出变量α、β和γ。由此可得：

$$\alpha=\overline{AB}\quad \beta=\overline{\alpha A}=\overline{\overline{AB}A}\quad \gamma=\overline{\alpha B}=\overline{\overline{AB}B}$$

$$Y=\overline{\alpha\gamma}=\overline{\overline{\overline{AB}A}\;\overline{\overline{AB}B}}=\overline{AB}A+\overline{AB}B=(\overline{A}+\overline{B})A+(\overline{A}+\overline{B})B=\overline{A}B+A\overline{B} \tag{4.1}$$

第 2 步，把电路输入 A、B 的 4 种组合（即 00、01、10、11）代入式（4.1），计算得出电路的真值表如表 4.1 所示。从真值表可以看出，该电路是异或逻辑。

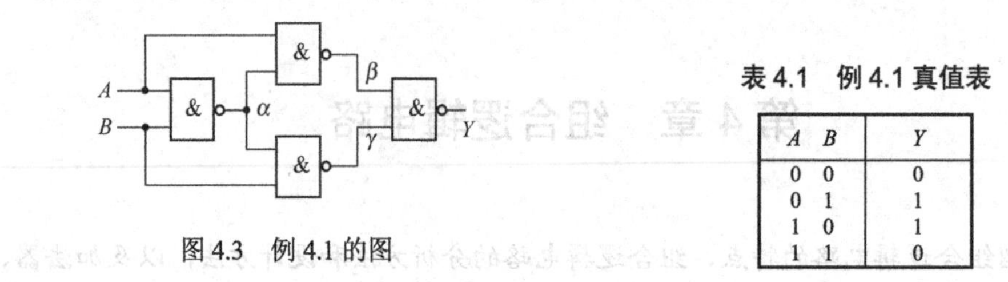

图 4.3　例 4.1 的图

表 4.1　例 4.1 真值表

A	B	Y
0	0	0
0	1	1
1	0	1
1	1	0

读者在分析组合逻辑电路时，根据掌握分析方法的熟练程度，可以将中间过程省略，直接写出电路的输出表达式。

4.1.3　组合逻辑电路的设计方法

组合逻辑电路的设计就是在给定逻辑功能及要求的条件下，通过某种设计渠道，得到满足功能要求，而且是最简单的逻辑电路。组合逻辑电路的传统设计过程如图 4.4 所示。具体设计步骤如下。

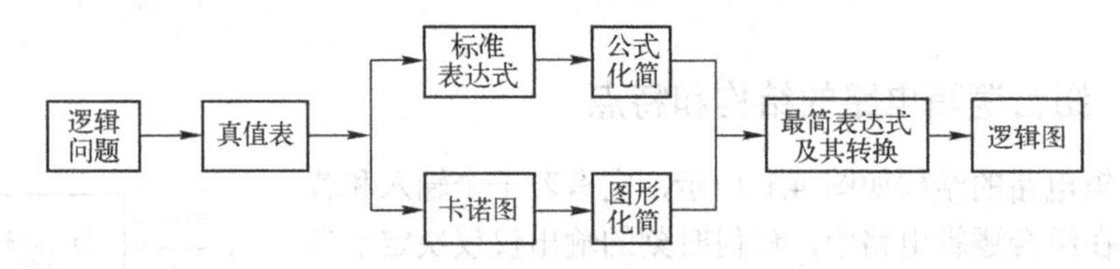

图 4.4　组合逻辑电路的设计过程

① 逻辑抽象。在很多情况下，逻辑问题都是用文字来描述的，逻辑抽象就是对设计对象的输出与输入信号间的因果关系，用逻辑函数的表示方法表示出来。真值表是表示逻辑函数的常用方法。

② 写出逻辑函数表达式。根据真值表，按最小项或最大项规则写出设计电路的标准表达式。

③ 函数化简。由真值表直接写出来的标准逻辑函数表达式往往不是最简式，还需要进行化简。逻辑函数的简化方法主要有公式法和卡诺图法。化简后得到逻辑函数的简化表达式。

④ 表达式转换。在组合逻辑电路设计课题中，常常有指定用某种器件来实现的要求。在这种情况下，可以根据逻辑函数的运算规则，把简化后的表达式转换为满足设计要求的形式。例如，可以把简化与或式转换为与非与非式，满足全部用与非门来实现电路设计的要求。

⑤ 画逻辑图。逻辑图是数字电路的设计图纸，有了逻辑图，就可以得到组合逻辑电路设计的硬件结果。

【例 4.2】 设计一个组合逻辑电路，将输入的 8421 码转换为余 3 码，试用与非门实现该电路。

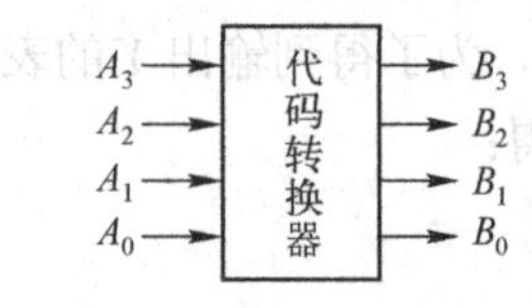

图 4.5　代码转换器示意图

解： 代码转换器设计示意图如图 4.5 所示，它有四个输入端 A_3、A_2、A_1、A_0 和四个输出端 B_3、B_2、B_1、B_0。8421 码到余 3 码的转换真值表如表 4.2 所示，其中 1010～1111 不会在输入端出现，作为约束项处理，并用“x”表示。

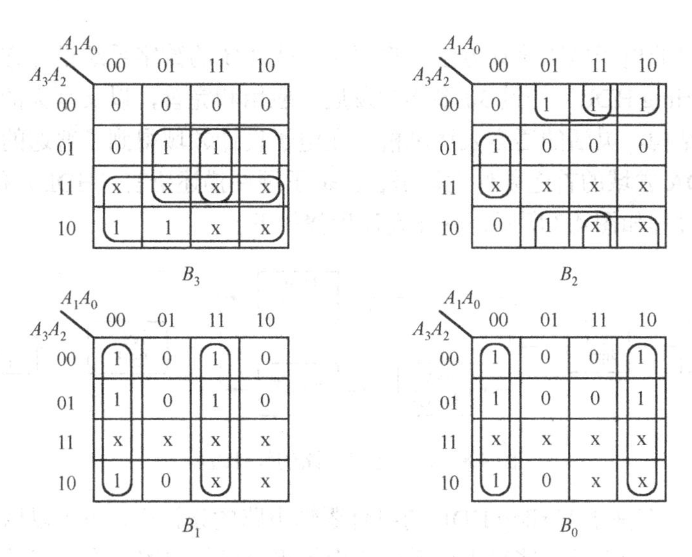

图 4.6　例 4.2 设计电路各输出的卡诺图

由表画出输出 B_3、B_2、B_1、B_0 的卡诺图如图 4.6 所示。化简后并转换为与非与非式的输出表达式为

$$B_3 = A_3 + A_2A_1 + A_2A_0 = \overline{\overline{A_3} \cdot \overline{A_2A_1} \cdot \overline{A_2A_0}}$$

$$B_2 = A_2\overline{A_1}\,\overline{A_0} + \overline{A_2}A_1 + \overline{A_2}A_0 = \overline{\overline{A_2\overline{A_1}\,\overline{A_0}} \cdot \overline{\overline{A_2}A_1} \cdot \overline{\overline{A_2}A_0}}$$

$$B_1 = \overline{A_1}\,\overline{A_0} + A_1A_0 = \overline{\overline{\overline{A_1}\,\overline{A_0}} \cdot \overline{A_1A_0}}$$

$$B_0 = \overline{A_1}\,\overline{A_0} + A_1\overline{A_0} = \overline{\overline{\overline{A_1}\,\overline{A_0}} \cdot \overline{A_1\overline{A_0}}}$$

根据上述表达式，画出的逻辑图如图 4.7 所示。

表 4.2　真值表

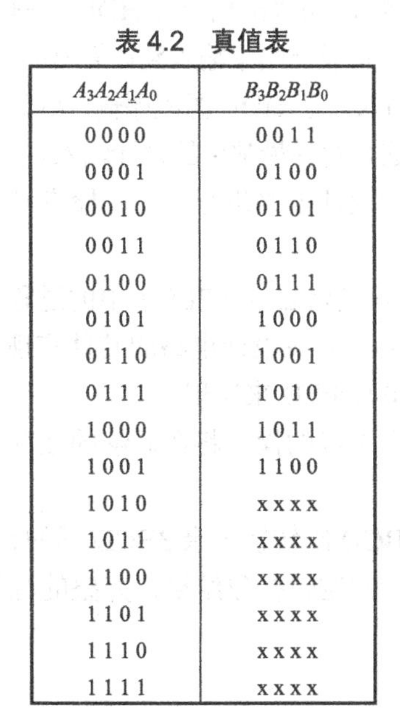

$A_3A_2A_1A_0$	$B_3B_2B_1B_0$
0000	0011
0001	0100
0010	0101
0011	0110
0100	0111
0101	1000
0110	1001
0111	1010
1000	1011
1001	1100
1010	xxxx
1011	xxxx
1100	xxxx
1101	xxxx
1110	xxxx
1111	xxxx

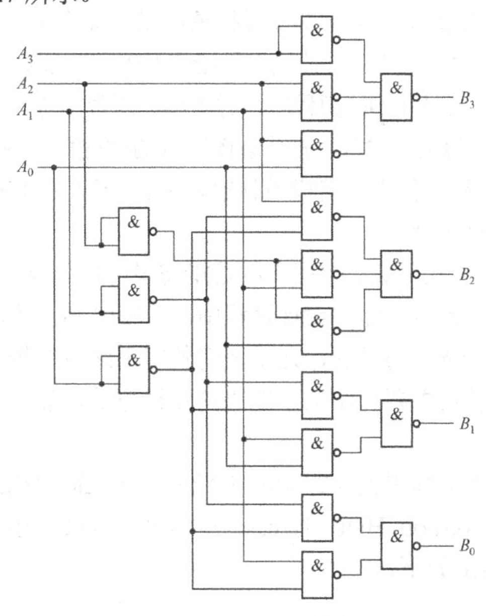

图 4.7　例 4.2 设计逻辑图

上述的设计过程，是传统的数字电路设计模式，即利用卡诺图的逻辑化简手段、布尔方程表达式设计方法，以及相应的中小规模集成电路的堆砌技术完成设计。随着电子和计算机

技术的发展，先进的电子电路设计方法，将逐步替代传统的数字系统设计方法。硬件描述语言（VHDL 和 Verilog HDL）经过 30 多年的发展、应用和完善，以其强大的系统描述能力，规范的程序设计结构，灵活的语言表达风格，在电子设计领域得到了普遍的认同和广泛的接受，成为现代 EDA 领域的首选硬件设计语言。基于硬件描述语言（HDL）和 EDA 工具的组合逻辑电路设计过程如图 4.8 所示，具体设计步骤如下。

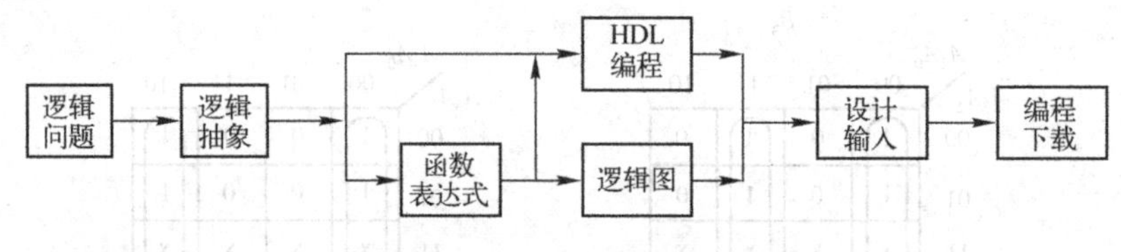

图 4.8　组合逻辑电路的设计过程

① 逻辑抽象。在基于 Verilog HDL 的组合逻辑电路的设计中，也可以用真值表来表示逻辑函数，但真值表仅能表示一些输入变量比较少的组合逻辑电路。在现代数字逻辑电路的设计中，一般用 HDL 的各种语句直接描述组合逻辑电路的功能，即采用 HDL 的行为描述方式，对设计问题进行抽象。

② 写逻辑函数表达式。在采用真值表表示逻辑函数的方式下，可以根据真值表按最小项或最大项规则写出设计电路的标准表达式。但在现代的数字电路的设计中，设计优化（包含函数简化）一般由 EDA 工具自动完成，设计者只需要在 EDA 工具中对设计优化进行设置，而不需要直接参与优化过程。

③ 绘逻辑图。这是传统设计过程的重要步骤，但随着 EDA 技术的出现，可以直接用 HDL 对电路进行描述，绘逻辑图的过程就不一定需要了。

④ HDL 编程。HDL 编程是现代数字逻辑电路设计的最新方法，逻辑抽象结束后，可以直接用 HDL 的不同语句来实现抽象结果（如真值表、表达式等），编写出相应的 HDL 源程序。

⑤ 设计输入。设计输入是指在 EDA 工具软件的支持下，将设计结果输入到计算机的过程。设计输入支持 HDL 源程序、时序图、原理图等设计结果的输入。把 HDL 源程序输入到计算机的过程称为文本输入，把原理图输入的过程称为图形输入，这是两种最常用的设计输入。

⑥ 设计仿真。完成设计输入后，一般要用 EDA 工具对设计电路进行仿真，检查设计结果是否存在错误。

⑦ 编程下载。编程下载是指将设计的电路下载到可编程逻辑器件（PLD）中的过程。在现代数字逻辑电路的设计过程中，一般用 PLD 作为目标芯片，完成设计电路的硬件实现。随着微电子技术的发展，几乎任何数字电路或系统都可以用单片 PLD 来实现。

本教材主要介绍数字电路的设计方法，设计仿真和编程下载的操作将在后继的 EDA 课程介绍。

下面继续以例 4.2 为例，介绍基于 Verilog HDL 的 8421BCD 码转换为余 3BCD 码的设计。

用 Verilog HDL 的 case 语句可以直接描述真值表表示的逻辑抽象结果，完整的源程序 bcd8421.v 如下：

```
module bcd8421(A,B);
    input[3:0]  A;
    output[3:0] B;
    reg[3:0]    B;
```

```
always @(A)
  begin
      case (A)
                0 : B = 3;          1 : B = 4;
                2 : B = 5;          3 : B = 6;
                4 : B = 7;          5 : B = 8;
                6 : B = 9;          7 : B = 10;
                8 : B = 11;         9 : B = 12;
                default : B = 4'b0000;
      endcase
    end
endmodule
```

在源程序中，A 是 4 位输入变量，代表 8421BCD 码的 A_3、A_2、A_1 和 A_0 输入端；B 是 4 位输出变量，代表余 3BCD 码的 B_3、B_2、B_1 和 B_0 输出端。源程序使用 case(A)语句来判断真值表中各种输入组合的输出结果，判断条件是输入变量 A，当 A = 0000（十进制数为 0）时，输出 B = 0011（十进制数 3）；当 A = 0001（十进制数为 1）时，输出 B = 0100（十进制数 4）；依此类推。A 输入端的 1010～1111 这 6 种组合是不会出现的约束项，因此在 case 语句的最后，用忽略语句“default ：B = 4'b0000;”把不会出现的输入组合的输出均设置为 0，也可以设置为未知“x”，x 是 Verilog HDL 的未知常量符号，可以用大写或小写字母书写，例如用“4'bxxxx”表示 4 位未知结果。

bcd8421.v 源程序采用 always 块语句建模，always 块语句中的“@(A)”是一个敏感参数表，表中将输入 A 作为敏感参数，不过根据 Verilog HDL 语法规则，对于那些非边沿敏感（上升沿或下降沿）的参数可以不列，因此程序中的“@(A)”可以省略。

在 always 块语句中被赋值的变量一定要求属于 reg（寄存器）型，因此源程序的 I/O 说明语句中，用“reg[3:0] B;”语句来说明输出变量 B 是 4 位 reg 型变量。

请读者注意 Verilog HDL 源程序的书写格式，Verilog HDL 语句以分号“;”（半角）结束，但“end”和包含“end”的关键字（如 endcase、endmodule 等）后面都不能加“;”号。

8421BCD 到余 3BCD 码转换电路设计的仿真结果如图 4.9 所示，仿真波形中的数据采用十六进制，把不会出现的结果都当作“0”处理。仿真结果验证了设计的正确性。

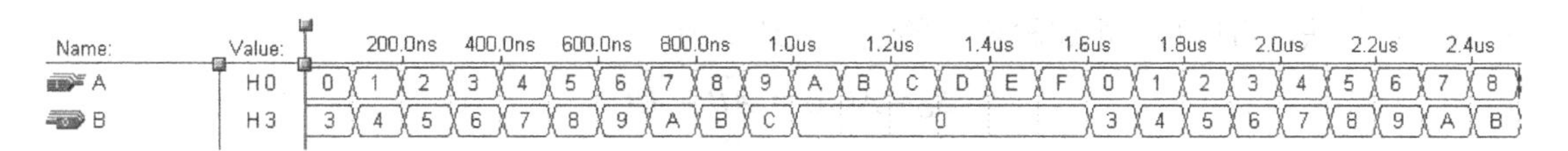

图 4.9　码转换器的仿真结果

实际上对于一个相同的逻辑问题，用 DHL 描述的方法不是唯一的，Verilog HDL 提供了多种描述语句和描述方法，不同的设计者具有不同的设计思路，编写的源程序也就不会一样。下面是用 Verilog HDL 的 if 语句编写的 8421BCD 码到余 3BCD 码码转换电路 bcd8421_1.v：

```
module bcd8421_1(A,B);
    input[3:0]        A;
    output[3:0] B;
    reg[3:0]    B;
```

```
always @(A)
   begin    if (A <=  9) B = A + 3;
                 else B = 0;      end
endmodule
```

更简单的 8421BCD 码到余 3BCD 码的转换程序可以用一条 assign 语句实现，源程序 bcd8421_1.v 如下：

```
module bcd8421_2(A,B);
   input[3:0]      A;
   output[3:0]     B;
   assign B = A + 3;
endmodule
```

读者可以从上述传统设计与现代设计两种方法的学习中，体会到现代设计方法的优越性。

4.2 若干常用的组合逻辑电路

在数字系统设计中，有些逻辑电路是经常或大量使用的，为了使用方便，一般把这些逻辑电路制成中、小规模集成电路产品。在组合逻辑电路中，常用的集成电路产品有加法器、编码器、译码器、数据选择器、数据比较器、奇偶校验器等。下面分别介绍这些组合逻辑部件的电路结构、工作原理和使用方法。

4.2.1 算术运算电路

算术运算电路是能够完成二进制数运算的器件，半加器和全加器是算术运算电路的基本单元电路。

1. 半加器

半加器的电路结构如图 4.10（a）所示，逻辑符号如图 4.10（b）所示。图中，A、B 是两个 1 位二进制加数的输入端，S_O 是两个数相加后的和数输出端，C_O 是向高位的进位输出端。按照分析方法，可以写出电路输出端的逻辑表达式为：

$$S_O = A \oplus B = A\overline{B} + \overline{A}B$$

$$C_O = AB$$

根据输出表达式推导出电路的真值表如表 4.3 所示。真值表说明，电路能完成两个 1 位二进制数的加法运算。这种不考虑来自低位的进位的加法运算，称为半加，能实现半加运算的电路称为半加器。

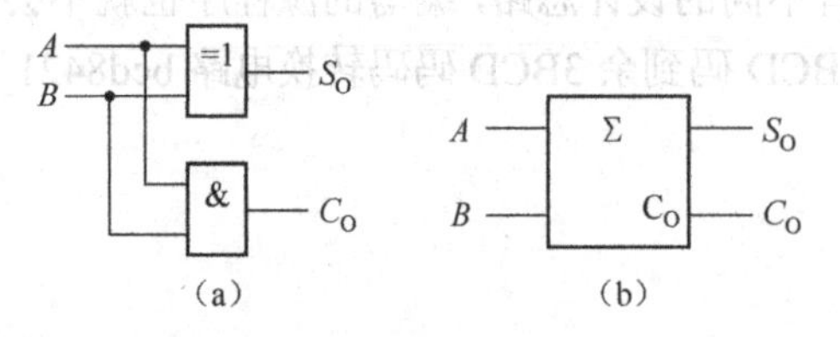

图 4.10 半加器电路结构及逻辑符号

表 4.3 半加器真值表

AB	$S_O\ C_O$
0 0	0 0
0 1	1 0
1 0	1 0
1 1	0 1

2. 全加器

全加器的电路结构和逻辑符号如图 4.11 所示。图中，A、B 是两个 1 位二进制加数的输入端，C_I 是低位来的进位输入端，S_O 是和数输出端，C_O 是向高位的进位输出端。按照分析方法，可以写出电路输出端的逻辑表达式为：

$$S_O = A \oplus B \oplus C_I = (A\bar{B} + \bar{A}B)\overline{C_I} + (\overline{\bar{A}B + A\bar{B}})C_I = A\bar{B}\,\overline{C_I} + \bar{A}B\overline{C_I} + \bar{A}\,\bar{B}C_I + ABC_I$$

$$C_O = \overline{\overline{AB}\cdot\overline{(A \oplus B)C_I}} = AB + (A \oplus B)C_I = AB + \bar{A}BC_I + A\bar{B}C_I$$

根据输出表达式推导出电路的真值表如表 4.4 所示。真值表说明，电路能完成两个 1 位二进制数以及低位来的进位的加法运算。这种考虑来自低位来的进位的加法运算，称为全加，能实现全加运算的电路称为全加器。

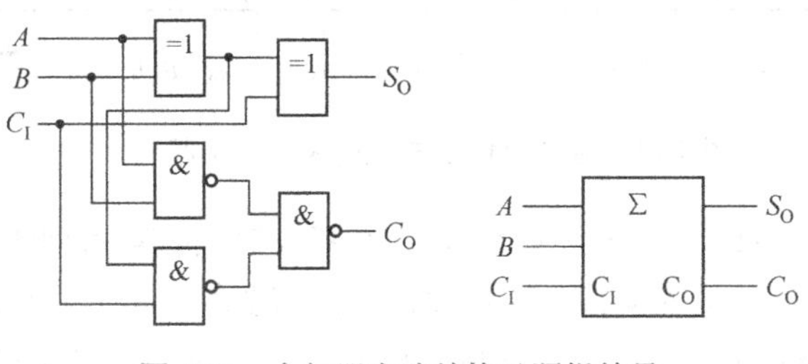

图 4.11　全加器电路结构及逻辑符号

表 4.4　全加器真值表

$A\ B\ C_I$	$S_O\ C_O$
0 0 0	0 0
0 0 1	1 0
0 1 0	1 0
0 1 1	0 1
1 0 0	1 0
1 0 1	0 1
1 1 0	0 1
1 1 1	1 1

3. 多位加法器

1 位全加器可以实现 1 位二进制数的加法运算。把 N 位全加器组合起来，可以实现 N 位二进制数的加法运算。在构成多位加法器电路时，按照进位方式的不同，又有串行进位加法器和超前进位加法器两种类型。

用 4 片 1 位全加器构成的 4 位串行进位加法器电路如图 4.12 所示。在电路中，依次将低位全加器的进位输出端 C_O 接到高位全加器的进位输入端 C_I。加法从低位开始，低位的进位产生以后，才能作为次低位的进位，参与次低位的加法运算。依此类推，每一位的相加结果都必须等到低位的进位产生以后才能建立起来，因此把这种结构的电路叫做串行进位加法计数器。

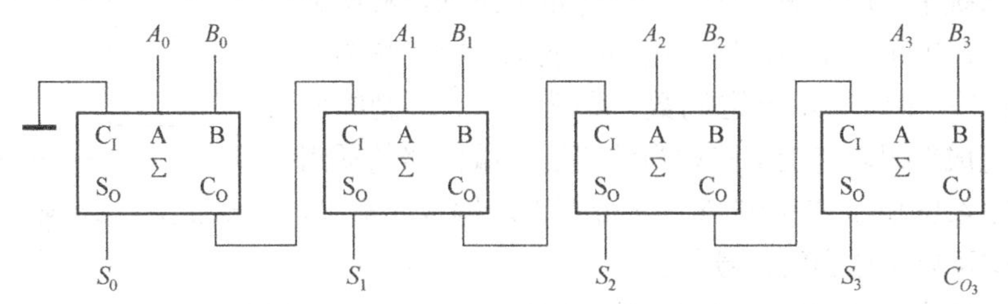

图 4.12　4 位串行进位加法器电路

串行进位加法器的优点是电路比较简单，缺点是运算速度不高。因为最高位的运算一定要等到所有低位的运算完成后，并将进位送到后才能进行。为了提高运算速度，可以采用超前进位加法器。

CT74283 的逻辑符号如图 4.13 所示。A_3～A_0 和 B_3～B_0 是两个 4 位二进制加数输入端，S_3～S_0 是 4 位二进制数相加的和数输出端，C_I 是低位来的进位输入端，C_O 是向高位的进位输出端。

1 片 CT74283 只能完成 4 位二进制数的加法运算。在实际使用中，常常需要把若干片 CT74283 级联起来，构成更多位数的加法器电路，称为集成电路的扩展。把 2 片 CT74283 级联起来，扩展成 8 位加法器电路如图 4.14 所示，其中片（1）是低位片，完成 A_3～A_0 与 B_3～B_0 低 4 位数的加法运算；片（2）是高位片，完成 A_7～A_4 与 B_7～B_4 高 4 位数的加法运算。另外，把低位片的低位进位端 C_I 接地，把向高位的进位端 C_O 接于高位片的进位端 C_I 即可。按照此方法，可以把 4 片 CT74283 级联起来，构成 16 位加法器电路。

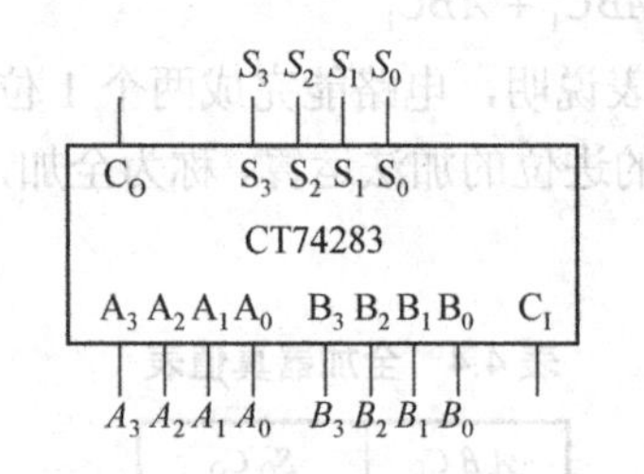

图 4.13　CT74283 的逻辑符号

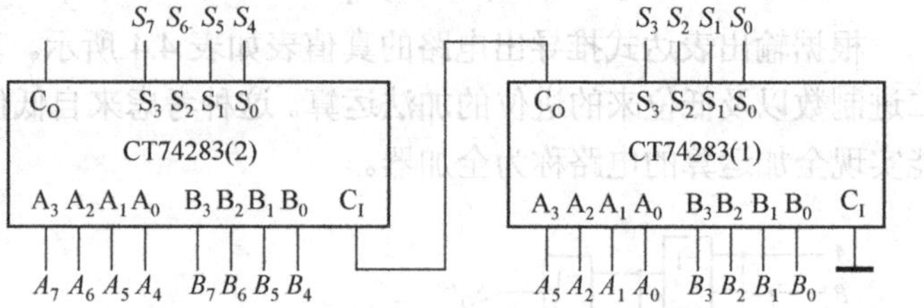

图 4.14　用 CT74283 构成的 8 位加法器

在一些 EDA 工具软件中，提供了各种数字电路的基本元件，包括 TTL 的 74 系列的大部分芯片的元件符号（如 74283）。在 EDA 工具的支持下，把设计电路需要的基本元件调出到设计窗口界面上，并用鼠标完成各元件之间的连线，形成电路设计的原理图，这就叫做原理图输入法。

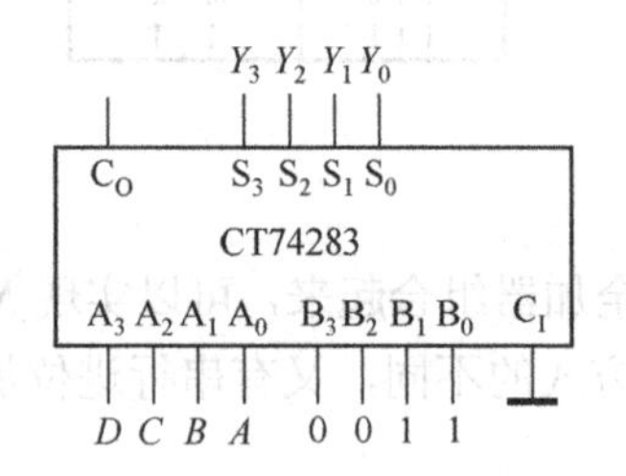

图 4.15　用 CT74283 实现的代码转换器

利用 CT74283 加法运算功能，还可以实现某些具有特定功能的逻辑电路。例如，根据余 3 码是由 8421 码加上 3 后得到的特点，用 CT74283 实现由 8421 码到余 3 码的代码转换电路，如图 4.15 所示。在图中，$DCBA$ 是 8421 码输入端，$Y_3Y_2Y_1Y_0$ 是余 3 码输出端。它们之间满足 $Y_3Y_2Y_1Y_0 = DCBA + 0011$（十进制数 3）的关系。

4.2.2 编码器

在数字系统中，用二进制代码表示特定信息的过程称为编码。例如，在电子设备中，用二进制码表示字符，称为字符编码；用二进制码表示十进制数，称为二-十进制编码（BCD）。能完成编码功能的电路称为编码器。编码器的通用逻辑符号如图 4.16 所示，图中的 X 和 Y 分别表示输入和输出，在实际电路中可以用适当的符号代替。

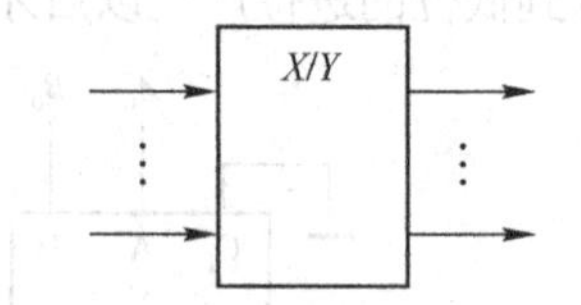

图 4.16　编码器通用逻辑符号

编码器又分为二进制编码器和优先编码器两类。在二进制编码器中，任何时刻只允许一个输入信号有效，否则输出将发生混乱。在优先编码器中，对每一位输入都设置了优先权，因此允许两位以上的输入信号同时有效。但优先编码器只对优先级较高的输入进行编码，从而保证编码器工作的可靠性。

1. 二进制编码器

N 位二进制符号有 2^N 种不同的组合，因此有 N 位输出的二进制编码器可以表示 2^N 个不同的输入信号，一般把这种编码器称为 2^N线-N线编码器。图 4.17 是 3 位二进制编码器的原理框图，它有 8 个输入端 Y7～Y0，有 3 个输出端 C、B、A，所以称为 8 线-3 线编码器。对于二进制编码器来说，在任何时刻输入 Y7～Y0 中只允许一个信号为有效电平。假设编码器规定高电平为有效电平，则在任何时刻只有一个输入端为高电平，其余输入端为低电平。同理，如果规定低电平为有效电平，则在任何时刻只有一个输入端为低电平，其余输入端为高电平。

高电平有效的 8 线-3 线二进制编码器的编码表如表 4.5 所列。由编码表得到输出表达式为：

$$\left.\begin{aligned} C &= Y_4 + Y_5 + Y_6 + Y_7 \\ B &= Y_2 + Y_3 + Y_6 + Y_7 \\ A &= Y_1 + Y_3 + Y_5 + Y_7 \end{aligned}\right\} \tag{4.2}$$

图 4.18 是根据式（4.2）画出的 8 线-3 线二进制编码器的逻辑图。

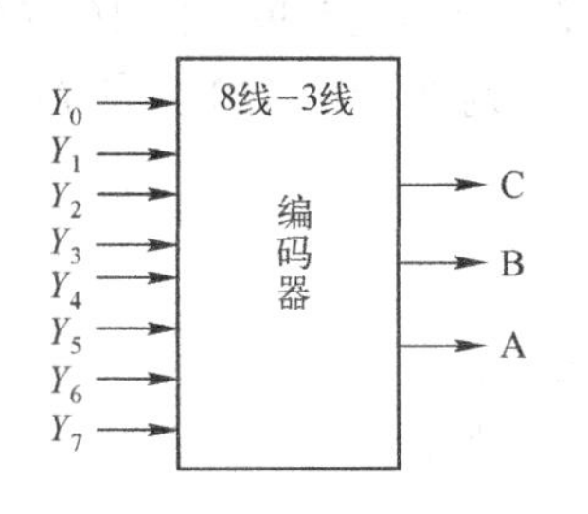

图 4.17 8 线-3 线编码器的框图

表 4.5 8 线-3 线编码器编码表

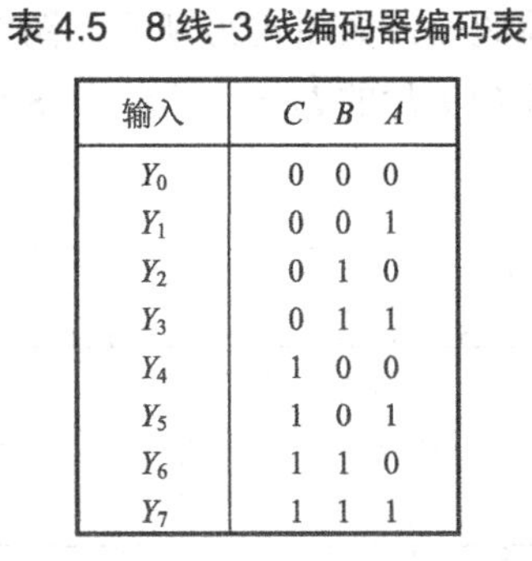

输入	C B A
Y_0	0 0 0
Y_1	0 0 1
Y_2	0 1 0
Y_3	0 1 1
Y_4	1 0 0
Y_5	1 0 1
Y_6	1 1 0
Y_7	1 1 1

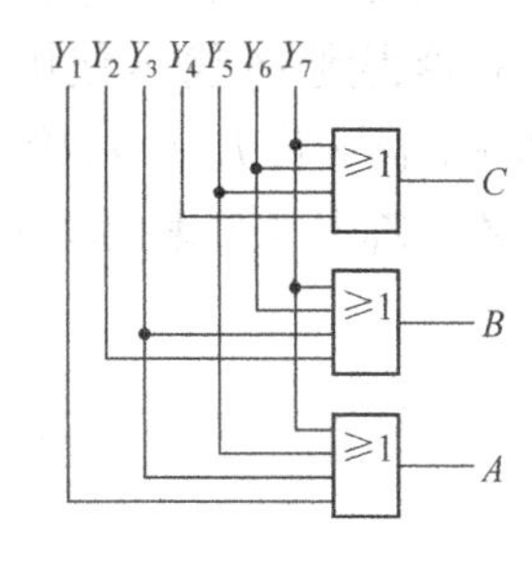

图 4.18 三位编码器的逻辑图

2. 优先编码器

上述的二进制编码器电路要求任何时刻只有一个输入有效，相当于键盘操作时每次只能按下一个按键，当同时有两个或更多输入信号有效时（相当于同时按下几个按键），将造成输出混乱状态，采用优先编码器可以避免这种现象出现。优先编码器首先对所有的输入信号按优先顺序排队，然后选择优先级最高的一个输入信号进行编码。下面以 CT74148 为例，介绍优先编码器的逻辑功能和使用方法。

CT74148 的逻辑符号如图 4.19 所示。CT74148 有 8 个输入端$\overline{I}_0$～$\overline{I}_7$，低电平为输入有效电平，有 3 个输出端$\overline{Y}_0$～$\overline{Y}_2$，低电平为输出有效电平。此外，为了便于电路的扩展和使用的灵活性，还设置使能端$\overline{S}$、选通输出端$\overline{Y}_S$和扩展端$\overline{Y}_{EX}$。

CT74148 的功能表如表 4.6 所示，功能表说明：当$\overline{S}=1$时，电路处于禁止工作状态，此时无论 8 个输入端为何种状态，三个输出端均为高电平，$\overline{Y}_S$和$\overline{Y}_{EX}$也为高电平，编码器不工作。当$\overline{S}=0$时，电路处于正常工作状态，允许$\overline{I}_0$～$\overline{I}_7$当中同时有几个输入端为低电平，即同时有几路编码输入信号有效。在 8 个输入中，$\overline{I}_7$的优先权最高，$\overline{I}_0$的优先权最低。当$\overline{I}_7=0$时，无论其他输入端有无有效输入信号（功能表中以 x 表示），输出端只输出$\overline{I}_7$的编码，即$\overline{Y}_2\overline{Y}_1\overline{Y}_0=000$；当$\overline{I}_7=1$、$\overline{I}_6=0$时，无论其余输入端有无有效输入信号，只对$\overline{I}_6$进行编码，输出为$\overline{Y}_2\overline{Y}_1\overline{Y}_0=001$，其余状态依此类推。表中出现 3 种输出$\overline{Y}_2\overline{Y}_1\overline{Y}_0=111$情况，可以用$\overline{Y}_S$和$\overline{Y}_{EX}$的不同状态来区别，即如果$\overline{Y}_2\overline{Y}_1\overline{Y}_0=111$且$\overline{Y}_S\ \overline{Y}_{EX}=11$，则表示电路处于禁止工作状态；如果$\overline{Y}_2\overline{Y}_1\overline{Y}_0=111$，且$\overline{Y}_S\ \overline{Y}_{EX}=10$，则表示电路处于工作状态而且$\overline{I}_0$有编码信号输入；

如果$\overline{Y}_2\overline{Y}_1\overline{Y}_0 = 111$，且$\overline{Y}_S\ \overline{Y}_{EX} = 01$，则表示电路处于工作状态但没有输入编码信号。由于没有输入编码信号时$\overline{Y}_S = 0$，因此$\overline{Y}_S$也可以称为“无编码输入”信号。

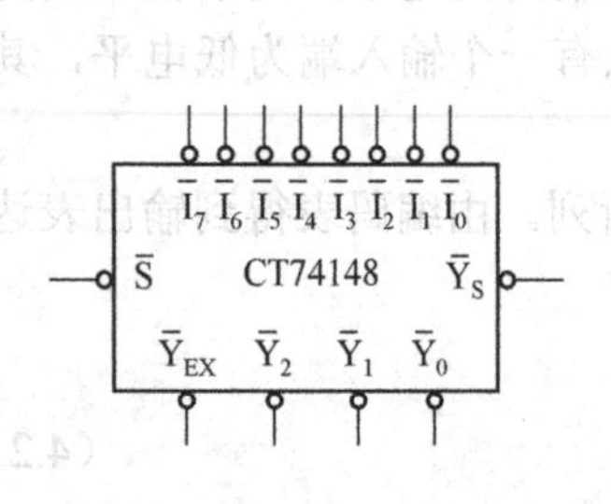

图 4.19　CT74148 的逻辑符号

表 4.6　CT74148 功能表

输入									输出				
$\overline{S}$	$\overline{I}_0$	$\overline{I}_1$	$\overline{I}_2$	$\overline{I}_3$	$\overline{I}_4$	$\overline{I}_5$	$\overline{I}_6$	$\overline{I}_7$	$\overline{Y}_2$	$\overline{Y}_1$	$\overline{Y}_0$	$\overline{Y}_S$	$\overline{Y}_{EX}$
1	x	x	x	x	x	x	x	x	1	1	1	1	1
0	x	x	x	x	x	x	x	0	0	0	0	1	0
0	x	x	x	x	x	x	0	1	0	0	1	1	0
0	x	x	x	x	0	1	1	1	0	1	0	1	0
0	x	x	x	x	0	1	1	1	0	1	1	1	0
0	x	x	x	0	1	1	1	1	1	0	0	1	0
0	x	x	0	1	1	1	1	1	1	0	1	1	0
0	x	0	1	1	1	1	1	1	1	1	0	1	0
0	0	1	1	1	1	1	1	1	1	1	1	1	0
0	1	1	1	1	1	1	1	1	1	1	1	0	1

利用 CT74148 的$\overline{Y}_S$和$\overline{Y}_{EX}$输出端可以实现多片的级联。例如，将两片 CT74148 级联起来，扩展得到 16 线-4 线优先编码器，如图 4.20 所示。图中，$\overline{I}_{15} \sim \overline{I}_0$是扩展后的 16 位编码输入端，高 8 位$\overline{I}_{15} \sim \overline{I}_8$接于第（1）片的$\overline{I}_7 \sim \overline{I}_0$端，低 8 位$\overline{I}_7 \sim \overline{I}_0$接于第（2）片的$\overline{I}_7 \sim \overline{I}_0$端。$Z_3 \sim Z_0$是 4 位编码输出端。

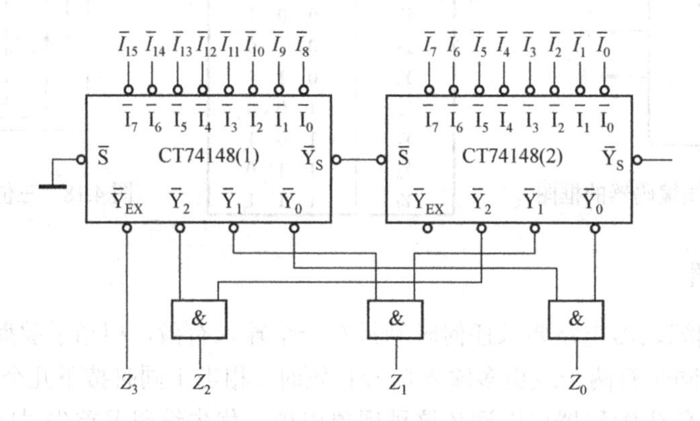

图 4.20　用两片 CT74148 构成的 16 线-4 线编码器

按照优先顺序的要求，只有$\overline{I}_{15} \sim \overline{I}_8$均无输入信号时，才允许对$\overline{I}_7 \sim \overline{I}_0$的输入进行编码。因此，只要把第（1）片的无编码信号输入$\overline{Y}_S$作为第（2）片的使能信号$\overline{S}$即可。另外，第（1）片有编码信号输入时$\overline{Y}_{EX} = 0$，无编码信号输入时$\overline{Y}_{EX} = 1$，正好用它作为第 4 位编码输出Z_3。当$\overline{I}_{15} = 0$时，$Z_3 = \overline{Y}_{EX} = 0$，而且第（1）片的$\overline{Y}_2\overline{Y}_1\overline{Y}_0 = 000$，使得$Z_2Z_1Z_0 = 000$，产生$\overline{I}_{15}$的编码输出 0000。依此类推，可以得到其他输入信号的编码。

4.2.3　译码器

将二进制代码所表示的信息翻译成对应输出的高、低电平信号的过程称为译码，实现译码功能的电路称为译码器。常用的译码器有二进制译码器、二-十进制译码器和显示译码器。

1. 二进制译码器

N 位二进制译码器有 N 个输入端和 2^N 个输出端，一般称为 N 线-2^N 线译码器。2 线-4 线译码器的逻辑图如图 4.21（a）所示，逻辑符号如图 4.21（b）所示。

电路有 2 个输入端 A_1 和 A_0，4 个输出端 $\overline{Y}_3 \sim \overline{Y}_0$。对于二进制译码器来说，只允许 1 个输出端的信号为有效电平。如果规定高电平为有效电平，则在任何时刻最多只有 1 个输出端为高电平，其余为低电平。同理，如果规定低电平为有效电平，则在任何时刻最多只有 1 个输出端为低电平，其余为高电平。2 线-4 线译码器的功能表如表 4.7 所示，从表中可以看出，低电平是输出的有效电平。另外，$\overline{\mathrm{EN}}$ 是使能控制端（也称为选通信号），当 $\overline{\mathrm{EN}}=0$（有效）时，译码器处于工作状态；当 $\overline{\mathrm{EN}}=1$（无效）时，译码器处于禁止工作状态，此时，全部输出端都输出高电平（无效电平）。

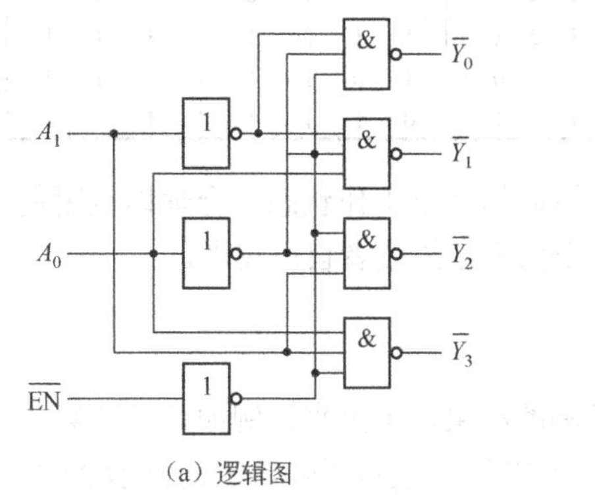

（a）逻辑图

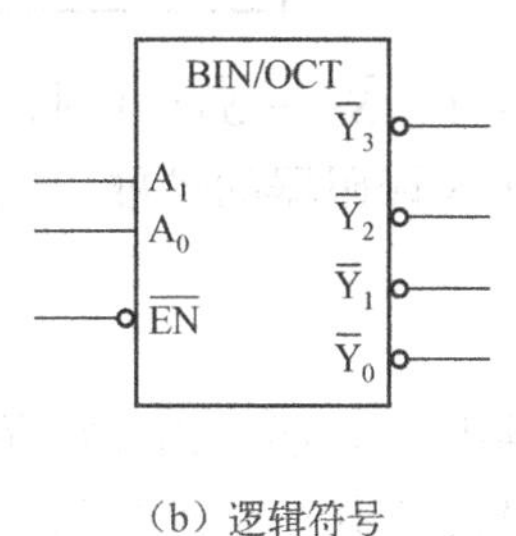

（b）逻辑符号

表 4.7　2 线-4 线译码器功能表

$\overline{\mathrm{EN}}$	A_1	A_0	$\overline{Y}_3$	$\overline{Y}_2$	$\overline{Y}_1$	$\overline{Y}_0$
1	x	x	1	1	1	1
0	0	0	1	1	1	0
0	0	1	1	1	0	1
0	1	0	1	0	1	1
0	1	1	0	1	1	1

图 4.21　2 线-4 线译码器和

当 $\overline{\mathrm{EN}}=0$ 时，根据逻辑图写出输出表达式为：

$$\left.\begin{aligned}\overline{Y}_0 &= \overline{\overline{A}_1\overline{A}_0} = \overline{m}_0\\ \overline{Y}_1 &= \overline{\overline{A}_1 A_0} = \overline{m}_1\\ \overline{Y}_2 &= \overline{A_1\overline{A}_0} = \overline{m}_2\\ \overline{Y}_3 &= \overline{A_1 A_0} = \overline{m}_3\end{aligned}\right\} \tag{4.3}$$

由式（4.3）可以看出，对于低电平为输出有效电平的译码器，每个输出都是对应输入的最小项的非。同理，对高电平为输出有效电平的译码器，每个输出都是对应输入的最小项。由于这个原因，一般把二进制译码器也称为最小项译码器。

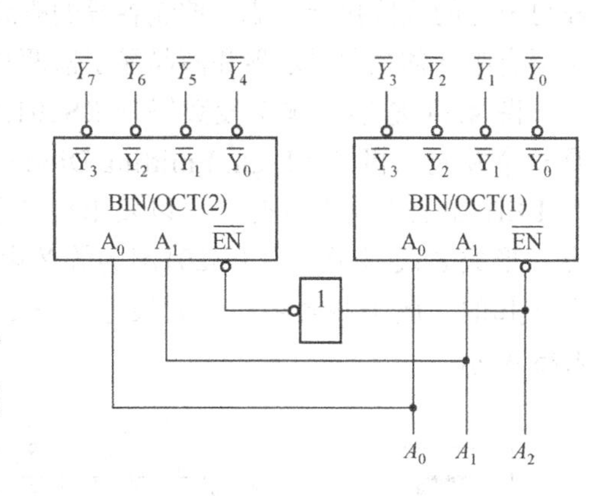

图 4.22　2 线-4 线扩展为 3 线-8 线译码器

合理地应用使能端 $\overline{\mathrm{EN}}$ 可以实现译码器的扩展。例如，用两片 2 线-4 线译码器可以扩展为 3 线-8 线译码器，电路连接如图 4.22 所示。在图中，A_2 是增加的输入，当 $A_2=0$ 时，第（1）片的 $\overline{\mathrm{EN}}=0$，处于工作状态，第（2）片的 $\overline{\mathrm{EN}}=1$，处于禁止状态。在 A_1A_0 的作用下，选择第（1）片的 $\overline{Y}_3 \sim \overline{Y}_0$ 作为输出。当 $A_2=1$ 时，第（1）片的 $\overline{\mathrm{EN}}=1$，处于禁止状态，第（2）片的 $\overline{\mathrm{EN}}=0$，处于工作状态。在 A_1A_0 的作用下，选择第（2）片的 $\overline{Y}_3 \sim \overline{Y}_0$ 作为输出。

常用的中规模集成电路译码器有双 2 线-4 线译码器 CT74139、3 线-8 线译码器 CT74138、4 线-16 线译码器 CT74154 和 4 线-10 线译码器等。3 线-8 线译码器 CT74138 的逻辑符号如图 4.23 所示，其中 S_1、$\overline{S}_2$ 和 $\overline{S}_3$ 是使能端，S_1 为高电平有效，（$\overline{S}_2+\overline{S}_3$）为低电平有效。表 4.8 为 CT74138 的功能表。

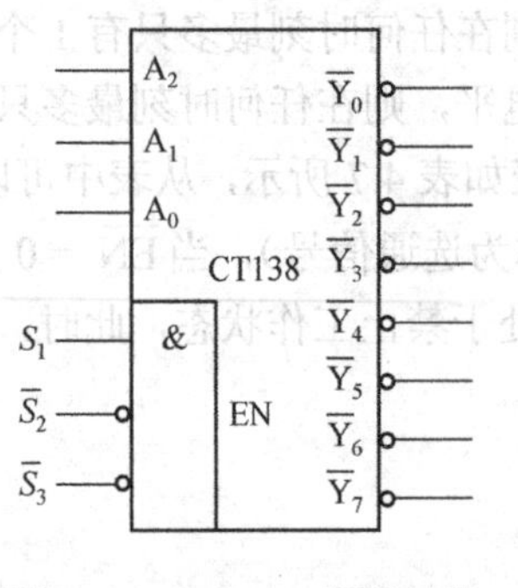

图 4.23　CT74138 逻辑符号

表 4.8　CT74138 的功能表

S_1	$\overline{S}_2+\overline{S}_3$	A_2	A_1	A_0	$\overline{Y}_7$	$\overline{Y}_6$	$\overline{Y}_5$	$\overline{Y}_4$	$\overline{Y}_3$	$\overline{Y}_2$	$\overline{Y}_1$	$\overline{Y}_0$
0	x	x	x	x	1	1	1	1	1	1	1	1
x	1	x	x	x	1	1	1	1	1	1	1	1
1	0	0	0	0	1	1	1	1	1	1	1	0
1	0	0	0	1	1	1	1	1	1	1	0	1
1	0	0	1	0	1	1	1	1	1	0	1	1
1	0	0	1	1	1	1	1	1	0	1	1	1
1	0	1	0	0	1	1	1	0	1	1	1	1
1	0	1	0	1	1	1	0	1	1	1	1	1
1	0	1	1	0	1	0	1	1	1	1	1	1
1	0	1	1	1	0	1	1	1	1	1	1	1

由表 4.8 中可以看出，当 $S_1=1$、$\overline{S}_2+\overline{S}_3=0$ 时，译码器处于工作状态。合理地应用使能端 S_1、$\overline{S}_2$ 和 $\overline{S}_3$ 可以实现 CT74138 译码器的扩展。这个内容留给读者自己思考。

2. 显示译码器

在一些数字系统中，不仅需要译码，而且需要把译码的结果显示出来。例如，在计数系统中，需要显示计数结果；在测量仪表中，需要显示测量结果。用显示译码器驱动显示器件，就可以达到数据显示的目的。目前广泛使用的显示器件是 7 段数码显示器。它由 a～g 等 7 段可发光的线段拼合而成，控制各段的亮或灭，就可以显示不同的字符或数字。7 段数码显示器有半导体数码显示器和液晶显示器两种。

图 4.24 是半导体 7 段数码管 BS201A 的外形图和等效电路，这种数码管的每个段都是一个发光二极管（Light Emitting Diode，LED）。LED 的正极称为阳极，负极称为阴极。当 LED 加上正向电压时，可以发出橙红色的光。有的数码管在右下角还增设了一个小数点，形成 8 段显示。由 BS201A 的等效电路可见，构成数码管的 7 只 LED 的阴极是连接在一起的，属于共阴结构。如果把 7 只 LED 的阳极连接在一起，则属于共阳结构，如图 4.25 所示。

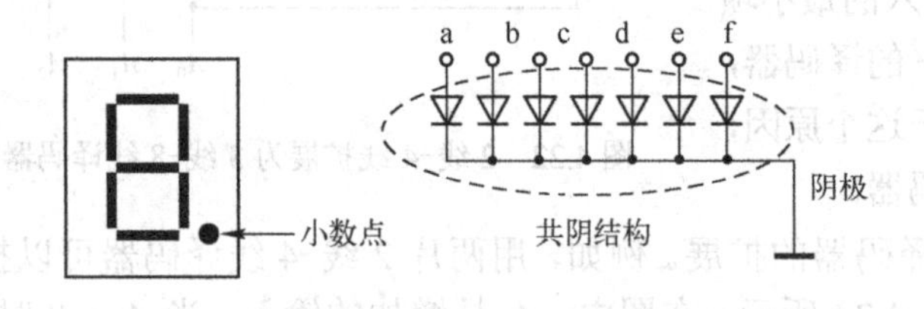

图 4.24　半导体数码显示器外形图及等效电路

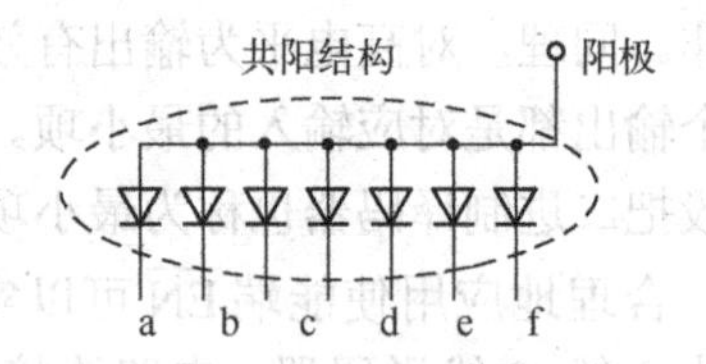

图 4.25　共阳结构的数码显示器

另一种 7 段数码显示器是液晶显示器（Light Crystal Display，LCD）。液晶显示器中的液态晶体材料是一种有机化合物，在常温下既有液体特性，又有晶体特性。利用液晶在电场作用下产生光的散射或偏光作用原理，便可实现数字显示。一般对 LCD 的驱动采用正负对称的交流信号。

液晶显示器的最大优点是电源电压低和功耗低，电源电压为 1.5～5V，电流为μA 量级。它是各类显示器中功耗最低的，可直接用 CMOS 集成电路驱动。同时 LCD 制造工艺简单，体积小而薄，特别适用于小型数字仪表中。但它是利用外界光源的被动式显示器件，环境越明亮，显示越清晰，不能用于暗处。它的工作温度范围不宽，寿命与使用条件有关，强光下使用寿命会减少。此外，它的响应速度较低（在 10ms~200ms 范围），这就限制了它在快速系统中的应用。

显示译码器有很多集成电路产品，下面以 CT7448 为例，介绍中规模集成显示译码器电路的功能和使用方法。CT7448 是十进制数（BCD）显示译码器，它的逻辑符号如图 4.26 所示，其功能表如表 4.9 所示。电路中的 A_3～A_0 是 8421 码输入端，Y_a～Y_g 是输出端，为 7 段显示器件提供驱动信号。显示器件根据输入的数据，可以分别显示数字 0～9。

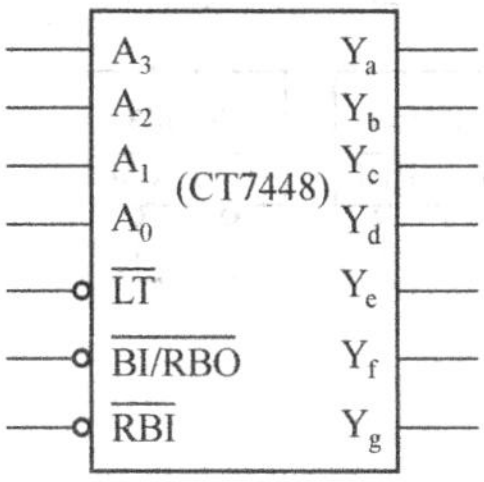

图 4.26　CT7448 的逻辑符号

表 4.9　CT7448 的功能表

输　入			输　出		字形
数字	$\overline{LT}$ $\overline{RBI}$	$A_3A_2A_1A_0$	$\overline{BI}/\overline{RBO}$	Y_a Y_b Y_c Y_d Y_e Y_f Y_g	
0	1 1	0 0 0 0	1	1 1 1 1 1 1 0	0
1	1 x	0 0 0 1	1	0 1 1 0 0 0 0	1
2	1 x	0 0 1 0	1	1 1 0 1 1 0 1	2
3	1 x	0 0 1 1	1	1 1 1 1 0 0 1	3
4	1 x	0 1 0 0	1	0 1 1 0 0 1 1	4
5	1 x	0 1 0 1	1	1 0 1 1 0 1 1	5
6	1 x	0 1 1 0	1	0 0 1 1 1 1 1	6
7	1 x	0 1 1 1	1	1 1 1 0 0 0 0	7
8	1 x	1 0 0 0	1	1 1 1 1 1 1 1	8
9	1 x	1 0 0 1	1	1 1 1 0 0 1 1	9
消隐	x x	x x x x	0	0 0 0 0 0 0 0	
脉冲消隐	1 0	0 0 0 0	0	0 0 0 0 0 0 0	
灯测试	0 x	x x x x	1	1 1 1 1 1 1 1	8

CT7448 除了完成译码驱动的功能外，还附加了灯测试输入 $\overline{LT}$、消隐输入 $\overline{BI}$、灭零输入 $\overline{RBI}$ 和灭零输出 $\overline{RBO}$ 等控制信号。由功能表可见，当灯测试输入 $\overline{LT}=0$ 时，无论输入 A_3～A_0 的状态如何，输出 Y_a～Y_g 全部为高电平，使被驱动数码管的 7 段全部点亮。因此，$\overline{LT}=0$ 信号可以检查数码管各段能否正常发光。

当消隐输入 $\overline{BI}=0$ 时，无论输入 A_3～A_0 的状态如何，输出 Y_a～Y_g 全部为低电平，使被驱动数码管的 7 段全部熄灭。

当 $A_3A_2A_1A_0=0000$ 时，本应显示数码 0，如果此时灭零输入 $\overline{RBI}=0$，则使显示的 0 熄灭。设置灭零输入信号的目的，能将不希望显示的 0 熄灭。例如，对于十进制数来说，整数部分不代表数值的高位 0 和小数部分不代表数值的低位 0，都是不希望显示的，可以用灭零输入信号将它们熄灭掉。将灭零输出 $\overline{RBO}$ 与灭零输入 $\overline{RBI}$ 配合使用，可以实现多位数码显示的灭零控制。

用 CT7448 直接驱动共阴结构的半导体数码管的电路连接如图 4.27 所示。由于 CT7448 的输出是集电极开路门结构，所以需要外加 2kΩ的上拉电阻。

用 CT7448 实现 8 位十进制数码显示系统的连接如图 4.28 所示，系统具有灭零控制。在图中，只需要把整数部分的高位 $\overline{RBO}$ 与低位的 $\overline{RBI}$ 相连，小数部分的低位 $\overline{RBO}$ 与高位的 $\overline{RBI}$ 相连，就可以把前、后多余的 0 灭掉。在这种连接方式下，整数部分只有高位是 0，而且被熄灭的情况下，低位才有灭零输入信号。同理，小数部分只有低位是 0，而且被熄灭的情况下，高位才有灭零输入信号。

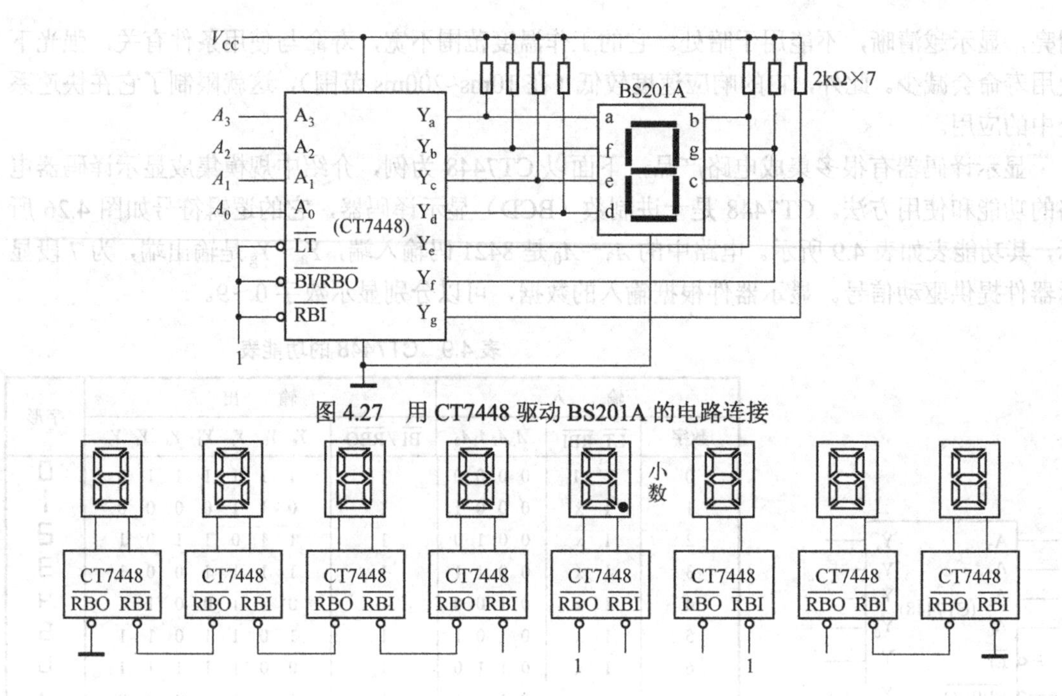

图 4.27　用 CT7448 驱动 BS201A 的电路连接

图 4.28　有灭零控制的 8 位数码显示系统

4.2.4　数据选择器

从一组输入数据选出其中需要的一个数据作为输出的过程叫做数据选择，具有数据选择功能的电路称为数据选择器。常用的有 4 选 1、8 选 1 和 16 选 1 等数据选择器产品。

1. 4 选 1 数据选择器

4 选 1 数据选择器的逻辑图如图 4.29（a）所示，逻辑符号如图 4.29（b）所示。图中，A_1A_0 是选择控制信号（也称为地址信号），D_3～D_0 是数据输入端，Y 是数据输出端，$\overline{\mathrm{EN}}$ 是使能控制端。当 $\overline{\mathrm{EN}}=0$ 时，由逻辑图可以得到其输出表达式为：

$$Y=\overline{A}_1\overline{A}_0D_0+\overline{A}_1A_0D_1+A_1\overline{A}_0D_2+A_1A_0D_3 \tag{4.4}$$

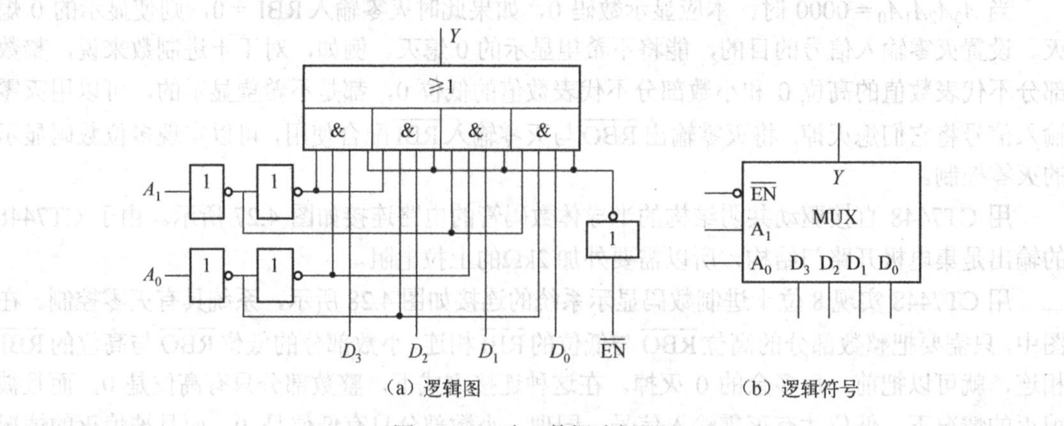

图 4.29　4 选 1 数据选择器

如果以 A_1、A_0 作为控制信号，由式（4.4）可推导出输出与数据输入之间的功能表，见

表4.10。由表可见，在A_1、A_0的控制下，从4个数据输入中选出需要的一个作为输出Y，所以称为数据选择器。4选1数据选择器相当于一个“单刀多掷”开关，如图4.30所示。因此数据选择器又称为多路转换器或多路开关。

表4.10　4选1数据选择器功能表

A_1 A_0	Y
0 0	D_0
0 1	D_1
1 0	D_2
1 1	D_3

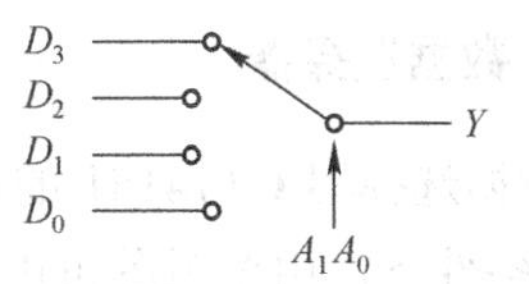

图4.30　4选1数据选择器等效图

如果以D_3～D_0作为控制信号，由式（4.4）可推导出输出与地址输入之间的关系如表4.11所示。

表4.11　4选数据选择器的输出与地址输入之间的关系表

$D_3D_2D_1D_0$	Y	$D_3D_2D_1D_0$	Y
0000	0	1000	A_1A_0
0001	$\overline{A_1}\,\overline{A_0}$	1001	$A_1A_0+\overline{A_1}\,\overline{A_0}$
0010	$\overline{A_1}A_0$	1010	$A_1A_0+\overline{A_1}A_0=A_0$
0011	$\overline{A_1}A_0+\overline{A_1}\,\overline{A_0}=\overline{A_1}$	1011	$A_1A_0+\overline{A_1}A_0+\overline{A_1}\,\overline{A_0}=\overline{A_1}+A_0$
0100	$A_1\overline{A_0}$	1100	$A_1A_0+A_1\overline{A_0}=A_1$
0101	$A_1\overline{A_0}+\overline{A_1}\,\overline{A_0}=\overline{A_0}$	1101	$A_1A_0+A_1\overline{A_0}+\overline{A_1}\,\overline{A_0}=A_1+\overline{A_0}$
0110	$A_1\overline{A_0}+\overline{A_1}A_0$	1110	$A_1A_0+A_1\overline{A_0}+\overline{A_1}A_0=A_1+A_0$
0111	$A_1\overline{A_0}+\overline{A_1}A_0+\overline{A_1}\,\overline{A_0}=\overline{A_1}+\overline{A_0}$	1111	1

由表可见，数据选择器还是一种多功能运算电路，对于4选1数据选择器来说，它具有$2^4=16$种运算功能。在这些运算中，包括由两个输入变量A_1、A_0构成的各种最小项的表达式，因此在传统的数字电路设计中，利用数据选择器的运算功能，来实现组合逻辑电路。

合理地应用使能端$\overline{\mathrm{EN}}$可以实现数据选择器的扩展。例如，用两片4选1数据选择器可以扩展为8选1数据选择器，电路连接如图4.31所示。

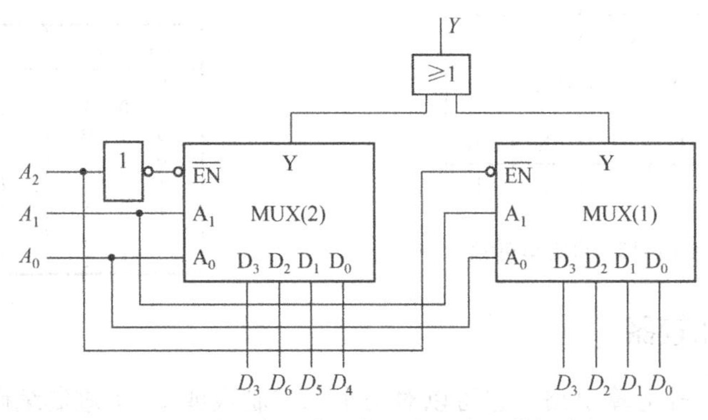

图4.31　用两片4选1扩展为8选1数据选择器

图4.31中，A_2是增加的地址输入，当$A_2=0$时，第（1）片的$\overline{\mathrm{EN}}=0$，处于工作状态，第（2）片的$\overline{\mathrm{EN}}=1$，处于禁止状态。在A_1A_0的作用下，选择第（1）片的D_3～D_0中的一个输入作为输出。当$A_2=1$时，第（1）片的$\overline{\mathrm{EN}}=1$，处于禁止状态，第（2）片的$\overline{\mathrm{EN}}=0$，

处于工作状态。在 A_1A_0 的作用下，选择第（2）片的 D_3～D_0 中的一个输入作为输出。

常用的中规模数据选择器集成电路有双 4 选 1 数据选择器 CT74153、8 选 1 数据选择器 CT74151、CT74152、16 选 1 数据选择器 CT74150 等。

2. 8 选 1 数据选择器

8 选 1 数据选择器 CT74151 的逻辑图如图 4.32 所示，逻辑符号如图 4.33 所示。在使能端 $\overline{\text{EN}}=0$ 的条件下，由逻辑图可以得到其输出表达式为：

$$\begin{aligned}Y=&\overline{A}_2\overline{A}_1\overline{A}_0D_0+\overline{A}_2\overline{A}_1A_0D_1+\overline{A}_2A_1\overline{A}_0D_2+\overline{A}_2A_1A_0D_3+\\&A_2\overline{A}_1\overline{A}_0D_4+A_2\overline{A}_1A_0D_5+A_2A_1\overline{A}_0D_6+A_2A_1A_0D_7\end{aligned}\tag{4.5}$$

如果以 A_2、A_1、A_0 作为控制，则它是一个数据选择器或多路开关，其功能如表 4.12 所示。如果以 D_7～D_0 作为控制，则是多功能运算器。对于 8 选 1 数据选择器来说，共有 $2^8=256$ 种不同的运算功能。其中，包括由 3 个输入变量 A_2、A_1、A_0 构成的各种最小项的表达式。

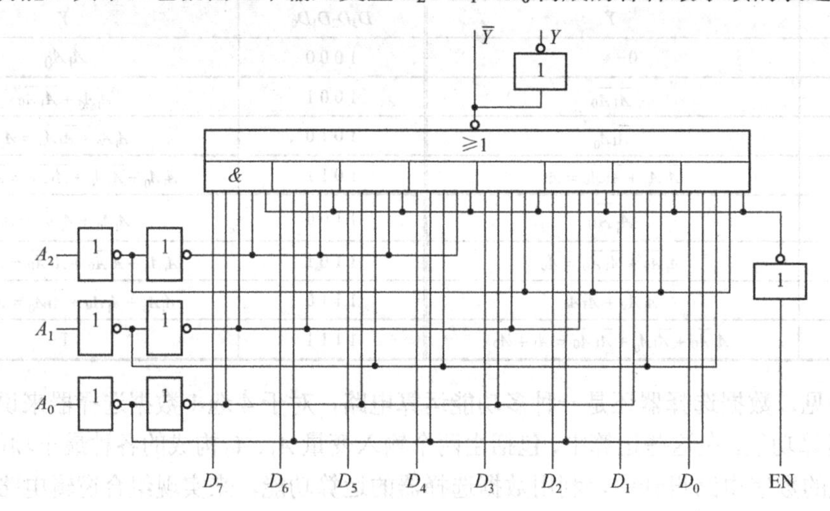

图 4.32　8 选 1 数据选择器的逻辑图

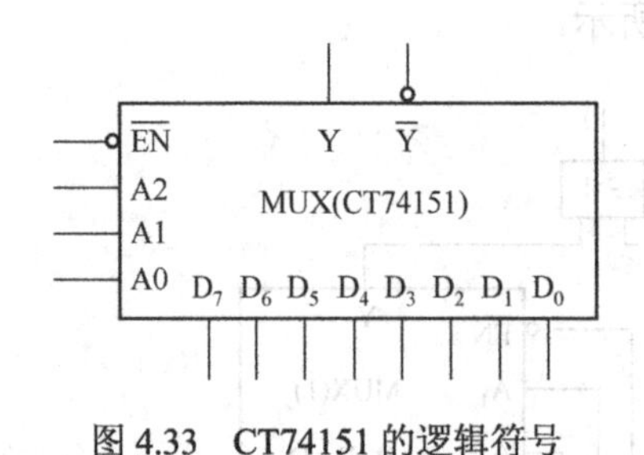

图 4.33　CT74151 的逻辑符号

表 4.12　CT74151 的功能表

A_2	A_1	A_0	Y
0	0	0	D_0
0	0	1	D_1
0	1	0	D_2
0	1	1	D_3
1	0	0	D_4
1	0	1	D_5
1	1	0	D_6
1	1	1	D_7

4.2.5　数值比较器

数值比较器是一种运算电路，它可以对两个二进制数或二-十进制编码的数进行比较，得出大于、小于和等于的结果。

1. 1 位数值比较器

1 位数值比较器的逻辑图如图 4.34（a）所示，逻辑符号如图 4.34（b）所示。1 位数值比较器可以对两个1位二进制数A和B进行比较，比较结果分别由$F_{A>B}$（大于）、$F_{A<B}$（小于）和$F_{A=B}$（等于）给出。根据逻辑图得到电路的输出表达式为：

$$
\begin{aligned}
F_{A>B} &= A\overline{AB} = A\overline{B} \\
F_{A=B} &= \overline{A\overline{AB} + B\overline{AB}} = \overline{A}\,\overline{B} + AB \\
F_{A<B} &= B\overline{AB} = \overline{A}B
\end{aligned}
\tag{4.6}
$$

将A、B的不同取值代入式（4.6）计算得到1位数值比较器的真值表，如表4.13所示。由表可见，当$AB=01$时，$F_{A>B}F_{A=B}F_{A<B}=001$，表示$A$小于$B$；当$AB=10$时，$F_{A>B}F_{A=B}F_{A<B}=100$，表示$A$大于$B$；当$AB=00$或$AB=11$时，$F_{A>B}F_{A=B}F_{A<B}=010$，表示$A$等于$B$。

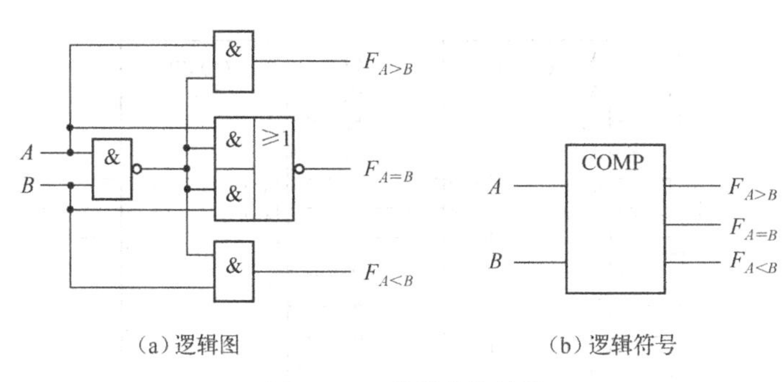

图4.34　1位数值比较器

表4.13　1位数值比较器真值表

A	B	$F_{A>B}$	$F_{A=B}$	$F_{A<B}$
0	0	0	1	0
0	1	0	0	1
1	0	1	0	0
1	1	0	1	0

2. 四位数据比较器

在中规模集成电路产品中，CT7485是4位数值比较器，它可以对两个4位二进制数进行比较。CT7485的逻辑符号如图4.35所示，其功能由表4.14列出。其中，A_3～A_0是一个4位二进制数的输入端，B_3～B_0是另一个4位二进制数的输入端。$F_{A>B}$、$F_{A<B}$和$F_{A=B}$是输出端。$I_{A>B}$、$I_{A<B}$和$I_{A=B}$是级联输入端，用于芯片的扩展。

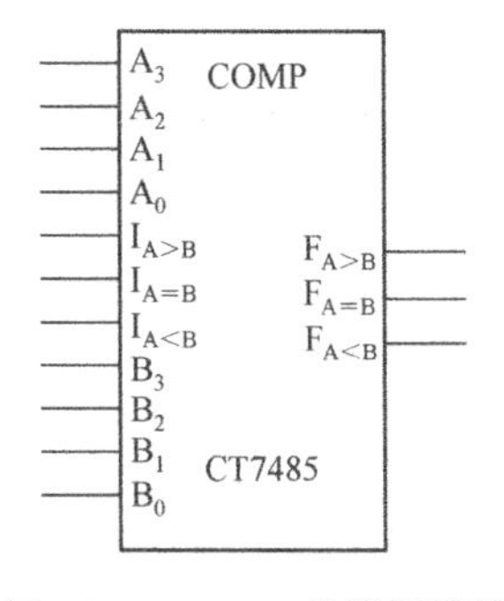

图4.35　CT7485的逻辑符号

表4.14　4位数值比较器CT7485的功能表

输入								输出		
A_3　B_3	A_2　B_2	A_1　B_1	A_0　B_0	$I_{A>B}$	$I_{A=B}$	$I_{A<B}$	$F_{A>B}$	$F_{A=B}$	$F_{A<B}$
$A_3>B_3$	x　x	x　x	x　x	x	x	x	1	0	0
$A_3<B_3$	x　x	x　x	x　x	x	x	x	0	0	1
$A_3=B_3$	$A_2>B_2$	x　x	x　x	x	x	x	1	0	0
$A_3=B_3$	$A_2<B_2$	x　x	x　x	x	x	x	0	0	1
$A_3=B_3$	$A_2=B_2$	$A_1>B_1$	x　x	x	x	x	1	0	0
$A_3=B_3$	$A_2=B_2$	$A_1<B_1$	x　x	x	x	x	0	0	1
$A_3=B_3$	$A_2=B_2$	$A_1=B_1$	x　x	x	x	x	1	0	0
$A_3=B_3$	$A_2=B_2$	$A_1=B_1$	$A_0>B_0$	x	x	x	0	0	1
$A_3=B_3$	$A_2=B_2$	$A_1=B_1$	$A_0<B_0$	x	x	x	1	0	1
$A_3=B_3$	$A_2=B_2$	$A_1=B_1$	$A_0=B_0$	a	b	c	a	b	c

多位数值比较器的比较过程是由高位到低位逐位进行的，而且只有在高位相等时，才进行低位比较。例如，在4位数值比较器中进行$A_3A_2A_1A_0$和$B_3B_2B_1B_0$的比较时，应首先比较最高位A_3和B_3。如果$A_3>B_3$，那么不管其他几位数码为何值，肯定是$A>B$；若$A_3<B_3$，则肯定是$A<B$。如果$A_3=B_3$，就必须通过比较低一位A_2和B_2来判断A和B的大小。如果$A_2=B_2$，还必须通过比较更低一位A_1和B_1来判断。依此类推，直至比出A和B的大小。

用一片CT7485可以实现两个4位二进制数的比较，电路连接如图4.36所示。由CT7485

的功能表可知，当两个 4 位二进制数有大小之别时，用输出 $F_{A>B}=1$ 或 $F_{A<B}=1$ 表示大于或小于的比较结果。当两个 4 位二进制数相等时，输出 $F_{A>B}$，$F_{A=B}$，$F_{A<B}$ 与级联输入 $I_{A>B}I_{A=B}I_{A<B}$ 相等。因此，把 $I_{A>B}$ 和 $I_{A<B}$ 接低电平 0，把 $I_{A=B}$ 接高电平 1。这样，当 $A_3A_2A_1A_0=B_3B_2B_1B_0$ 时，$F_{A>B}F_{A=B}F_{A<B}=010$，是表示两数相等时的输出。合理使用级联输入端 $I_{A>B}$、$I_{A<B}$ 和 $I_{A=B}$，可以实现多片 CT7485 的扩展。例如，用两片 CT7485 扩展为 8 位数值比较器的电路连接如图 4.37 所示。其中，第（1）片是低位片，实现对低 4 位数 A_3～A_0 与 B_3～B_0 的比较；第（2）片是高位片，实现对高 4 位 A_7～A_4 与 B_7～B_4 的比较。高位片的级联输入 $I_{A>B}I_{A=B}I_{A<B}$ 接于低位片的输出 $F_{A>B}F_{A=B}F_{A<B}$，低位片的 $I_{A>B}I_{A=B}I_{A<B}$ 接 010，高位片的 $F_{A>B}F_{A=B}F_{A<B}$ 作为 8 位数值比较器的输出。

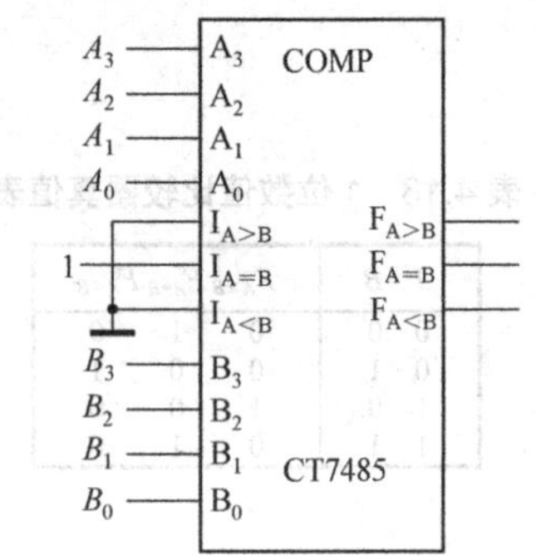

图 4.36　单片 CT7485 连接

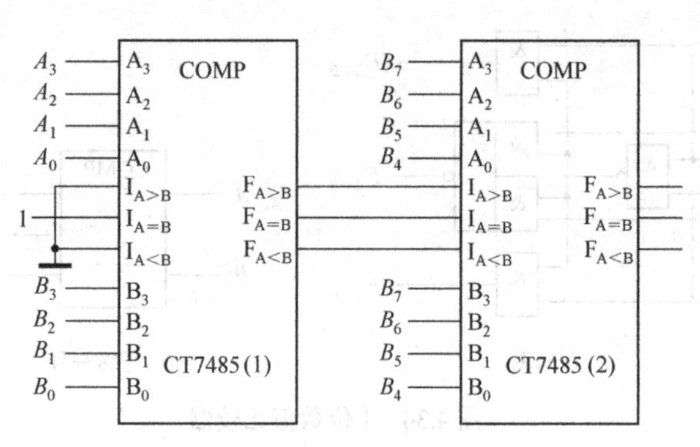

图 4.37　用两片 CT7485 构成的 8 位数值比较器

4.2.6　奇偶校验器

奇偶校验就是检测数据中包含“1”的个数是奇数还是偶数。在计算机和一些数字通信系统中，常用奇偶校验器来检查数据传输和数码记录中是否存在错误。

4 位奇偶校验器的逻辑图如图 4.38（a）所示，逻辑符号如图 4.38（b）所示。图中，A、B、C 和 D 是数据输入端，F_{OD} 是判奇输出端，F_{EV} 是判偶输出端。

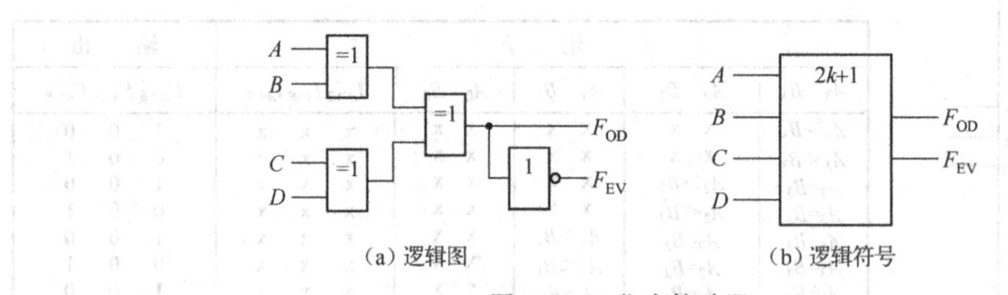

图 4.38　4 位奇校验器

由逻辑图可推导出电路的输出表达式：

$$F_{OD}=A\oplus B\oplus C\oplus D$$

$$F_{EV}=\overline{A\oplus B\oplus C\oplus D}$$

奇偶校验器一般由异或门构成，异或运算也称为“模 2 加”运算。模 2 加就是只考虑两个二进制数相加后的和，而不考虑它们的进位的加法运算。当相加的和为 1 时，表示两个二进制数中“1”的个数是奇数；当和为 0 时，则表示“1”的个数是偶数。同理，对 N 个二进制数进行模 2 加时，当相加的和为 1 时，表示 N 个数中“1”的个数是奇数；当和为 0 时，则表示“1”的个数是偶数。判断奇数和判断偶数的结果是相反的，因此把判奇输出端 F_{OD} 加一个反相器，即可得到判偶输出端 F_{EV}。

奇偶校验器还具有奇偶产生的功能，通常把它称为奇偶校验器/产生器。常用的中规模集成奇偶校验器/产生器有 CT74180/CT54180、CT74S1280/CT54S280、CT74LS280/CT54LS280 等产品型号。图 4.39（a）是 CT74180/CT54180 的逻辑图，逻辑符号如图 4.39（b）所示。图中，A～H 是 8 位数据输入端，EVEN 是偶控制输入端，ODD 是奇控制输入端；F_{OD} 是奇输出端，F_{EV} 是偶输出端。

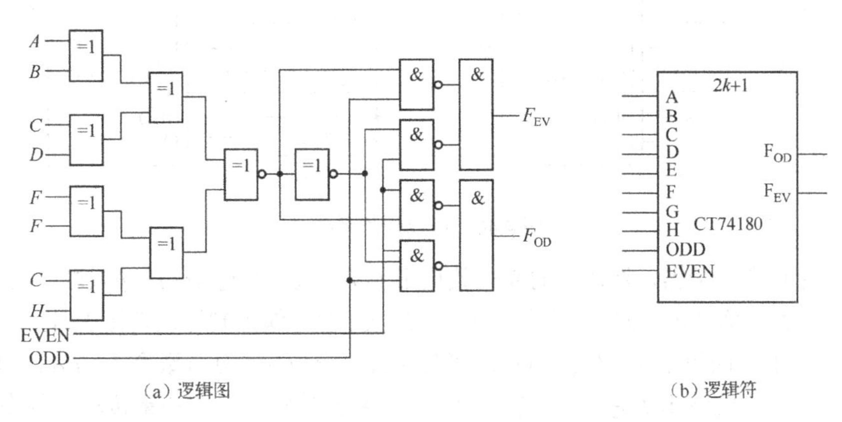

图 4.39　8 位奇校验器/产生器 CT74148

由逻辑图可写出电路的输出表达式：

$$F_{EV}=\overline{\overline{A\oplus B\oplus C\oplus D\oplus E\oplus F\oplus G\oplus H}\cdot \mathrm{ODD}\cdot \overline{(A\oplus B\oplus C\oplus D\oplus E\oplus F\oplus G\oplus H)\cdot \mathrm{EVEN}}}$$

$$F_{OD}=\overline{\overline{A\oplus B\oplus C\oplus D\oplus E\oplus F\oplus G\oplus H}\cdot \mathrm{EVEN}\cdot \overline{(A\oplus B\oplus C\oplus D\oplus E\oplus F\oplus G\oplus H)\cdot \mathrm{ODD}}} \tag{4.7}$$

由式（4.7）得到 CT74180 的功能表如表 4.15 所示。

表 4.15　CT74180 的功能表

输　入			输　出	
A～H 中“1”的个数	EVEN	ODD	F_{EV}	F_{OD}
偶数	1	0	1	0
偶数	0	1	0	1
奇数	1	0	0	1
奇数	0	1	1	0
x	1	1	0	0
x	0	0	1	1

下面通过一个简单的奇偶校验系统，说明奇偶校验器/产生器的应用。图 4.40 是一个奇偶校验系统，图中的第（1）片是奇产生器，奇控制输入端 ODD 接数据“1”，偶控制输入端 EVEN 接地（即数据“0”）。当数据 D_0～D_7 中“1”的个数为奇数时，根据式（4.7），奇数输出端 $F_{OD}=\overline{\mathrm{ODD}}=0$；当数据 D_0～D_7 中“1”的个数为偶数时，$F_{OD}=\overline{\mathrm{EVEN}}=1$。这样，第（1）片的输出 F_{OD} 与数据 D_0～D_7 构成 9 位数据，F_{OD} 是奇产生/校验位。不管数据 D_0～D_7 中“1”的个数是奇数还是偶数，加上 F_{OD}（第 9 位）的数据后，组成 9 位数据中“1”的个数一定是奇数。所以，第（1）片称为奇产生器。

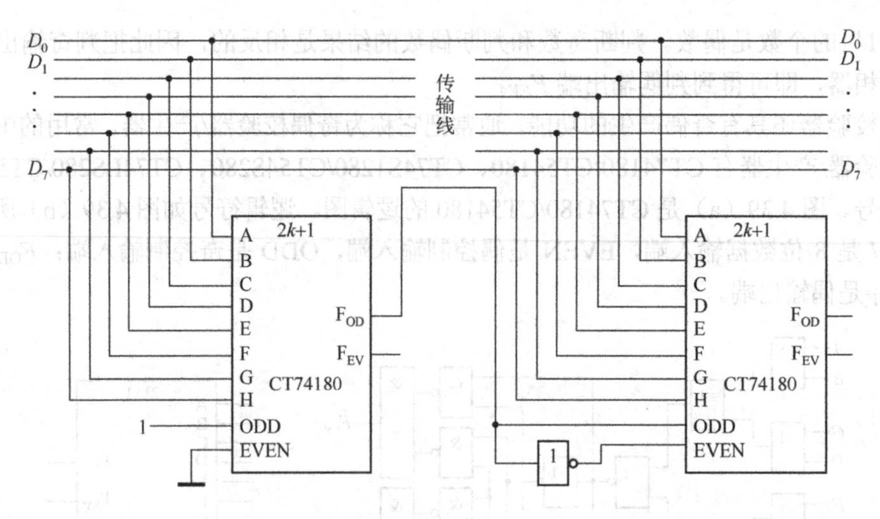

图 4.40　奇偶校验系统

第（2）片是奇校验器，将传输的 9 位数据中的 D_0～D_7 接到 A～H 输入端，第（1）片的奇产生/校验位 F_{OD} 接到第（2）片的奇控制输入端 ODD，偶控制输入端接 $\overline{F_{OD}}$。这样，如果原数据 D_0～D_7 中有偶数个 1，$F_{OD}=1$；或者原数据 D_0～D_7 中有奇数个 1，$F_{OD}=0$，在传输无误时，第（2）片的输出 $F_{OD}=1$，$F_{EV}=0$，表示数据传输正确。如果传输过程中有一个数据位发生了差错，即由 0 变为 1 或由 1 变为 0，则使 9 位数据中“1”的个数由奇数变为偶数，第（2）片的输出 $F_{OD}=0$，$F_{EV}=1$，表示数据传输有差错。

4.3　组合逻辑电路设计

组合逻辑电路的设计是本章的重点，采用中小规模集成电路搭建的传统设计方法已在本章第 1 节中介绍，下面介绍采用中规模集成部件实现组合逻辑电路和基于 Verilog HDL 的组合逻辑电路的设计方法。

4.3.1　采用中规模集成部件实现组合逻辑电路

由于中规模集成电路的大量出现，许多逻辑问题可以直接选用相应的集成器件来实现，这样既可省去烦琐的设计，又可以避免设计中带来的错误。中规模集成部件都具有与其名称相吻合的专用功能，但对于某些中规模集成电路来说，除了能完成自身的功能外，还可以用来实现组合逻辑电路。下面以译码器和数据选择器为例，介绍用中规模集成电路实现组合逻辑电路的方法。

1. 用译码器实现组合逻辑电路

在前面介绍译码器时曾提到，低电平为输出有效电平的译码器，其每个输出都是对应输入的最小项的非；高电平为输出有效电平的译码器，其每个输出都是对应输入的最小项。一般的组合逻辑电路都可以用最小项表达式来表示，因此用一些逻辑门把译码器的输出端组合起来，实现这些最小项表达式，就可以得到相应的组合逻辑电路。

【例 4.3】 用 CT74138 译码器实现一位全加器电路。

解：138 译码器有 3 个输入端，8 个输出端。因为输出端为低电平有效，所以每个输出端都对应一个三变量的最小项的非，其输出表达式由式（4.5）给出。用 138 译码器实现 3 个输入端的全加器电路最方便。全加器的逻辑符号如图 4.41 所示，A、B 是两个加数输入端，C_I 是低位来的进位端；S_O 是相加后的和输出端，C_O 是向高位的进位端。全加器的真值表如表 4.16 所示。

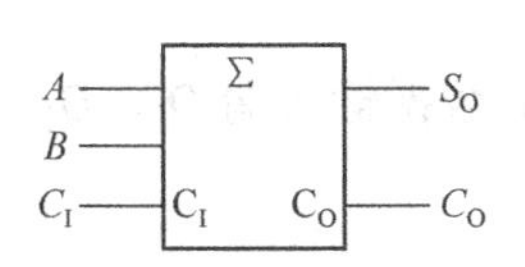

图 4.41　全加器的逻辑符号

表 4.16　全加器真值表

$A\,B\,C_I$	$S_O\,C_O$
000	0 0
001	1 0
010	1 0
011	0 1
100	1 0
101	0 1
110	0 1
111	1 1

由真值表写出全加器的输出最小项表达式为

$$S_O = m_1 + m_2 + m_4 + m_7 = \overline{\overline{m_1 + m_2 + m_4 + m_7}} = \overline{\overline{m_1} \cdot \overline{m_2} \cdot \overline{m_4} \cdot \overline{m_7}} \tag{4.8}$$

$$C_O = \ m_3 + m_5 + m_6 + m_7 = \overline{\overline{m_3 + m_5 + m_6 + m_7}} = \overline{\overline{m_3} \cdot \overline{m_5} \cdot \overline{m_6} \cdot \overline{m_7}} \tag{4.9}$$

由式（4.8）和式（4.9）可知，把全加器的 A、B 和 C_I 输入端接于 138 译码器的 A_0、A_1 和 A_2 端，另外用两只与非门把 138 译码器相应输出连接起来，就可以实现一位全加器电路，如图 4.42 所示。在电路中，还需要把使能端正确连接，让译码器处于工作状态。

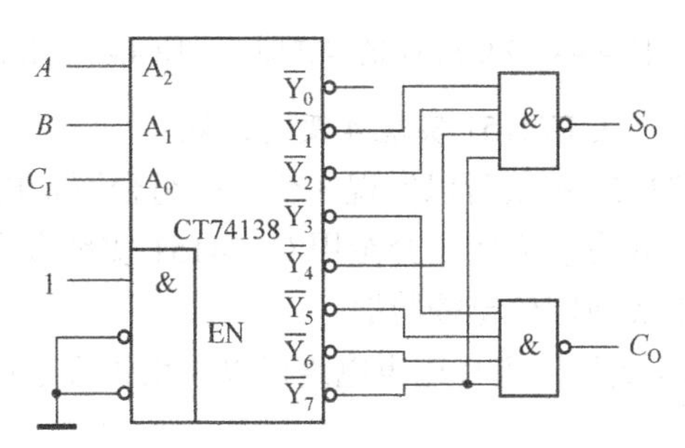

图 4.42　用 74138 译码器实现的全加器电路

4 线-16 线译码器的每个输出端都对应一个四变量的最小项或最小项的非，因此用它来实现四个输入变量的组合逻辑电路非常方便。当然，也可以把 3 线-8 线译码器扩展为 4 线-16 线译码器后再实现。

2. 用数据选择器实现组合逻辑电路

在上面的讲述中提到，如果把数据选择器的数据输入端作为控制信号，则其输出可以实现对地址输入端的多功能运算。利用数据选择器的这个功能，可以实现组合逻辑电路。下面以 8 选 1 数据选择器 CT74151 为例，介绍用数据选择器实现组合逻辑电路的方法。

（1）用 8 选 1 数据选择器 CT74151 实现 3 变量函数

CT74151 的逻辑符号如图 4.33 所示，它有 3 个地址输入端 A_2、A_1、A_0，因此用它来实现 3 变量的组合逻辑电路比较方便。

【例 4.4】 用 8 选 1 数据选择器 CT74151 实现 3 人表决器电路。

解：设 3 人表决器的输入为 A、B、C，输出为 F，按照表决器多数通过（$F=1$），少数否决（$F=0$）的特性，列出其卡诺图如图 4.43 所示。另外，根据 8 选 1 数据选择器 CT74151 的功能表（见上节的表 4.12），也可以画出对应的卡诺图，如图 4.44 所示。

将 3 人表决器的卡诺图与 CT74151 的卡诺图进行比较，可以得到以下电路连接关系：

① 由卡诺图变量的对比，可知需要把 3 人表决器的输入 A、B、C，接于 CT74151 的地址输入端 A_2、A_1、A_0。

② 由卡诺图中函数的对比，可知需要把 CT74151 的数据输入端 D_0、D_1、D_2、D_4 接 0，D_3、D_5、D_6、D_7 接 1。

③ 以 CT74151 的输出 Y 作为表决器的输出端 F。

根据上述的电路连接方式，得到用 8 选 1 数据选择器 CT74151 实现的 3 人表决器电路，如图 4.45 所示。

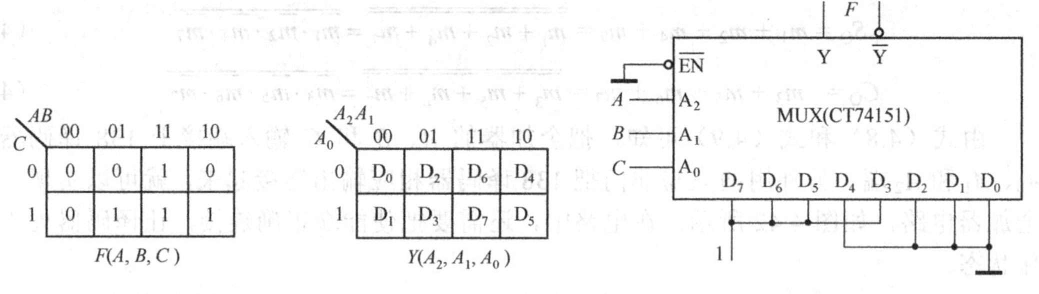

图 4.43 三人表决器的卡诺图　图 4.44 74LS151 的卡诺图　图 4.45 用 74151 实现三人表决器的电路

（2）用 8 选 1 数据选择器 CT74151 实现 4 变量函数

8 选 1 数据选择器 CT74151 不仅可以实现 3 变量的组合逻辑电路，也可以实现多于 3 变量的组合逻辑电路。下面以 4 变量为例，介绍用 CT74151 实现多变量函数的方法。

【例 4.5】 用 CT74151 实现四位奇校验器。

解：用 CT74151 实现 4 变量的组合逻辑电路可以采用扩展法或降维图法。

● 扩展法

扩展法的基本步骤是，首先把 8 选 1 数据选择器扩展为 16 选 1 数据选择器，然后将它的卡诺图与 4 变量组合逻辑电路的卡诺图进行比较，得出电路的连接方式，最后按连接方式画出电路图。

设四位奇校验器的输入为 A、B、C、D，输出为 F，则按照奇校验器的功能，得出其卡诺图如图 4.46 所示。另外，根据 16 选 1 数据选择器的功能，画出对应的卡诺图，如图 4.47 所示。

CD \ AB	00	01	11	00
00	0	1	0	1
01	1	0	1	0
11	0	1	0	1
10	1	0	1	0

图 4.46 四位奇校验器的卡诺图

A_1A_0 \ A_3A_2	00	01	11	10
00	D_0	D_4	D_{12}	D_8
01	D_1	D_5	D_{13}	D_9
11	D_3	D_7	D_{15}	D_{11}
10	D_2	D_6	D_{14}	D_{10}

图 4.47 16 选 1 数据选择器的卡诺图

将四位奇校验器的卡诺图与 16 选 1 数据选择器的卡诺图进行比较，可以得到以下电路连接关系：

① 由卡诺图变量的对比，可知需要把四位奇校验器的输入 A、B、C、D，接于 16 选 1 数据选择器的地址输入端 A_3、A_2、A_1、A_0。

② 由卡诺图中函数的对比，可知需要把 16 选 1 数据选择器的数据输入端 D_1、D_2、D_4、D_7、D_8、D_{11}、D_{13}、D_{14} 接 1，D_0、D_3、D_5、D_6、D_9、D_{10}、D_{12}、D_{15} 接 0。

③ 以 16 选 1 数据选择器的输出 Y 作为奇校验器的输出端 F。

根据上述的电路连接方式，得到用 8 选 1 数据选择器 CT74151 扩展后实现的四位奇校验器电路，如图 4.48 所示。在图中，第（1）片是高位片，其数据输入为 $D_{15}D_{14}D_{13}D_{12}D_{11}D_{10}D_9D_8$，第（2）片是低位片，其数据输入为 $D_7D_6D_5D_4D_3D_2D_1D_0$。

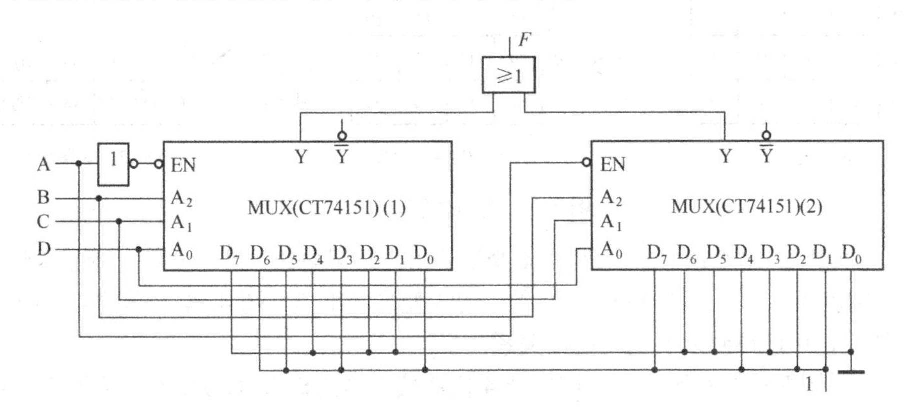

图 4.48　用 74151 实现的奇校验器电路

● 降维图法

在采用扩展法实现多变量函数时，所需 CT74151 芯片的数量会随着变量数目的增加而增加。采用降维图法时，只需要一片 8 选 1 数据选择器，加上一些门电路，就可以实现多变量组合逻辑电路。由于 8 选 1 数据选择器的卡诺图是由 3 个变量构成的，所以在实现多变量函数时，必须首先用降维方法将多变量卡诺图的变量数（即维数）减少，变为 3 变量的卡诺图后，才能进行卡诺图的比较，得到电路的连接方式。降维后得到的卡诺图称为降维图。

卡诺图中的任何一个变量都有 0 和 1 两种不同的取值，降维方法就是把卡诺图中要减去的变量以原变量（取值为 1）和反变量（取值为 0）的形式，乘上其在原卡诺图对应格中的函数，然后加起来（经过化简）再填入降维卡诺图的对应格中。下面以 4 变量的奇校验器的卡诺图的降维过程，来说明降维方法。

4 变量奇校验器的卡诺图如图 4.49（a）所示，为了与 8 选 1 数据选择器的 3 变量卡诺图进行比较，就必须减少 1 个变量。在本例中，减去的变量是 D（一般总是从最后一个变量开始降维比较方便），得到 3 变量降维卡诺图如图 4.49（b）所示。降维过程是：将变量 $ABCD$ 在图 4.49（a）中取值为 0000 和 0001 的两个方格中的函数，按降维方法合并为一个函数，再填入图 4.49（b）ABC 取值为 000 的方格中。由于图 4.49（a）中，0000 对应方格中的函数是 0，D 取值为 0，则相乘的结果是 $\overline{D}\cdot 0$；而 0001 对应方格的函数是 1，而 D 取值为 1，则相乘的结果是 $D\cdot 1$。两个结果相加后（经过化简）得到 $\overline{D}\cdot 0 + D\cdot 1 = D$，这就是填入图 4.49（b）

000 方格的函数。以同样的方法可以推导出其他方格合并的结果。

为了让读者加深对降维方法的理解，再介绍把图 4.49（b）所示的三维卡诺图，减去变量 C，得到如图 4.49（c）所示的二维卡诺图的降维过程。

图 4.49（b）中，000 对应方格中的函数是 D，C 取值为 0，则相乘的结果是$\overline{C}D$；001 对应方格的函数是$\overline{D}$，C 取值为 1，则相乘的结果是$C\overline{D}$。两个结果相加后得到$\overline{C}D + C\overline{D} = C\oplus D$，这就是填入图 4.49（c）00 方格的函数。以同样的方法可以推导出其他方格合并的结果。

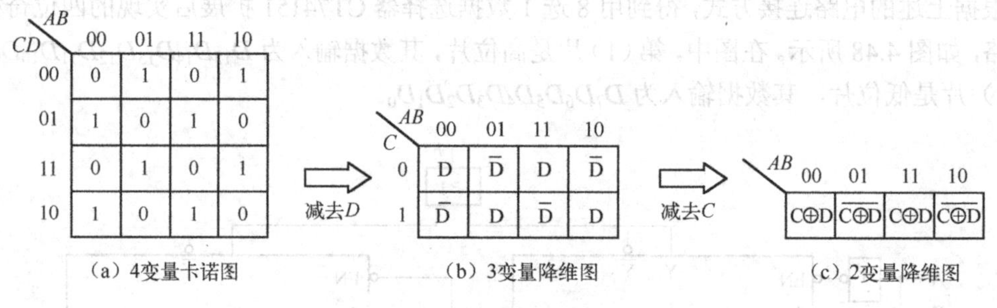

图 4.49　降维过程示意图

采用降维方法，用 CT74151 来实现 4 变量的组合逻辑电路，只需要把 4 变量卡诺图降为 3 变量降维图就可以了。把图 4.49（b）所示的 3 变量降维图与图 4.44 所示的 CT74151 的卡诺图进行比较，可以得到以下电路连接关系：

① 由卡诺图变量的对比，可知需要把 4 位奇校验器的输入 A、B、C，接于 CT74151 的地址输入端 A_2、A_1、A_0。

② 由卡诺图中函数的对比，可知需要把 CT74151 的数据输入端 D_0、D_3、D_5、D_6 接 D，D_1、D_2、D_4、D_7 接$\overline{D}$。

③ 以 CT74151 的输出 Y 作为奇校验器的输出端 F。

根据上述的电路连接方式，得到用 8 选 1 数据选择器 CT74151 实现的四位奇校验器的电路，如图 4.50 所示。

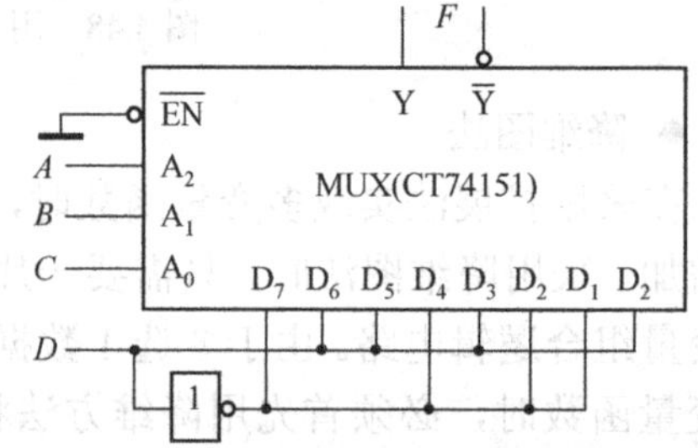

图 4.50　用 74151 实现 4 位奇校验器的电路

4.3.2　基于 Verilog HDL 的组合逻辑电路的设计

由于中规模集成电路的大量出现，许多逻辑问题可以直接选用相应的集成器件来实现，这样既可省去烦琐的设计，又可以避免设计中带来的错误。在现代数字逻辑设计中，也可以用硬件描述语言（HDL）来设计这些逻辑部件，并作为共享的基本元件保存在设计程序包（文件夹）中，供其他设计和系统调用。

下面以加法器、编码器、译码器、数据选择器、数据比较器和奇偶校验器等常用部件为例，介绍基于 Verilog HDL 的组合逻辑电路设计方法。

1. 加法器的设计

在数字电路和计算机中，加法器用于完成数值运算，下面介绍基于 Verilog HDL 的加法器的设计。

（1）全加器的设计

全加器是能完成两个 1 位二进制数并考虑低位进位的加法电路。根据全加器功能列出全加器的真值表如表 4.16 所示。其中，A、B 是两个 1 位二进制加数的输入端，C_{I}是低位来的进位输入端，S_{O}是和数输出端，C_{O}是向高位的进位输出端。由真值表可以写出电路输出端的逻辑表达式为：

$$S_{\mathrm{O}}=\overline{A}\,\overline{B}C_{\mathrm{I}}+\overline{A}B\overline{C_{\mathrm{I}}}+A\overline{B}\,\overline{C_{\mathrm{I}}}+ABC_{\mathrm{I}}$$

$$C_{\mathrm{O}}=\overline{A}BC_{\mathrm{I}}+A\overline{B}C_{\mathrm{I}}+AB\overline{C_{\mathrm{I}}}+ABC_{\mathrm{I}}$$

推导出全加器的输出表达式后，就可以直接用 Verilog DHL 的 assign 语句建模。完整的 1 位全加器的 Verilog DHL 源程序 adder_1.v 如下：

```
module adder_1(A,B,CI,SO,CO);
      input       A,B,CI;
      output      SO,CO;
      assign      SO = (~A&&~B&&CI)||(~A&&B&&~CI)||(A&&~B&&~CI)||(A&&B&&CI);
      assign      CO = (~A&&B&&CI)||(A&&~B&&CI)||(A&&B&&~CI)||(A&&B&&CI);
endmodule
```

全加器设计电路的仿真波形如图 4.51 所示。仿真输入以波形的形式列出了全加器真值表的全部输入组合，输出 SO 和 CO 的波形实现了真值表中的结果，证明设计是正确的。

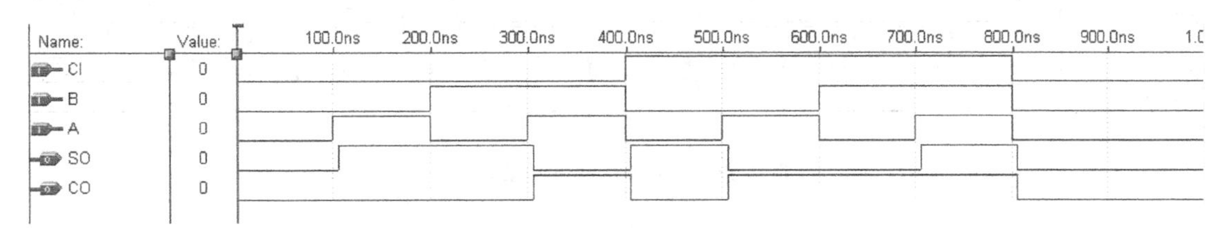

图 4.51　全加器设计电路的仿真波形

由真值表推导出设计电路的输出表达式后，再用 assign 语句建模编写 Verilog HDL 源程序，是全加器设计的一种方式，但不是最好的方式。用 Verilog HDL 的行为描述方式，可以使源程序更加简洁明了。根据加法行为编写的 1 位全加器的 Verilog HDL 源程序 adder_2.v 如下：

```
module adder_2(A,B,CI,SO,CO);
      input       A,B,CI;
      output      SO,CO;
      assign      {CO,SO} = A + B + CI;
endmodule
```

在源程序中，用并接符号"{CO,SO}"将两个 1 位输出并接成为一个 2 位数，在并接符内部，以自左至右的书写顺序来表示数的权值的级别，最左边变量（如进位 CO）的权值最高，最右边变量（如 SO）的权值最低。

通过 adder_2.v 源程序与 adder_1.v 源程序的比较，读者应该能看出 Verilog HDL 行为描述方式的优越性。

2. 多位加法器的设计

用 Verilog HDL 行为描述方式很容易编写出任意位数的加法器电路。下面是 8 位加法器的 Verilog HDL 源程序 adder_8.v：

```
module adder_8(A,B,CI,SO,CO);
    parameter           width = 8;
    input[width -1:0]   A,B;
    input               CI;
    output[width -1:0]  SO;
    output              CO;
    assign              {CO,SO} = A + B + CI;
endmodule
```

在源程序中，用常量（参数）width 表示加法器设计的位数。当 width = 8 时，就是 8 位加法器。修改源程序中的 width 参数，就可以得到不同位数的加法器设计结果，为设计带来极大的方便。8 位加法器的仿真波形如图 4.52 所示，仿真波形验证了设计的正确性。

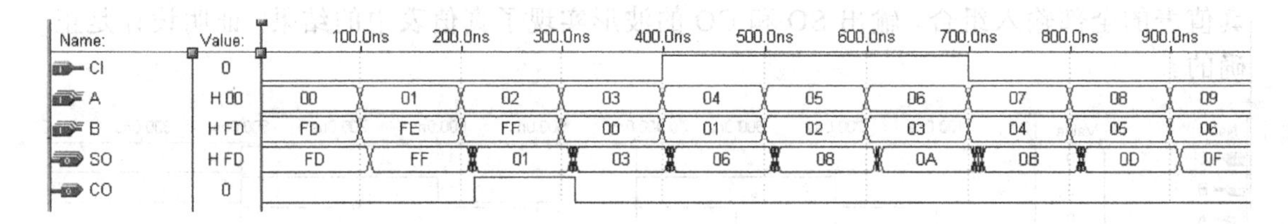

图 4.52　8 位加法器的仿真波形

2. 编码器的设计

在数字系统中，常用的编码器包括二进制编码器、二-十进制编码器和优先编码器。下面以二-十进制编码器和优先编码器为例介绍基于 Verilog HDL 的编码器设计。

（1）二-十进制编码器的设计

二-十进制编码器也称为 BCD 编码器，其元件符号如图 4.53 所示。BCD 编码器有 10 个输入端 Y_0～Y_9 代表 1 位十进制数的 0～9 的 10 个数字（按键），有 4 个输出端 D、C、B、A，作为编码的结果，所以 BCD 编码器也可以称为 10 线-4 线编码器。BCD 有多种编码方式，如 8421BCD、2421BCD、余 3BCD 等，下面介绍 8421BCD 编码器的设计。

8421BCD 编码器的编码表如表 4.17 所示，输出 D、C、B、A 的权值依次为 8、4、2、1。当 $Y_0 = 1$ 时，表示输入数字为 0（相当按下 0 号数字键），编码器输出 $DCBA = 0000$；当 $Y_1 = 1$ 时，表示输入数字为 1（相当按下 1 号数字键），$DCBA = 0001$；依此类推。由于输入等于“1”时则进行编码，所以称这类编码器为高电平输入有效；如果以输入等于“0”时进行编码，则称为低电平输入有效。

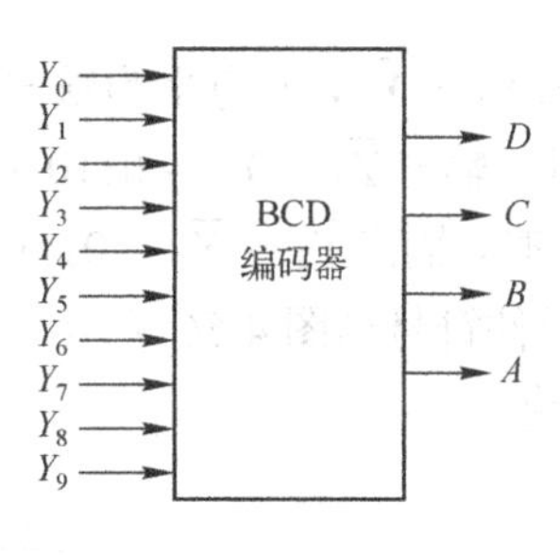

图 4.53　BCD 编码器的元件符号

表 4.17　BCD 编码器编码表

输入	D	C	B	A
Y_0	0	0	0	0
Y_1	0	0	0	1
Y_2	0	0	1	0
Y_3	0	0	1	1
Y_4	0	1	0	0
Y_5	0	1	0	1
Y_6	0	1	1	0
Y_7	0	1	1	1
Y_8	1	0	0	0
Y_9	1	0	0	1

根据 8421 编码器的编码表，用 Verilog HDL 编写的 8421 编码器设计源程序 bcd8421_3.v 如下：

```
module bcd8421_3(Y0,Y1,Y2,Y3,Y4,Y5,Y6,Y7,Y8,Y9,D,C,B,A);
     input          Y0,Y1,Y2,Y3,Y4,Y5,Y6,Y7,Y8,Y9;
     output         D,C,B,A;
     reg            D,C,B,A;
always
  begin
       case ({Y0,Y1,Y2,Y3,Y4,Y5,Y6,Y7,Y8,Y9})
            'b1000000000 : {D,C,B,A} = 0;        'b0100000000 : {D,C,B,A} = 1;
            'b0010000000 : {D,C,B,A} = 2;        'b0001000000 : {D,C,B,A} = 3;
            'b0000100000 : {D,C,B,A} = 4;        'b0000010000 : {D,C,B,A} = 5;
            'b0000001000 : {D,C,B,A} = 6;        'b0000000100 : {D,C,B,A} = 7;
            'b0000000010 : {D,C,B,A} = 8;        'b0000000001 : {D,C,B,A} = 9;
                default : {D,C,B,A} = 4'hx;
       endcase
     end
endmodule
```

8421BCD 编码器设计电路仿真波形如图 4.54 所示，仿真结果验证了设计结果的正确性。

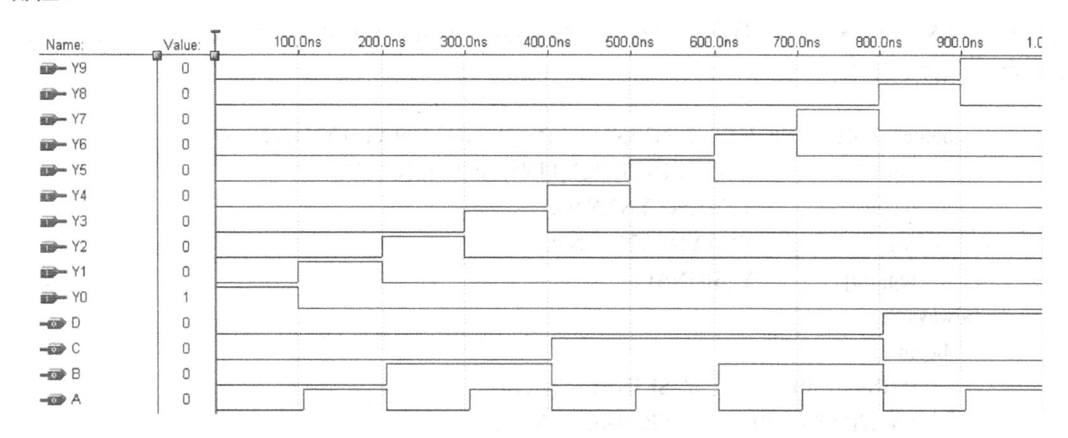

图 4.54　8421BCD 编码器设计电路仿真波形

（2）10 线-4 线优先编码器 CT74147 的设计

CT74147 的引脚排列如图 4.55 所示，10 线输入信号为 $\overline{I}_0 \sim \overline{I}_9$，低电平有效，$\overline{I}_9$ 的优先

权最高，$\overline{I}_8$次之，$\overline{I}_0$的优先权最低；4 线输出信号为$\overline{Y}_3 \sim \overline{Y}_0$，低电平为输出有效电平，$\overline{Y}_3 \sim \overline{Y}_0$的权值依次为 $2^3 \sim 2^0$。当输入$\overline{I}_9 = 0$（有效）时，输出$\overline{Y}_3 \sim \overline{Y}_0 = 0110$（即“9”的 BCD 码的反码）；当输入$\overline{I}_9 = 1$（无效）且$\overline{I}_8 = 0$（有效）时，输出$\overline{Y}_3 \sim \overline{Y}_0 = 0111$（即“8”的 BCD 码的反码）；依此类推。用 HDL 设计 CT74147 的元件符号如图 4.56 所示，图中的 IN0～IN9 是 10 线数据输入端，YN3～YN0 是 4 线数据输入端。

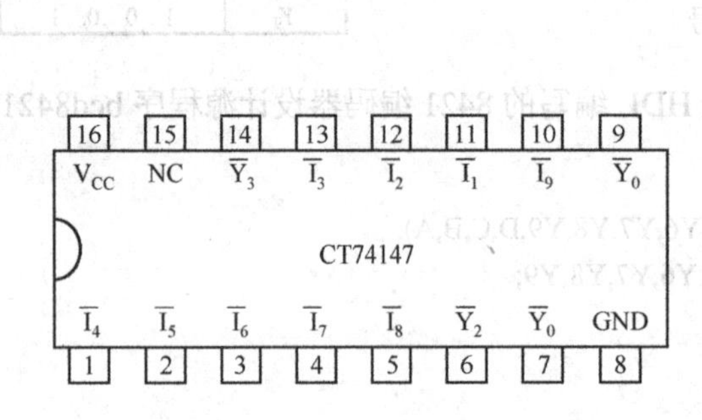

图 4.55　CT74147 的引脚排列

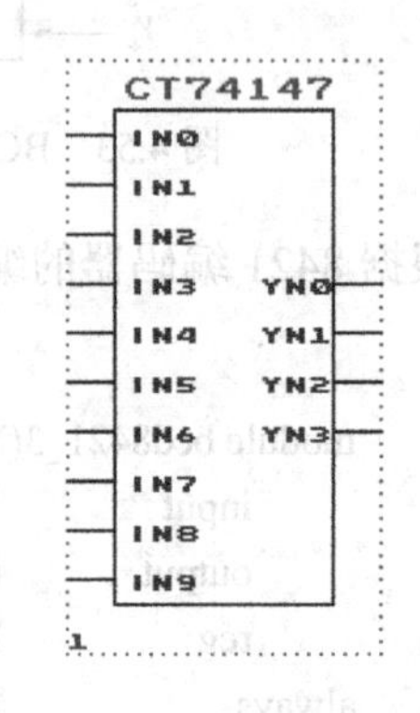

图 4.56　CT74147 的元件符号图

在传统的数字电路设计中，优先编码器的设计具有相当的难度，采用 Verilog HDL 的 if 语句设计优先编码器，这个难题迎刃而解。if 语句在 Verilog HDL 的 always 块中出现，属于顺序语句，即语句按照程序书写的顺序由上到下逐条执行，极方便地解决了“优先”问题。例如，在 CT74147 的设计中，$\overline{I}_9$（即 IN9）的优先权最高，那么 if 结构的第 1 条语句为：

```
if (IN9 = = 0)   Y_SIGNAL = 'b0110;
```

这条语句表明，只要 IN9 有效，不管其他输入是否有效，输出就是 IN9 的编码。当 IN9 = 1（无效）且 IN8 = 0（有效）时，那么在 if 结构中用下面的第 2 条 if 嵌套语句来描述：

```
else if (IN8 = = 0)        Y_SIGNAL = 'b0111;
```

使输出为 IN8 的编码；依此类推。根据优先编码器的原理，CT74147 的 Verilog HDL 设计源程序 CT74147.v 如下：

```
module CT74147(IN0,IN1,IN2,IN3,IN4,IN5,IN6,IN7,IN8,IN9,YN0,YN1,YN2,YN3);
     input            IN0,IN1,IN2,IN3,IN4,IN5,IN6,IN7,IN8,IN9;
     output           YN0,YN1,YN2,YN3;
     reg              YN0,YN1,YN2,YN3;
     reg[3:0]         Y_SIGNAL;
always
  begin
     if (IN9 = = 0)          Y_SIGNAL = 'b0110;
     else if (IN8 = = 0)     Y_SIGNAL = 'b0111;
     else if (IN7 = = 0)     Y_SIGNAL = 'b1000;
     else if (IN6 = = 0)     Y_SIGNAL = 'b1001;
     else if (IN5 = = 0)     Y_SIGNAL = 'b1010;
     else if (IN4 = = 0)     Y_SIGNAL = 'b1011;
```

```
        else if (IN3 = = 0)       Y_SIGNAL = 'b1100;
        else if (IN2 = = 0)       Y_SIGNAL = 'b1101;
        else if (IN1 = = 0)       Y_SIGNAL = 'b1110;
        else if (IN0 = = 0)       Y_SIGNAL = 'b1111;
        {YN3,YN3,YN1,YN0} = Y_SIGNAL;
    end
endmodule
```

在源程序中，用 4 位 reg 型变量 Y_SIGNAL 替代输入 YN3 ～YN0。CT74147 设计电路的仿真波形如图 4.57 所示。在仿真波形中，YN[3..0]是输出 YN3～YN0 的组合，以十六进制数据表示输出结果。当输入 IN9 = 0（有效）时，输出 YN[3..0] = 6（即 9 的 8431BCD 码的反码 0110）；依此类推。仿真波形验证了设计结果的正确性。

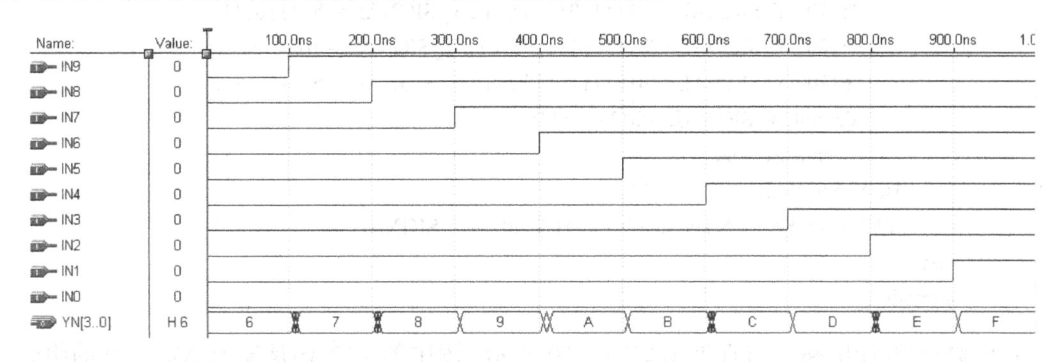

图 4.57　CT74147 设计电路的仿真波形

3. 译码器的设计

将二进制代码所表示的信息翻译成对应输出的高、低电平信号的过程称为译码。常用的译码器有二进制译码器、二-十进制译码器和显示译码器。下面以 3 线-8 线译码器 CT74138 为例，介绍基于 Verilog HDL 的译码器的设计。

CT74138 的引脚排列如图 4.58 所示，3 线地址输入端为 A_0、A_1和 A_2，8 线译码输出端为 $\overline{Y}_0 \sim \overline{Y}_7$，低电平为输出有效电平。$S_1$、$\overline{S}_2$和$\overline{S}_3$为使能控制输入端，当 $S_1\,\overline{S}_2\,\overline{S}_3 = 100$ 时，译码器工作，当 $S_1\,\overline{S}_2\,\overline{S}_3 \neq 100$ 时，译码器被禁止工作，全部输出均为无效电平（高电平“1”）。用 HDL 设计 CT74138 的元件符号如图 4.59 所示，图中，A0、A1 和 A2 是 3 线数据输入端；YN0～YN7 是低电平有效的 8 线输出信号；S1、S2N 和 S3N 是使能控制输入端。

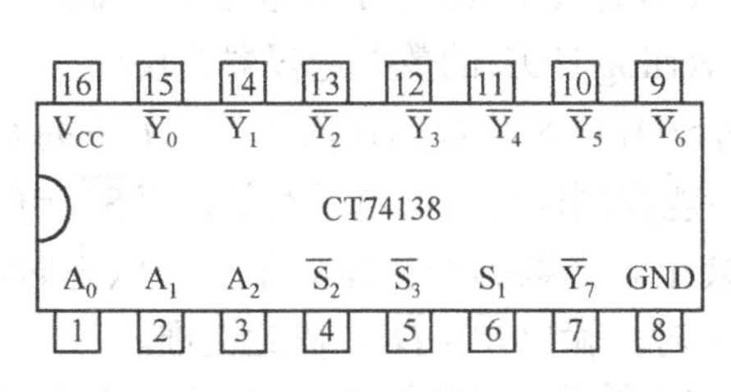

图 4.58　CT74138 的引脚排列图

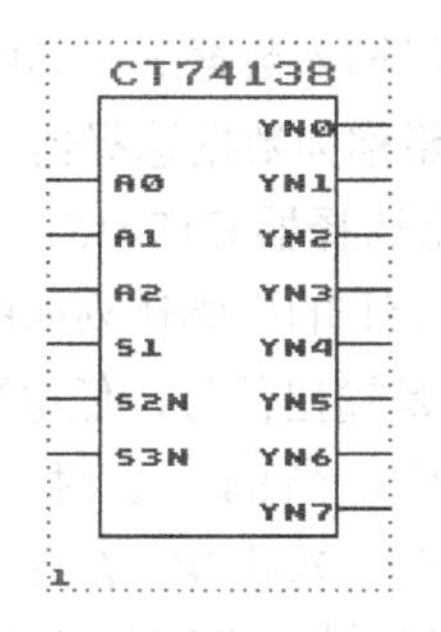

图 4.59　CT74138 的元件符号

根据译码器的原理，CT74138 的 Verilog HDL 设计源程序 CT74138.v 如下：

```
module CT74138(A0,A1,A2,S1,S2N,S3N,YN0,YN1,YN2,YN3,YN4,YN5,YN6,YN7);
     input       A0,A1,A2,S1,S2N,S3N;
     output      YN0,YN1,YN2,YN3,YN4,YN5,YN6,YN7;
     reg         YN0,YN1,YN2,YN3,YN4,YN5,YN6,YN7;
     reg[7:0]    Y_SIGNAL;
always
  begin
     if (S1 & ~S2N & ~S3N)
       begin case ({A2,A1,A0})
          'b000 : Y_SIGNAL = 'b11111110; 'b001 : Y_SIGNAL = 'b11111101;
          'b010 : Y_SIGNAL = 'b11111011; 'b011 : Y_SIGNAL = 'b11110111;
          'b100 : Y_SIGNAL = 'b11101111;  'b101 : Y_SIGNAL = 'b11011111;
          'b110 : Y_SIGNAL = 'b10111111; 'b111 : Y_SIGNAL = 'b01111111;
          default :Y_SIGNAL = 'b11111111;
            endcase  end
     else Y_SIGNAL = 'b11111111;
     {YN7,YN6,YN5,YN4,YN3,YN2,YN1,YN0} = Y_SIGNAL;
  end
endmodule
```

CT74138 设计电路的仿真波形如图 4.60 所示，图中的 A[2..0]是输入 A2～A0 的组合；YN[7..0]是输出 YN7～YN0 的组合，以十六进制数据表示输出结果。当使能输入端 S1S2NS3N≠100 时，电路被禁止，输出 YN[7..0] = FF（即 YN7～YN0 = 11111111）；当电路处于工作状态时（S1S2NS3N = 100），若 A[2..0] = 0（即 A2～A0 = 000），输出 YN[7..0] = FE（即 YN7～YN0 = 11111110）表示 YN0 输出有效；依此类推。仿真波形验证了设计结果的正确性。

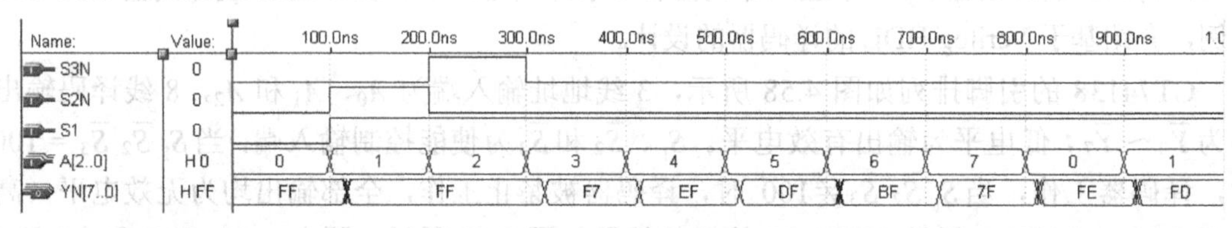

图 4.60　CT74138 设计电路的仿真波形

4. 数据选择器的设计

从一组输入数据选出其中需要的一个数据作为输出的过程叫做数据选择，具有数据选择功能的电路称为数据选择器。常用的有 4 选 1、8 选 1 和 16 选 1 等数据选择器产品。下面以 8 选 1 数据选择器 CT74151 为例，介绍基于 Verilog HDL 的数据选择器的设计。

CT74151 的引脚排列如图 4.61 所示，D_7～D_0是 8 位数据输入信号；A_2～A_0是地址输入信号；$\overline{W}$是输出信号，低电平有效；$\overline{\mathrm{ST}}$是使能控制信号，低电平有效，当$\overline{\mathrm{ST}}=0$时，数据选择器工作，当$\overline{\mathrm{ST}}=1$时，数据选择器被禁止。当数据选择器处于工作状态时，若 A_3～A_0 = 0000 时，输出$\overline{W}=\overline{D}_0$；若 A_3～A_0 = 0001 时，输出$\overline{W}=\overline{D}_1$；依此类推。

用 HDL 设计 CT74151 的元件符号如图 4.62 所示，图中的 D7～D0 是 8 位数据输入端，

A2～A0 是地址输入端，WN 是数据输出端，STN 是使能控制输出端。在设计中还增加了同相数据输出端 Y，即 Y 是 WN 的反相输出。

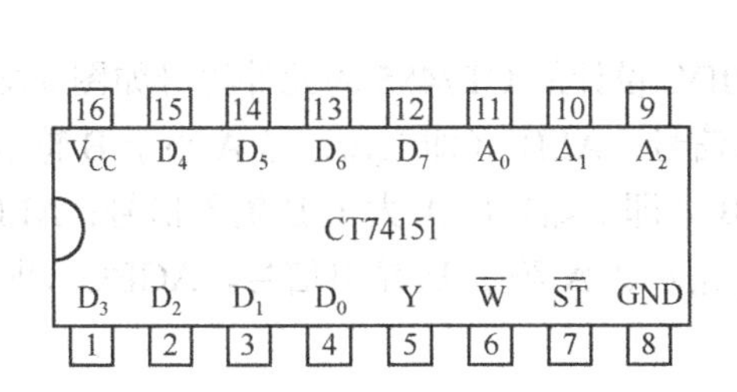

图 4.61　CT74151 的引脚排列

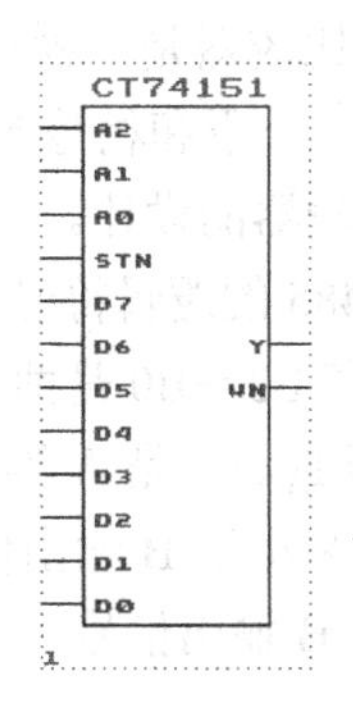

图 4.62　CT74151 的元件符号

根据数据选择器的原理，CT74151 的 Verilog HDL 设计源程序 CT74151.v 如下：

```
module CT74151(A2,A1,A0,STN,D7,D6,D5,D4,D3,D2,D1,D0,Y,WN);
    input           A2,A1,A0,STN;
    input           D7,D6,D5,D4,D3,D2,D1,D0;
    output          Y,WN;
    reg             Y,WN;
always
  begin
    if (STN = = 0)
        begin
            case ({A2,A1,A0})
                'b000 : Y = D0;              'b001 : Y = D1;
                'b010 : Y = D2;              'b011 : Y = D3;
                'b100 : Y = D4;              'b101 : Y = D5;
                'b110 : Y = D6;              'b111 : Y = D7;
            endcase
          end
    else Y = 1;
    WN = ~Y;
  end
endmodule
```

CT74151 设计电路的仿真波形如图 4.63 所示，图中的 D[7..0]是数据输入 D7～D0 的组合；A[2..0]是控制输入 A2～A0 的组合。当使能控制 STN = 0 时，电路被禁止，输出 Y = 1（无效）；当电路工作时（STN = 0），如果 A[2..0] = 0（即 A2～A0 = 000），输出 Y = D0；当 A[2..0] = 1（即 A2～A0 = 001）时，输出 Y = D1；依此类推。仿真结果验证了设计的正确性。

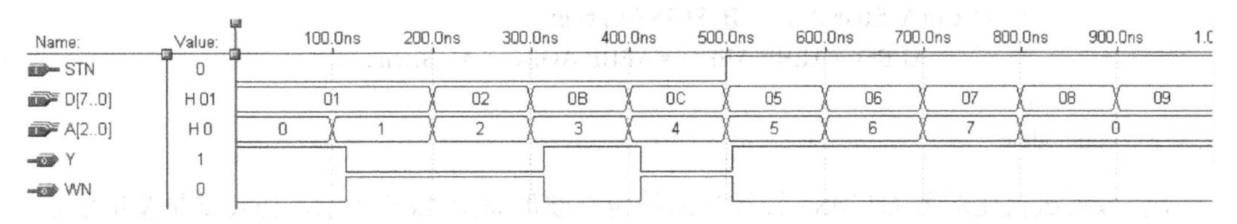

图 4.63　CT74151 的仿真波形

5. 数值比较器的设计

数值比较器是一种运算电路，它可以对两个二进制数或二-十进制编码的数进行比较，得出大于、小于和相等的结果。下面以 4 位数值比较器 CT7485 为例，介绍基于 Verilog HDL 的数值比较器的设计。

CT7485 的逻辑符号如图 4.64 所示，用 HDL 设计的 CT7485 的元件符号如图 4.65 所示，A3～A0 和 B3～B0 是两个 4 位二进制数输入信号；ALBI（即 $I_{A<B}$）是 A 小于 B 输入信号，AEBI（即 $I_{A=B}$）是 A 等于 B 输入信号，AGBI（即 $I_{A>B}$）是 A 大于 B 输入信号；ALBO（即 $F_{A<B}$）是 A 小于 B 输出信号，AEBO（即 $F_{A=B}$）是 A 等于 B 输出信号，AGBO（即 $F_{A>B}$）是 A 大于 B 输出信号。

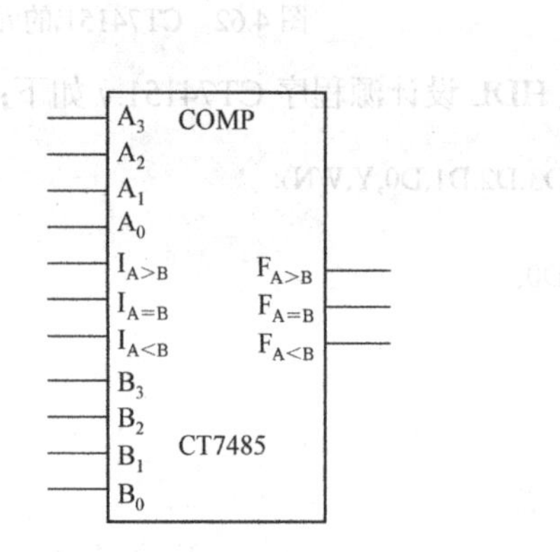

图 4.64　7485 的逻辑符号

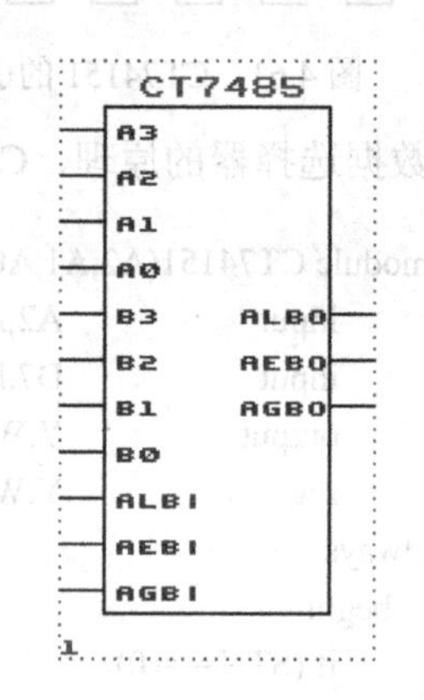

图 4.65　CT7485 的元件符号图

根据数值比较器的原理，CT7485 的 Verilog HDL 设计源程序 CT7485.v 如下：

```
module      CT7485(A3,A2,A1,A0,B3,B2,B1,B0,ALBI,AEBI,AGBI,ALBO,AEBO,AGBO);
input       A3,A2,A1,A0,B3,B2,B1,B0,ALBI,AEBI,AGBI;
output      ALBO,AEBO,AGBO;
reg         ALBO,AEBO,AGBO;
wire[3:0]   A_SIGNAL,B_SIGNAL;
assign      A_SIGNAL = {A3,A2,A1,A0};
assign      B_SIGNAL = {B3,B2,B1,B0};
always
     begin
            if (A_SIGNAL > B_SIGNAL) begin
                  ALBO = 0; AEBO = 0; AGBO = 1;end
            else if (A_SIGNAL < B_SIGNAL) begin
                  ALBO = 1; AEBO = 0; AGBO = 0;end
            else if(A_SIGNAL = = B_SIGNAL) begin
                  ALBO = ALBI; AEBO = AEBI; AGBO = AGBI;end

     end
endmodule
```

4 位数据数值比较器 CT7485 设计电路的仿真波形如图 4.66 所示，仿真结果验证了设计的正确性。

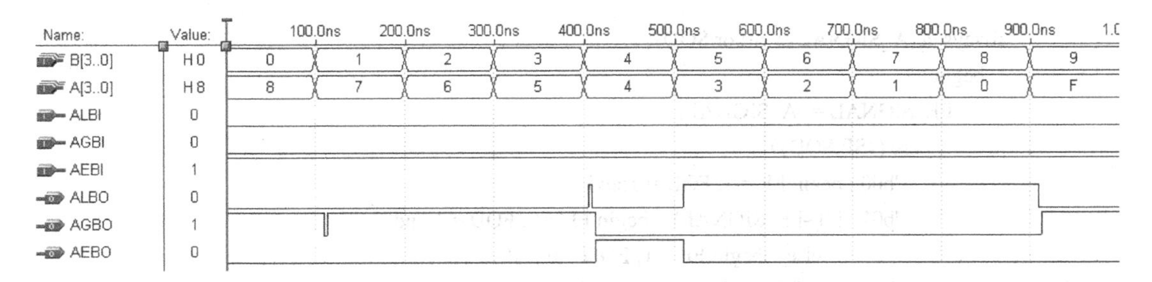

图 4.66　CT7485 设计电路的仿真波形

6. 奇偶校验器的设计

奇偶校验器用于检测数据中包含“1”的个数是奇数还是偶数，在计算机和一些数字通信系统中，常用奇偶校验器来检查数据传输和数码记录中是否存在错误。下面以 8 位奇偶产生器/校验器 CT74180 为例，介绍基于 Verilog HDL 的奇偶产生器/校验器的设计。

8 位奇偶产生器/校验器 CT74180 的逻辑符号如图 4.67 所示，用 HDL 设计的 CT74180 的元件符号如图 5.68 所示，A～H（即 D0～D7）是 8 位数据输入端；SE（即 EVEN）和 SOD（即 ODD）是两个控制信号输入端；FE（即 F_{EV}）是偶校验输出端，FOD（即 F_{OD}）是奇校验输出端。当控制输入 SE = 1 且 SOD = 0 时，若 8 位数据输入 D0～D7 中“1”的个数为偶数时，偶输出 FE = 1，奇输出 FOD = 0；若 D0～D7 中“1”的个数为奇数时，FE = 0，FOD = 1；当 SE = 0 且 SOD = 1 时，若 D0～D7 中“1”的个数为偶数时，FE = 0，FOD = 1；若 D0～D7 中“1”的个数为奇数时，FE = 1，FOD = 0；当 SE = 1 且 SOD = 1 时，不管 D0～D7 中“1”的个数为偶数还是奇数，FE = 1，FOD = 1；当 SE = 0 且 SOD = 0 时，不管 D0～D7 中“1”的个数为偶数还是奇数，FE = 0，FOD = 0。

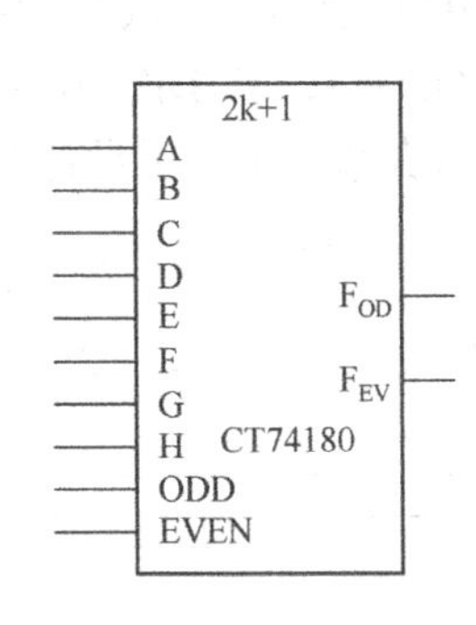

图 4.67　CT74180 的逻辑符号

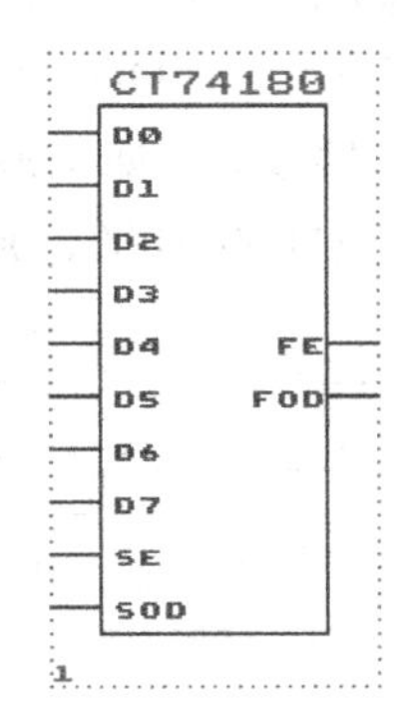

图 4.68　CT74180 的元件符号

根据奇偶产生器/校验器的原理，CT74180 的 Verilog HDL 设计源程序 CT74180.v 如下：

```
module CT74180(D0,D1,D2,D3,D4,D5,D6,D7,SE,SOD,FE,FOD);
    input        D0,D1,D2,D3,D4,D5,D6,D7,SE,SOD;
    output       FE,FOD;
    reg          FE,FOD;
    reg          FE_SIGNAL;
    wire[7:0]    A_SIGNAL;
    assign       A_SIGNAL = {D0,D1,D2,D3,D4,D5,D6,D7};
```

```
always @(A_SIGNAL or SE or SOD)
  begin
     FE_SIGNAL = ^A_SIGNAL;
       case ({SE,SOD})
            'b00 : begin FE = 1; FOD = 1;end
            'b01 : if (~FE_SIGNAL)   begin FE = 0; FOD = 1;end
                      else   begin FE = 1; FOD = 0;end
            'b10 : if (~FE_SIGNAL)   begin FE = 1; FOD = 0;end
                      else   begin FE = 0; FOD = 1;end
            'b11 : begin FE = 0; FOD = 0;end
       endcase
  end
endmodule
```

在源程序中，用“A_SIGNAL = {D0,D1,D2,D3,D4,D5,D6,D7};”语句将输入 D0～D7 并接为一个 8 位 wire 型变量 A_SIGNAL，并用语句“FE_SIGNAL = ^A_SIGNAL;”对 A_SIGNAL 进行缩减异或操作，当 A_SIGNAL 中的“1”的个数为奇数时，缩减的结果为“1”，即 FE_SIGNAL = 1；当 A_SIGNAL 中的“1”的个数为偶数时，缩减的结果为“0”，即 FE_SIGNAL = 0；以此来判断输入 D0～D7 中“1”的个数的奇偶性。

CT74180 设计电路的仿真波形如图 4.69 所示，图中的 D[7..0]是输入 D7～D0 的组合。从仿真波形中可以看出，当 SE = 0 且 SOD = 0 时（0.0ns 至 200.0ns 段），不管 D[7..0]中“1”的个数为偶数还是奇数，FE = 1，FOD = 1；当 SE = 1 且 SOD = 1 时（200.0ns 至 400.0ns 段），不管 D[7..0]中“1”的个数为偶数还是奇数，FE = 0，FOD = 0；当控制输入 SE = 1 且 SOD = 0 时（400.0ns 至 800.0ns 段），若 8 位数据输入 D[7..0]中“1”的个数为偶数时（如 00000101、00000110），偶输出 FE = 1，奇输出 FOD = 0；若 D[7..0]中“1”的个数为奇数时（如 0000100、00000111），FE = 0，FOD = 1；当 SE = 0 且 SOD = 1 时（800.0ns 至 1.2us 段），若 D[7..0]中“1”的个数为偶数时（如 00001001、00001010），FE = 0，FOD = 1；若 D[7..0]中“1”的个数为奇数时（如 00001000、00001011），FE = 1，FOD = 0。仿真结果验证了设计的正确性。

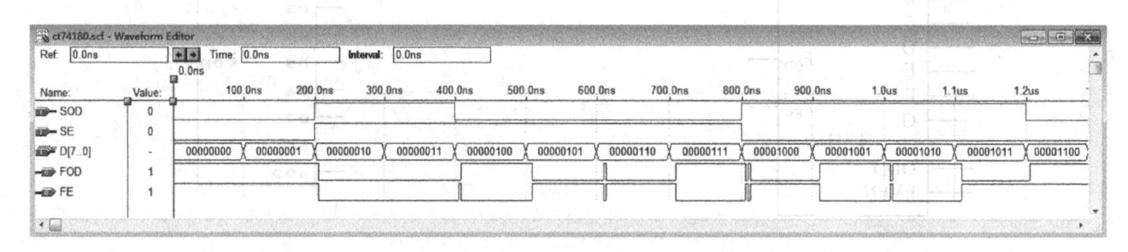

图 4.69　CT74180 设计电路的仿真波形

4.4　组合逻辑电路的竞争-冒险现象

在数字电路中，当输入信号通过任何一个逻辑部件时，都会有延迟，延迟使输出端可能出现不是理想条件下的结果，甚至会产生一些错误。对于组合逻辑电路来说，当两个或多个输入信号同时向相反方向发生变化时，由于逻辑部件的传输延迟不同而造成信号传输过程中的竞争，可能会在输出端产生短暂的尖峰错误信号，这种尖峰就是组合逻辑电路中的竞争-冒险。虽然竞争-冒险是暂时的，信号稳定后会消失，但这种尖峰信号对一些边沿敏感的器件或电路（如触发器、计数器等）会引起误操作，使电路工作的可靠性下降。

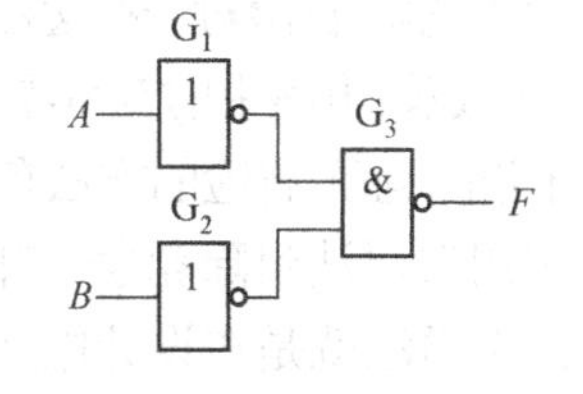

图 4.70　存在冒险的组合逻辑电路

图 5.70 所示的是存在冒险的组合逻辑电路，电路仅由两个非门（G_1和 G_2）和一个与非门（G_3）构成，其输出表达式为：

$$F=\overline{\overline{A}\cdot\overline{B}}=A+B \tag{4.10}$$

由式（4.10）可知，图 4.70 所示电路实际是一个或逻辑，只要输入 A 或 B 有一个是 1（高电平），输出 $F=1$，即：

$$F(A,B)=F(0,1)=F(1,0)=1 \tag{4.11}$$

式（4.11）说明，当输入 AB 从“01”变化到“10”状态时，理论分析的结果指出输出 F 应该保持 1（高电平）不变。图 4.70 所示电路的仿真波形如图 4.71 所示，从仿真结果中可以看出，实际电路的输出出现了一些细小的尖峰，这就是组合逻辑电路的竞争-冒险。

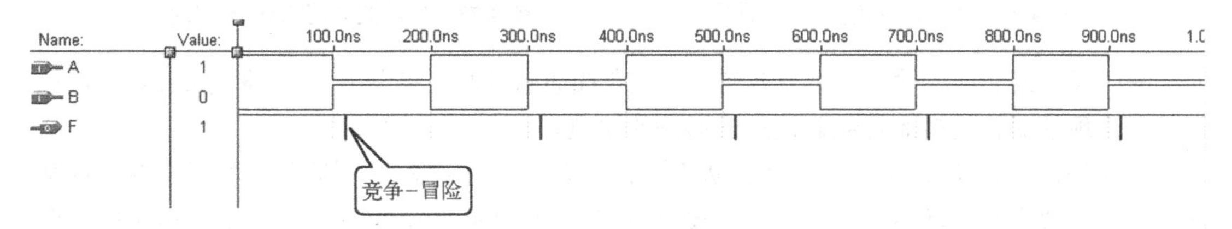

图 4.71　图 4.60 所示电路的仿真波形

产生竞争-冒险的原因有二：其一是两个或两个以上的输入同时向相反方向发生变化；其二是构成电路的逻辑元件存在传输延迟，而且不同元件的传输延迟不同而存在竞争，才产生竞争-冒险。例如，在图 4.70 所示的电路中，当输入 AB 由“10”状态同时变化到“01”状态时，由于非门 G_1 和 G_2 的传输延迟时间不同，使与非门 G_3 的输入端（即$\overline{A}$和$\overline{B}$）会出现瞬间的“11”组合，引起输出出现瞬间的低电平，即竞争-冒险尖峰。

在本章 3.3 节介绍的各种组合逻辑电路（如数值比较器 CT7485、8 位奇偶产生器/校验器 CT74180 等）的设计中，它们的仿真波形也存在竞争-冒险（参见图 4.66 和图 4.69）。例如，8 位奇偶产生器/校验器 CT74180 的设计电路中，当输入 D[7..0]从“ 00000101”到“00000110”状态变化时，存在竞争-冒险（参见图 4.69）。由于存在传输延迟，当输入从“00000101”到“00000110”变化时，可能经历“00000100”或“00000111”等奇数个“1”的状态组合，才能到达“00000110”状态，使电路的输出出现了检测到奇数个“1”的瞬间结果，使 FOD = 1。在理想条件下，由于输入“00000101”和“00000110”组合中“1”的个数均为偶数，因此从“00000101”到“00000110”变化的过程中，输出 FOD 应该保持 0 电平不变。

对一个具体数字逻辑电路，判断其是否存在竞争-冒险是十分困难的，尤其是对复杂的数字电路和系统。在一些数字逻辑电路的教材中，介绍了用代数法和卡诺图法来判断竞争-冒险，这些方法都没有实用价值，而且用这些方法判断的结果往往被实践证明是错误的，因此本教材将这部分内容省略。

由于竞争-冒险对一些边沿敏感的器件或电路会引起误操作，降低电路工作的可靠性，因此消除组合逻辑电路中的竞争-冒险的方法是重要的，属于数字电路设计中的一个重要研究课题。常用于消除竞争-冒险的方法有选通法、滤波法、D触发器法等。下面介绍选通法和滤波法。

采用选通法消除竞争-冒险的电路如图4.72所示。竞争-冒险发生在输入信号发生变化的瞬间，选通法就是在设计电路的输出门（G_3）的输入部分，增加选通控制信号。如果输出门是与门或与非门，则选通信号是一个正脉冲（见图4.72），因为正脉冲（高电平）到来时，它们的输出才是有效信号；没有选通脉冲时（低电平），电路没有输出。选通脉冲是等到输入信号稳定后才出现的，这样可以避免竞争-冒险。

如果输出门是或门或者或非门，则选通信号是一个负脉冲，因为负脉冲（低电平）到来

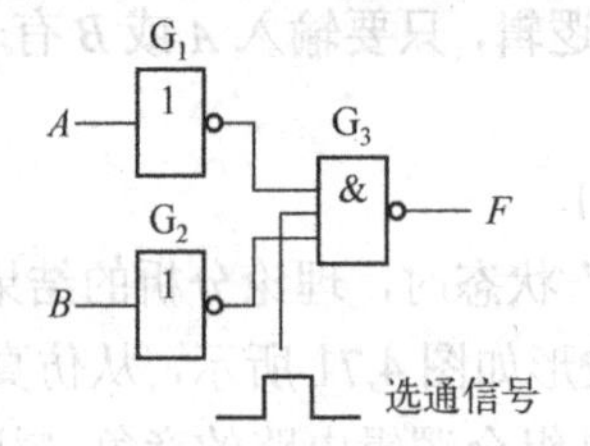

图4.72　用选通法消除竞争-冒险

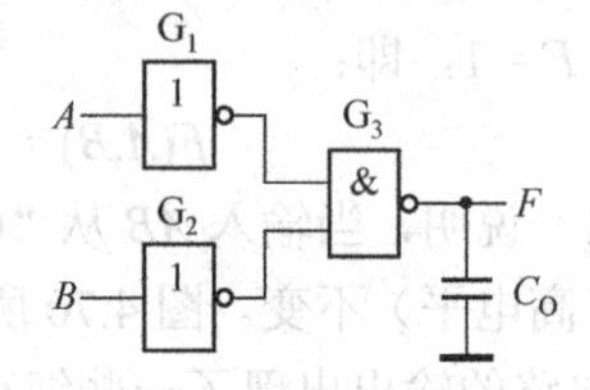

图4.73　用滤波法消除竞争-冒险

时，或门或者或非门的输出才是有效信号；没有选通脉冲时（高电平），电路没有输出。但选通信号出现的时机比较难控制，这是选通法的缺点。

采用滤波法消除竞争-冒险的电路如图4.73所示。由于竞争-冒险是一种很窄的尖峰脉冲，所以只要在输出端接一个很小的滤波电容C_O（见图4.73），利用电容上的电压不能突变的原理，就能削去竞争-冒险尖峰脉冲信号。

滤波法简单易行，而且不必考虑竞争-冒险产生的内部原因，也不需要改变内部电路，只要有竞争-冒险，都可以消除。但是在输出端接滤波电容后，会使输出波形上升时间和下降时间增加，使波形变坏。

本章小结

尽管各种组合逻辑电路在功能上千差万别，但是它们的分析方法和设计方法有共同之处。掌握了分析方法，就可以识别任何一个给定的组合逻辑电路的逻辑功能；掌握了设计方法，就可以根据给定的设计要求设计出相应的组合逻辑电路。

考虑到某些种类的组合逻辑电路的常用特点，为了便于使用，一般都把它们制成了标准化的中规模集成器件，供用户直接选用。这些器件包括编码器、译码器、数据选择器、加法器、数值比较器、奇偶校验器等。为了增加使用的灵活性，在多数中规模集成组合逻辑电路中，都设置了附加的控制端。控制端既可以控制电路的工作状态（工作或禁止），又可作为输出信号的选通信号，还可以实现器件的扩展。合理地运用这些控制端，能最大限度地发挥电路的潜力，不仅能使器件完成自身的逻辑功能，还可以用这些器件实现其他组合逻辑电路。

Verilog HDL具有多种建模方式和功能描述语句，使基于Verilog HDL组合电路的设计变得非常方便与快捷。基于HDL的数字电路与系统的设计应是当代电子电路设计工程师必须

掌握的基本技能。

为了增加组合逻辑电路使用的可靠性，需要检查电路中是否存在竞争-冒险。如果发现有竞争-冒险存在，则应采取措施加以消除。

思考题和习题

4.1　组合逻辑电路在功能和电路组成上各有什么特点？

4.2　什么叫编码？二进制编码器有什么特点？

4.3　什么叫优先编码器？在优先编码表中，为什么在被排斥的变量处记以“x”符号？

4.4　什么叫译码器？二进制译码器有哪些特点和用途？

4.5　什么叫数据选择器？数据选择器有什么功能和用途？

4.6　什么叫数据比较器？数据比较器有什么功能和用途？

4.7　什么叫奇偶校验器？奇偶校验器有什么功能和用途？

4.8　常用的组合逻辑集成部件包括哪些类型？

4.9　分析图 4.74 所示电路的逻辑功能，写出 Y_1、Y_2 的函数表达式，列出真值表，指出电路完成什么功能。

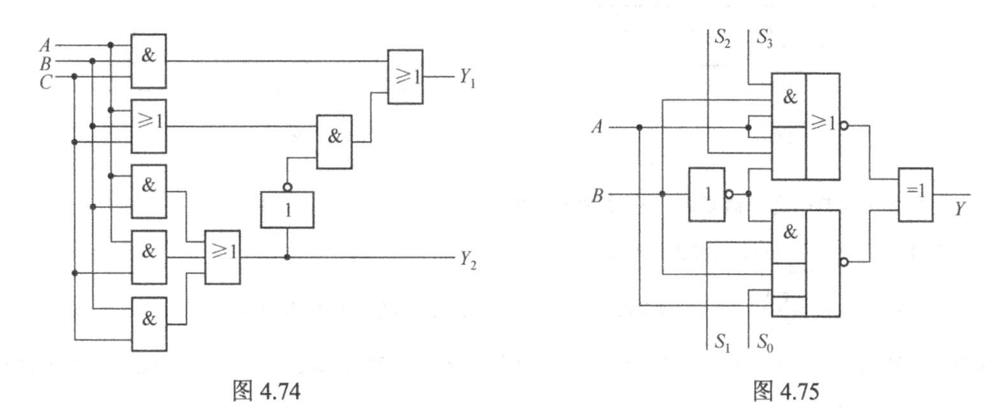

图 4.74　　　　图 4.75

4.10　写出图 4.75 所示电路的逻辑函数表达式，其中以 S_3、S_2、S_1、S_0 作为控制信号，A、B 作为输入数据，列表说明输出 Y 在 S_3～S_0 的作用下与 A、B 的关系。

4.11　用与非门设计 4 变量的多数表决器电路。当输入变量 A、B、C、D 中有 3 个或 3 个以上为 1 时输出为 1，输入为其他状态时输出为 0。

4.12　用异或门设计四位二进制码到四位循环码的代码转换电路。

4.13　试画出用 3 线-8 线译码器 CT74138 和门电路产生如下多输出逻辑函数的逻辑图。

$$Y_1 = AC \qquad Y_2 = A\overline{B}C + A\overline{B}\,\overline{C} + BC \qquad Y_3 = \overline{B}\,\overline{C} + AB\overline{C}$$

4.14　试画出用两片 3 线-8 线译码器 CT74138 和门电路产生如下多输出逻辑函数的逻辑图。

$$Y_1 = \overline{A}\,\overline{B}\,\overline{C}D + \overline{A}\,\overline{B}C\overline{D} + A\overline{B}\,\overline{C}\,\overline{D} + \overline{A}B\overline{C}\,\overline{D}$$

$$Y_2 = \overline{A}BCD + A\overline{B}CD + AB\overline{C}D + ABC\overline{D}$$

$$Y_3 = \overline{A}B$$

4.15　用译码器 CT74138 实现一位全减器的设计。

4.16　分析图 4.76 所示的电路，写出 Y_1、Y_2、Y_3 的函数表达式。图中的集成电路是 4 线-10 线译码器。

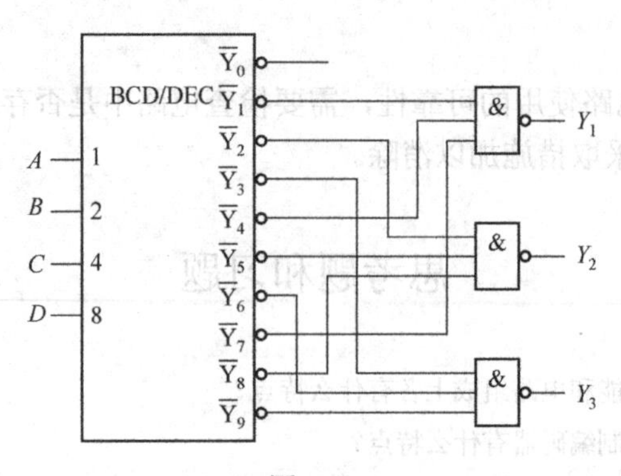

图 4.76

4.17　分析图 4.77 所示电路，写出输出 Z 的逻辑表达式。图中的 CT74151 是 8 选 1 数据选择器。

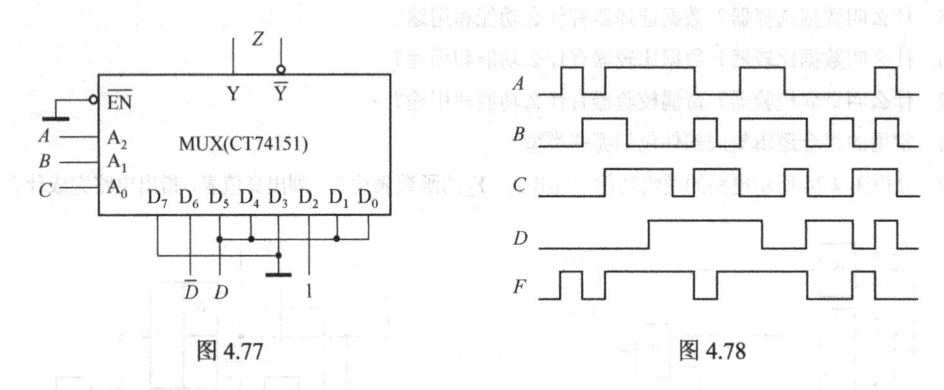

图 4.77　　　　图 4.78

4.18　用 8 选 1 数据选择器 CT74151 实现下列函数。

（1）$F(A,B,C,D)=\sum m\,(1,2,3,5,6,8,9,12)$

（2）$F(A,B,C,D,E)=\sum m\quad(1,2,3,4,7,8,10,13,14,17,19,20,21,23,24,26,28,30,31)$

4.19　已知输入信号 A、B、C、D 的波形如图 4.78 所示，选择集成逻辑门设计产生输出 F 的组合逻辑电路。

4.20　用两片 3 线-8 线译码器 CT74138 扩展成 4 线-16 线译码器，画出电路连线图。

4.21　用两片 8 选 1 数据选择器 CT74151 扩展成 16 选 1 数据选择器，画出电路连线图。

4.22　用 Verilog HDL 设计 1 位全减器电路。

4.23　用 Verilog HDL 设计 4 变量的多数表决器电路。当输入变量 A、B、C、D 中有 3 个或 3 个以上为 1 时输出为 1，输入为其他状态时输出为 0。

4.24　用 Verilog HDL 设计 8 线-3 线编码器电路。

4.25　用 Verilog HDL 设计 2 线-4 线译码器电路。

4.26　用 Verilog HDL 设计 4 位乘法器电路。

4.27　用 Verilog HDL 设计一个四位加/减运算电路。当控制信号 $M=0$ 时它将两个输入的四位二进制数相加，而 $M=1$ 时它将两个输入的四位二进制数相减。

4.28　用 Verilog HDL 设计将余 3BCD 码转换成 8421BCD 码的码转换电路。

4.29　分析下面的 Verilog HDL 源程序，说明程序描述电路的功能。

```
module mul8v (a,b,q);
        input[7:0]          a,b;
```

```
    output[15:0]      q;
    assign q = a * b;
endmodule
```

4.30 分析下面的 Verilog HDL 源程序，说明程序描述电路的功能。

```
module    comp8v(a,b,fa,fb,fe);
input[7:0]  a,b;
output      fa,fb,fe;
reg[7:0]    fa,fb,fe;
always
    begin
        if (a > b)   {fa ,fb,fe} = 'b100;
          else if (a < b)   {fa ,fb,fe} = 'b010;
          else if (a = = b)   {fa ,fb,fe} = 'b001;
    end
endmodule
```

4.31 试用 2 个四位数值比较器组成 3 个数的判断电路。要求能够判别 3 个四位二进制数 $A(a_3a_2a_1a_0)$、$B(b_3b_2b_1b_0)$、$C(c_3c_2c_1c_0)$是否相等、A 是否最大、A 是否最小，并分别给出"3 个数相等"、"A 最大"、"A 最小"的输出信号。可以附加必要的门电路。

4.32 某化学实验室有化学试剂 24 种，编为 1～24 号，在配方时，必须遵守下列规定：

（1）第 1 号不能与第 15 号同时使用；

（2）第 2 号不能与第 10 号同时使用；

（3）第 5、9、12 号不能同时使用；

（4）用第 7 号时必须同时配用第 18 号；

（5）用第 10、12 号时必须同时配用第 24 号。

请用 Verilog HDL 设计这个逻辑判断电路，能在违反上述任何一个规定时，发出报警指示信号。

第5章 触 发 器

触发器是一种有记忆功能的器件，它是构成时序逻辑电路的基本器件。本章介绍触发器的类型、电路结构和功能的表示方法，并介绍基于 Verilog HDL 的触发器的设计，为时序逻辑电路的学习打下基础。

5.1 概 述

在数字系统中，不仅需要对二进制信号进行各种算术运算、逻辑运算和逻辑操作，还需要把参与这些运算和操作的数据以及结果保存起来。例如，在第 4 章介绍的编码器电路是一种组合逻辑电路，它没有记忆功能，当输入信号消失后，编码输出也会立即消失。因此，在编码器的输出端还需要接具有记忆功能的部件，将编码的结果保存起来。触发器就是构成记忆功能部件的基本器件。

触发器（Flip-Flop，简称 FF）的逻辑符号如图 5.1 所示。它有两个互非的输出端 Q 和 $\overline{Q}$，还有 1～2 个输入端。一个实际使用的触发器都应具有以下特点：

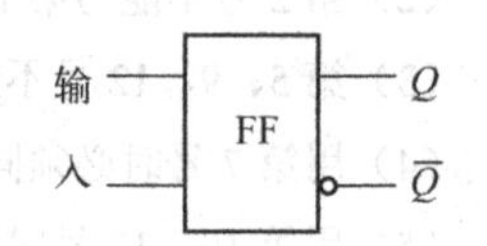

图 5.1 触发器的逻辑符号

① 触发器具有两个稳定的状态，即 0 态和 1 态。当触发器的输出 $Q=0$（$\overline{Q}=1$）时，称触发器处于 0 态；当 $Q=1$（$\overline{Q}=0$）时，称触发器处于 1 态。

② 没有外加输入信号作用时，触发器可以保持原来的状态不变，这是触发器具有的保持功能或记忆功能。1 级触发器可以记忆 1 位二进制信息，共 2 个状态（即 0 和 1）；N 级触发器可以记忆 N 位二进制信息，共 2^N 个状态。

③ 在外加输入信号的作用（触发）下，触发器可以改变原来的状态，这是触发器具有的置 0 和置 1 功能。需要触发器记忆 0 信息时，就必须先将触发器置 0；需要记忆 1 信息时，就必须先将触发器置 1。为了方便叙述，一般把触发器原来的状态称为原态，用 Q^n 表示；改变后的状态称为次态，用 Q^{n+1} 表示。

根据电路结构和功能的不同，有 RS 触发器、D 触发器、JK 触发器、T 触发器和 T′ 触发器等常用类型。

5.2 基本 RS 触发器

基本 RS 触发器可以用与非门和或非门构成。

5.2.1 由与非门构成的基本 RS 触发器

由两个与非门 G_1 和 G_2 交叉连接构成的基本 RS 触发器的电路结构和逻辑符号如图 5.2 所示。它有 Q 和 $\overline{Q}$ 两个输出端，还有 $\overline{R}_D$ 和 $\overline{S}_D$ 两个输入端。

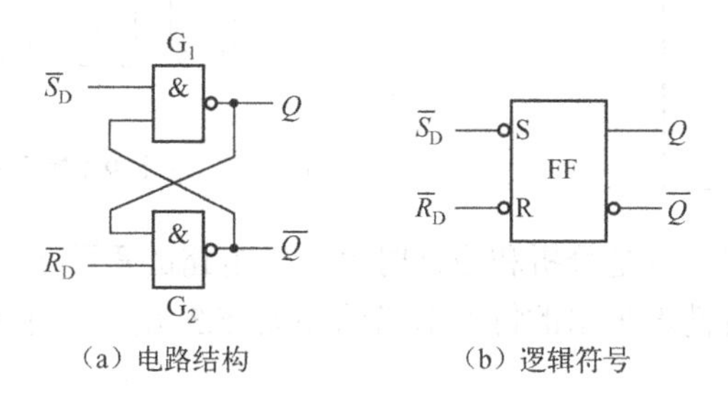

（a）电路结构　　（b）逻辑符号

图 5.2　基本 RS 触发器

根据与非门的工作特性，对基本 RS 触发器的工作原理分析如下：

当两个输入 $\overline{R}_D=1$、$\overline{S}_D=1$ 时，如果触发器的原态为 0（即 $Q=0$、$\overline{Q}=1$），则门 G_1 的输出 $Q=0$，使门 G_2 的输出 $\overline{Q}=1$ 保持不变，而 $\overline{Q}=1$ 与 $\overline{S}_D=1$，又使门 G_1 的输出 $Q=0$ 保持不变；若触发器的原态为 1（即 $Q=1$、$\overline{Q}=0$），则门 G_2 的输出 $\overline{Q}=0$，使门 G_1 的输出 $Q=1$ 保持不变，而 $Q=1$ 与 $\overline{R}_D=1$，又使门 G_2 的输出 $\overline{Q}=0$ 保持不变。上述分析体现了基本 RS 触发器的保持功能，没有输入信号作用时，触发器保持原态不变。高电平是输入的无效电平，它不能改变触发器的状态。

当 $\overline{R}_D=0$、$\overline{S}_D=1$ 时，不管触发器的原态是 0 还是 1，都会由于 $\overline{R}_D=0$ 使门 G_2 的输出 $\overline{Q}=1$，而 $\overline{Q}=1$ 与 $\overline{S}_D=1$ 又使门 G_1 的输出 $Q=0$。这是基本 RS 触发器的置 0 功能，在输入 $\overline{R}_D$ 为低电平的作用下，触发器的次态变为 0。低电平是输入的有效电平，它能改变触发器的状态。由于 $\overline{R}_D$ 端的触发信号到来后，触发器被置 0，所以把 $\overline{R}_D$ 称为置 0 端。输入信号名称上的非号表示低电平有效，并在逻辑符号上标记一个小圆圈。信号名称的下标“D”，表示输入信号直接（Direct）控制触发器的输出，因此基本 RS 触发器也称为直接触发器。

当输入 $\overline{R}_D=1$、$\overline{S}_D=0$ 时，不管触发器的原态是 0 还是 1，都会由于 $\overline{S}_D=0$ 使门 G_1 的输出 $Q=1$，而 $Q=1$ 与 $\overline{R}_D=1$ 又使门 G_2 的输出 $\overline{Q}=0$。这是基本 RS 触发器的置 1 功能。在输入 $\overline{S}_D$ 低电平的触发下，触发器的次态变为 1。$\overline{S}_D$ 称为触发器的置 1 端，低电平有效。

如果 $\overline{R}_D=0$、$\overline{S}_D=0$ 两个输入端都是有效电平时，那么 $\overline{R}_D=0$ 使门 G_2 的输出 $\overline{Q}=1$，$\overline{S}_D=0$ 使门 G_1 的输出 $Q=1$，两个输出均为高电平。这种情况不仅破坏了触发器输出互非的特性，而且当输入信号同时消失时，由于与非门传输延迟时间的不同而产生竞争，使电路的状态不确定。因此，输入组合 $\overline{R}_D=0$、$\overline{S}_D=0$ 在实际使用中是不允许出现的，它是基本 RS 触发器的约束条件。

基本 RS 触发器的逻辑功能可以用真值表、特性方程、状态转换图和时序图来表示。触发器的真值表是电路输出次态与原态以及输入之间功能关系的表格，也称特性表。用与非门构成的基本 RS 触发器的特性表如表 5.1 所示。从表中可见，基本 RS 触发器具有保持功能（$\overline{R}_D=1$、$\overline{S}_D=1$）、置 0 功能（$\overline{R}_D=0$、$\overline{S}_D=1$）和置 1 功能（$\overline{R}_D=1$、$\overline{S}_D=0$）。另外，$\overline{R}_D=0$、$\overline{S}_D=0$ 是约束条件，用“x”表示。

触发器的特性方程是反映触发器次态与原态以及输入之间功能关系的函数表达式。它不

表 5.1 基本 RS 触发器的特性表

$\overline{R}_D$	$\overline{S}_D$	Q^n	Q^{n+1}
0	0	0	x
0	0	1	x
0	1	0	0
0	1	1	0
1	0	0	1
1	0	1	1
1	1	0	0
1	1	1	1

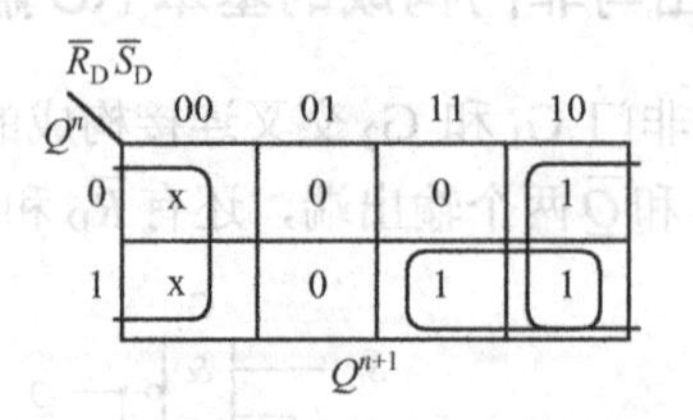

图 5.3 基本 RS 触发器的卡诺图

仅可以表示触发器的功能，也是分析和设计时序逻辑电路的重要工具。特性方程可以通过特性表化简后得到。根据特性表画出的特性卡诺图如图 5.3 所示，由卡诺图化简得到基本 RS 触发器的特性方程为

$$\begin{aligned} &Q^{n+1} = \overline{\overline{S}}_D + \overline{R}_D Q^n = S_D + \overline{R}_D Q^n \\ &\overline{S}_D + \overline{R}_D = 1 \ (\text{约束条件}) \end{aligned} \tag{5.1}$$

式中，$\overline{S}_D + \overline{R}_D = 1$ 是约束条件，它表示两个输入端不允许同时为 0（至少有一个为 1）。如果把约束条件等式两边进行非运算，则可以得到约束条件的另一种形式，即 $S_D R_D = 0$。

状态转换图简称为状态图，是用来表示触发器状态变化的图形。基本 RS 触发器的状态图如图 5.4 所示，图中用标有“0”符号的圆圈表示触发器的 0 态，用标有“1”符号的圆圈表示 1 态，用带箭头的线表示触发器的状态变化方向；箭头线旁的数据表示触发器状态变化需要的输入条件。例如，触发器从 0 态转换到 1 态时，需要的输入条件是 $\overline{R}_D\overline{S}_D = 10$；从 0 态到 0 态（即保持不变）时，输入条件是 $\overline{R}_D\overline{S}_D = 11$（保持功能），或者 $\overline{R}_D\overline{S}_D = 01$（置 0 功能），因此归纳为输入条件是 $\overline{R}_D\overline{S}_D = x1$。$x$ 表示条件任意，即为 0、为 1 均可。状态图也是分析和设计时序逻辑电路的重要工具。

触发器的输出随输入变化的波形称为时序图。由与非门构成的基本 RS 触发器的时序图如图 5.5 所示（为了使时序图画面清晰，将图中的坐标省略）。$\overline{R}_D\overline{S}_D = 00$ 是基本 RS 触发器的约束条件，使用时是不允许出现的。但为让读者更深入地理解触发器的特性，在图中有意识地加入了约束条件下的输入组合以及相应的输出波形。

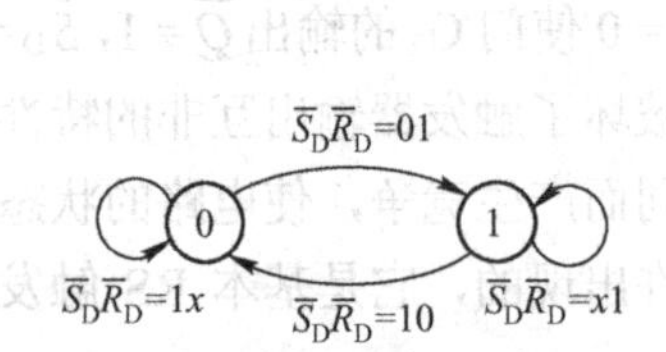

图 5.4 基本 RS 触发器的状态图

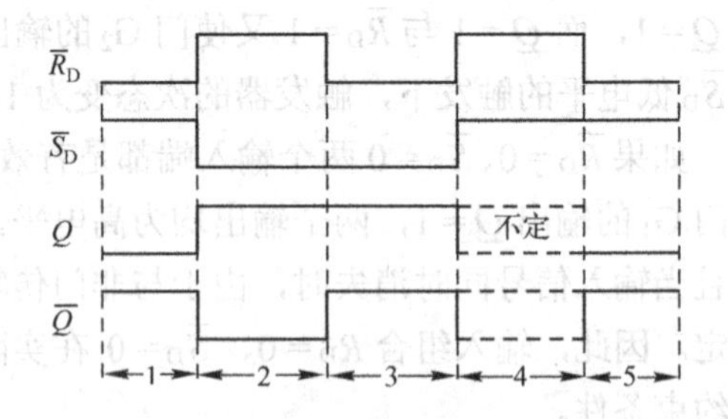

图 5.5 基本 RS 触发器的时序图

为了便于分析，根据输入波形的变化把时序图分为 5 个时间阶段，即 1～5 时段。在第 1 时段前的触发器状态称为初态，它是触发器加上电源电压后的状态。触发器的初态是随机的，可能是 0 态，也可能 1 态，因此画时序图时应首先假设触发器的初态，一般都把初态设置为 0。

在时序图的第 1 时段，$\overline{R}_D\overline{S}_D=01$，触发器被置 0，$Q=0$、$\overline{Q}=1$。在第 2 时段，$\overline{R}_D\overline{S}_D=10$，触发器被置 1，$Q=1$、$\overline{Q}=0$。在第 3 时段，$\overline{R}_D\overline{S}_D=00$（出现约束状态），触发器的 $Q=1$、$\overline{Q}=1$，使输出的互非特性被破坏。在第 4 时段，$\overline{R}_D\overline{S}_D=11$，触发器应该处于保持状态。在此时段之前，触发器的输出 $Q=1$、$\overline{Q}=1$，此时，门 G_1 的输入 $\overline{S}_D=1$、$\overline{Q}=1$ 将使其输出 $Q=0$；而门 G_2 的输入 $\overline{R}_D=1$、$Q=1$ 也将使其输出 $\overline{Q}=0$。但 G_1 和 G_2 的传输延迟时间是不同的，因此出现竞争。假设 G_1 比 G_2 的速度快，则 Q 先变为 0，使 $\overline{Q}=1$，触发器的次态为 0，并被保持下来；若 G_2 比 G_1 的速度快，则 $\overline{Q}$ 先变为 0，使 $Q=1$，触发器的次态为 1，并被保持下来。对于一个具体的触发器来说，并不知道哪一个门的速度快，因此也不知道触发器保持的是 0 态还是 1 态，一般把这种情况称为触发器的状态未知或者不确定。在时序图中，不确定状态用上下两条虚线表示。在第 5 时段，$\overline{R}_D\overline{S}_D=01$，触发器被置 0。

5.2.2 由或非门构成的基本 RS 触发器

由两个或非门 G_1 和 G_2 交叉连接构成的基本 RS 触发器的电路结构和逻辑符号如图 5.6 所示。它有 Q、$\overline{Q}$ 两个输出端和 R_D、S_D 两个输入端。

根据或非门的工作特性，可得到用或非门构成的基本 RS 触发器的特性，如表 5.2 所示。当两个输入 $R_D=0$、$S_D=0$ 时，触发器的状态不会变化，处于保持状态，低电平是输入的无效电平。

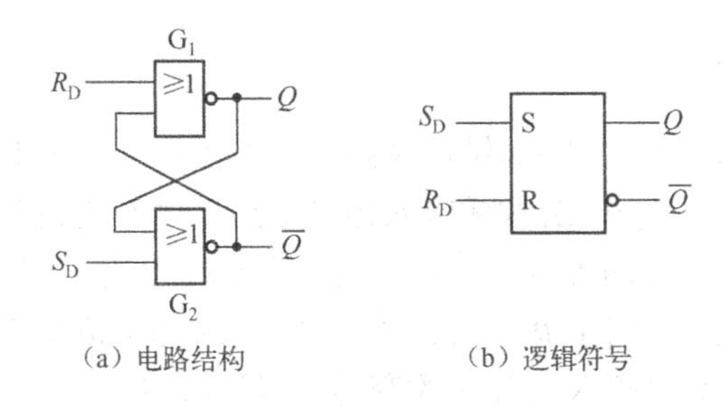

图 5.6 由或非门构成的基本 RS 触发器

表 5.2 图 5.6 电路的特性表

$R_D S_D Q^n$	Q^{n+1}
0 0 0	0
0 0 1	1
0 1 0	1
0 1 1	1
1 0 0	0
1 0 1	0
1 1 0	x
1 1 1	x

当 $R_D=1$、$S_D=0$ 时，不管触发器的原态是 0 还是 1，它的次态都是 0，这是基本 RS 触发器的置 0 功能。R_D 是直接置 0 输入端，高电平有效。信号名称上没有非号表示高电平有效，在逻辑符号上，也没有标记小圆圈。

当 $R_D=0$、$S_D=1$ 时，不管触发器的原态是 0 还是 1，它的次态都是 1，这是基本 RS 触发器的置 1 功能。S_D 是直接置 1 输入端，高电平有效。

如果 $R_D=1$、$S_D=1$（即两个输入端都是有效电平），那么两个门的输出均为低电平，破坏了触发器输出互非的特性，这是触发器的约束条件，用“x”表示。

根据特性表画出电路的特性卡诺图如图 5.7 所示，由卡诺图化简得到基本 RS 触发器的特性方程为

$$\left.\begin{aligned} & Q^{n+1}=S_D+\overline{R}_D Q^n \\ & S_D R_D=0 \ （约束条件） \end{aligned}\right\} \tag{5.2}$$

其中，$S_D R_D=0$ 是约束条件，它表示两个输入端至少有一个为 0，不允许同时为 1。把式（5.1）与式（5.2）进行比较后可知，两种结构的基本 RS 触发器的特性方程是相同的。

由或非门构成的基本 RS 触发器的时序图如图 5.8 所示。图中也加入了约束条件下的输入组合以及相应的输出波形。当 $S_DR_D = 11$ 时，触发器输出互非被破坏，两个输出均为 0。此时，如果 S_D 和 R_D 同时变为无效电平 0，则门 G_1 和 G_2 也会产生竞争使输出不确定。

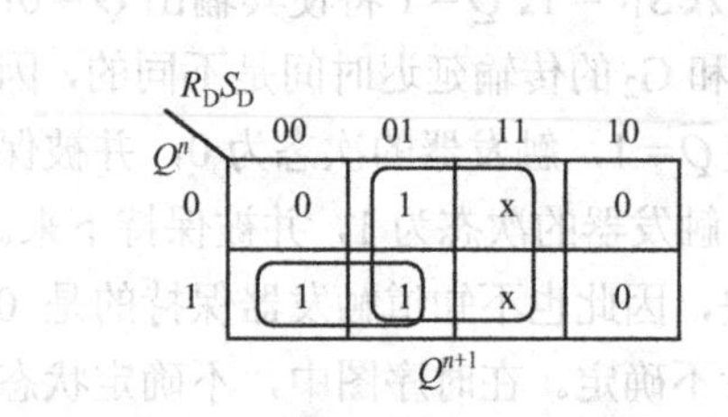

图 5.7　基本 RS 触发器的卡诺图

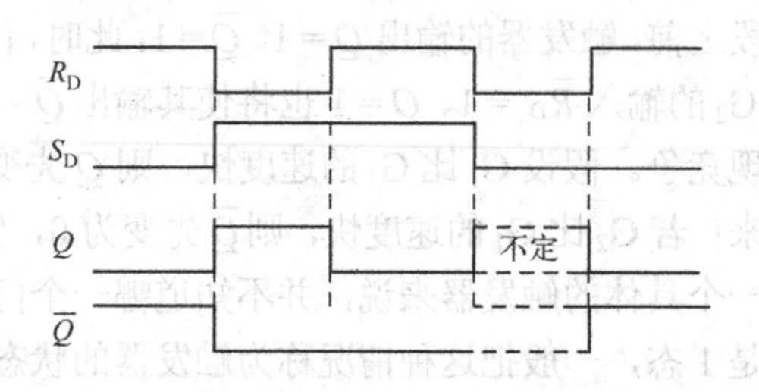

图 5.8　由或非门构成的基本 RS 触发器的时序图

5.3　钟控触发器

在数字系统中，为了协调各部分电路的运行，常常要求某些触发器在时钟信号的控制下同时动作，有时钟控制端的触发器称为钟控触发器。由于钟控触发器可以在时钟控制下同步工作，所以也称为同步触发器。

1. 钟控 RS 触发器

钟控 RS 触发器的电路结构和逻辑符号如图 5.9 所示。钟控 RS 触发器由 4 个与非门 G_1～G_4 构成，其中 G_1 和 G_2 构成基本 RS 触发器，G_3 和 G_4 构成输入控制电路。输入控制电路由时钟脉冲 CP（Clock Pulse）控制，CP 是有 0、1 两种电平的矩形波。当 CP = 0 时，门 G_3 和 G_4 截止，输入 R 和 S 不能改变触发器的状态，同时使 $\overline{R}_D = 1$、$\overline{S}_D = 1$，基本 RS 触发器处于保持状态。当 CP = 1 时，门 G_3 和 G_4 导通，允许输入 R 和 S 改变触发器的状态。

钟控 RS 触发器的特性表如表 5.3 所示。从表中可以看出，CP = 1 时触发器的输出受输入信号 R 和 S 的控制，具有基本 RS 触发器的功能，因此称为钟控 RS 触发器。R 是钟控 RS 触发器的置 0 端，S 是置 1 端，高电平有效，信号名称取消了下标，表示不是直接控制信号（需要 CP 的配合）。当 $R = 0$、$S = 0$ 时，是保持功能，$R = 1$、$S = 0$ 是置 0 功能，$R = 0$、$S = 1$ 是置 1 功能。输入同样需要遵守 $RS = 0$ 的约束条件，即 $R = 1$、$S = 1$ 是不允许出现的。

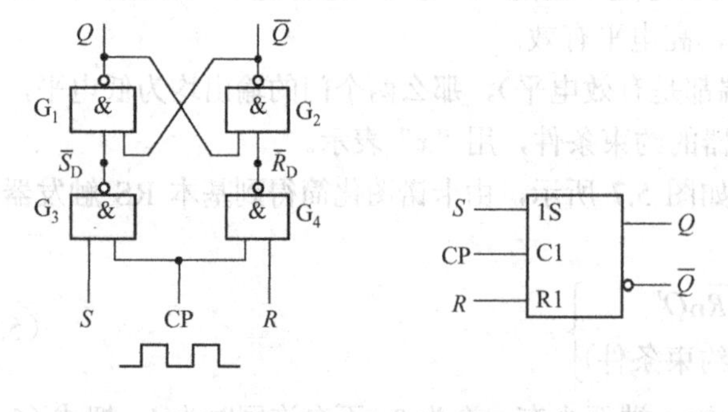

图 5.9　钟控 RS 触发器的电路结构和逻辑符号

表 5.3　钟控 RS 触发器的特性表

CP	R	S	Q^n	Q^{n+1}
0	x	x	0	0
0	x	x	1	1
1	0	0	0	0
1	0	0	1	1
1	0	1	0	1
1	0	1	1	1
1	1	0	0	0
1	1	0	1	0
1	1	1	0	x
1	1	1	1	x

由特性表得到钟控 RS 触发器的状态图如图 5.10 所示。由特性表得到钟控 RS 触发器的特性方程为

$$\left.\begin{aligned} Q^{n+1} &= S_{\mathrm{D}} + \overline{R}Q^{n} \\ RS &= 0 \ (\text{约束条件}) \end{aligned}\right\} \tag{5.3}$$

钟控 RS 触发器的时序图如图 5.11 所示。如果触发器的初态为 0，在第 1 个 CP 高电平到来之前，由于 CP = 0 使触发器保持 0 态不变。当 CP 脉冲到来后，先是 $R=0$、$S=1$，触发器被置为 1 态，使 $Q=1$、$\overline{Q}=0$。随后 $R=1$、$S=0$，触发器被置为 0 态，使 $Q=0$、$\overline{Q}=1$。第 1 个 CP 结束后 CP = 0，触发器的状态保持 $Q=1$、$\overline{Q}=0$ 不变。按照钟控 RS 触发器的特性，可以分析并画出其他时钟周期的输出波形。

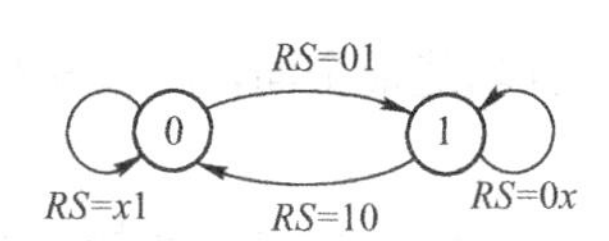

图 5.10　钟控 RS 触发器的状态图

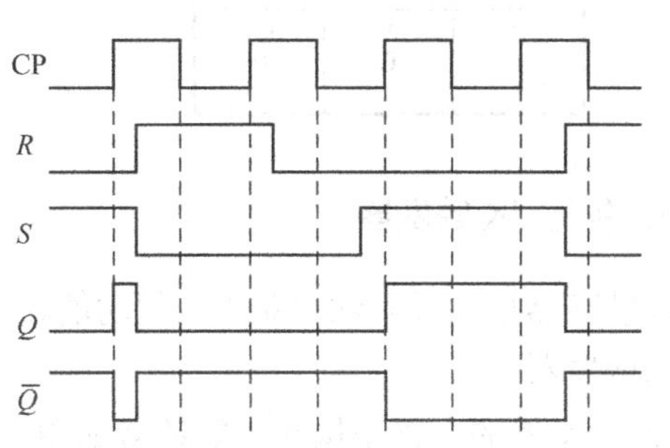

图 5.11　钟控 RS 触发器的时序图

2．钟控 D 触发器

钟控 RS 触发器存在约束条件，给触发器的使用带来不便。而约束状态是由于触发器的两个输入 R 和 S 同时为高电平产生的，为了防止这种现象出现，可以用 1 个非门把两个输入信号分开。钟控 D 触发器就是根据这个原理设计出来的。

钟控 D 触发器的电路结构和逻辑符号如图 5.12 所示。其电路结构是把钟控 RS 触发器的 S 输入端改为 D 输入端，然后经过 G_3 与非门接至 R 端。

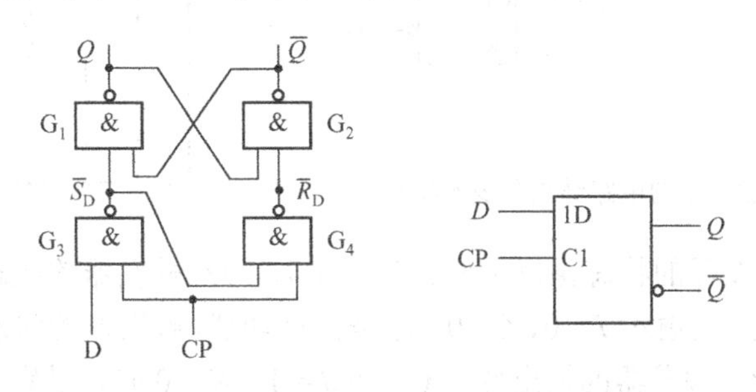

图 5.12　钟控 D 触发器的电路结构和逻辑符号

根据 RS 触发器的特性，很容易推导出 D 触发器的工作原理。当 $D=0$ 时，相当于 $R=1$、$S=0$，触发器被置为 0；当 $D=1$ 时，相当于 $R=0$、$S=1$，触发器被置为 1。由此得到 D 触发器的特性表如表 5.4 所示。

从表可见，D 触发器只有置 0 和置 1 功能，它依靠 CP = 0 来保持状态不变（表中用 $Q^{n+1}=Q^{n}$ 来表示保持特性）。在 CP = 1 时，其特性方程为

$$Q^{n+1}=D \tag{5.4}$$

根据 D 触发器的特性，画出的时序图如图 5.13 所示。由时序图可见，当 CP = 1 期间，输出 Q 的波形与输入 D 的波形相同。这种波形变化的特征，与后面将要介绍的集成 D 触发器不同。集成 D 触发器的状态变化只发生在 CP 脉冲的上升沿或下降沿到来的时候，CP = 1 时触发器的状态不会发生变化。因此，为了与集成 D 触发器有所区别，一般把图 5.12 所示的电路称为 D 锁存器。换句话说，锁存器是电平触发的，而触发器是脉冲边沿触发的。

表 5.4　D 触发器的特性表

CP	D	Q^{n+1}
0	x	Q^n
1	0	0
1	1	1

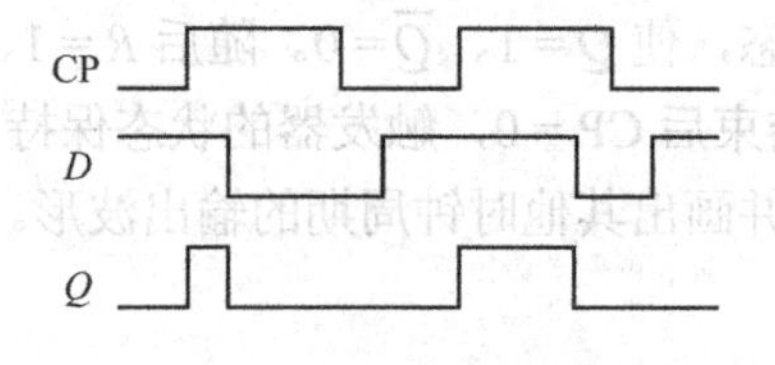

图 5.13　D 触发器的时序图

3．钟控 JK 触发器

D 锁存器虽然没有约束条件，但功能较少。JK 触发器是一种功能最全面，而且没有约束条件的触发器。

JK 触发器的电路结构和逻辑符号如图 5.14 所示。由电路结构可见，它是在钟控 RS 触发器电路的基础上增加了两条反馈线，一条反馈线把 Q 的输出信号反馈到原 R 钟控门的输入端，并把 R 改名为 K；另一条反馈线把 $\overline{Q}$ 反馈到原 S 钟控门的输入端，把 S 改名为 J。JK 触发器的特性表如表 5.5 所示，其功能分析如下。

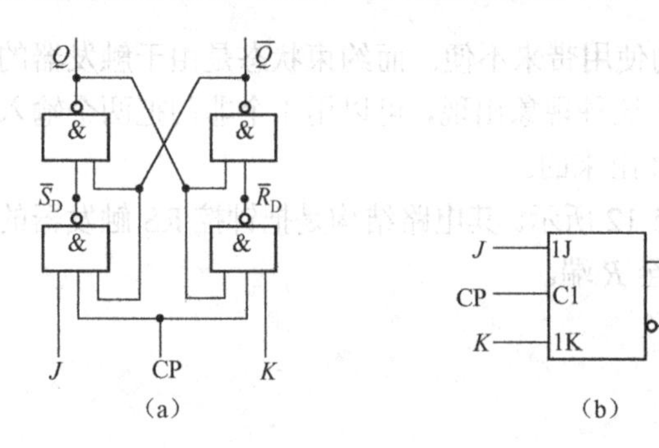

图 5.14　钟控 JK 触发器的电路结构和逻辑符号

表 5.5　JK 触发器的特性表

CP	J	K	Q^n	Q^{n+1}
0	x	x	0	0
1	x	x	1	1
1	0	0	0	0
1	0	0	1	1
1	0	1	0	0
1	0	1	1	0
1	1	0	0	1
1	1	0	1	1
1	1	1	0	1
1	1	1	1	0

当 CP = 0 时，触发器的状态保持不变。CP = 1 时，JK 触发器的状态根据 J、K 输入的 4 种组合，具有 4 种功能。当输入 $J=0$、$K=0$ 时，是保持功能，触发器的状态不会变化；当 $J=0$、$K=1$ 时，是置 0 功能，触发器的输出变为 0；当 $J=1$、$K=0$ 时，是置 1 功能，输出变为 1；当 $J=1$、$K=1$ 时，是翻转功能。在翻转功能下，如果触发器的原态是 0 则翻转为 1，若原态是 1 则翻转为 0。翻转是 JK 触发器增加的功能，在时序逻辑电路中，常常用翻转功能来完成计数，因此翻转也称为计数功能。

为了更清晰地看出 JK 触发器的功能，可以把其特性归纳到如表 5.6 所示的简化特性表中。当触发器处于翻转功能时，其输出的次态总是与原态相反，所以用 $Q^{n+1}=\overline{Q}^n$ 来表示翻转功能。

由特性表画出 JK 触发器的特性卡诺图如图 5.15 所示，化简得到其特性方程

$$Q^{n+1}=J\overline{Q}^{n}+\overline{K}Q^{n} \tag{5.5}$$

JK 触发器的状态图如图 5.16 所示。

表 5.6 JK 触发器的简化特性表

J K	Q^{n+1}
0 0	Q^n
0 1	0
1 0	1
1 1	$\overline{Q}^n$

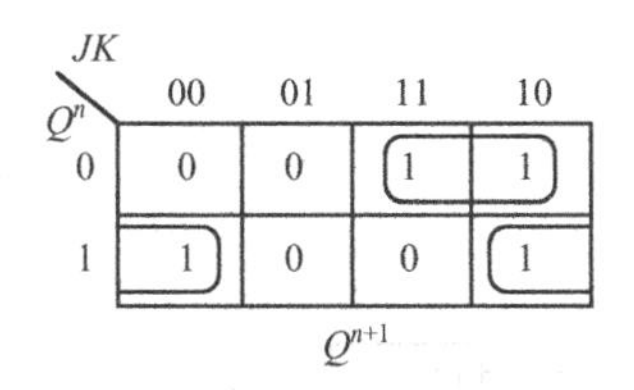

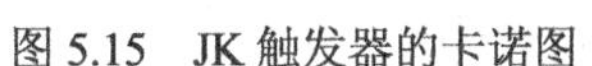

图 5.15 JK 触发器的卡诺图

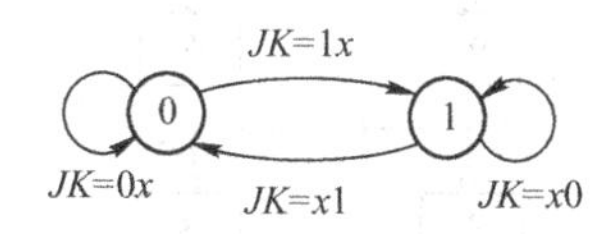

图 5.16 JK 触发器的状态图

图 5.14 所示的 JK 触发器结构，在实际使用中存在“空翻”现象。处于翻转功能的 JK 触发器，在一个时钟周期内最多只能翻转 1 次，超过 1 次的翻转就是空翻。存在空翻现象的触发器会造成数字系统误动作，在使用中会受到限制。JK 触发器的空翻现象可用如图 5.17 所示时序图来说明。

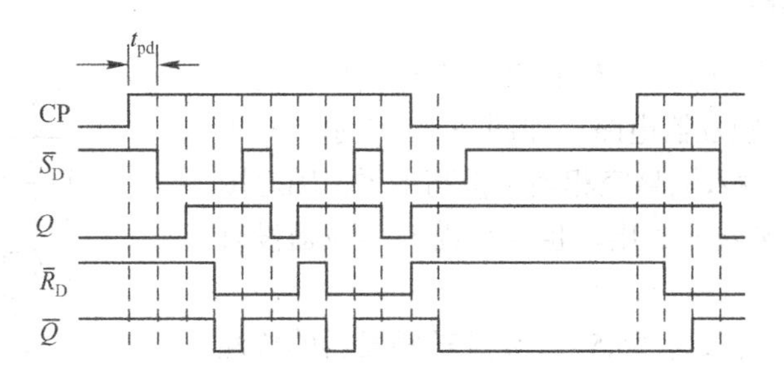

图 5.17 钟控 JK 触发器的空翻现象

在时序图中，假设 JK 触发器处于翻转功能，即 $J=1$、$K=1$（JK 的波形没有在图中画出），触发器的初态为 0，每个与非门的平均传输延迟时间为 t_{pd}。当 CP = 1 到达后，由于触发器初态是 0，$Q=0$ 使门 G_4 截止，$\overline{Q}=1$ 使门 G_3 导通，经历 2 个 t_{pd} 时间后，Q 端输出由 0 变为 1，再经过 1 个 t_{pd} 后，$\overline{Q}$ 端输出由 1 变为 0，触发器完成了状态的第 1 次翻转。当触发器翻转为 1 态后，如果 CP = 1 继续保持，则由于 $\overline{Q}=0$ 使门 G_3 截止、$Q=1$ 使门 G_4 导通，经历 1 个 t_{pd} 时间后，$\overline{Q}$ 端输出由 0 变为 1，再经过 1 个 t_{pd} 后，Q 端输出由 1 变为 0，又使触发器完成状态的第 2 次翻转。如果 CP = 1 持续时间较长，则触发器的状态将不断翻转，直至 CP 由 1 变为 0 为止。为了保证在 CP = 1 期间触发器只翻转 1 次，则要求 CP 脉冲宽度应小于 $3t_{pd}$，而要触发器能可靠翻转，则要求 CP 的宽度大于 $2t_{pd}$，对 CP = 1 的宽度要求十分苛刻。而且每个与非门的延迟时间也有差异，所以这种要求实际上是无法实现的。

4. 钟控 T 触发器

钟控 T 触发器的电路结构和逻辑符号如图 5.18 所示。T 触发器是把 JK 触发器的两个输入端合并为一个输入端得到的，并把这个输入端命名为 T。

根据 JK 触发器的特性，推导出 T 触发器的特性表，如表 5.7 所示。当 $T=0$ 时，相当于

$J=0$、$K=0$，触发器处于保持状态；当 $T=1$ 时，相当于 $J=1$、$K=1$，是翻转功能，次态为原态的非。将 T 代替式（5.5）中的 J 和 K，得到 T 触发器的特性方程为

$$Q^{n+1}=T\overline{Q}^n+\overline{T}Q^n \tag{5.6}$$

由于钟控 T 触发器的结构与 JK 触发器的结构相似，因此也存在空翻现象。

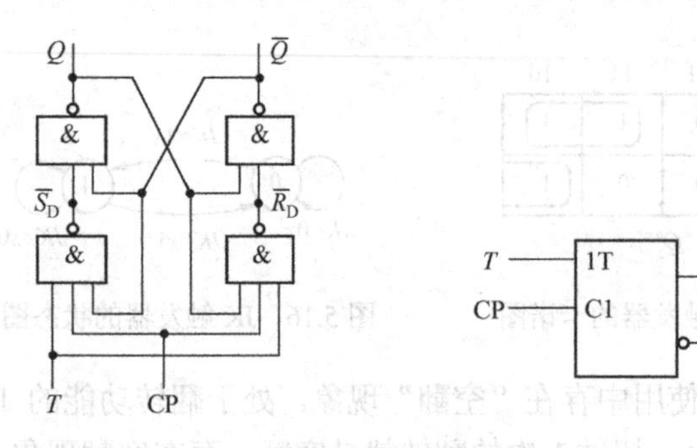

图 5.18　钟控 T 触发器的电路结构和逻辑符号

表 5.7　T 触发器的简化特性表

T	Q^{n+1}
0	Q^n
1	$\overline{Q}^n$

5．钟控 T′ 触发器

把钟控 JK 触发器的两个输入端 JK 并在一起接在高电平上，就得到钟控 T′ 触发器电路，如图 5.19 所示。对于 TTL 电路，与非门的输入端悬空相当于接高电平，因此图中接高电平的 J、K 端没有画出，也就是说 T′ 触发器没有输入端。

把 $J=1$、$K=1$ 代入式（5.5），得到 T′ 触发器的特性方程为

$$Q^{n+1}=\overline{Q}^n \tag{5.7}$$

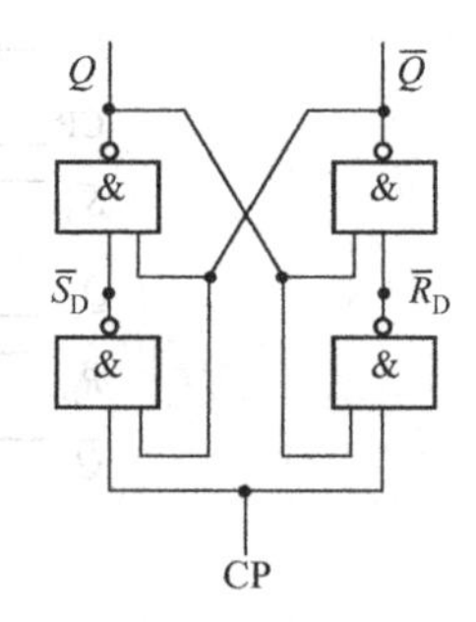

图 5.19　钟控 T′ 触发器的电路结构

T′ 触发器只具有翻转功能，即每来 1 个 CP 脉冲，触发器就翻转 1 次，所以一般把它称为翻转型触发器。

5.4　集成触发器

为了方便使用，部分触发器类型已形成集成电路产品。集成触发器主要有主从 JK 触发器、边沿 JK 触发器和维持-阻塞 D 触发器。不同结构的集成触发器有各自的特点，使用者可根据不同应用场合的需要来选择。

5.4.1　主从 JK 触发器

主从 JK 触发器是由两个时钟控制的触发器串接而成的，如图 5.20 所示。图中 G_1～G_4 组成主触发器，输出为 Q_m 和 $\overline{Q}_m$；G_5～G_8 组成从触发器，输出为 Q 和 $\overline{Q}$。时钟 CP 直接控制主触发器，而用 $\overline{CP}$ 控制从触发器。另外，还把从触发器的输出 Q 和 $\overline{Q}$ 分别反馈到主触发器的时钟控制门 G_2、G_1 的输入端。

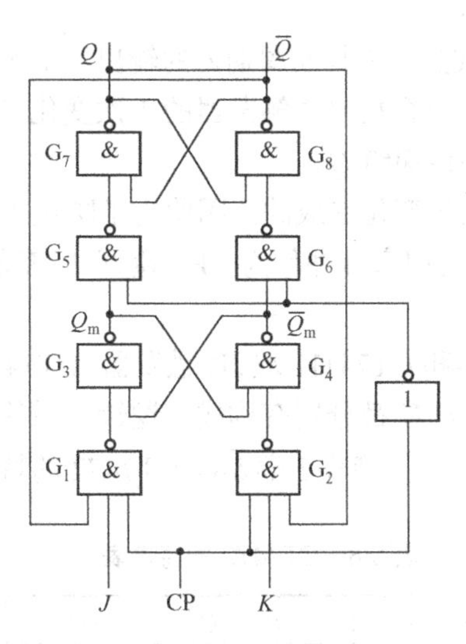

图 5.20　主从 JK 触发器的电路结构

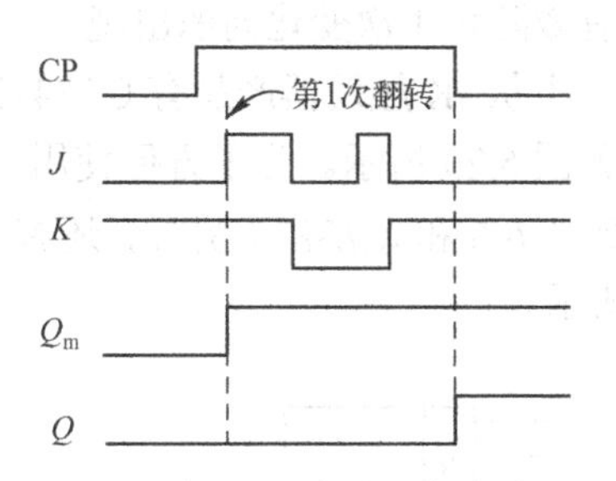

图 5.21　主从 JK 触发器的时序图

当 CP = 1（$\overline{CP}=0$）时，G_5、G_6 被封锁，从触发器的 Q 和 $\overline{Q}$ 保持状态不变。同时 G_1、G_2 被开启，主触发器可以按照 JK 特性发生 1 次状态变化。在时钟脉冲 CP 从高电平下降到低电平的瞬间（即 CP = 0、$\overline{CP}=1$），G_1、G_2 被封锁，主触发器 Q_m 和 $\overline{Q}_m$ 保持状态不变。同时 G_5、G_6 被开启，从触发器接收主触发器的状态（即 $Q=Q_m$、$\overline{Q}=\overline{Q}_m$）。此后，主触发器的状态不会变化，从触发器的状态也不会变化。从上述的分析可知，主从 JK 触发器输出端（即 Q 和 $\overline{Q}$）的状态变化，只发生在时钟脉冲 CP 从高电平下降到低电平的瞬间，相当于 CP 的下降沿到来时触发，其特性方程可以写为

$$Q^{n+1}=(J\overline{Q}^n+\overline{K}Q^n)\text{CP}\downarrow \tag{5.8}$$

采用主从结构的目的是为了防止触发器的空翻现象，主从 JK 触发器防止空翻的时序图如图 5.21 所示。由图可见，在 CP = 1 期间不管 J、K 输入信号怎样变化，主触发器的状态最多只能发生 1 次变化，因而防止了空翻。只能发生 1 次变化的原因是 CP = 1 期间，从触发器的状态保持不变，而它的输出 Q 和 $\overline{Q}$ 直接控制主触发器的钟控门，防止主触发器的状态多次变化。

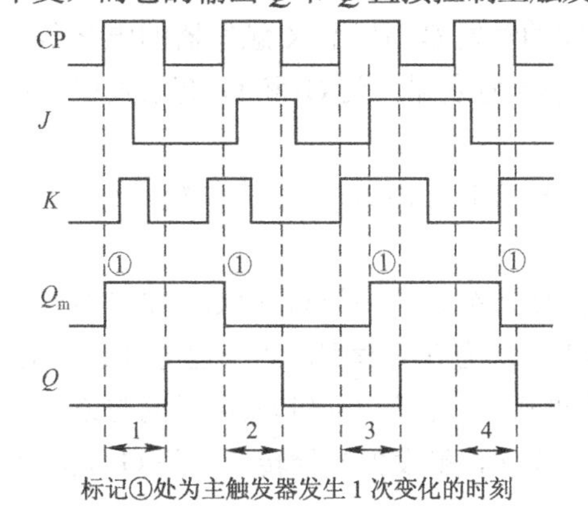

图 5.22　存在 1 次变化的主从 JK 触发器的时序图

虽然主从 JK 触发器可以防止空翻现象发生，但由于在 CP = 1 期间，主触发器只能发生 1 次变化，又带来了 1 次变化问题。所谓 1 次变化问题是指主从 JK 触发器在 CP = 1 期间，由于 J、K 的变化而使触发器的状态变化不符合其特性的现象。为了使读者清楚 1 次变化问题，再用如图 5.22 所示时序图加以说明。图中的时钟脉冲有 4 个周期，在每个时钟周期的 CP = 1 期间，输入 J、K 都有变化。

从图中可见，在时钟第 1 个周期的 CP = 1 期间，由于 $J=1$，$K=0$，主触发器被置 1（假设触发器的初态为 0），发生了 1 次变化。此后，不管 J、K 如何变化，$Q_m=1$ 不再变化。当 CP 的下降沿到来时，从触发器接受主触发器的状态，使 Q 由 0 变为 1，发生了状态变化。根据 JK 触发器的特性，在 CP 的下降沿到来时刻，输入 $J=0$，$K=0$，触发器处于保持功能而不应该变化，此时的状

态变化不符合JK触发器的特性，这就是1次变化问题。CP其他周期内的输出波形也是按照这种方法画出来的，即在CP = 1期间，根据J、K的组合找出主触发器的1次变化（在图中标①处），然后在CP的下降沿到来时，将Q_m的状态传递给Q。

1次变化问题是由于CP = 1期间，输入J、K发生变化造成的，因此为了防止1次变化问题出现，就要求输入J、K在CP = 1期间不变化。使用窄脉冲作为CP，避开J、K的变化，也可以有效防止1次变化问题出现。

国产主从JK触发器产品有CT7472单JK触发器和CT74111双JK触发器。CT7472的逻辑符号如图5.23所示。为了方便使用，CT7472的J和K都分别有构成与逻辑关系的3个输入端，即$J_1J_2J_3$和$K_1K_2K_3$。另外，还有直接置0端$\overline{R}_D$和直接置1端$\overline{S}_D$。CT7472的特性表如表5.8所示。

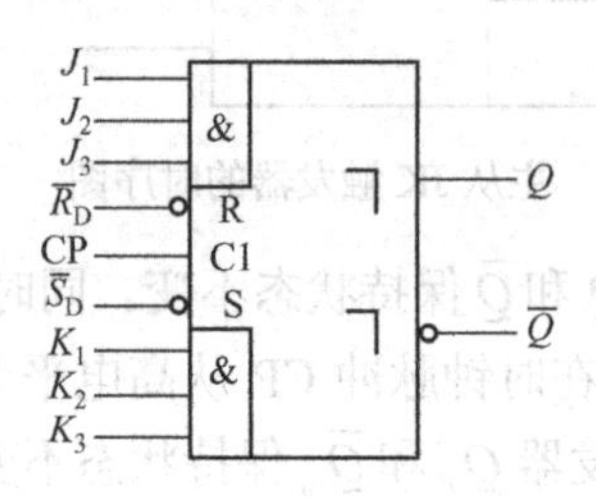

图5.23　CT7472的逻辑符号

表5.8　CT7472的特性表

$\overline{R}_D$	$\overline{S}_D$	CP	J	K	Q^{n+1}	功能
0	1	x	x	x	0	复位
1	0	x	x	x	1	置位
0	0	x	x	x	x	不允许
1	1	↓	0	0	Q^n	保持
1	1	↓	0	1	0	置0
1	1	↓	1	0	1	置1
1	1	↓	1	1	$\overline{Q}^n$	翻转

由特性表可见，只要在$\overline{R}_D$或$\overline{S}_D$端加上低电平，触发器将被置0（复位）或置1（置位），而时钟信号CP和输入信号J、K无效。因此，$\overline{R}_D$称为异步复位（置0）端，$\overline{S}_D$称为异步置位（置1）端，低电平有效。当$\overline{R}_D = 1$、$\overline{S}_D = 1$（无效）时，电路才具有JK触发器的功能，其特性方程为

$$Q^{n+1} = (J\overline{Q}^n + \overline{K}Q^n)\mathrm{CP}\downarrow$$

5.4.2　边沿JK触发器

边沿JK触发器是利用传输延迟的差异而引导触发的触发器。边沿JK触发器的电路结构如图5.24所示。图中采用与或非门交叉连接构成基本RS触发器，门G_3和G_4起触发引导作用。电路的工作原理分析如下。

当$J = 0$，$K = 0$时，门G_3和G_4截止，无论时钟CP是1还是0，均不能改变门G_1和G_2的状态，此时触发器执行保持功能。

当$J = 1$，$K = 1$时，门G_3和G_4开启，而且Q和$\overline{Q}$的状态被反馈到门G_3和G_4。如果$Q = 0$，则当CP = 1时，门G_3导通、G_4截止；然后当CP由1下降为0的瞬间，由于已导通了的G_3还来不及截止，所以由门G_1和G_5组成的与或非门将被截止；由门G_2和G_6组成的与或非门将由于G_2的导通而导通，使Q由0变为1，$\overline{Q}$由1变为0，触发器被翻转。在门G_3完成了翻转动作后也随之截止。此时触发器执行翻转功能。

当$J = 0$，$K = 1$时，如果$Q = 0$，则CP = 1时门G_2、G_6和G_4截止，门G_3也因$J = 0$截止，唯有门G_5和G_1导通，当CP由1下降为0的瞬间，G_5虽然被CP所截止，但G_1仍保持导通状态，因而Q和$\overline{Q}$状态不变，即$Q = 0$、$\overline{Q} = 1$。

$J = 0$、$K = 1$不变，如果$Q = 1$、$\overline{Q} = 0$，则CP = 1时门G_5、G_1和G_3因$\overline{Q} = 0$而截止，门

G_6又因 $Q=1$ 导通，门 G_4 也因 $J=1$ 和 $Q=1$ 导通，G_2 因 G_4 导通而截止。当 CP 由 1 下降为 0 的瞬间，在 CP 还未来得及由 0 变为 1 时，由于 CP = 0 而使 G_6 截止，从而导致 G_1 由截止变为导通，即 Q 被翻转为 0。只要 Q 一旦由 1 变为 0，则 G_2 的截止便不再受 G_4 状态的影响。

综合上述分析可知，当 $J=0$、$K=1$ 时，触发器执行置 0 功能。

当 $J=1$，$K=0$ 时，触发器执行置 1 功能。此时触发器输出状态的确立与上述过程类同。

这种利用传输延迟的差异而引导触发的边沿 JK 触发器，从工作原理来说，是稳定和可靠的。它的状态变化，仅仅取决于 CP 下降沿到达时刻的输入信号的状态，因此，增强了抗干扰能力。边沿 JK 触发器的时序图如图 5.25 所示。由图可见，触发器的状态变化都是在 CP 的下降沿到来时刻，由输入 J、K 输入决定的。

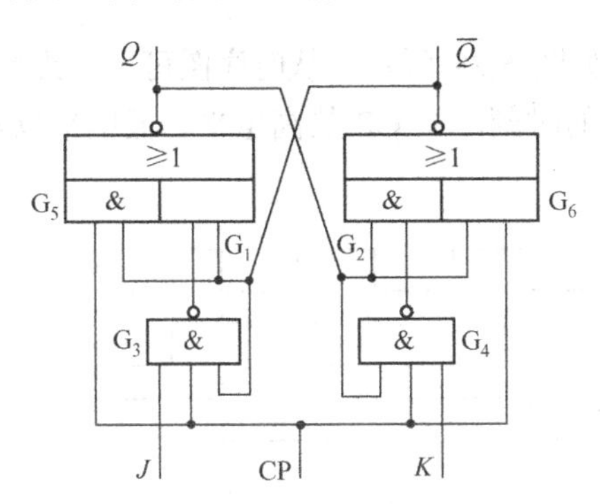

图 5.24　边沿 JK 触发器的电路结构

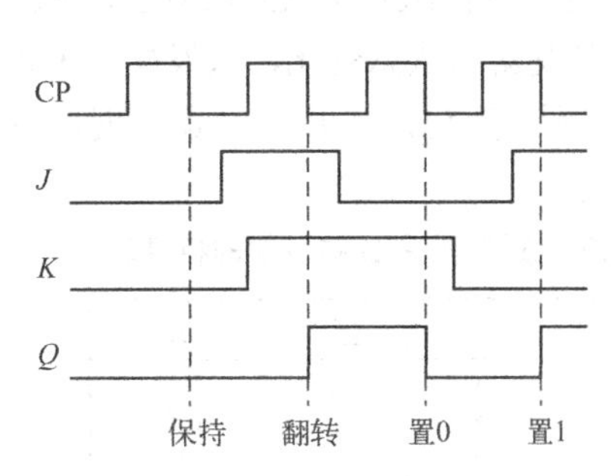

图 5.25　边沿 JK 触发器的时序图

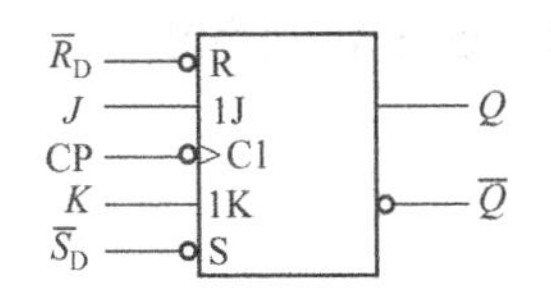

图 5.26　CT7479 的逻辑符号

CT7479 是国产 TTL 集成边沿 JK 触发器。它的逻辑符号如图 5.26 所示，它比图 5.24 所示的电路结构多增加了异步置 0 端 $\overline{R}_D$ 和异步置 1 端 $\overline{S}_D$。CT7479 的特性表与主从 JK 触发器 CT7472 相同，如表 5.8 所示。但请读者注意边沿 JK 触发器与主从 JK 触发器在逻辑符号上的区别。边沿 JK 触发器是 CP 的下降边沿触发的，因此在逻辑符号中的 CP 端增加了一个三角形和一个小圆圈。三角形表示边沿触发，小圆圈表示下降沿触发。虽然主从触发器的状态变化也是发生在时钟脉冲 CP 的下降沿到来的时刻，但实际上是电平触发的。它的主触发器由 CP 的高电平触发，而从触发器由 CP 的低电平触发。因此，主从 JK 触发器的逻辑符号的 CP 端没有三角形标记。另外，主从 JK 触发器的输出端标记有“⅂”，而边沿 JK 触发器的输出端没有标记。

5.4.3　维持-阻塞结构集成触发器

采用维持-阻塞结构形式构成的触发器也是边沿触发的。在 TTL 电路中，这种电路结构形式用得比较多，包括维持-阻塞结构 RS、JK 和 D 触发器。下面以维持-阻塞结构 D 触发器为例，简单介绍这种电路的结构和特性。

维持-阻塞 D 触发器的电路结构和逻辑符号如图 5.27 所示。在逻辑符号的 CP 端有三角形标记，表示边沿触发，但没有小圆圈，表示上升沿触发。其特性表如表 5.9 所示。由表可知，$\overline{R}_D$ 是异步置 0 端，$\overline{S}_D$ 是异步置 1 端。当 $\overline{R}_D$ 和 $\overline{S}_D$ 为高电平（无效）时，电路才具有 D 触发器的特性，而且是 CP 的上升沿触发的。因此，维持-阻塞 D 触发器的特性方程可写成：

$$Q^{n+1}=D\cdot \mathrm{CP}\uparrow \tag{5.9}$$

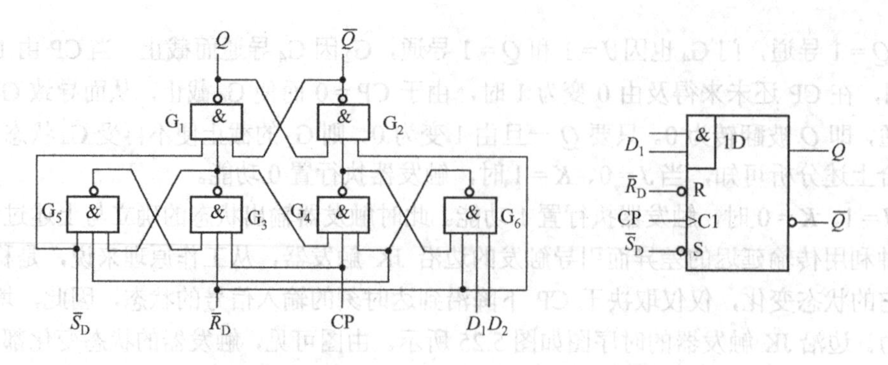

图 5.27 维持-阻塞 D 触发器的电路结构和逻辑符号

根据维持-阻塞 D 触发器的特性画出的时序图如图 5.28 所示。从时序图可见，维持-阻塞 D 触发器的状态变化，只发生在 CP 上升沿到来的时刻，在 CP 的高电平、低电平以及下降沿都不会变化，与 D 锁存器的时序图存在区别。

表 5.9 维持-阻塞 D 触发器的特性表

R_D	S_D	CP	D	Q^{n+1}	功能
0	1	x	x	0	复位
1	0	x	x	1	置位
0	0	x	x	x	不允许
1	1	↑	0	0	置 0
1	1	↑	1	1	置 1

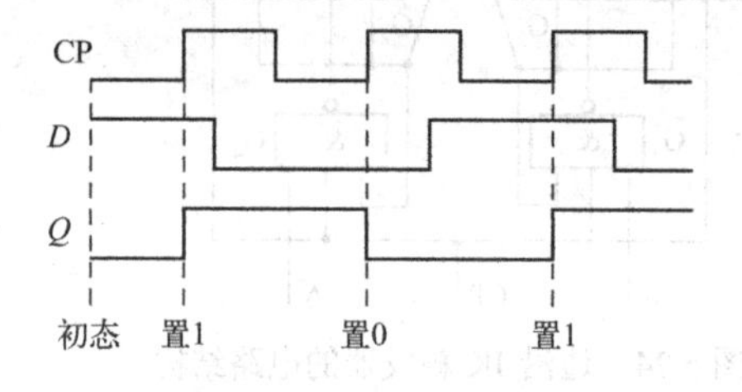

图 5.28 维持-阻塞 D 触发器的时序图

5.5 触发器之间的转换

常用的触发器有 5 种类型，但它们并没有全部形成集成电路产品。在实际电路设计中，如果碰到需要的触发器类型缺少时，可以通过触发器的转换方法，将其他现有的触发器转换为需要的触发器。

触发器的转换方法如图 5.29 所示。它是在现有的触发器前，增加一个组合逻辑电路。将转换后的触发器的输入和现有触发器的 Q 或 $\overline{Q}$ 端作为组合逻辑电路的输入，组合逻辑电路的输出作为现有触发器的驱动信号。下面分别以 JK 触发器和 D 触发器为例，介绍一些常用触发器之间的转换方法。

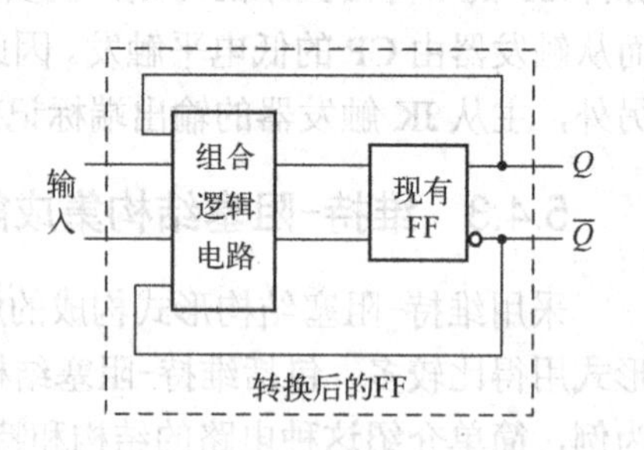

图 5.29 触发器之间转换的一般方法

1. 用 JK 触发器实现其他类型触发器

(1) 用 JK 触发器实现 D 触发器

用 JK 触发器实现 D 触发器转换的示意图如图 5.30 所示。现有的是 JK 触发器，转换后的是 D 触发器。组合逻辑电路的输出作为 J、K 的驱动信号。已知 JK 触发器的特性方程为

$$Q^{n+1} = J\overline{Q}^n + \overline{K}Q^n \tag{5.10}$$

而 D 触发器的特性方程为

$$Q^{n+1} = D = D(\overline{Q}^n + Q^n) = D\overline{Q}^n + DQ^n \tag{5.11}$$

由于现有的 JK 触发器与转换后的 D 触发器的输出端都是 Q，所以式（5.10）与式（5.11）相等，即

$$J\overline{Q}^n + \overline{K}Q^n = D\overline{Q}^n + DQ^n \tag{5.12}$$

由式（5.12）可得到组合逻辑电路的输出表达式（即 JK 输入端的驱动方程）

$$J = D, \quad K = \overline{D} \tag{5.13}$$

根据式（5.13）画出用 JK 触发器实现的 D 触发器电路如图 5.31 所示。

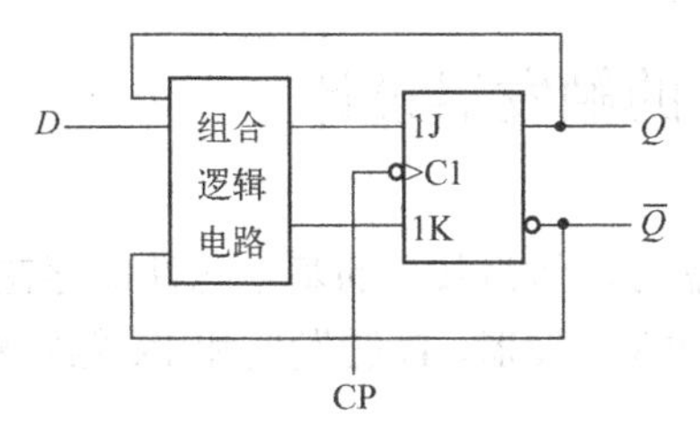

图 5.30　JK 到 D 触发器转换的示意图

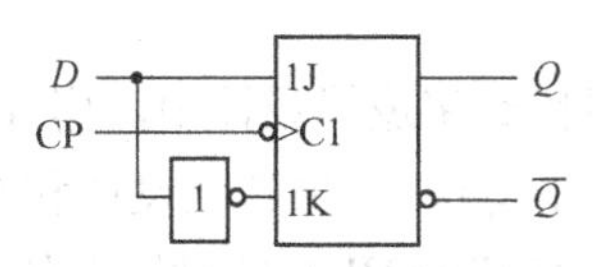

图 5.31　用 JK 触发器实现 D 触发器电路

（2）用 JK 触发器实现 T 触发器

把 JK 触发器的两个输入端合并作为 T 输入端，就形成了 T 触发器，如图 5.32 所示。

（3）用 JK 触发器实现 T′ 触发器

把 JK 触发器的两个输入端接高电平，就形成了 T′ 触发器，如图 5.33 所示。

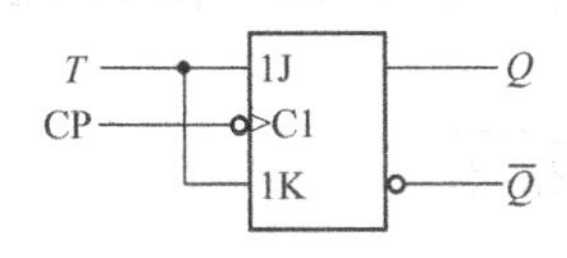

图 5.32　用 JK 触发器转换为 T 触发器电路

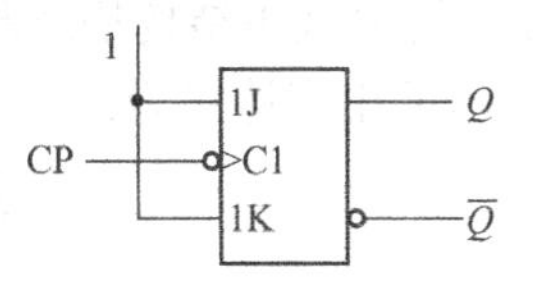

图 5.33　用 JK 触发器转换为 T′ 触发器电路

2. 用 D 触发器实现其他类型触发器

（1）用 D 触发器实现 JK 触发器

已知现有的 D 触发器的特性方程为

$$Q^{n+1} = D \tag{5.14}$$

而 JK 触发器的特性方程为

$$Q^{n+1} = J\overline{Q}^n + \overline{K}Q^n \tag{5.15}$$

由于式（5.14）与式（5.15）相等，即得到组合逻辑电路的输出表达式

$$D = J\overline{Q}^n + \overline{K}Q^n \tag{5.16}$$

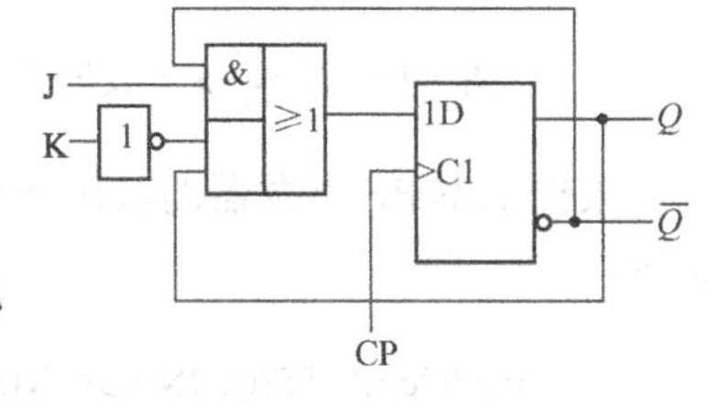

图 5.34　用 D 触发器实现 JK 触发器

根据式（5.16）画出用 D 触发器实现的 JK 触发器电路如图 5.34 所示。

（2）用 D 触发器实现 T′ 触发器

由 D 触发器转换为 T 触发器时，需要首先将 D 触发器转换为 JK 触发器，然后把 JK 触发器的输入端合并为 T 输入端即可。

（3）用 D 触发器实现 T′ 触发器

已知 D 触发器的特性方程为

$$Q^{n+1}=D \quad (5.17)$$

而 JK 触发器的特性方程为

$$Q^{n+1}=\overline{Q}^n \quad (5.18)$$

即得到组合逻辑电路的输出表达式

$$D=\overline{Q}^n \quad (5.19)$$

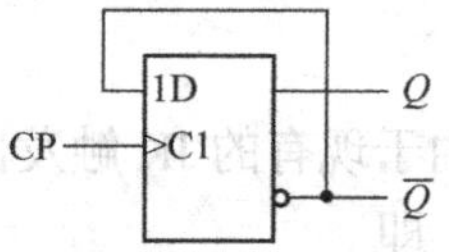

图 5.35 用 D 触发器实现 T′ 触发器

根据式（5.19）画出用 D 触发器实现的T′ 触发器电路如图 5.35 所示。

5.6 基于 Verilog HDL 的触发器设计

在现代数字逻辑设计中，用 HDL 设计的触发器可以作为共享的基本元件保存在设计程序包（文件夹）中，供其他设计和系统调用。下面以 RS 触发器、D 触发器和 JK 触发器为例，介绍基于 Verilog HDL 的触发器的设计。

5.6.1 基本 RS 触发器的设计

基本 RS 触发器电路可以由与非门或者或非门交叉耦合得到。用与非门交叉耦合构成的基本 RS 触发器的电路结构如图 5.36 所示。其特性如表 5.10 所示。基于 Verilog HDL 的基本 RS 触发器的设计可以采用结构描述和行为描述来实现。根据图 5.36 所示的电路结构，写出的基本 RS 触发器输出表达式为：

$$Q=\overline{\overline{S}_D\cdot\overline{Q}} \qquad \overline{Q}=\overline{\overline{R}_D\cdot Q}$$

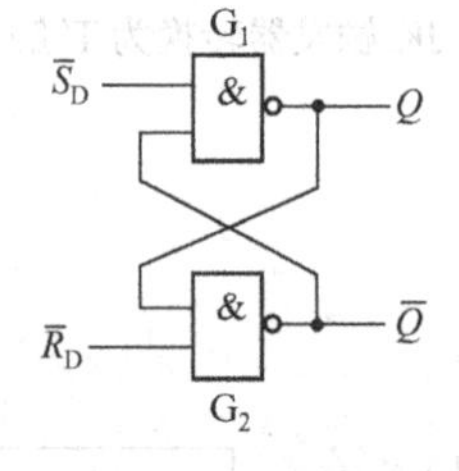

图 5.36 基本 RS 触发器的电路结构

表 5.10 基本 RS 触发器的特性表

$\overline{R}_D$ $\overline{S}_D$ Q^n	Q^{n+1}
0 0 0	x
0 0 1	x
0 1 0	0
0 1 1	0
1 0 0	1
1 0 1	1
1 1 0	0
1 1 1	1

根据基本 RS 触发器的输出表达式用 Verilog HDL 的结构描述方式编写的源程序 RS_FF.v 如下：

```
module RS_FF(Q,QN,SDN,RDN);
   input   SDN,RDN;
   output  Q,QN;
   assign  Q =~(SDN && QN);
   assign  QN =  ~(RDN && Q);
endmodule
```

在源程序中，用 Q、QN、SDN 和 RDN 分别作为基本 RS 触发器的 Q、$\overline{Q}$、$\overline{S}_D$ 和 $\overline{R}_D$ 端口的标识符。

基于 Verilog HDL 结构描述方式设计的基本 RS 触发器的仿真波形如图 5.37 所示。在仿真波形的 0～100.0ns 时间段，由于输入 SDN = 1 和 RDN = 1，使触发器处于保持功能，但该时间段是触发器上电时刻的初始阶段，其状态是随机的，即可能是 0 态，也可能是 1 态，因此仿真软件给出了保持未知“x”的结果。另外，在 400.0ns～600.0ns 阶段，由于两个输入有效（低电平）后同时（600.0ns 时刻）变为无效（高电平），因竞争使触发器输出出现高频振荡。这种结果与上述用实际门电路构成的基本 RS 触发器的分析结果是吻合的。

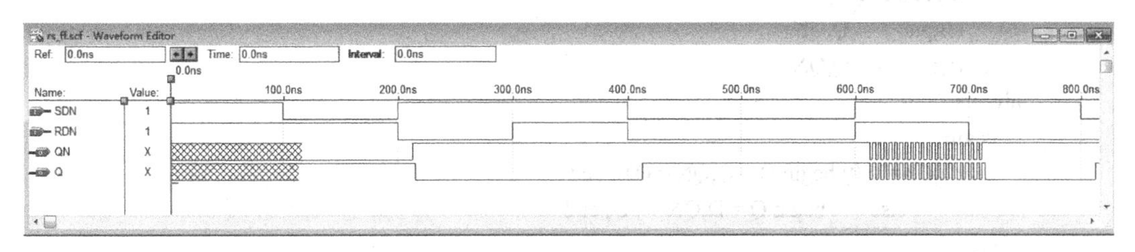

图 5.37　基本 RS 触发器的仿真波形

根据基本 RS 的特性（参见表 5.10），也可以用 Verilog HDL 行为描述方式设计基本 RS 触发器，源程序 RS_FF_1.v 如下：

```
module    RS_FF_1(RN,SN,Q,QN);
     input RN,SN;
     output      Q,QN;
     reg         Q,QN;
always    @(RN or SN )
  begin
     case({RN,SN})
          'b00 : begin Q = 'bx;     QN = 'bx;   end
          'b01 : begin Q = 0;       QN = 1;     end
          'b10 : begin Q = 1;       QN = 0;     end
          'b11 : begin Q = Q;       QN = QN;    end
     endcase
  end
endmodule
```

基于 Verilog HDL 行为描述方式设计的基本 RS 触发器的仿真波形如图 5.38 所示。在仿真波形中，由于当 SN 和 RN 两个输入有效（低电平）后同时（900.0ns 时刻）变为无效（高电平），电路设计其结果为未知“x”，而仿真软件又将未知设置为“0”电平，所以波形中没有出现图 5.31 所示的高频振荡结果，而出现 Q = 0 和 QN = 0 的结果。

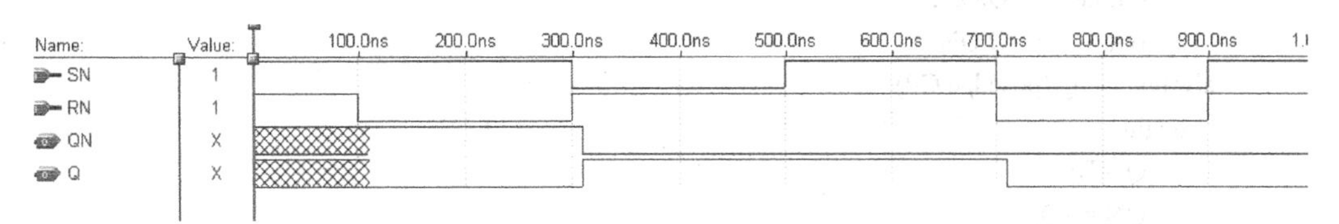

图 5.38　基于 Verilog HDL 行为描述方式设计的基本 RS 触发器的仿真波形

5.6.2　D 锁存器的设计

D 锁存器是用时钟 CP 的电平（高电平或低电平）触发的触发器，对于高电平触发的锁存器来说，当 CP = 0（低电平）时，触发器保持原来的状态不变；当 CP = 1（高电平）时，则输出 Q 与输入 D 的状态相同。

根据 D 锁存器的特性，编写的 Verilog HDL 源程序 D_FF_1.v 如下：

```
module    D_FF_1(CP,D,Q,QN);
     input CP,D;
     output     Q,QN;
     reg        Q,QN;
always
  begin
     if (CP = = 0) begin Q = Q;QN = QN; end
          else     begin Q = D;QN = ~Q; end
  end
endmodule
```

D 锁存器设计电路的仿真波形如图 5.39 所示，在仿真波形的 0～100.0ns 时间段，也由于 CP = 0 而保持了初始的未知“x”状态。仿真结果验证了设计的正确性。

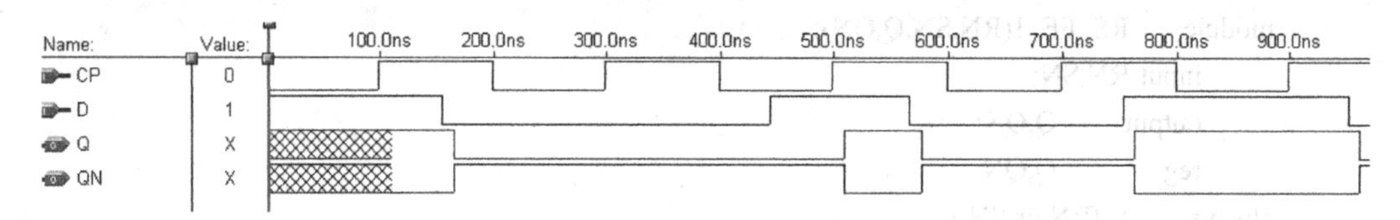

图 5.39　D 锁存器设计电路的仿真波形

5.6.3　D 触发器的设计

D 触发器与 D 锁存器的区别在于它是用时钟信号的边沿（上升沿或下降沿）触发的。在 Verilog HDL 中，利用 always 语句中的敏感参数表很容易得到边沿触发信号。如果 CP 是时钟输入端，则敏感参数“posedge CP”表示 CP 的上升沿到来时刻，而“negedge CP”表示下降沿到来时刻。

利用“posedge CP”敏感参数设计的上升沿触发的 D 触发器的 Verilog HDL 源程序 D_FF_2.v 如下：

```
module    D_FF_2(CP,D,Q,QN);
     input CP,D;
     output     Q,QN;
     reg        Q,QN;
always    @(posedge CP)
  begin
     Q = D;
     QN = ~Q;
  end
endmodule
```

上升沿触发的 D 触发器设计电路的仿真波形如图 5.40 所示，请读者自行分析它与图 5.39 所示的 D 锁存器仿真波形的区别。

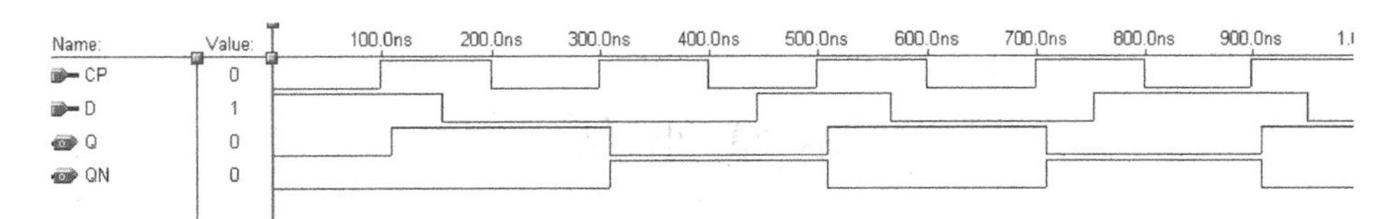

图 5.40　D 触发器设计电路的仿真波形

5.6.4　JK 触发器的设计

下面以 CT7472 为例，介绍下降沿触发的 JK 触发器的设计。CT7472 的特性如表 5.8 所示。说明：CT7472 集成芯片是主从结构的 JK 型触发器，它不具有下降沿触发特性，但其具有常用触发器的端口，因此将其作为边沿触发器来设计。用 HDL 设计的 CT7472 的元件符号如图 5.41 所示，J3、J2 和 J1 是触发器的 3 个具有与逻辑关系的 J 输入端（$J = J3 \cdot J2 \cdot J1$）；K3、K2 和 K1 是 3 个具有与逻辑关系的 K 输入端（$K = K3 \cdot K2 \cdot K1$）；RDN 是复位输入端，低电平有效；SDN 是置位输入端，低电平有效；CPN 是时钟输入端，下降沿有效；Q 和 QN 是触发器的互补输出端。

根据 CT7472 的功能编写的 Verilog HDL 源程序 CT7472.v 如下：

```
module    CT7472(RDN,J1,J2,J3,CPN,K1,K2,K3,SDN,Q,QN);
      input     RDN,J1,J2,J3,CPN,K1,K2,K3,SDN;
      output    Q,QN;
      reg       Q,QN;
      wire      J_SIG,K_SIG;
      assign    J_SIG = J3 & J2 & J1;
      assign    K_SIG = K3 & K2 & K1;
always    @(negedge RDN or negedge SDN or negedge CPN)
   begin
      if (~RDN)     Q = 0;
        else if (~SDN) Q = 1;
          else   case ({J_SIG , K_SIG})
                  'b00: Q = Q;
                  'b01: Q = 0;
                  'b10: Q = 1;
                  'b11: Q = ~Q;
            endcase
      QN = ~Q;
   end
endmodule
```

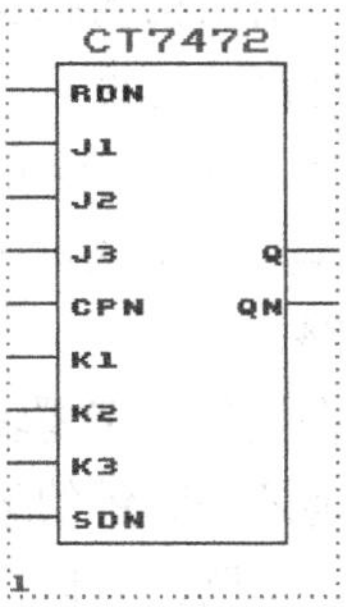

图 5.41　CT7472 的元件符号

CT7472 设计电路的仿真波形如图 5.42 所示。为了便于读者阅图，将设计电路中的 J3、J2、K3 和 K2 等 4 个输入端设置为高电平，使它们不影响 JK 触发器的仿真结果，并把它们从图中删除。仿真结果验证了设计电路的正确性。

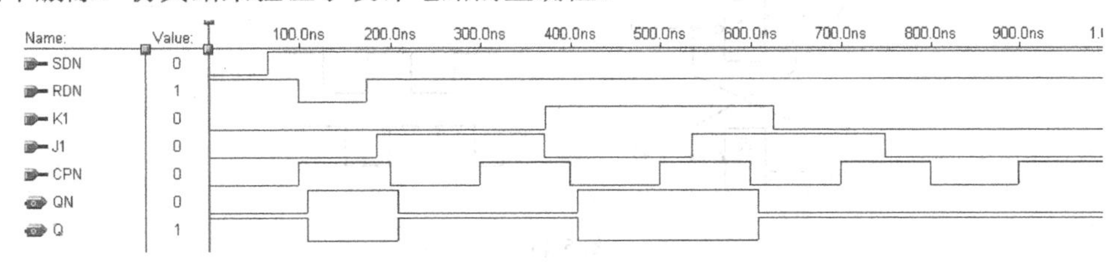

图 5.42　CT7472 设计电路的仿真波形

本章小结

本章介绍了 RS、D、JK、T 和 T′ 等 5 种类型触发器的电路结构、工作原理及功能表示方法。触发器功能的表示方法包括特性表、特性方程、状态图和时序图。

触发器是一种有记忆功能的器件，N 位触发器可以记忆 N 位二进制信息。而 N 位二进制符号有 2^n 种不同的组合，因此由 N 级触发器构成的电路，可以记忆 2^N 种不同的信息。由于触发器有记忆功能，所以在数字电路中得到广泛的应用。

为了能记忆不同的信息，一般触发器都具有置 0 和置 1 功能。一些触发器还增加了翻转功能。

常用的集成触发器分为主从结构和边沿结构。主从结构的触发器可以防止空翻，但存在一次变化问题。防止一次变化问题出现的方法是，在时钟脉冲 CP＝1 期间，保证 J、K 输入信号不变化，或者采用窄的时钟脉冲作为触发信号。边沿结构又分为维持-阻塞和边沿两种类型。边沿结构的触发器，是用时钟脉冲的上升沿或下降沿触发的，因而具有抗干扰能力强和可靠性高的优点。

除了 TTL 集成触发器外，还有 CMOS 集成触发器。CMOS 集成触发器的电路结构与 TTL 集成触发器不同，但它们的功能是相同的，因此本章将 CMOS 集成触发器部分的内容省略。

在现代数字逻辑电路的设计中，用 Verilog HDL 来描述触发器非常方便，不管是触发器的功能还是时钟的边沿特性，Verilog HDL 都提供了相关语句来实现。用 Verilog HDL 设计的触发器电路，可以作为共享的基本元件保存在用户元件库（文件夹）中，供其他数字电路和系统设计调用。

思考题和习题

5.1 基本 RS 触发器输入信号的约束条件是什么？它们之间为什么有这样的约束？

5.2 主从 JK 触发器一次变化问题的实际含义是什么？有何危害？如何避免？

5.3 边沿 JK 触发器有什么优点？

5.4 描述触发器逻辑功能的方法有哪几种？各有什么特点？

5.5 画出图 5.43 所示的的由与非门构成的基本 RS 触发器输出端 Q、$\overline{Q}$ 的电压波形，输入端 $\overline{S}_D$、$\overline{R}_D$ 的电压波形如图中所示。

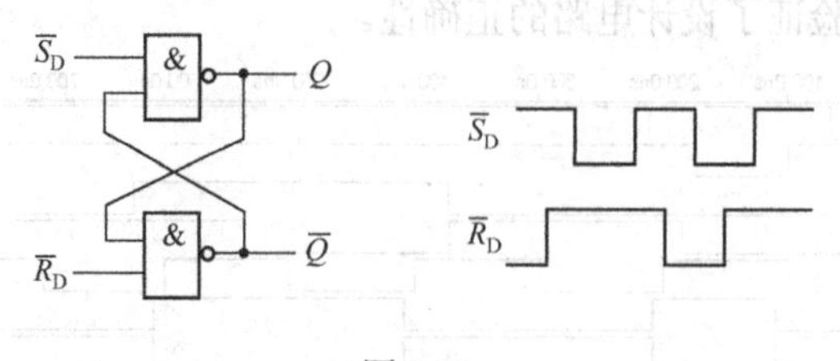

图 5.43

5.6　画出图 5.44 所示的由或非门构成的基本 RS 触发器输出端 Q、$\overline{Q}$ 的电压波形，输入端 S_D、R_D 的电压波形如图中所示。

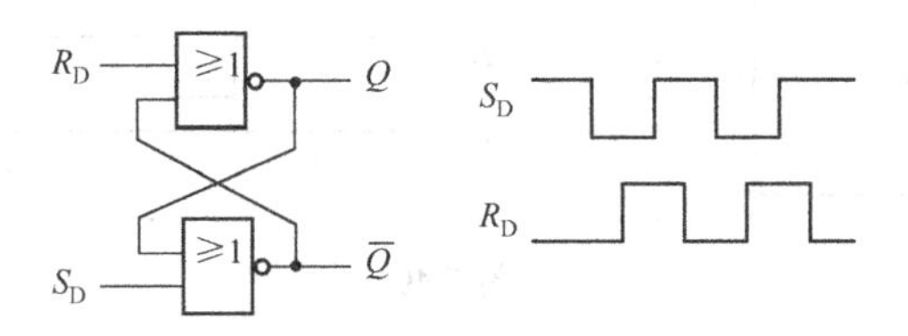

图 5.44

5.7　试分析图 5.45 所示电路的逻辑功能，列出真值表，写出逻辑表达式。

5.8　图 5.46 所示为防抖动输出的开关电路。当拨动开关 S 时，由于开关触点接通瞬间发生震颤，$\overline{S}_D$、$\overline{R}_D$ 的电压波形如图中所示，试画出 Q、$\overline{Q}$ 端对应的电压波形。

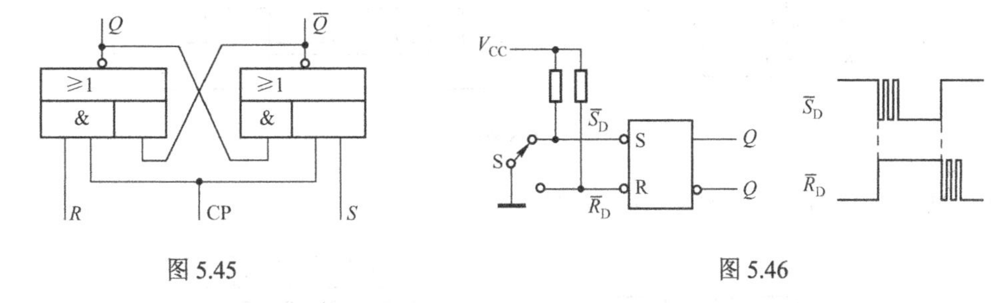

图 5.45　　　　图 5.46

5.9　在图 5.47 的电路中，若 CP、S、R 的电压波形如图中所示，试画出 Q、$\overline{Q}$ 端对应的电压波形。假定触发器的初态为 0。

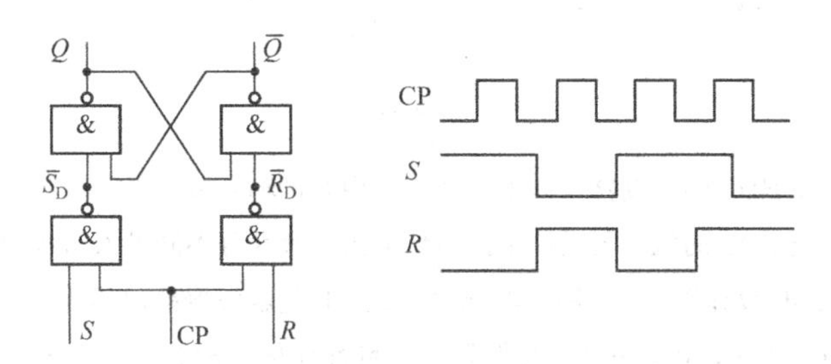

图 5.47

5.10　已知主从结构 JK 触发器输入端 J、K 和 CP 的电压波形如图 5.48 所示，试画出 Q、$\overline{Q}$ 端对应的电压波形。假定触发器的初态为 0。

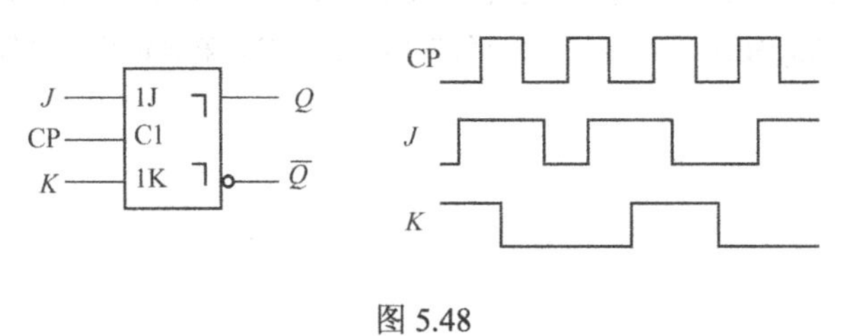

图 5.48

5.11　已知维持阻塞结构 D 触发器各输入端的电压波形如图 5.49 所示，试画出 Q、$\overline{Q}$ 端对应的电压波形。假定触发器的初态为 0。

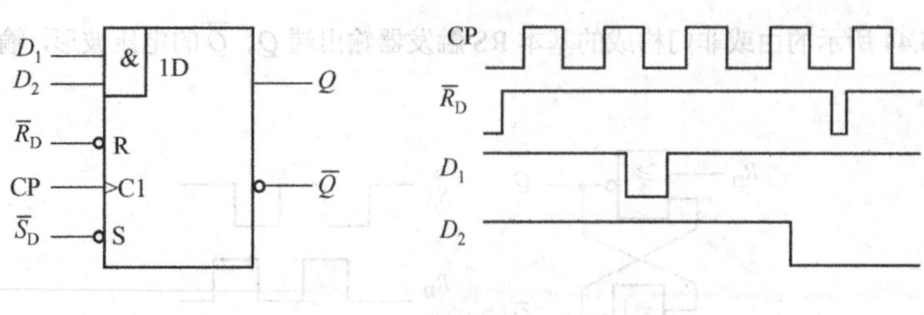

图 5.49

5.12 由时钟下降边沿触发的 JK 触发器输入端的电压波形如图 5.50 所示，试画出 Q、$\overline{Q}$ 端对应的电压波形。假定触发器的初态为 0。

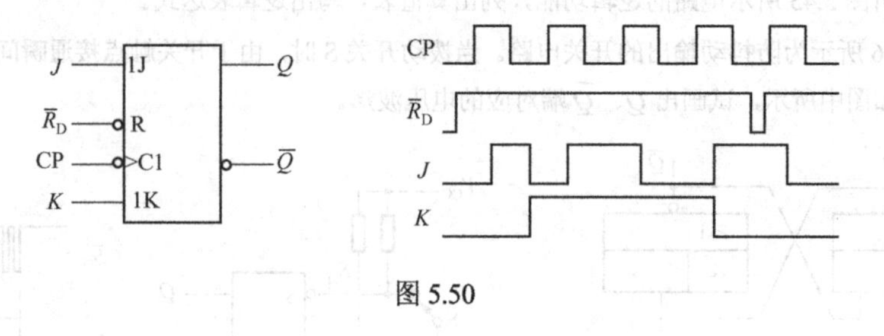

图 5.50

5.13 试画出图 5.51 所示电路中的 Q_1 和 Q_2 的输出波形。

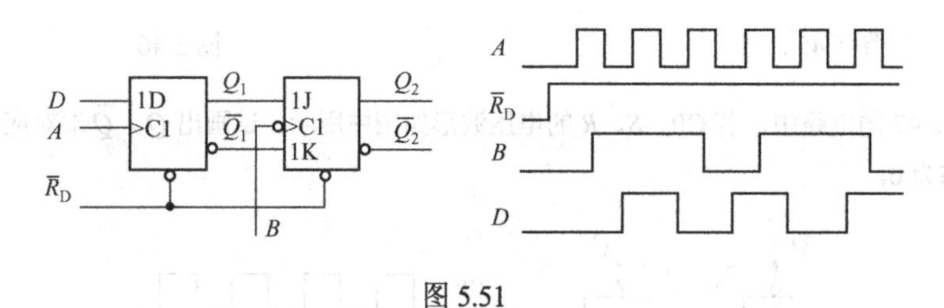

图 5.51

5.14 在基于 Verilog HDL 的触发器设计中，如何实现时钟输入端的上升沿和下降沿触发的特性？

5.15 在基于 Verilog HDL 的触发器设计中，用什么语句来区分不同输入信号的优先权？

5.16 用 Verilog HDL 设计钟控 RS 触发器电路。设 CP 是触发器的时钟输入端，当 CP = 0 时触发器的状态保持不变；当 CP = 1 时，电路按照 RS 触发器的特性变化。设 R 是触发器的置 0 输入端，S 是置 1 输入端。

5.17 分别采用 Verilog HDL 的结构描述和行为描述方式，设计用或非门交叉耦合构成的基本 RS 触发器电路。设 RD 是触发器的置 0 输入端，SD 是置 1 输入端，Q 和 QN 是互非的输出端。

5.18 设计基于 Verilog HDL 的边沿 JK 触发器（CT7479），触发器逻辑符号如图 5.26 所示。

5.19 设计基于 Verilog HDL 的维持-阻塞 D 触发器电路，触发器逻辑符号如图 5.27 所示。

第6章　时序逻辑电路

本章首先介绍时序逻辑电路的结构和特点，然后以寄存器和计数器为例，详细介绍时序逻辑电路的分析方法，最后介绍传统时序逻辑电路的设计方法和基于 Verilog HDL 的时序逻辑电路的设计方法。

6.1　概　　述

1．时序逻辑电路的结构和特点

时序逻辑电路的结构如图 6.1 所示，它由组合逻辑电路和存储电路两部分组成。存储电路由触发器构成，是时序逻辑电路不可缺少的部分，存储电路的输出反馈到组合逻辑电路的输入端。电路结构决定了时序逻辑的特点，即任一时刻的输出信号不仅取决于当时的输入信号，而且还取决于电路的原来状态。图 6.2 是一个简单的时序逻辑电路例子，其中，X 是电路的输入，Y 是输出，存储电路用 T 触发器构成。

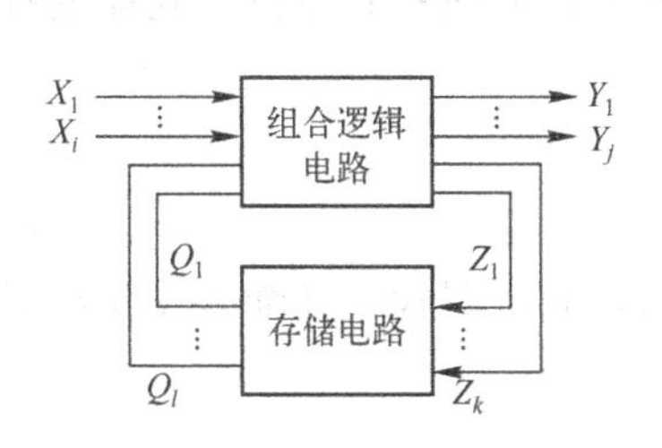

图 6.1　时序逻辑电路的结构

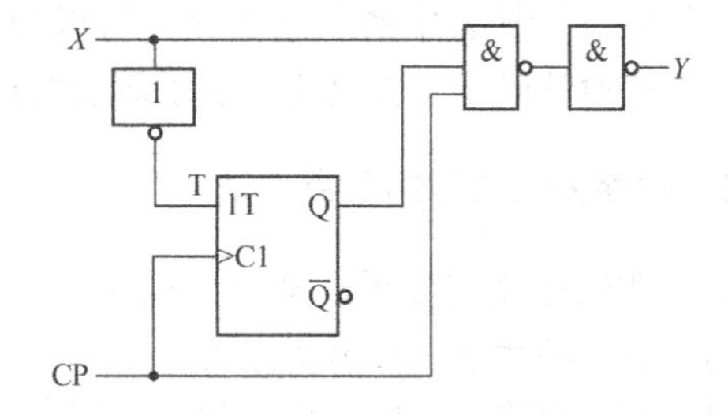

图 6.2　简单时序逻辑电路图

2．时序逻辑电路功能的描述方法

与组合逻辑电路类似，时序逻辑电路的功能也可以用各种不同的方法来描述，逻辑关系表达式是描述时序逻辑电路的重要方法之一。在图 6.1 所示的时序逻辑电路结构图中，X_1，X_2，…，X_i 代表输入信号；Y_1，Y_2，…，Y_j 代表输出信号；Z_1，Z_2，…，Z_k 代表存储电路的输入信号；Q_1，Q_2，…，Q_l 代表存储电路的输出信号。这些信号之间的逻辑关系可以用表达式，即方程组来描述

$$\left.\begin{aligned} Y_1 &= f_1(X_1, X_2, \cdots, X_i, Q_1, Q_2, \cdots, Q_l) \\ Y_2 &= f_2(X_1, X_2, \cdots, X_i, Q_1, Q_2, \cdots, Q_l) \\ &\vdots \\ Y_j &= fi(X_1, X_2, \cdots, X_i, Q_1, Q_2, \cdots, Q_l) \end{aligned}\right\} \tag{6.1}$$

$$
\left.\begin{aligned}
Z_1 &= g_1(X_1, X_2, \cdots, X_i, Q_1, Q_2, \cdots, Q_l)\\
Z_2 &= g_2(X_1, X_2, \cdots, X_i, Q_1, Q_2, \cdots, Q_l)\\
&\vdots\\
Z_K &= g_K(X_1, X_2, \cdots, X_i, Q_1, Q_2, \cdots, Q_l)
\end{aligned}\right\}
\tag{6.2}
$$

$$
\left.\begin{aligned}
Q^{n+1} &= h_1(Z_1, Z_2, \cdots, Z_k, Q_1^n, Q_2^n, \cdots, Q_l^n)\\
Q_2^{n+1} &= h_2(Z_1, Z_2, \cdots, Z_k, Q_1^n, Q_2^n, \cdots, Q_l^n)\\
&\vdots\\
Q_l^{n+1} &= h_l(Z_1, Z_2, \cdots, Z_k, Q_1^n, Q_2^n, \cdots, Q_l^n)
\end{aligned}\right\}
\tag{6.3}
$$

式（6.1）称为输出方程，是电路输出端的逻辑表达式；式（6.2）称为驱动方程或激励方程，是构成存储电路的触发器输入端的表达式；式（6.3）称为状态方程，表示触发器的状态变化特性。状态方程是把驱动方程代入触发器的特性方程后得到的。

对于图 6.2 的电路，它的输出方程、驱动方程和状态方程分别是

$$Z = \overline{\overline{XQ^n\mathrm{CP}}} = XQ^n\mathrm{CP} \tag{6.4}$$

$$T = \overline{X} \tag{6.5}$$

$$Q^{n+1} = \overline{X}\,\overline{Q}^n + X\,Q^n \tag{6.6}$$

除了方程式以外，状态转换表、状态转换图和时序图也是时序逻辑电路功能的描述方法。若将输入变量和各级触发器初态的全部组合取值，分别代入各级触发器的状态方程和电路的输出方程，可以计算出各级触发器的次态值和电路的输出值，把计算结果列成真值表的形式，得到状态转换表。

根据状态转换表中的状态变化，可以画出电路的状态转换图和时序图。功能的描述方法为分析和设计时序逻辑电路提供了简明的思路。

3. 时序逻辑电路的分析方法

时序逻辑电路的分析，就是要找出给定电路的逻辑功能，即找出在输入变量和时钟信号作用下的电路状态和输出状态的变化规律。

时序逻辑电路的分析一般按如下步骤进行：

① 从给定的逻辑图中写出电路的输出方程和触发器的驱动方程，然后将驱动方程代入触发器的特性方程，得到状态方程。

② 将输入变量和触发器初态的各种取值组合，代入状态方程和输出方程，计算得到状态转换表。

③ 将状态转换表的状态变化规律用状态转换图或时序图表示出来。

④ 根据状态转换图或时序图说明电路的逻辑功能。

【例 6.1】 分析图 6.2 所示的简单时序逻辑电路。

解：（1）写出输出方程、驱动方程和状态方程。图 6.2 所示电路的输出方程和驱动方程已由式（6.4）和式（6.5）给出。电路使用的存储电路是 T 型触发器，其特性方程为

$$Q^{n+1} = T\overline{Q}^n + \overline{T}Q^n \tag{6.7}$$

将式（6.5）的驱动方程代入式（6.7）的特性方程，得到式（6.6）给出的状态方程。

（2）列出状态转换表。图示电路有一个输入 X 和一级触发器，因此输入与触发器初态的取值组合只有四组，即 00、01、10 和 11。把这些取值代入式（6.6）的状态方程和式（6.4）的输出方程，可计算出触发器的次态和电路的输出值。把计算结果按真值表的方式列出，得到状态转换表，如表 6.1 所示。

（3）画状态转换图或时序图。状态转换图可以直观、形象地显示出时序逻辑电路的特点和逻辑功能，所以在计算得到状态转换表后，一般都要根据状态转换画出状态转换图。例 6.1 电路的状态转换图如图 6.3 所示，在图中以圆圈表示电路各个状态，以箭头表示状态转换的方向，箭头旁注明了状态转换的输入条件和输出结果。一般把输入条件写在斜线上方，将输出结果写在斜线下方。

表 6.1　例 6.1 的状态转换表

X	Q^n	Q^{n+1}	Y
0	0	1	0
0	1	0	0
1	0	0	0
1	1	1	1

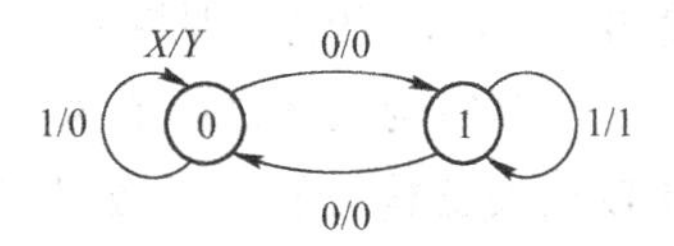

图 6.3　例 6.1 的状态转换图

时序图也可以直观地表示时序逻辑电路的特点和逻辑功能，因此在现代数字电路的设计中，一般用计算机仿真工具得到设计电路的时序图，判断设计结果的正确性。在传统的时序逻辑电路的分析中，时序图可以根据状态方程、状态转换表或者状态转换图画出。例 6.1 所示电路的时序图如图 6.4 所示。图 6.4（a）是触发器的初态为 0 时的时序图，图 6.4（b）是触发器的初态为 1 时的时序图。

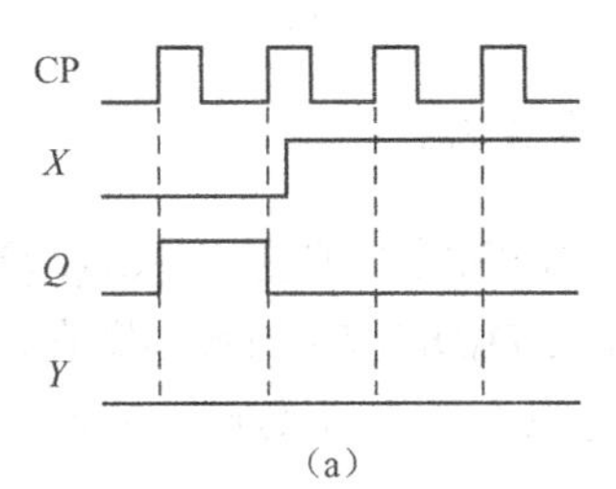

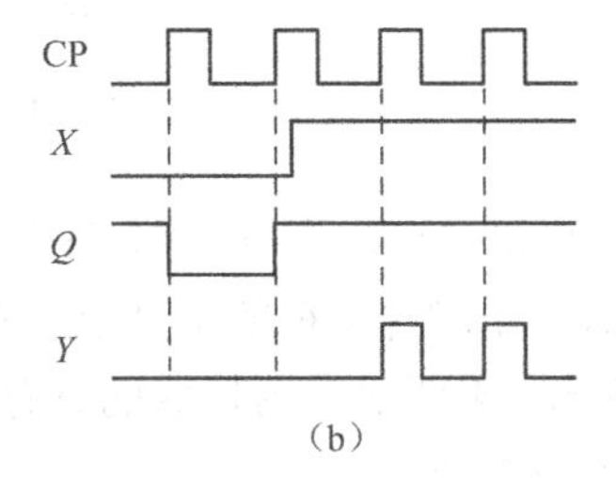

图 6.4　例 6.1 电路的时序图

从两个时序图的输出波形 Y 可以看出，在输入信号不变的条件下，电路的初态不同，输出波形也不同。这里反映出时序逻辑电路的特点，即任一时刻的输出信号不仅决定于当时的输入信号，而且还取决于电路的原来状态。

（4）根据画出的状态转换图或时序图说明电路的功能。本例电路是一个简单的时序逻辑电路，并没有实际功能。

4．同步时序逻辑电路和异步时序逻辑电路

根据构成时序逻辑电路中的各级触发器时钟端的连接方式，可以把时序逻辑电路分为同步时序逻辑电路和异步时序逻辑电路。在同步时序逻辑电路中，全部触发器的时钟端并联在一起，统一受系统时钟的控制，因此各级触发器的状态变化是同时的。在异步时序逻辑电路中，各级触发器时钟端的连接不是完全相同的，因此触发器的状态变化不能同时发生。同步时序逻辑电路和异步时序逻辑电路的分析和设计方法存在一定的区别。

6.2 寄存器和移位寄存器

寄存器和移位寄存器是时序逻辑电路的常用电路，它们是一种用来暂时保存数码的逻辑部件。具有暂时保存数码的记忆功能是寄存器和移位寄存器的共同之处，不同之处是移位寄存器具有移位功能，而寄存器却没有这种功能。

6.2.1 寄存器

寄存器能够接收、存放和传送数码，一般称它为数码寄存器。各种类型的触发器都具有接收（置 0 置 1）、记忆（保持）和传送（读出）的功能，它们都可以构成寄存器，而用 D 触发器或 D 锁存器构成寄存器最为方便。

用 4 级 D 触发器构成的 4 位数码寄存器电路如图 6.5 所示，4 级 D 触发器的输入构成 4 位数码输入端 $D_0D_1D_2D_3$，输出构成 4 位数码输出端 $Q_0Q_1Q_2Q_3$。触发器的时钟端连接在一起，作为数据锁存输入端 CP，异步置 0 端 $\overline{R}_D$ 连接在一起，作为整个电路的复位端 $\overline{R}_D$。

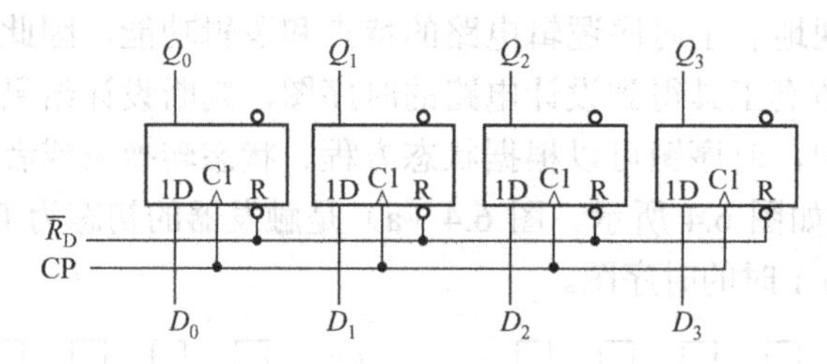

图 6.5 4D 型寄存器电路

由电路的结构可以看出，当复位端 $\overline{R}_D$ 为 0 时，触发器被复位，$Q_0Q_1Q_2Q_3=0000$。当复位端 $\overline{R}_D=1$ 无效时，用时钟 CP 的上升沿，将输入 $D_0D_1D_2D_3$ 的数码锁存，锁存后的数码从输出 $Q_0Q_1Q_2Q_3$ 读出。4 级触发器构成的寄存器可以存储 4 位数码，N 级触发器可以构成 N 位寄存器，存储 N 位数码。

在集成电路中，寄存器的种类很多，其中 CT74173（74LS173）、CT74175（74LS175）是 TTL 类型的 4D 型寄存器，CT74273（74LS273）、CT74373（74LS373）是 8D 型寄存器，CC4076 是 CMOS 类型的 4D 型寄存器。

6.2.2 移位寄存器

移位寄存器除了具有存储数码的功能以外，还具有移位功能。所谓移位功能，是指寄存器里的数据能在移位脉冲的作用下，依次向左移或向右移。能使数据向左移的寄存器称为左移移位寄存器，能使数据向右移的寄存器称为右移移位寄存器，能使数据即可向左移也能向右移的寄存器称为双向移位寄存器。

移位寄存器有两种信息输入方式，即串行输入方式和并行输入方式。对于右移移位寄存器，串行输入方式就是在同一个时钟的控制下，将信息输入到移位寄存器的最左端，同时已存入的信息右移一位。左移移位寄存器是把串行输入的信息输入到最右端，已存入的信息向左移。并行输入方式就是把全部信息同时输入寄存器。

移位寄存器的输出方式也有两种，即串行输出方式和并行输出方式。对于右移移位寄存器，串行输出方式就是将最右边的触发器输出作为电路的输出，在时钟脉冲的控制下，数据一位一位地从这个输出端输出。左移移位寄存器是把最左边的触发器的输出作为电路的输出。并行输出方式是将构成移位寄存器的全部触发器的输出作为电路的输出，数据可以从这些触发器的输出端同时输出，即并行输出。

移位寄存器可以用各种类型的触发器构成，D 型触发器是最方便构成移位寄存器的基本器件。用 D 触发器构成的 4 位右移移位寄存器电路如图 6.6 所示，4 位左移移位寄存器的电路如图 6.7 所示。在图中，如果把左边的触发器的输出 Q 作为右边触发器的 D 输入，则构成右移移位寄存器（如图 6.6 所示）。如果把右边触发器的输出 Q 作为左边触发器的 D 输入，则构成左移移位寄存器（如图 6.7 所示）。D_{IR} 是右移移位寄存器的输入端，由于数据只能从这个输入端一位一位地进入，所以称为串行输入端。D_{IL} 是左移移位寄存器的串行输入端。下面以图 6.6 所示的 4 位右移移位寄存器为例，说明移位寄存器的工作原理。

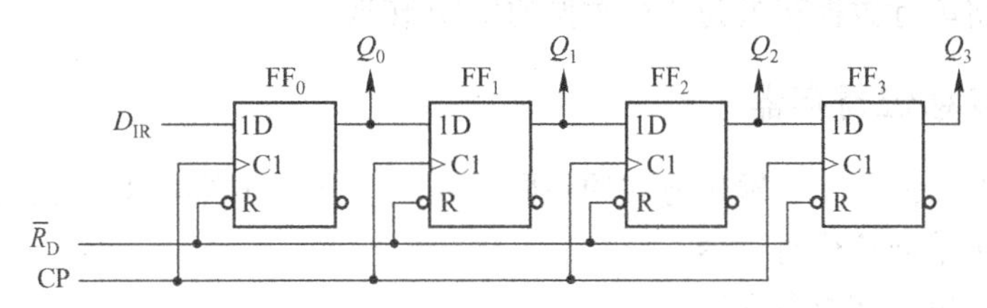

图 6.6　4 位右移移位寄存器电路

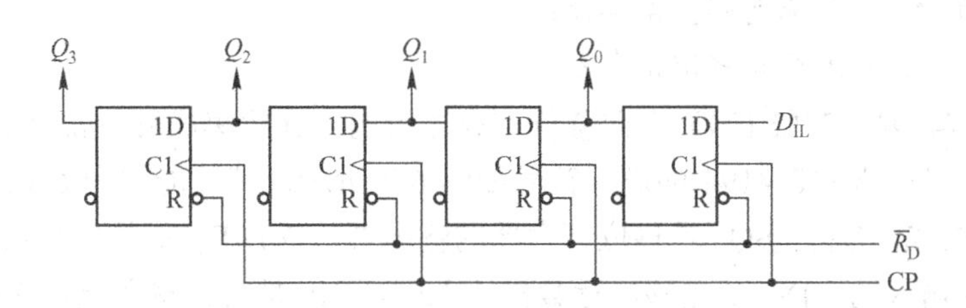

图 6.7　4 位左移移位寄存器电路

根据图 6.6 电路的连接方式，可以写出各级触发器的状态方程为

$$\left.\begin{aligned} Q_0^{n+1} &= D_0 = D_{IR} \\ Q_1^{n+1} &= D_1 = Q_0^n \\ Q_2^{n+1} &= D_2 = Q_1^n \\ Q_3^{n+1} &= D_3 = Q_2^n \end{aligned}\right\} \tag{6.8}$$

由状态方程可以看出，当 CP 的上升沿同时作用于所有的触发器时，FF_0 接收输入 D_{IR} 的信号，而 FF_1 接收 FF_0 的原态、FF_2 接收 FF_1 的原态、FF_3 接收 FF_2 的原态，这样的效果相当于移位寄存器里原有的数码依次向右移了一位。

假如在 4 个时钟周期内，输入的数码依次为 1011，而移位寄存器的初始状态为 0000，那么在 CP 的作用下，移位寄存器里的数码移动的情况如表 6.2 所示。各级触发器输出端在移位过程中的电压波形如图 6.8 所示。

表 6.2　移位寄存器中数码移动状态表

CP 的时序	D_{IR}	$Q_0\ Q_1\ Q_2\ Q_3$
0	0	0 0 0 0
1	1	1 0 0 0
2	0	0 1 0 0
3	1	1 0 1 0
4	1	1 1 0 1

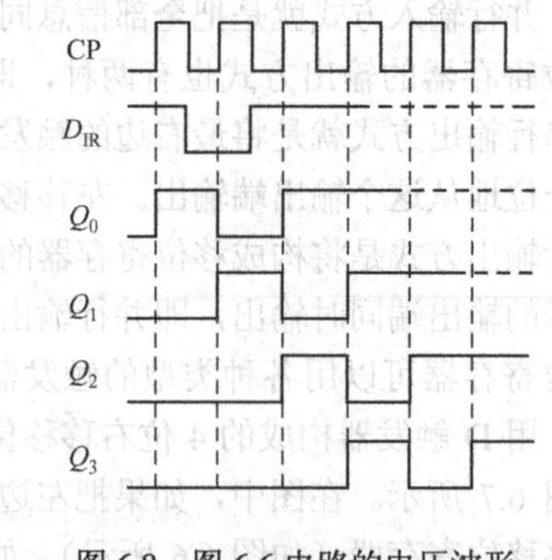

图 6.8　图 6.6 电路的电压波形

由图可以看到，经过 4 个 CP 信号后，串行输入的 4 位数码全部移入移位寄存器中，同时在 4 级触发器的输出端得到并行输出的数码，即 $Q_3Q_2Q_1Q_0=1011$。根据这个原理，移位寄存器可以实现将串行数据转换为并行数据的串/并转换。

6.2.3　集成移位寄存器

根据移位寄存器的输入、输出方式的不同，集成移位寄存器可以分为五类：

① 串入-并出单向移位寄存器；

② 串入-串出单向移位寄存器；

③ 串入、并入-串出单向移位寄存器；

④ 串入、并入-并出单向移位寄存器；

⑤ 串入、并入-并出双向移位寄存器。

下面以 CT74194（74LS194）双向移位寄存器为例，介绍集成移位寄存器的功能及使用方法。双向移位寄存器 CT74194 的逻辑符号如图 6.9 所示，其功能如表 6.3 所示。CT74194 由 4 级触发器构成，$Q_0Q_1Q_2Q_3$ 是移位寄存器的输出端，$D_0D_1D_2D_3$ 是并行数据输入端，D_{IR} 是右移串行数据输入端，D_{IL} 是左移串行数据输入端，CP 是时钟输入端，$\overline{R}_D$ 是复位端，S_1 和 S_0 是功能控制输入端。由表 6.3 可见，当 $\overline{R}_D=0$ 有效时，构成移位寄存器的全部触发器被复位，$Q_0Q_1Q_2Q_3=0000$。当 $\overline{R}_D=1$ 无效时，由功能控制输入端 S_1、S_0 决定移位寄存器的工作状态，当 $S_1S_0=00$ 时，移位寄存器各级触发器的状态保持不变；当 $S_1S_0=01$ 时，完成右移功能；当 $S_1S_0=10$ 时，完成左移功能；当 $S_1S_0=11$ 时，执行并行数据输入操作。改变功能控制输入端的控制信号，可以使 CT74194 构成各种不同的数据输入、输出方式。

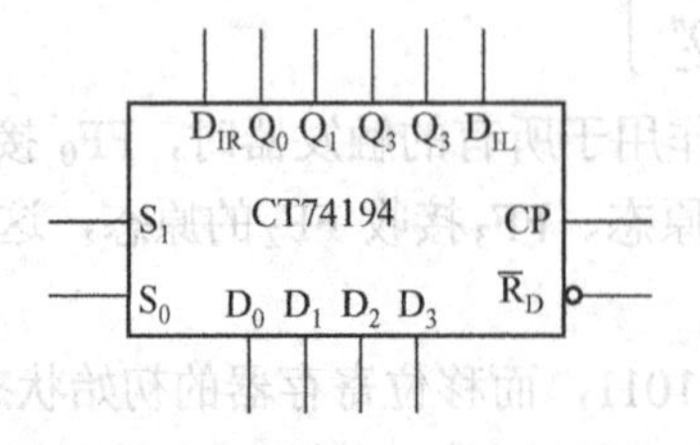

图 6.9　74LS194 的逻辑符号

表 6.3　CT74194 的功能表

$\overline{R}_D$	$S_1\ S_0$	功能
0	× ×	置零
1	0 0	保持
1	0 1	右移
1	1 0	左移
1	1 1	并行输入

1. 并入-并出方式

并入-并出方式是在功能控制输入端 $S_1S_0=11$ 时实现的。在这种方式下，只要 CP 的上升沿到来，移位寄存器就把并行数据输入端 $D_0D_1D_2D_3$ 的数据接收过来，使 $Q_0Q_1Q_2Q_3=D_0D_1D_2D_3$，实现并行输入，然后可以将数据从 $Q_0Q_1Q_2Q_3$ 输出，实现并行输出。并入-并出方式常用于数据锁存。

2. 并入-串出方式

并入-串出方式是先执行数据并入功能（即 $S_1S_0=11$），将数据并入后，改变 S_1S_0 信号使寄存器执行右移（$S_1S_0=01$）或左移（$S_1S_0=10$）功能，然后把最右边（右移时）的触发器 Q_3 端或最左边（左移时）的触发器 Q_0 端作为输出。在 CP 脉冲的控制下，使存入寄存器的数据一位一位地输出，实现串行输出。并入-串出方式可以把并行数据转换为串行数据（即并/串转换），这是实现计算机串行通信的重要操作过程。

3. 串入-并出方式

串入-并出方式在分析图 6.6 电路时已叙述，对于 CT74194 来说，只要执行右移或左移功能，就能实现这种工作方式。如果执行右移功能，则串行数据从 D_{IR} 端输入，经过 4 个时钟周期，可以将 4 位串行数据输入到寄存器中，然后从 $Q_0Q_1Q_2Q_3$ 并行输出。串入-并出方式可以把串行数据转换为并行数据（即串/并转换），这也是实现计算机串行通信的重要操作过程。

4. 串入-串出方式

串入-串出方式是寄存器执行右移或左移功能实现的。如果执行右移功能，则串行数据从 D_{IR} 端输入，然后以任何一个触发器的 Q 端作为输出。在 CP 的控制下，输入数据一位一位地存入寄存器，同时又一位一位地从某一个 Q 端输出，实现串入-串出方式。从图 6.8 所示的右移移位寄存器的波形可以看出，从每个触发器 Q 端输出的波形是相同的，区别在于后级触发器 Q 输出波形比前级触发器 Q 输出波形滞后一个 CP 周期，因此工作于串入-串出方式的移位寄存器被称为“延迟线”。

一片集成电路在实际应用中往往达不到设计要求，经常需要将若干片集成电路连接起来，实现一个较大的电路系统。用 CT74194 实现多片级联很方便，两片 CT74194 构成 8 位双向移位寄存器的电路连接图如图 6.10 所示，具体连接方法是，将片(1)的 Q_3 接至片(2)的

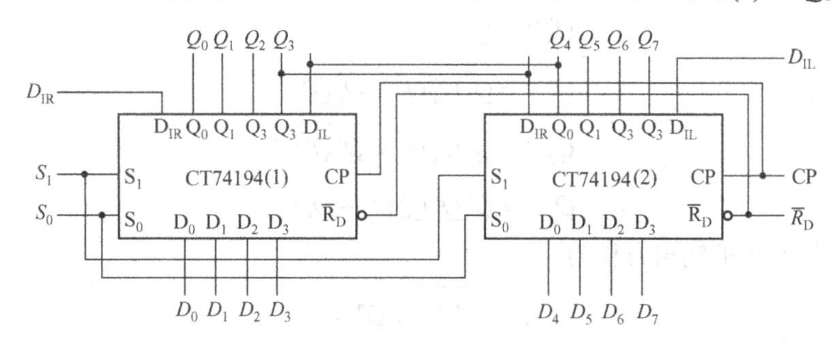

图 6.10 用两片 CT74194 接成 8 位双向移位寄存器电路

D_{IR}，而将片(2)的 Q_0 接至片(1)的 D_{IL}，同时把两片的 S_1、S_0、CP 和 $\overline{R}_D$ 分别并联。采用相同的方法，可以用 4 片 CT74194 构成 16 位双向移位寄存器。

6.3 计 数 器

在数字系统中，计数器的用途非常广泛。计数器可以统计输入脉冲的个数，用于实现计时、计数系统，还可以用于分频、定时及产生节拍脉冲和序列脉冲。

计数器的种类也非常繁多，根据计数器中触发器时钟端的连接方式，分为同步计数器和异步计数器；根据计数方式，分为二进制计数器、十进制计数器和任意进制计数器；根据计数器中的状态变化规律，分为加法计数器、减法计数器和加/减计数器。

6.3.1 同步计数器的分析

在同步计数器中，全部触发器的时钟端是并联在一起的，在时钟脉冲的控制下，各级触发器的状态变化是同时的。通过计数器的分析，可以让读者加深对计数器特性的理解。

【例 6.2】 分析图 6.11 所示的计数器电路，并说明电路的特点。

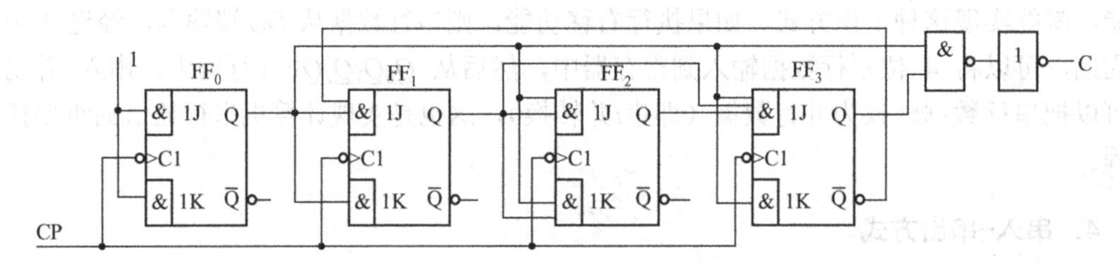

图 6.11 例 6.2 计数器电路图

解：（1）写方程式。根据图 6.11 给定的逻辑图可写出电路的驱动方程

$$\left.\begin{aligned} & J_0 = K_0 = 1 \\ & J_1 = \overline{Q_3^n} Q_0^n,\ K_1 = Q_0^n \\ & J_2 = K_2 = Q_1^n Q_0^n \\ & J_3 = Q_2^n Q_1^n Q_0^n,\ K_3 = Q_0^n \end{aligned}\right\} \tag{6.9}$$

将式（6.9）代入 JK 触发器的特性方程 $Q^{n+1} = J\overline{Q^n} + \overline{K}Q^n$ 中，得到电路的状态方程

$$\begin{aligned} & Q_0^{n+1} = \overline{Q_0^n} \\ & Q_1^{n+1} = \overline{Q_3^n} Q_0^n \overline{Q_1^n} + \overline{Q_0^n} Q_1^n \\ & Q_2^{n+1} = Q_1^n Q_0^n \overline{Q_2^n} + \overline{Q_1^n Q_0^n} Q_2^n \\ & Q_3^{n+1} = Q_2^n Q_1^n Q_0^n \overline{Q_3^n} + \overline{Q_0^n} Q_3^n \end{aligned} \tag{6.10}$$

根据逻辑图写出的输出方程为

$$C = \overline{\overline{Q_3^n Q_0^n}} = Q_3^n Q_0^n \tag{6.11}$$

（2）计算并列出状态转换表。将四级触发器的全部初态 0000～1111 代入式（6.10）的

状态方程和式（6.11）的输出方程，计算得出的状态转换表如表 6.4 所示。

表 6.4　例 6.2 电路状态转换表

$Q_3^n\ Q_2^n\ Q_1^n\ Q_0^n$	$Q_3^{n+1}\ Q_2^{n+1}\ Q_1^{n+1}\ Q_0^{n+1}$	C
0 0 0 0	0 0 0 1	0
0 0 0 1	0 0 1 0	0
0 0 1 0	0 0 1 1	0
0 0 1 1	0 1 0 0	0
0 1 0 0	0 1 0 1	0
0 1 0 1	0 1 1 0	0
0 1 1 0	0 1 1 1	0
0 1 1 1	1 0 0 0	0
1 0 0 0	1 0 0 1	0
1 0 0 1	0 0 0 0	1
1 0 1 0	1 0 1 1	0
1 0 1 1	0 1 0 0	1
1 1 0 0	1 1 0 1	0
1 1 0 1	0 1 0 0	1
1 1 1 0	1 1 1 1	0
1 1 1 1	0 0 0 0	1

（3）画状态转换图或时序图。由状态转换表可知，当四级触发器的初态$Q_3^n Q_2^n Q_1^n Q_0^n=0000$时，在时钟脉冲的控制下，触发器的次态$Q_3^{n+1}Q_2^{n+1}Q_1^{n+1}Q_0^{n+1}=0001$；若$Q_3^n Q_2^n Q_1^n Q_0^n=0001$，则次态$Q_3^{n+1}Q_2^{n+1}Q_1^{n+1}Q_0^{n+1}=0010$。依此类推，可以逐步画出电路的全部状态变化的图形，即状态转换图，如图 6.12 所示。在图中，以斜线上、下方标出的数据状态变化的输入条件和输出结果，本例电路没有输入，只有进位输出 C，因此以“/C”表示输出结果。

电路的时序图可以从状态转换表或者从状态转换图推导画出，一般由状态转换图推导比较直观。由状态图可知，当电路的初态为 0000 时，先转换到 0001，再转换到 0010，…，一直转换到 1001 后又回到 0000 状态，构成一个计数循环，时序图就是按照这种状态变化规律画出来的。但在画时序图时，要注意触发器的时钟特性，本例电路使用下降沿触发的 JK 触发器，因此时序图中各触发器的状态变化一定要对准 CP 的下降沿，如图 6.13 所示。

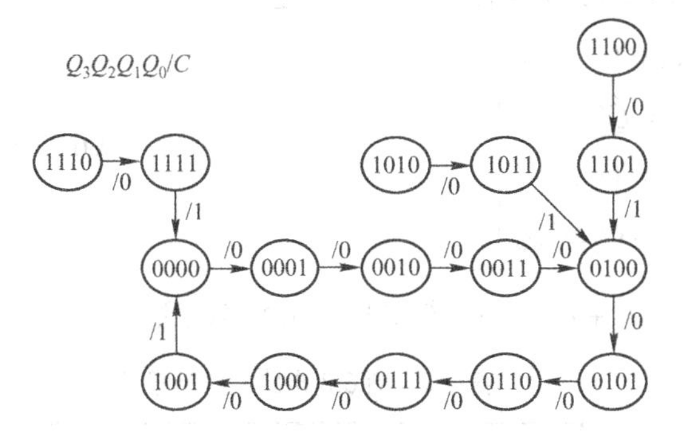

图 6.12　例 6.2 电路状态转换图

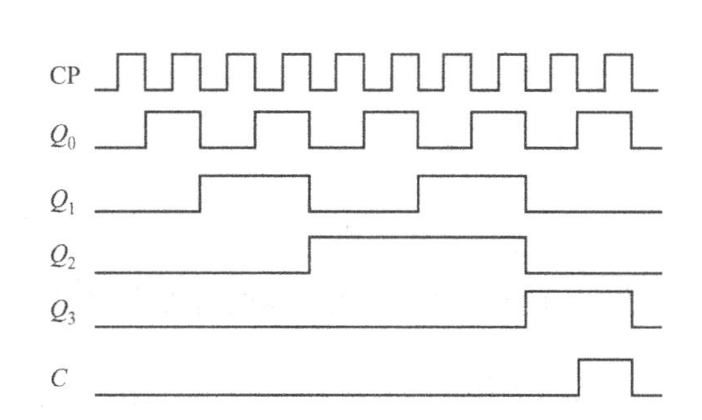

图 6.13　例 6.2 电路的时序图

（4）说明电路功能。根据状态转换图或时序图，可以说该电路是同步十进制加法计数器，而且具有自启动能力。

电路的功能特点根据下述理由归纳得到：

① 根据电路触发器的连接方式，可以知道该电路是同步时序逻辑电路。

② 根据状态转换图是由若干个状态构成一个循环（即计数循环）的特点，可以说明该电路是一个计数器。

③ 根据构成计数循环的状态个数是 10，可以说明该电路是一个十进制计数器，或者说计数器的模值是 10。

④ 根据计数循环状态变化的递增规律，可以说明该电路是加法计数器。

⑤ 另外，由状态转换图可以看到，计数循环以外的状态，都能回到计数循环里来，这

就说明该计数器具有自启动能力。

一个实际的计数器电路是设计出来的。设计十进制计数器时，需要 4 级触发器来记录输入脉冲的个数。4 级触发器共有 16 个状态组合，而十进制计数器只需要其中的 10 种组合，构成一个计数循环。选中进入计数循环的状态称为编码状态（或称为有效状态），未选中进入计数循环的状态称为非编码状态（或称为无效状态）。在例 6.2 中，0000～1001 等 10 个状态是编码状态，而 1010～1111 等 6 个状态是非编码状态。由编码状态构成的循环称为有效循环（即计数循环），由非编码状态构成的循环称为无效循环（或称为死循环）。设计计数器时，不允许存在死循环。如果一个计数器存在死循环，那么在计数器工作时，由于干扰等外界因素的影响，计数器可能会跳到死循环中，计数的模值就会改变，产生错误的计数结果，因此没有死循环（即具有自启动能力）的计数器才是设计完善的计数器。

【例 6.3】 分析图 6.14 所示的计数器电路，并说明电路的特点。

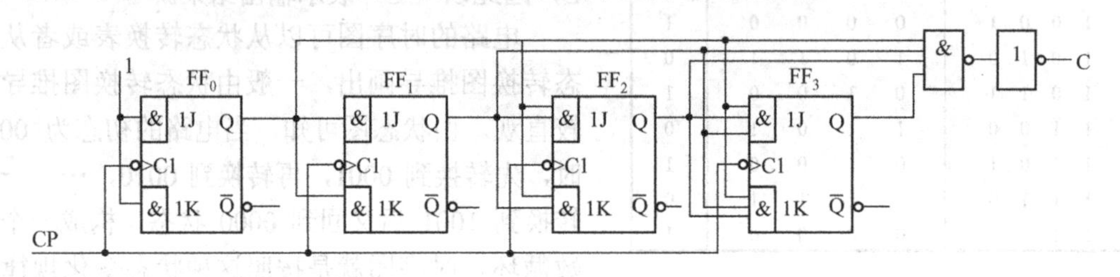

图 6.14 例 6.3 计数器电路图

解：（1）写方程式。根据图 6.14 给定的逻辑图可写出电路的驱动方程

$$\left.\begin{aligned} J_0 &= K_0 = 1 \\ J_1 &= K_1 = Q_0^n \\ J_2 &= K_2 = Q_1^n Q_0^n \\ J_3 &= K_3 = Q_2^n Q_1^n Q_0^n \end{aligned}\right\} \tag{6.12}$$

将式（6.12）代入 JK 触发器的特性方程 $Q^{n+1} = J\overline{Q}^n + \overline{K}Q^n$ 中，得到电路的状态方程

$$\left.\begin{aligned} Q_0^{n+1} &= \overline{Q}_0^n \\ Q_1^{n+1} &= Q_0^n \overline{Q}_1^n + \overline{Q}_0^n Q_1^n \\ Q_2^{n+1} &= Q_1^n Q_0^n \overline{Q}_2^n + \overline{Q_1^n Q_0^n} Q_2^n \\ Q_3^{n+1} &= Q_2^n Q_1^n Q_0^n \overline{Q}_3^n + \overline{Q_2^n Q_1^n Q_0^n} Q_2^n \end{aligned}\right\} \tag{6.13}$$

根据逻辑图写出输出方程

$$C = \overline{\overline{Q_3^n Q_2^n Q_1^n Q_0^n}} = Q_3^n Q_2^n Q_1^n Q_0^n \tag{6.14}$$

（2）列状态转换表。把 4 级触发器的全部初态 0000～1111 代入式（6.13）的状态方程和式（6.14）的输出方程，计算得出的状态转换表如表 6.5 所示。

表 6.5 例 6.3 电路状态转换表

Q_3^n	Q_2^n	Q_1^n	Q_0^n	Q_3^{n+1}	Q_2^{n+1}	Q_1^{n+1}	Q_0^{n+1}	C
0	0	0	0	0	0	0	1	0
0	0	0	1	0	0	1	0	0
0	0	1	0	0	0	1	1	0
0	0	1	1	0	1	0	0	0
0	1	0	0	0	1	0	1	0
0	1	0	1	0	1	1	0	0
0	1	1	0	0	1	1	1	0
0	1	1	1	1	0	0	0	0
1	0	0	0	1	0	0	1	0
1	0	0	1	1	0	1	0	0
1	0	1	0	1	0	1	1	0
1	0	1	1	1	1	0	0	0
1	1	0	0	1	1	0	1	0
1	1	0	1	1	1	1	0	0
1	1	1	0	1	1	1	1	0
1	1	1	1	0	0	0	0	1

（3）画状态转换图或时序图。根据表 6.5 的状态变化画出的状态转换图如图 6.15 所示，时序图如图 6.16 所示。

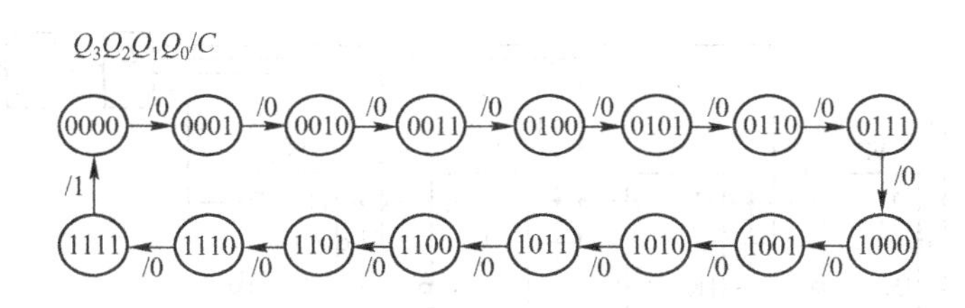

图 6.15　例 6.3 电路状态转换图

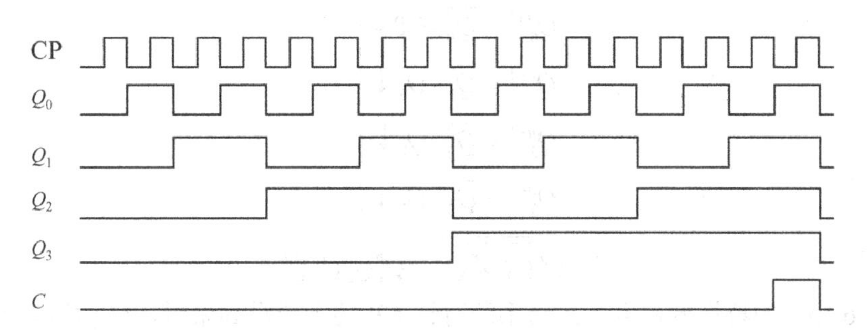

图 6.16　例 6.3 电路的时序图

（4）说明电路功能。由状态转换图或时序图可知，电路是同步二进制（模 16）加法计数器。

二进制计数器的特点是，计数器中的触发器的状态按照二进制数的规律变化，而且其模值为 2^N，N 是触发器的级数。例 6.3 中的触发器级数为 4，其模值就是 16（即 2^4）。由于二进制计数器没有非编码状态，因此不存在自启动问题。由图 6.15 所示的时序图可以看出，二进制计数器的 Q_0 输出波形是时钟 CP 波形的 2 分频，Q_1 是 4 分频，Q_2 是 8 分频，Q_3 是 16 分频输出，因此计数器也称为分频器。

6.3.2　异步计数器的分析

所谓异步计数器就是输入的系统时钟脉冲只作用于计数单元电路中的最低位触发器，高位触发器的时钟端受低位触发器 Q 输出端控制，所以前级（低位）触发器的状态变化是后级（高位）触发器状态变化的条件，只有低位触发器翻转之后，才能使高位触发器得到时钟脉冲而发生状态变化。由于每一级触发器都存在传输延迟时间，因此异步计数器这种前级驱动后级的串行结构，与同步计数器比较，它的计数速度比较慢，但电路结构比较简单。

1．异步二进制计数器

异步二进制计数器的结构比较简单，它是由若干级 T′触发器级联构成的，除了第 1 级触发器由输入的系统时钟控制外，其他各级触发器的时钟都是接在前级触发器的 Q 或 $\overline{Q}$ 端的。

【例 6.4】 分析图 6.17 所示的计数器电路，并说明电路的特点。

解： 电路中各级触发器均为由 JK 触发器构成的 T′触发器，根据 T′触发器的特性方程和时钟的连接方式，各级触发器的状态方程和电路的输出方程为

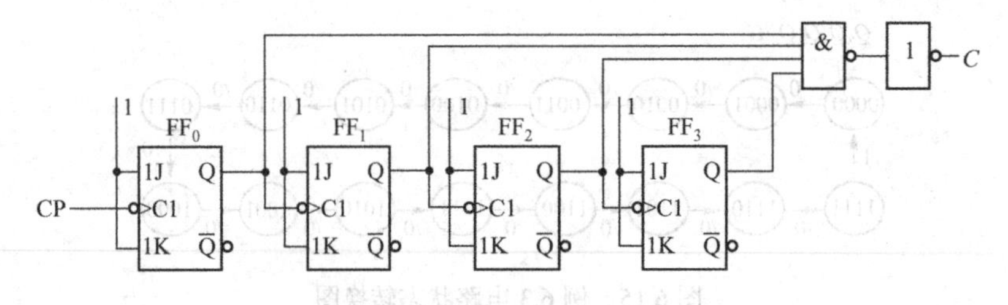

图 6.17　例 6.4 计数器电路图

$$\left.\begin{aligned}Q_0^{n+1}&=\overline{Q}_0^n\cdot \mathrm{CP}\downarrow\\Q_1^{n+1}&=\overline{Q}_1^n\cdot Q_0\downarrow\\Q_2^{n+1}&=\overline{Q}_2^n\cdot Q_1\downarrow\\Q_3^{n+1}&=\overline{Q}_3^n\cdot Q_2\downarrow\end{aligned}\right\}\tag{6.15}$$

$$C=\overline{\overline{Q_3^nQ_2^nQ_1^nQ_0^n}}=Q_3^nQ_2^nQ_1^nQ_0^n\tag{6.16}$$

由式（6.15）的特性方程可知，当系统时钟 CP 的下降沿到来时，FF_0 翻转一次；当 FF_0 的输出 Q_0 有下降沿时，FF_1 翻转一次；当 FF_1 的输出 Q_1 有下降沿时，FF_2 翻转一次；当 FF_2 的输出 Q_2 有下降沿时，FF_3 翻转一次。根据上述分析，画出电路的时序图与例 6.3 同步二进制计数器的时序图完全相同，如图 6.16 所示，状态转换图也完全相同，如图 6.15 所示。由此可知，图 6.17 所示电路是异步二进制（模为 16）加法计数器。

如果将图 6.17 电路中的 FF_1、FF_2、FF_3 的 CP 端分别连接到它们前级触发器的 $\overline{Q}$ 端，就得到一个异步二进制减法计数器电路，如图 6.18 所示。读者可以按照例 6.4 的方法分析出该电路的特点。

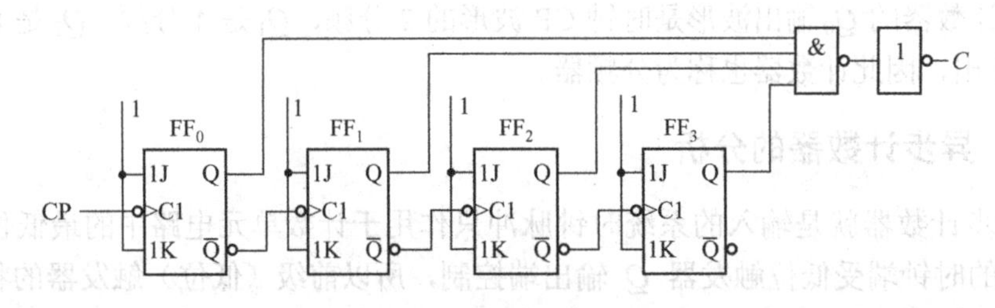

图 6.18　4 位异步二进制减法计数器电路

异步二进制计数器电路简单，但它的模值是 2^N，如果不能改变这个模值，它的使用范围就要受到限制。用反馈复位法可以改变计数器的模值，得到任意模值的计数器。

反馈复位法的基本原理是，当计数器记录到规定的模值时，把计数器的输出送到反馈电路，产生置 0 信号 $\overline{R}_D$ 使计数器复位，完成一次计数循环。

反馈复位法可以按照下列基本步骤进行：

① 根据设计电路的模值求反馈复位代码 S_M。S_M 是计数器模值的二进制代码。

② 求反馈复位逻辑

$$\overline{R}_D=\overline{\prod Q^1}\tag{6.17}$$

式（6.17）表示，计数器记录到规定的模值时，把输出为 1 的触发器的 Q 端信号进行逻辑乘后取反（用$\overline{\prod Q^1}$），作为反馈复位信号。

③ 画逻辑图。在画逻辑图时，首先根据设计需要，画出 N 级异步二进制加法计数器，然后把反馈复位电路的输出连接到各级触发器的复位端$\overline{R}_D$即可。

【例 6.5】 用反馈复位法实现十进制计数器。

解： 十进制计数器的模值 M=10，其反馈复位代码 $S_M=(10)_{10}=(1010)_2$。由反馈复位代码可知，该计数器用 4 级触发器 $Q_3Q_2Q_1Q_0$ 实现，当计数器记录到规定的模值时，$Q_3Q_2Q_1Q_0=1010$，由此推算出的反馈复位逻辑

$$\overline{R}_D=\overline{\prod Q^1}=\overline{Q_3^nQ_1^n} \tag{6.18}$$

根据反馈复位逻辑画出十进制计数器电路，如图 6.19 所示。

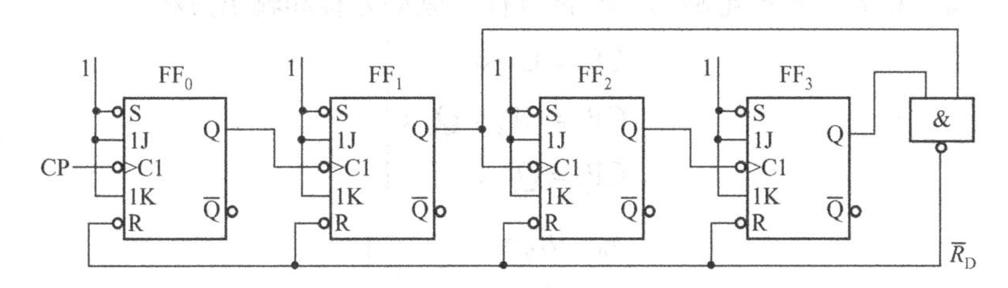

图 6.19　例 6.5 计数器电路

电路的时序图如图 6.20 所示。计数器从 0000 状态开始，输入了 9 个时钟脉冲后，到达 1001 状态，在此期间由式（6.18）决定的条件没有满足，$\overline{R}_D=1$ 不变。当第 10 个 CP 脉冲到来时，计数器进入 1010 状态，正好满足式（6.18）的条件，使$\overline{R}_D=0$。在$\overline{R}_D=0$ 的作用下，全部触发器被复位，计数器回到 0000 状态，完成一次计数循环。由于每输入 10 个 CP 脉冲就完成 1 个计数循环，所以此电路是十进制计数器。请读者注意时序图中计数器进入 1010 状态后的变化情况，是 $Q_3Q_1=11$ 使$\overline{R}_D=0$，反过来$\overline{R}_D=0$ 又使 $Q_3Q_1=00$，当 $Q_3Q_1=00$ 后又使$\overline{R}_D=1$，因此 1010 状态和$\overline{R}_D=0$ 只出现了瞬间。电路的状态转换图如图 6.21 所示。由于 1010 状态是瞬间出现的（称为过渡状态），它与 0000 状态占用一个时钟周期，所以把它们合并在一起。

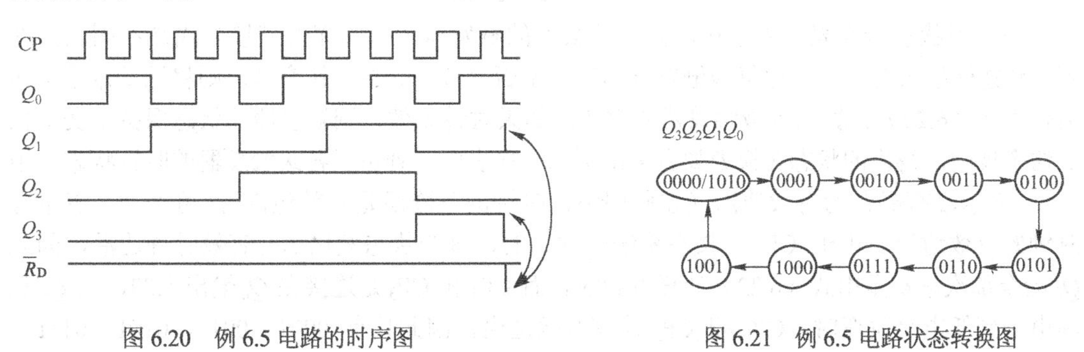

图 6.20　例 6.5 电路的时序图　　　　图 6.21　例 6.5 电路状态转换图

2. 一般异步计数器的分析

一般异步计数器的分析方法与同步计数器的分析方法基本相同，但在同步计数器中，全部触发器的时钟端连接在一起统一受系统时钟的控制，分析时不需要考虑每级触发器的时

钟是否有效。而在异步计数器中，触发器时钟端的连接方式是不同的，分析时则需要考虑每级触发器的时钟是否有效。

【例 6.6】 分析图 6.22 所示的计数器电路，并说明电路的特点。

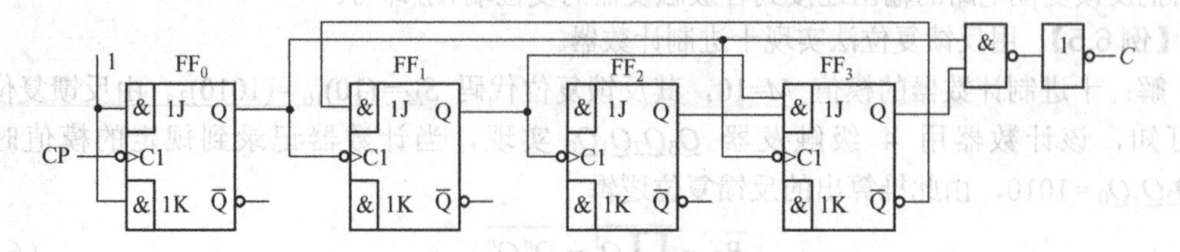

图 6.22 例 6.6 计数器电路

解：（1）写方程式。根据电路写出时钟方程、驱动方程和输出方程

$$\left.\begin{aligned}&\mathrm{CP}_0=\mathrm{CP}\downarrow\\&\mathrm{CP}_1=\mathrm{CP}_3=Q_0\downarrow\\&\mathrm{CP}_2=Q_1\downarrow\end{aligned}\right\}\tag{6.19}$$

$$\left.\begin{aligned}&J_0=K_0=1\\&J_1=\overline{Q}_3^n,\ K_1=1\\&J_2=K_2=1\\&J_3=Q_2^nQ_1^n,\ K_3=1\end{aligned}\right\}\tag{6.20}$$

$$C=Q_0^nQ_3^n\tag{6.21}$$

将式（6.20）的驱动方程代入 JK 触发器的特性方程 $Q^{n+1}=J\overline{Q}^n+\overline{K}Q^n$ 中，得到状态方程

$$\left.\begin{aligned}&Q_0^{n+1}=\overline{Q}_0^n\mathrm{CP}\downarrow\\&Q_1^{n+1}=\overline{Q}_3^n\,\overline{Q}_1^nQ_0\downarrow\\&Q_2^{n+1}=\overline{Q}_2^nQ_1\downarrow\\&Q_3^{n+1}=Q_2^nQ_1^n\overline{Q}_3^nQ_0\downarrow\end{aligned}\right\}\tag{6.22}$$

（2）列状态转换表。由于构成异步计数器的触发器的时钟端的连接方式是不同的，在列出状态转换表时，应考虑每级触发器的时钟是否有效，如果时钟有效，则将触发器原态的值代入式（6.22）计算出各级触发器的次态；如果时钟无效，则触发器的状态保持不变。按照这个规则，得出的状态转换表如表 6.6 所示。在表中，列出了各级触发器的时钟状态，用“×”表示没有时钟的有效边沿（在此例中，时钟的下降沿是有效边沿），用“√”表示有时钟的有效边沿。由于 CP_0 是接在系统时钟上的，每个状态变化都有有效时钟边沿，因此 Q_0 的全部次态都是由式（6.22）计算得到的。而 CP_1 和 CP_3 是连接在 Q_0 输出上的，当 Q_0 从高电平到低电平跳变时，CP_1 和 CP_3 才有有效边沿，因此只有 0001、0011、0101、0111、1001、1011、1101、1111 这 8 个原态，CP_1 和 CP_3 才有有效边沿，Q_1 和 Q_3 的这些原态的次态由式（6.22）计算出，而其余的 8 个次态与它们的原态相同，即保持不变。CP_2 是连接在 Q_1 上的，当 Q_1 从高电平到低电平跳变时，CP_2 才有有效边沿，因此只有 0011、0111、1011、1111 这四个原态，CP_2 才有有效边沿，Q_2 的次态由式（6.22）计算出，而其余的 12 个次态与原态相同。

（3）画状态转换图或时序图。根据表 6.6 的状态变化画出的状态转换图如图 6.23 所示。

表 6.6　例 6.6 状态转换表

$Q_3^nQ_2^nQ_1^nQ_0^n$	$Q_3^{n+1}Q_2^{n+1}Q_1^{n+1}Q_0^{n+1}$	$CP_3\ CP_2\ CP_1\ CP_0$	C
0 0 0 0	0 0 0 1	× × × √	0
0 0 0 1	0 0 1 0	√ × √ √	0
0 0 1 0	0 0 1 1	× × × √	0
0 0 1 1	0 1 0 0	√ √ √ √	0
0 1 0 0	0 1 0 1	× × × √	0
0 1 0 1	0 1 1 0	√ × √ √	0
0 1 1 0	0 1 1 1	× × × √	0
0 1 1 1	1 0 0 0	√ √ √ √	0
1 0 0 0	1 0 0 1	× × × √	0
1 0 0 1	0 0 0 0	√ × √ √	1
1 0 1 0	1 0 1 1	× × × √	0
1 0 1 1	0 1 0 0	√ √ √ √	1
1 1 0 0	1 1 0 1	× × × √	0
1 1 0 1	0 1 0 0	√ × √ √	1
1 1 1 0	1 1 1 1	× × × √	0
1 1 1 1	0 0 0 0	√ √ √ √	1

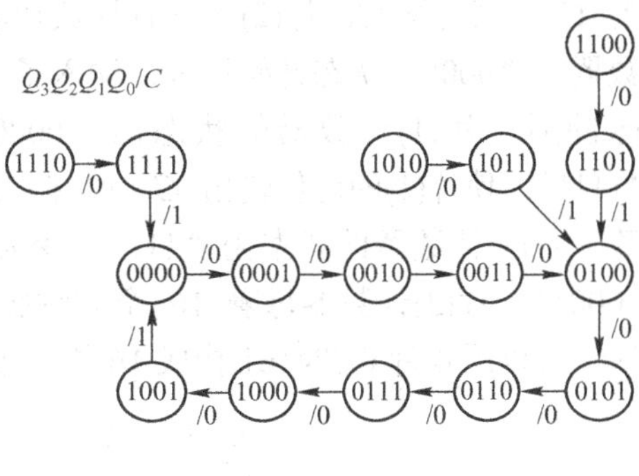

图 6.23　例 6.6 电路状态转换图

（4）说明电路功能。根据状态转换图，可以看出电路是异步十进制加法计数器，有自启动特性。

6.3.3　集成计数器

集成计数器产品的种类繁多，异步计数器包括十进制异步计数器、二进制异步计数器和可变进制计数器；同步计数器有二进制计数器和十进制计数器两种，在这两种计数器中又有加法计数器（也称为不加/减计数器）和加/减计数器（也称为可逆计数器）之分。

下面以 4 位二进制同步计数器 CT74161（74LS161）和十进制同步计数器 CT74160（74LS160）为例，介绍集成计数器的功能和使用方法。图 6.24 和图 6.25 分别给出了 CT74161 和 CT74160 的逻辑符号，它们的功能由表 6.7 列出。CT74161 和 CT74160 由 4 级触发器构成，$Q_3Q_2Q_1Q_0$ 是 4 级触发器的输出端，触发器的翻转依靠时钟脉冲的上升沿来完成。当时钟的上升沿到来后，计数器的状态递增 1。$\overline{R}_D$ 是计数器复位端，$\overline{R}_D=0$ 时，$Q_3Q_2Q_1Q_0=0000$。$\overline{LD}$ 是计数器的预置端，$D_3D_2D_1D_0$ 是预置数据输入端。当 $\overline{LD}=0$ 时，在 CP 的上升沿作用下，$Q_3Q_2Q_1Q_0=D_3D_2D_1D_0$。EP 和 ET 是计数器的功能控制端，EP 和 ET 均为高电平时计数器才能计数，它们中有任何一个为低电平时，计数器的状态不会发生变化，处于保持状态。C 是计数器的进位输出，CT74161 的输出 $C=ET\cdot Q_3Q_2Q_1Q_0$；CT74160 的输出 $C=ET\cdot Q_3Q_0$。

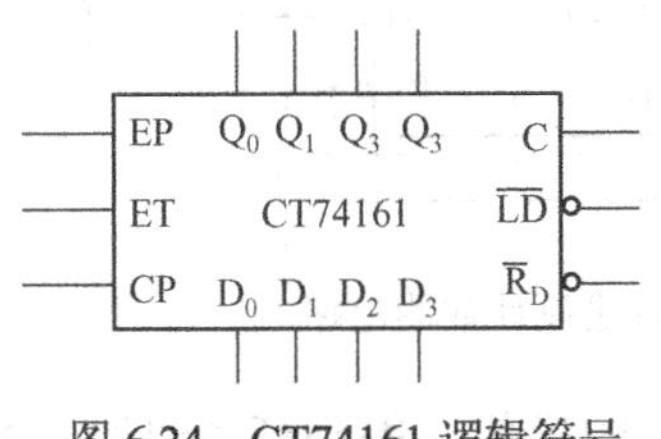

图 6.24　CT74161 逻辑符号

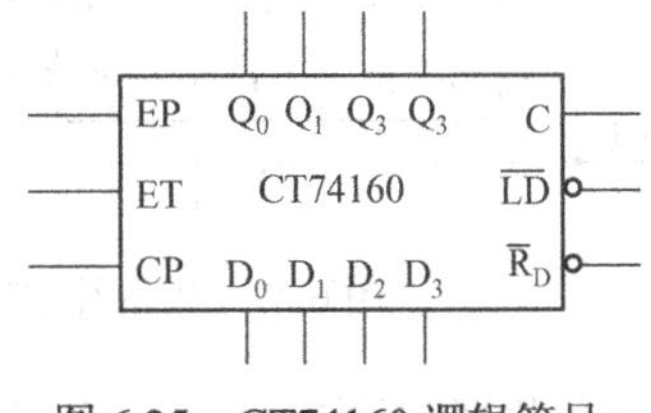

图 6.25　CT74160 逻辑符号

单片 CT74161 的模值为 16，而单片 CT74160 的模值为 10。在实际应用中，经常需要把若干片集成计数器级联起来，形成一个有较大模值的计数系统。把两片 CT74161 级联起来构成的 8 位二进制同步计数器电路如图 6.26 所示。在电路中，把两片的 CP、$\overline{LD}$ 和 $\overline{R}_D$ 分别并联，把片(1)（低位片）的 EP、ET 都接至高电平，使之总是具有计数功能，把片(2)（高位片）的 EP、ET 接在片(1)的进位输出端 C 上，只有片(1)的 C 为高电平时，片(2)才具有计数功能。如果计数器从“0000”状态开始计数，输入了 15 个时钟脉冲后，片(1)计数器的状态由“0000”递增到“1111”，使片(1)的进位输出 C=1，在第 16 个时钟脉冲到来后，片(1)和片(2)计数器同时计数，片(1)计数器的状态由“1111”变为“0000”，而片(2)计数器的状态由“0000”递增到“0001”。片(2)计数器每隔 16 个时钟脉冲到来后，才能完成一次计数操作。采用相同的方法，可以用 4 片 CT74161 构成 16 位二进制同步计数器。

表 6.7　CT74161 和 CT74160 的功能表

$\overline{R}_D$	$\overline{LD}$	EP	ET	CP	功能
0	×	×	×	×	复位
1	0	×	×	↑	预置
1	1	0	0	↑	保持
1	1	0	1	↑	保持
1	1	1	0	↑	保持
1	1	1	1	↑	计数

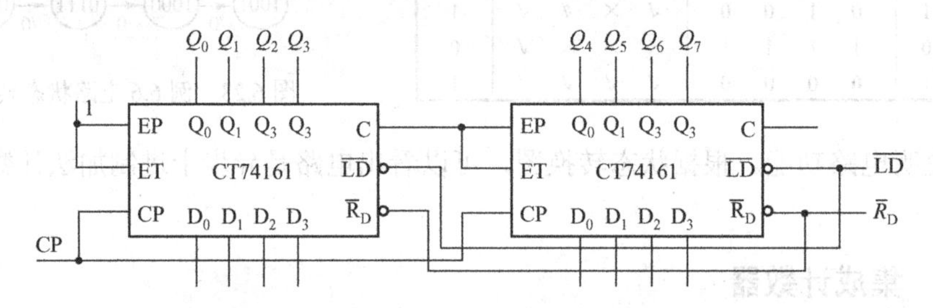

图 6.26　用两片 CT74161 构成的 8 位二进制同步计数器电路

一片 CT74161 的模值是 16，把两片 CT74161 级联后，得到模值为 256 的计数器，这些模值不一定能满足实际设计的要求，用反馈复位法或预置法，可以改变计数器的模值，得到任意进制计数器。

【例 6.7】 用集成计数器 CT74161 结合反馈复位法实现 60 进制计数器。

解： 60 进制计数器的反馈复位代码 $S_M=(60)_{10}=(111100)_2$。由反馈复位代码推算出的反馈复位逻辑是

$$\overline{R}_{D}=\overline{\prod Q^{1}}=\overline{Q_5Q_4Q_3Q_2} \tag{6.23}$$

实现的 60 进制计数器如图 6.27 所示。

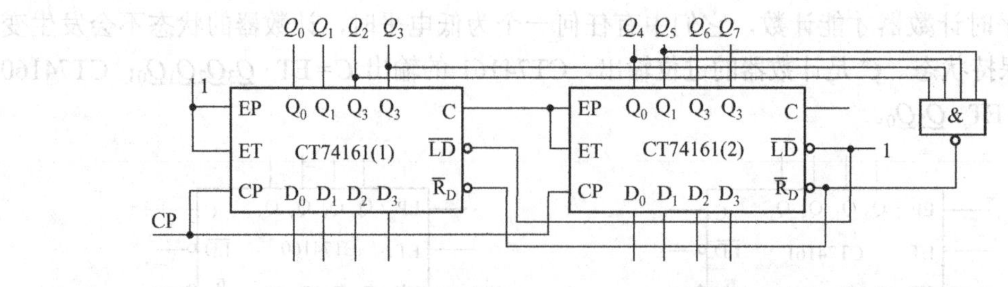

图 6.27　用两片 CT74161 构成的 60 进制计数器电路

利用集成计数器的预置功能，也可以改变计数器的模值，得到任意进制计数器，一般

把这种方法称为预置法。预置法又分为用计数器进位输出 C 预置法和用 Q 输出预置法。

1. 输出 C 预置法

进位输出 C 预置法是把进位输出 C 经反相后接至计数器的预置端 $\overline{LD}$，然后根据设计需要，把计数器的预置数据输入端 $D_3D_2D_1D_0$ 接好预置数据即可。计数器状态未到达最大值时，进位输出 $C=0$，经反相后使 $\overline{LD}=1$，计数器按计数方式工作。当计数器状态到达最大值时，进位输出 $C=1$，经反相后使 $\overline{LD}=0$，计数器按预置方式工作，这时，再来一个时钟脉冲，计数器结束本次计数循环，以预置方式使计数器状态进入预置数据值，并开始下一轮计数循环。预置数据值可由下式得到

$$(\text{预置数据值})_2=(\text{计数器的模值})-(\text{改变后的模值}) \tag{6.24}$$

【例 6.8】 用进位输出 C 预置法改变 CT74161 计数器的模值，实现 10 进制计数器。

解： 已知 CT74161 的模值是 16，改变后的模值是 10，由式（6.24）得到

$$(\text{预置数据值})=(16-10)=(6)_{10}=(0110)_2$$

由此得出的计数器电路如图 6.28 所示，其状态转换图如图 6.29 所示。

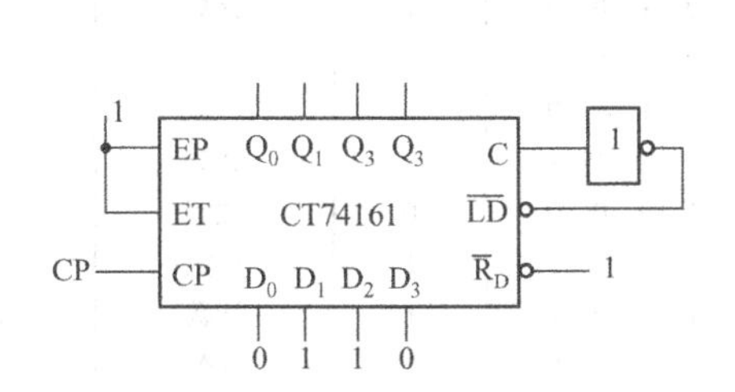

图 6.28 输出 C 预置法模 10 计数器电路

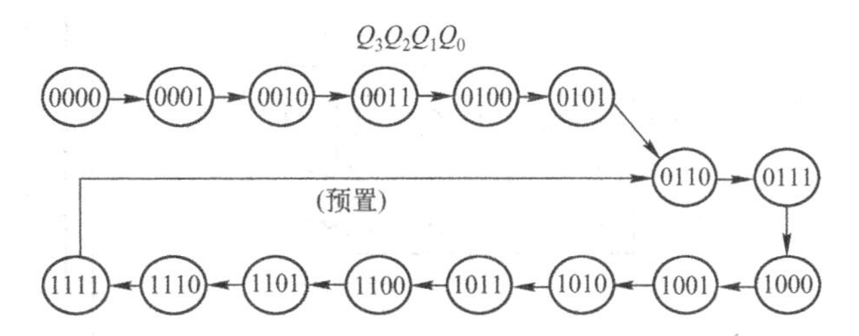

图 6.29 例 6.8 电路状态转换图

2. Q 输出预置法

用计数器的 Q 输出接至预置端也可以改变计数器的模值，具体步骤如下：

① 根据设计电路的模值求预置代码 $S_{(M-1)}$。$S_{(M-1)}$是计数器模值减 1 后的二进制代码。

② 求预置逻辑：

$$\overline{LD}=\overline{\prod Q^1} \tag{6.25}$$

式 6.25 表示，计数器记录到规定的模值时，把输出为 1 的触发器的 Q 端信号进行逻辑乘后取反，作为预置信号。

③ 画逻辑图。在逻辑图中，并行数据输入（即预置状态）恒为 0。

【例 6.9】 用 Q 输出预置法改变 CT74161 计数器的模值，实现 10 进制计数器。

解：（1）求预置代码 $S_{(M-1)}$。$S_{(M-1)}=S_{(10-1)}=(1001)_2$。

（2）求预置逻辑 $\overline{LD}$。$\overline{LD}=\overline{\prod Q^1}=\overline{Q_3Q_0}$。

（3）画出逻辑图。根据设计要求画出的逻辑图如图 6.30 所示，其状态转换图如图 6.31 所示。

用计数器的 Q 输出接至预置端也可以改变计数器的模值，但这种方法没有可实施的具体步骤，只能在给定电路后，可以分析出它的模值。例如，用这种方法实现的电路如图 6.32 所示，在图中把计数器 CT74161 的 Q_2 接至预置端 $\overline{LD}$，当 $Q_2=1$ 时，计数器以计数方式工

作，当 $Q_2=0$ 时，计数器以预置方式工作，由此得到电路的状态转换表如表 6.8 所示。从表中可以看出，计数器的模值是 10。

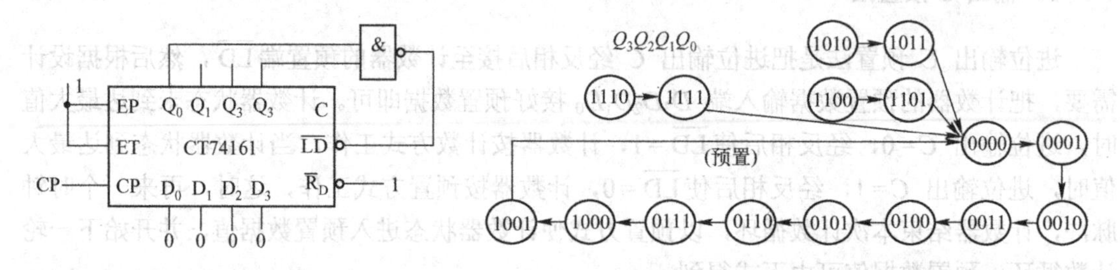

图 6.30　用 Q 预置法设计的模 10 计数器电路　　图 6.31　例 6.7 电路状态转换图

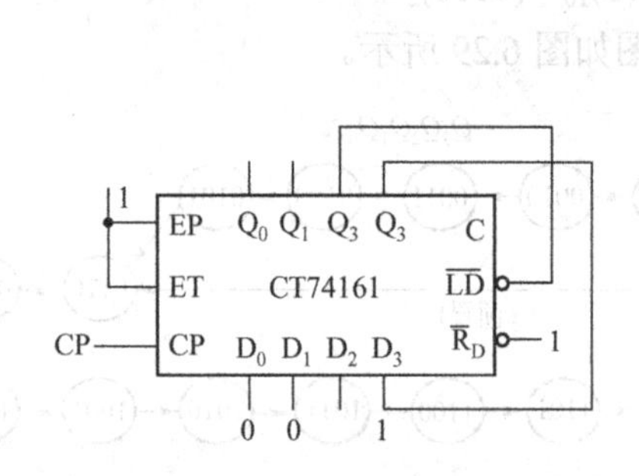

图 6.32　用 Q 输出预置法实现的模 10 计数器电路

表 6.8　图 6.32 电路状态转换表

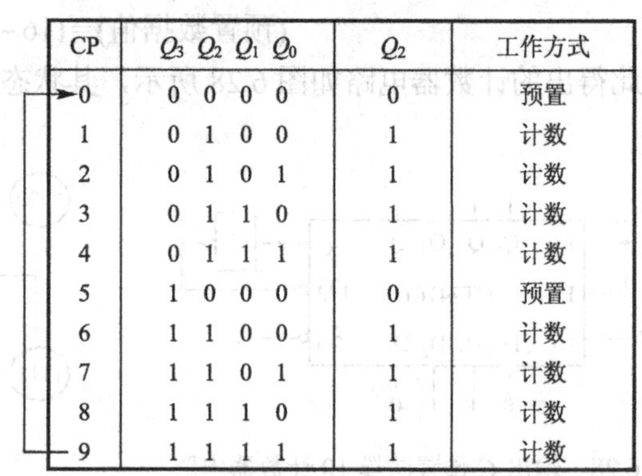

CP	Q_3 Q_2 Q_1 Q_0	Q_2	工作方式
0	0 0 0 0	0	预置
1	0 1 0 0	1	计数
2	0 1 0 1	1	计数
3	0 1 1 0	1	计数
4	0 1 1 1	1	计数
5	1 0 0 0	0	预置
6	1 1 0 0	1	计数
7	1 1 0 1	1	计数
8	1 1 1 0	1	计数
9	1 1 1 1	1	计数

6.4　时序逻辑电路的设计

时序逻辑电路的设计就是根据给出的具体逻辑问题，求出实现其功能的电路，所得到的结果应力求简单。当选用小规模集成电路设计时，电路简单的标准是所用的触发器和门电路的数目最少，而且触发器和门电路的输入端数目也最少。而使用中、大规模集成电路时，电路简单的标准是使用的集成电路数目、种类最少，而且互相间的连线也最少。

传统的时序逻辑电路设计的过程如图 6.33 所示。设计过程包括：

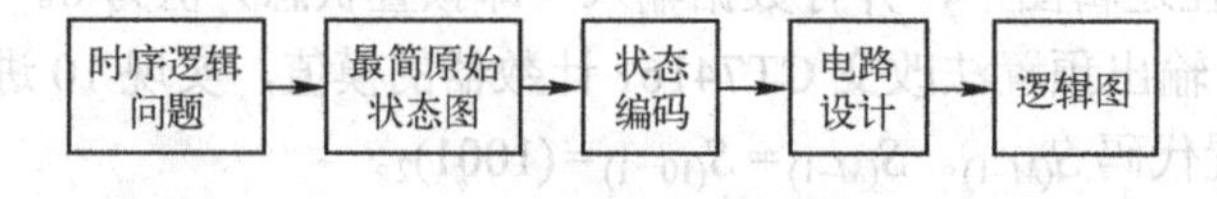

图 6.33　时序逻辑电路设计过程

① 建立最简原始状态转换图。状态转换图是分析时序逻辑电路的重要工具，也是时序逻辑电路设计中的重要过程。在时序逻辑电路设计时，必须实现对逻辑问题进行抽象，并用原始状态转换图的形式表现出来。建立原始状态转换图有多种方法，但用某些方法建立的原始状态转换图，存在一些多余或无效的状态，还要经过状态化简才能得到最简原始状态转换图。下面将要介绍一种直接建立最简原始状态转换图的方法，可以把状态化简的过程省去。

② 进行状态编码。触发器是时序逻辑电路中的主要存储元件，在建立了最简原始状态转换图的条件下，需要用一些触发器来记忆这些状态。用触发器的某种组合来表示某个原始状态的过程，称为状态编码。

③ 电路设计。在电路设计中，根据输入条件和状态编码，求出各触发器的驱动方程以及电路的输出方程。

④ 画出逻辑图。逻辑图是时序逻辑电路设计的最后图纸。根据电路设计得到的触发器的驱动方程和输出方程，就可以画出符合设计要求的逻辑图。

下面以计数器为例，分别介绍同步计数器和异步计数器的设计方法，然后介绍一般同步时序逻辑电路的设计方法。

6.4.1 同步计数器的设计

根据时序逻辑电路设计过程，同步计数器的设计可以细化成下列步骤：

① 建立最简原始状态图。

② 确定触发器级数，进行状态编码。

③ 用状态转换卡诺图化简，求状态方程和输出方程。

④ 查自启动特性。

⑤ 确定触发器类型，求驱动方程。

⑥ 画逻辑图。

【例 6.10】 设计同步十进制加法计数器。

解：（1）建立十进制计数器最简原始状态转换图。计数器设计示意图如图 6.34 所示，CP 是计数脉冲输入端，C 是进位输出端。计数器的特点比较明显，即由若干状态构成一个计数循环，因此十进制计数器的最简原始状态图就是由 10 个状态构成的循环，如图 6.35 所示。

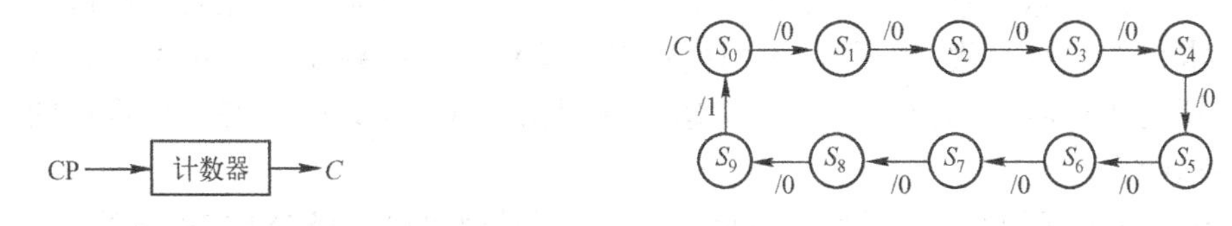

图 6.34 计数器设计示意图　　图 6.35 例 6.9 原始状态转换图

（2）确定触发器级数，进行状态编码。在计数器电路设计时，需要根据原始状态的个数，确定触发器的级数，来记忆计数器的状态。设 M 为计数器的模值，N 是触发器的级数，则要求 $N \geqslant \log_2 M$。在本例中，$M=10$，则 $N \geqslant 4$。因此，至少要 4 级触发器才能表示十进制计数器的 10 个状态。触发器的级数多，电路复杂，本例确定触发器级数 $N=4$。4 级触发器 $Q_3Q_2Q_1Q_0$ 有 16 种状态组合，选出其中的 10 种组合来表示十进制计数器的 10 个状态，进行状态编码。十进制计数器的状态编码也称为二-十进制编码，即 BCD 码。BCD 码有很多种，本例采用 8421BCD，编码结果如图 6.36 所示。

（3）画状态转换卡诺图，化简求状态方程和输出方程。根据状态编码，把 4 级触发器的原态作为卡诺图的变量，把次态作为卡诺图的函数，画出状态转换卡诺图，如图 6.37 所示。图中包括 Q_3^{n+1}、Q_2^{n+1}、Q_1^{n+1}、Q_0^{n+1} 和输出 C（在斜线下方）五个卡诺图，编码时没有使用的状态在设计当作约束项处理，并用“x”表示。化简时可以把五个卡诺图分别画出

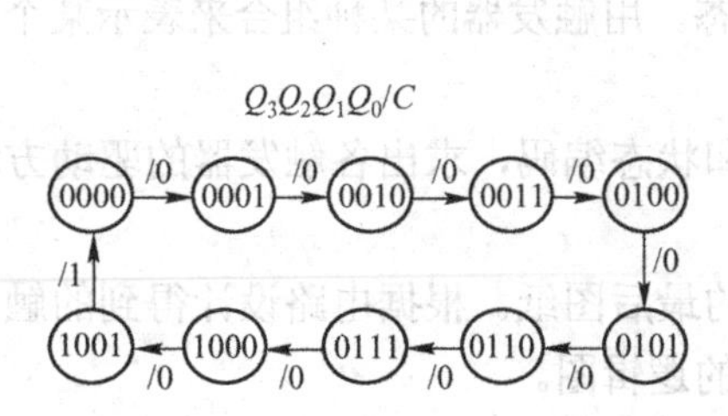

图 6.36 例 6.10 编码状态转换图

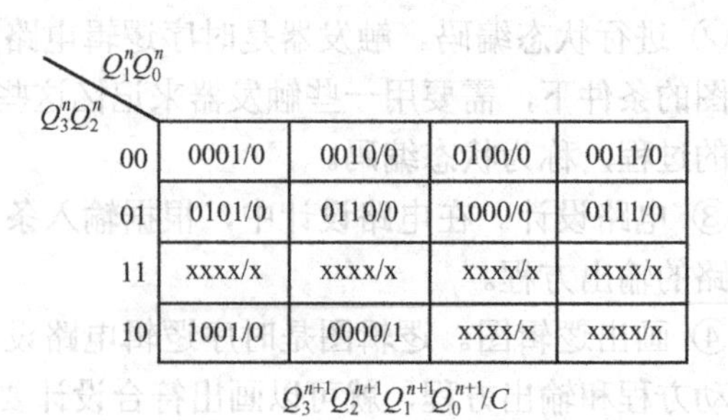

图 6.37 例 6.10 的状态转换卡诺图

后，再在卡诺图上画圈化简，得出状态方程和输出方程。为了简便，也可以直接利用这个卡诺图通过观察得出化简结果，但不要直接在卡诺图上画圈，以免画面模糊。通过观察得出的状态方程和输出方程为

$$\left.\begin{aligned}
Q_0^{n+1} &= \overline{Q}_0^n \\
Q_1^{n+1} &= \overline{Q}_3^n Q_0^n \overline{Q}_1^n + \overline{Q}_0^n Q_1^n \\
Q_2^{n+1} &= Q_1^n Q_0^n \overline{Q}_2^n + \overline{Q_1^n Q_0^n} Q_2^n \\
Q_3^{n+1} &= Q_2^n Q_1^n Q_0^n \overline{Q}_3^n + \overline{Q}_0^n Q_3^n
\end{aligned}\right\} \tag{6.26}$$

$$C = Q_3^n Q_0^n = \overline{\overline{Q_3^n Q_0^n}} \tag{6.27}$$

表 6.9 例 6.10 查自启动结果表

$Q_3^nQ_2^nQ_1^nQ_0^n$	$Q_3^{n+1}Q_2^{n+1}Q_1^{n+1}Q_0^{n+1}$
1 0 1 0	1 0 1 1
1 0 1 1	0 1 0 0
1 1 0 0	1 1 0 1
1 1 0 1	0 1 0 0
1 1 1 0	1 1 1 1
1 1 1 1	0 0 0 0

（4）查自启动特性。存在死循环的计数器在使用时可能造成计数系统的错误，因此在设计计数器时需要计数器的自启动特性。查自启动特性的方法是将没有使用的编码状态（化简时当作约束项处理）代入式（6.26）的状态方程，求出它们的次态结果，检查是否构成死循环。若存在死循环，还必须打破死循环，重新化简卡诺图，修改状态方程。本例检查自启动特性的结果如表 6.9 所示，从表中可以看出，所有无效状态均能回到有效状态，说明由式（6.26）的状态方程设计的计数器具有自启动能力。

（5）选择触发器的类型，求驱动方程。计数器设计时可以选择 D 或 JK 触发器作为存储元件，但选择 JK 触发器可以使电路设计结果比较简单，因此一般都选择 JK 触发器。

JK 触发器的特性方程为

$$Q^{n+1} = J\overline{Q}^n + \overline{K}Q^n \tag{6.28}$$

将 JK 触发器的特性方程与式（6.26）的状态方程比较，得到 4 级触发器的驱动方程

$$\left.\begin{aligned}
&J_0 = K_0 = 1 \\
&J_1 = \overline{Q}_3^n Q_0^n,\ K_1 = Q_0^n \\
&J_2 = K_2 = Q_1^n Q_0^n \\
&J_3 = Q_2^n Q_1^n Q_0^n,\ K_3 = Q_0^n
\end{aligned}\right\} \tag{6.29}$$

（6）画逻辑图。根据驱动方程和输出方程，画出的十进制同步加法计数器的逻辑图如图 6.38 所示。

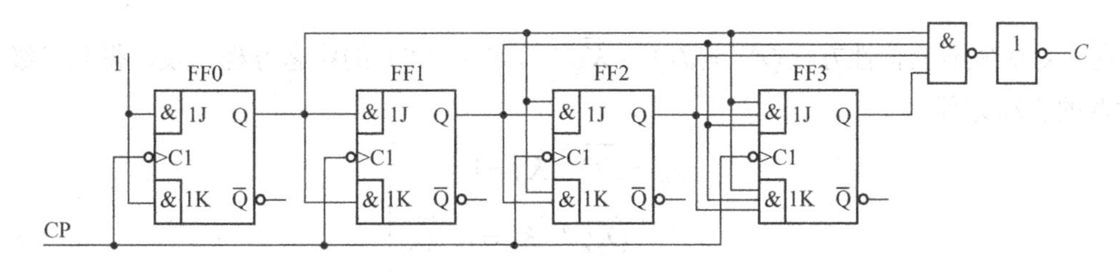

图 6.38　例 6.10 计数器电路

【例 6.11】 设计一个模值可控的计数器，当控制端 K=0 时，是模值为 6 的计数器；当 K=1 时，是模值为 3 的计数器。

解： 设计的可控计数器的示意图如图 6.39 所示，K 是控制输入端，C_1 是模值为 6 计数时的进位输出，C_2 是模值为 3 计数时的进位输出。根据题意画出的原始状态转换图如图 6.40 所示，其中 S_0、S_1、S_2 是两种模值计数器的公用状态。

原始状态是 6 个，可以用 3 级触发器来实现。编码结果如图 6.41 所示，由编码得到的状态转换卡诺图如图 6.40 所示。

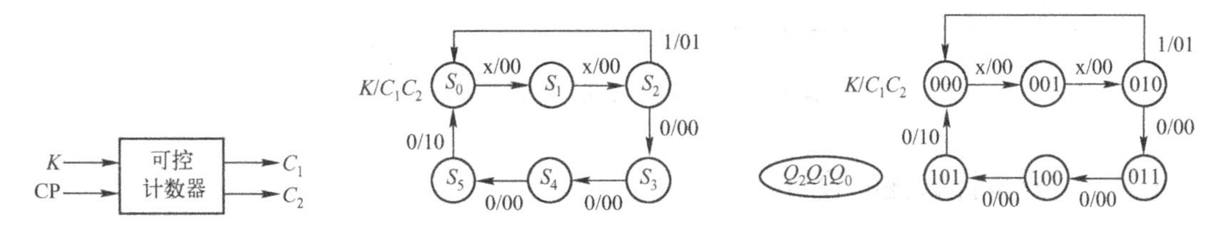

图 6.39　例 6.11 设计示意图　图 6.40　例 6.11 原始状态转换图　　图 6.41　例 6.11 状态编码图

根据状态转换卡诺图化简得到 3 级触发器的状态方程和输出方程

$$\left.\begin{aligned} Q_2^{n+1} &= Q_1^n Q_0^n \overline{Q}_2^n + \overline{Q}_0^n Q_2^n \\ Q_1^{n+1} &= \overline{Q}_2^n Q_0^n \overline{Q}_1^n + \overline{K}\,\overline{Q}_0^n Q_1^n \\ Q_0^{n+1} &= \overline{K Q_1^n}\,\overline{Q}_0^n \end{aligned}\right\} \tag{6.30}$$

$$\left.\begin{aligned} C_1 &= Q_2^n Q_0^n = \overline{\overline{Q_2^n Q_0^n}} \\ C_2 &= K Q_1^n = \overline{\overline{K Q_1^n}} \end{aligned}\right\} \tag{6.31}$$

本例设计时有 7 个状态没有使用，作为任意项处理。把这 7 个状态代入式（6.30）得到它们的状态转换表如表 6.10 所示，可以看出，这些状态都能回到有效状态，即不存在死循环。

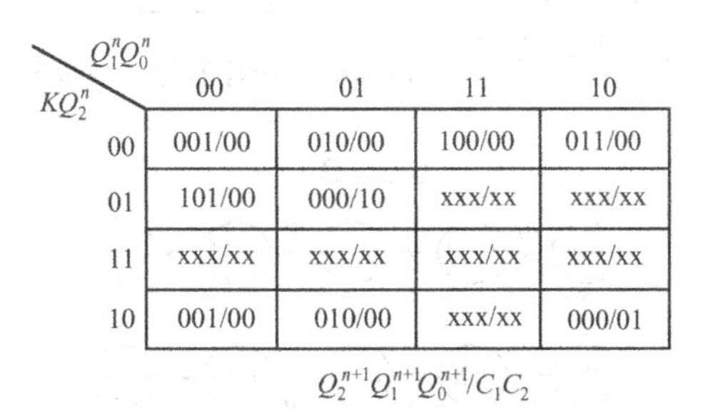

KQ_2^n \ $Q_1^nQ_0^n$	00	01	11	10
00	001/00	010/00	100/00	011/00
01	101/00	000/10	xxx/xx	xxx/xx
11	xxx/xx	xxx/xx	xxx/xx	xxx/xx
10	001/00	010/00	xxx/xx	000/01

$Q_2^{n+1}Q_1^{n+1}Q_0^{n+1}/C_1C_2$

图 6.42　例 6.11 的状态转换卡诺图

表 6.10　例 6.11 查自启动结果

$K\ Q_2^n\ Q_1^n\ Q_0^n$	$Q_2^{n+1}Q_1^{n+1}Q_0^{n+1}$	C_1　C_2
0 1 1 0	1 1 1	0 0
0 1 1 1	0 0 0	1 0
1 0 1 1	1 0 0	0 1
1 1 0 0	1 0 1	0 0
1 1 0 1	0 0 0	0 0
1 1 1 0	1 0 0	0 1
1 1 1 1	0 0 0	0 1

把 JK 触发器的特性方程 $Q^{n+1}=J\overline{Q}^n+\overline{K}Q^n$ 与式（6.30）的状态方程比较，得到三级 JK 触发器的驱动方程

$$\left.\begin{aligned}&J_0=\overline{KQ_1^n},\ K_0=1\\&J_1=\overline{Q}_2^nQ_0^n,\ K_1=\overline{\overline{K}\cdot\overline{Q}_0^n}\\&J_2=Q_1^nQ_0^n,\ K_2=Q_0^n\end{aligned}\right\}\tag{6.32}$$

由驱动方程和输出方程，得到可控计数器的逻辑图，如图 6.43 所示。

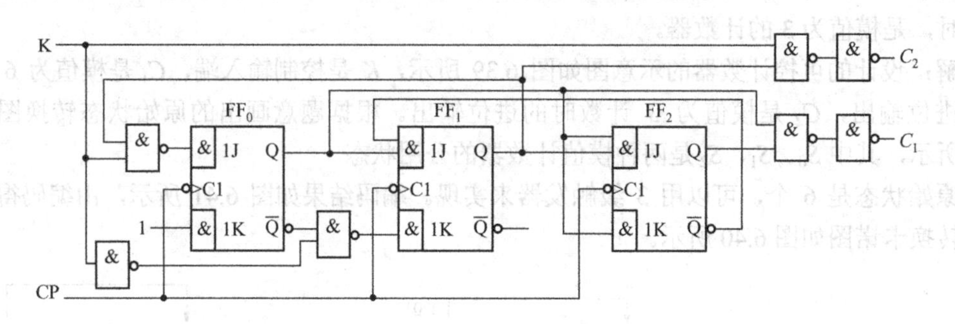

图 6.43　例 6.11 可控计数器逻辑图

6.4.2　异步计数器的设计

异步计数器的设计与同步计数器的设计基本相同，区别在于同步计数器设计时，不需要考虑每一级触发器时钟端的连接方式，而在异步计数器中，触发器的时钟端连接方式是不同的，因此设计时需要考虑触发器时钟端的连接方式，需要求出时钟方程。根据时序逻辑电路设计过程，异步计数器的设计可以细化成下列步骤：

① 建立最简原始状态图，进行状态编码。

② 画时序图，求触发器的时钟方程。

③ 用状态转换卡诺图化简，求状态方程和输出方程。

④ 查自启动特性。

⑤ 确定触发器类型，求驱动方程。

⑥ 画逻辑图。

【例 6.12】 设计异步十进制计数器。

解：（1）建立最简原始状态图，进行状态编码。计数器设计示意图如图 6.44 所示。依题意画出的原始状态转换图如图 6.45 所示，并按 8421BCD 编码，得到编码的结果，如图 6.46 所示。

图 6.44　计数器设计示意图

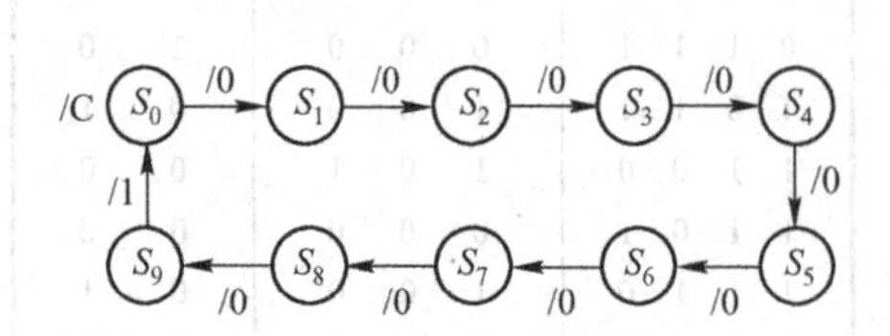

图 6.45　例 6.12 原始状态转换图

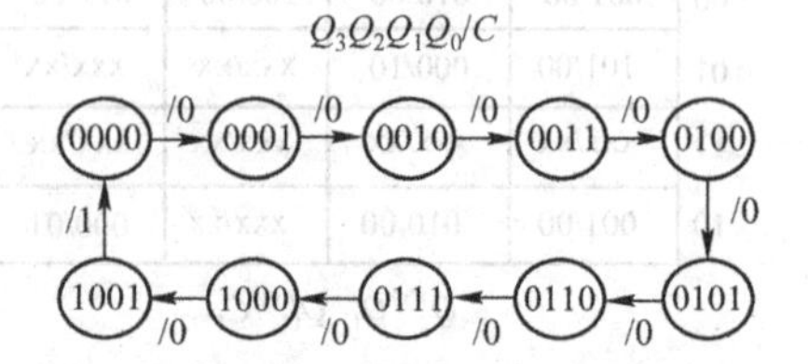

图 6.46　例 6.12 编码状态转换图

（2）画时序图，求触发器的时钟方程。求触发器的时钟方程是异步计数器设计时增加的步骤，用时序图来确定各级触发器的时钟方程比较直观。假设设计使用的是下降沿触发的触发器，则可以根据状态编码画出时序图，如图 6.47 所示。

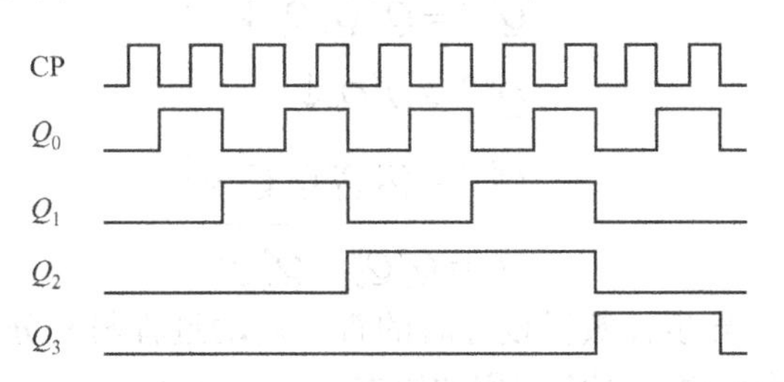

图 6.47　例 6.12 设计电路的时序图

确定时钟方程时应遵循以下规则：

① 最前面的一级触发器（即 Q_0）只能选择系统时钟 CP，后面各级触发器可以选择前级触发器的 Q 或 $\overline{Q}$ 作为触发脉冲，也可以选择系统时钟 CP。

② 所选的时钟必须保证本级触发器翻转时有相同的边沿。例如，第 3 级触发器（即 Q_3）在 0111 和 1001 两组初态下发生翻转，而系统时钟 CP 和 Q_0 在这两次翻转时都提供了下降沿，所以 CP_3 能选择 CP 和 Q_0。

③ 所选择的时钟变化的次数越少越好。时钟变化的次数越少，可以使设计的电路越简单。例如，Q_0 的变化次数比 CP 少，所以 CP_3 应该选择 Q_0 作为时钟。

根据以上规则，各级触发器的时钟方程确定如下

$$\left.\begin{aligned} CP_0 &= CP\downarrow \\ CP_1 &= Q_0\downarrow \\ CP_2 &= Q_1\downarrow \\ CP_3 &= Q_0\downarrow \end{aligned}\right\} \tag{6.33}$$

$Q_3^nQ_2^n$ \ $Q_1^nQ_0^n$	00	01	11	10
00	0001/0	0010/0	0100/0	0011/0
01	0101/0	0110/0	1000/0	0111/0
11	xxxx/x	xxxx/x	xxxx/x	xxxx/x
10	1001/0	0000/1	xxxx/x	xxxx/x

$Q_3^{n+1}Q_2^{n+1}Q_1^{n+1}Q_0^{n+1}/C$

图 6.48　例 6.12 的状态转换卡诺图

（3）画状态转换卡诺图，化简求状态方程和输出方程。

根据状态编码，画出状态转换卡诺图，如图 6.48 所示。由于触发器的时钟不同，因此要把 Q_3^{n+1}、Q_2^{n+1}、Q_1^{n+1}、Q_0^{n+1} 状态转换卡诺图分别画出，如图 6.49 所示。在卡诺图中，“x”表示编码时没有使用的状态，“Φ”表示没有时钟的状态。触发器没有时钟就不能变化，因此把这些状态也作为约束项处理。

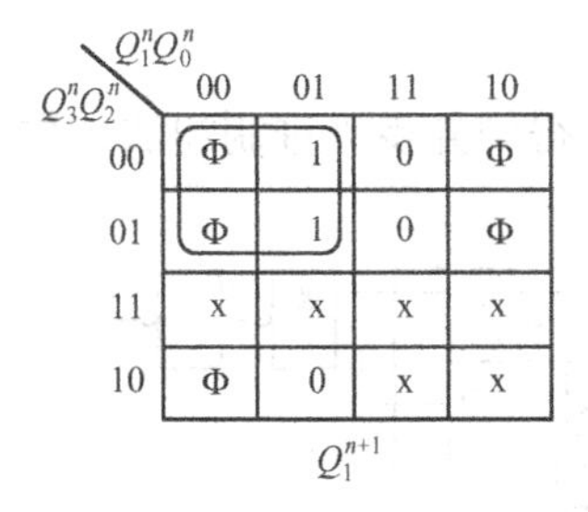

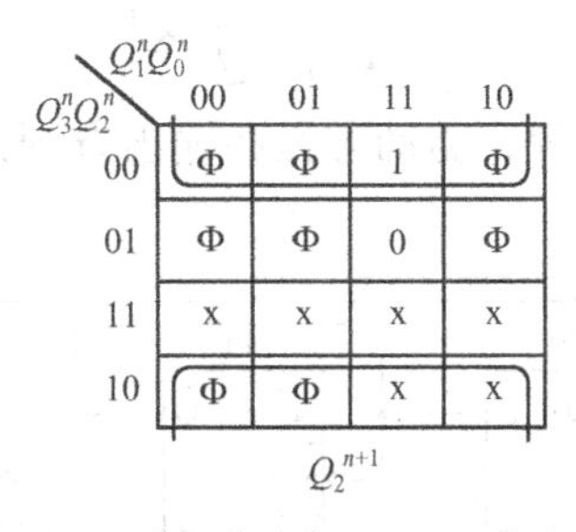

$Q_3^nQ_2^n$ \ $Q_1^nQ_0^n$	00	01	11	10
00	Φ	0	0	Φ
01	Φ	0	1	Φ
11	x	x	x	x
10	Φ	0	x	x

Q_3^{n+1}

图 6.49　把 $Q_1^{n+1}Q_2^{n+1}Q_3^{n+1}$ 展开后画出的卡诺图

根据图 6.48 和图 6.49 化简得出的状态方程和输出方程为（其中，Q_0^{n+1} 和输出 C 是从图

6.48 观察得到的）

$$\left.\begin{aligned}Q_0^{n+1}&=\overline{Q}_0^n\cdot CP\downarrow\\Q_1^{n+1}&=\overline{Q}_3^n\,\overline{Q}_1^n Q_0\downarrow\\Q_2^{n+1}&=\overline{Q}_2^n Q_1\downarrow\\Q_3^{n+1}&=Q_2^n Q_1^n\overline{Q}_3^n Q_0\downarrow\end{aligned}\right\}\tag{6.34}$$

$$C=Q_3^n Q_0^n=\overline{\overline{Q_3^n Q_0^n}}\tag{6.35}$$

（4）查自启动特性。异步计数器设计时的查自启动过程与其分析方法相同，即需要首先确定是否有时钟，若有时钟，则将它们的原态代入式 6.33 计算出次态，若无时钟则次态与原态相同。按照此规则得到 6 个无效状态的状态转换，如表 6.11 所示，从表中看出该电路具有自启动特性。

表 6.11　例 6.12 查自启动结果

$Q_3^n\ Q_2^n\ Q_1^n\ Q_0^n$	$Q_3^{n+1}\ Q_2^{n+1}\ Q_1^{n+1}\ Q_0^{n+1}$	$CP_3\ CP_2\ CP_1\ CP_0$	C
1　0　1　0	1　0　1　1	x　x　x　√	0
1　0　1　1	0　1　0　0	√　√　√　√	1
1　1　0　0	1　1　0　1	x　x　x　√	0
1　1　0　1	0　1　0　0	√　x　√　√	1
1　1　1　0	1　1　1　1	x　x　x　√	0
1　1　1　1	0　0　0　0	√　√　√　√	1

（5）选择触发器的类型，求驱动方程。本例设计选择 JK 触发器作为存储元件，将其特性方程 $Q^{n+1}=J\overline{Q}^n+\overline{K}Q^n$ 与式（6.33）的状态方程比较，得到驱动方程为

$$\left.\begin{aligned}&J_0=K_0=1\\&J_1=\overline{Q}_3^n,\ K_1=1\\&J_2=K_2=1\\&J_3=Q_1^n Q_0^n,\ K_3=1\end{aligned}\right\}\tag{6.36}$$

说明：由于选择下降沿触发的 JK 触发器，与设计时确定的时钟方程的边沿相同，因此时钟方程不变。假如选择上升沿触发的触发器，则把时钟方程改为

$$\left.\begin{aligned}CP_0&=CP\uparrow\\CP_1&=\overline{Q}_0\uparrow\\CP_2&=\overline{Q}_1\uparrow\\CP_3&=\overline{Q}_0\uparrow\end{aligned}\right\}\tag{6.37}$$

（6）画逻辑图。根据时钟方程、驱动方程和输出方程，得到异步十进制加法计数器的逻辑图，如图 6.50 所示。

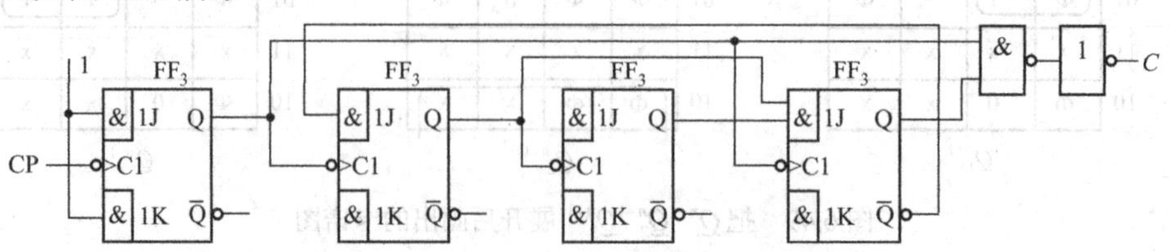

图 6.50　例 6.11 设计的计数器电路逻辑图

6.4.3 移存型计数器的设计

移存型计数器的结构如图 6.51 所示，它由移位寄存器和反馈网络组成。把构成移位寄存器的触发器的输出 Q 作为反馈网络的输入，把反馈网络的输出 F 作为移位寄存器的串行输入，即可形成移存型计数器。根据不同的反馈网络，移存型计数器分为环形计数器、扭环形计数器和最长线性序列移存型计数器等类型。

1. 环形计数器

环形计数器是把 N 位移位寄存器的末级触发器的输出 Q 作为反馈信号，连接到移位寄存器的串行输入端构成的。例如，由 4 级右移移位寄存器构成的环形计数器电路，如图 6.52 所示。

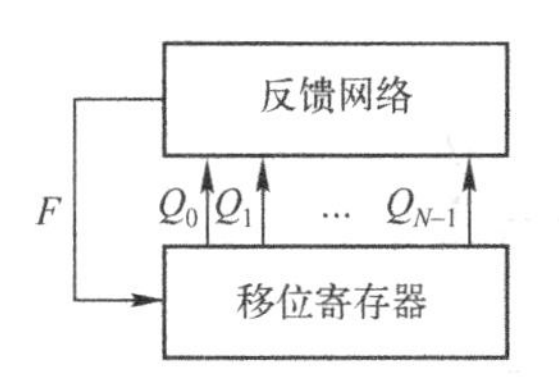

图 6.51 移存型计数器结构

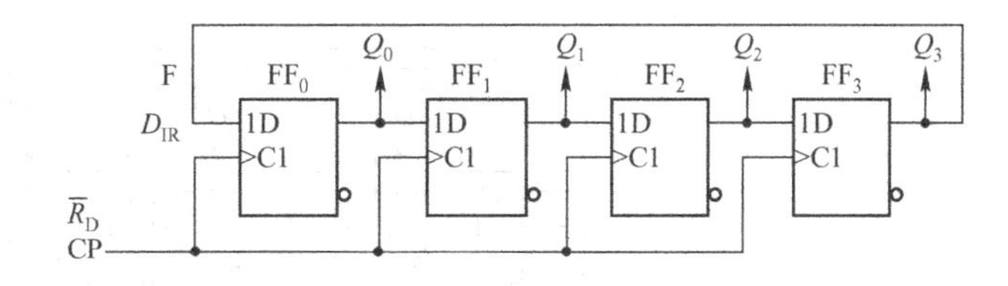

图 6.52 4 位环形计数器电路

根据电路结构很容易分析出环形计数器的状态变化，即将前 3 级触发器 $Q_0Q_1Q_2$ 的状态各自向右移一位，末级触发器的输出 Q_3 状态反馈到最左边的触发器 Q_0，就得到电路某一组初态下的次态结果。按照此规律推导出的状态转换图如图 6.53 所示。

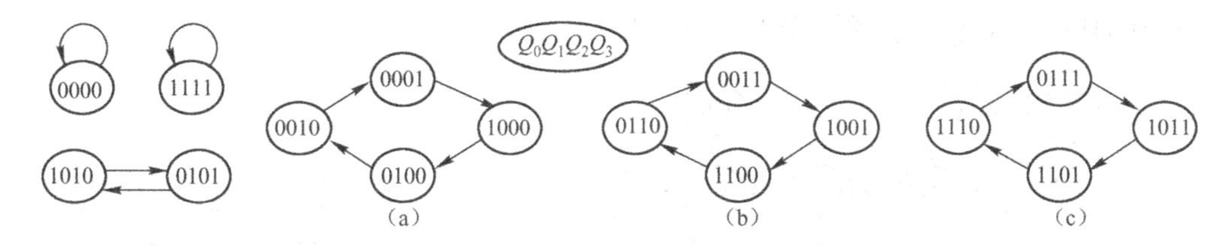

图 6.53 4 级环形计数器的状态转换图

由状态图可见，4 级环形计数器的模值为 4（即触发器的级数），但不具有自启动特性。假设图 6.53（a）是有效循环，则其他的循环都是死循环，若要让计数器具有自启动特性，就必须打破这些死循环。

使计数器具有自启动特性的方法是，首先将某个死循环打破，通过修改反馈函数，让它能进入有效循环，然后检查其他死循环是否存在，如果还有死循环，则继续用此方法打破，直至不存在死循环为止。一般情况下，只需要一次性打破死循环，就可以使全部无效状态具有自启动特性。例如，选择“0000”状态被打破，让它进入有效循环的“1000”状态，如图 6.54 所示。由于移位寄存器内部的状态变化是通过移位来实现的，反馈函数只能改变最左边触发器 Q_0 的状态，因此只需要得出 Q_0^{n+1} 的状态方程，就可以推出新的反馈函数。

第 0 级触发器的状态转换卡诺图如图 6.55 所示，化简后得出状态方程

$$Q_0^{n+1} = \overline{Q}_0^n \, \overline{Q}_1^n \, \overline{Q}_2^n \tag{6.38}$$

由式（6.38）得到反馈函数为

$$F = D_0 = \overline{Q}_0^n\ \overline{Q}_1^n\ \overline{Q}_2^n \tag{6.39}$$

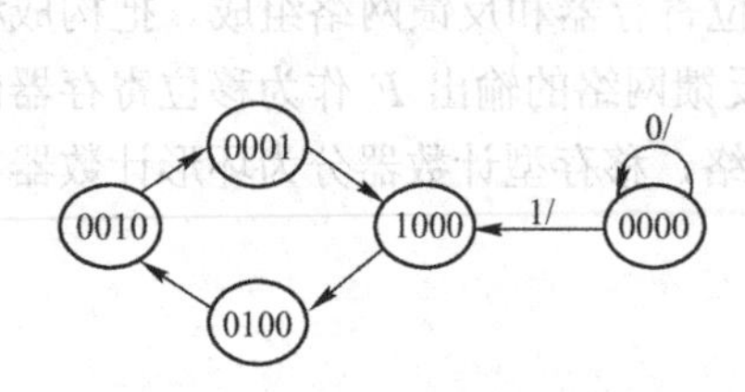

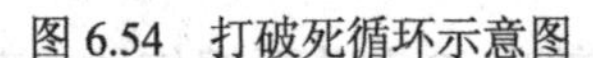

图 6.54 打破死循环示意图

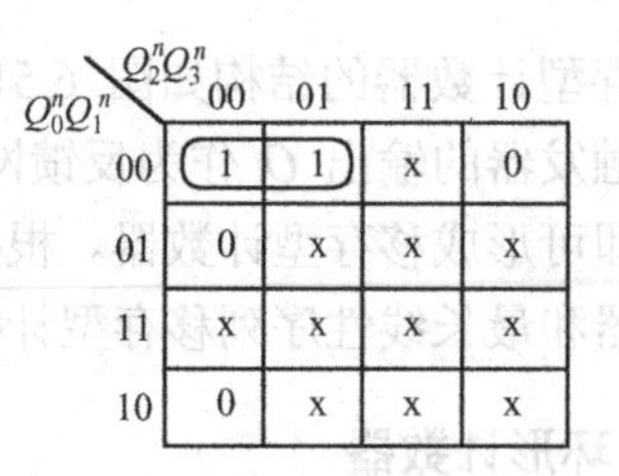

$Q_0^nQ_1^n$ \ $Q_2^nQ_3^n$	00	01	11	10
00	1	1	x	0
01	0	x	x	x
11	x	x	x	x
10	0	x	x	x

图 6.55 Q_0^{n+1} 状态转换卡诺图

根据新的反馈函数得到的 4 级环形计数器电路如图 6.56 所示，依照此电路推导出新的状态转换图如图 6.57 所示。由图可见，死循环已不存在，电路具有自启动特性。

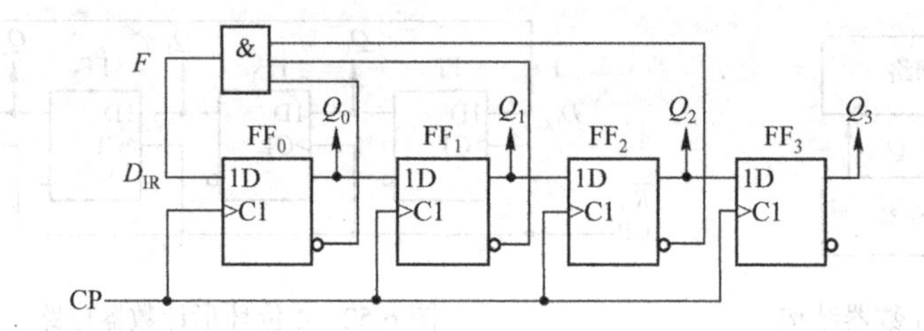

图 6.56 具有自启动的 4 位环形计数器电路

环形计数器具有计数器功能，其模值与构成电路的触发器级数相同。另外，它还是一个顺序脉冲发生器。根据环形计数器状态变化画出的时序图如图 6.58 所示，由图可见，在时钟脉冲的控制下，Q_0～Q_3 顺序输出脉冲信号。

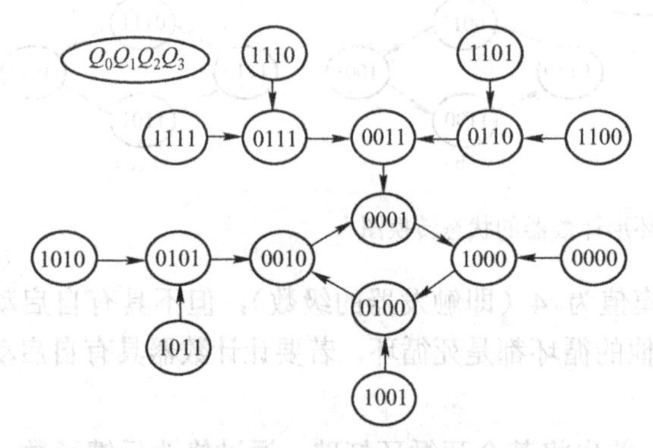

图 6.57 具有自启动的 4 级环形计数器的状态转换图

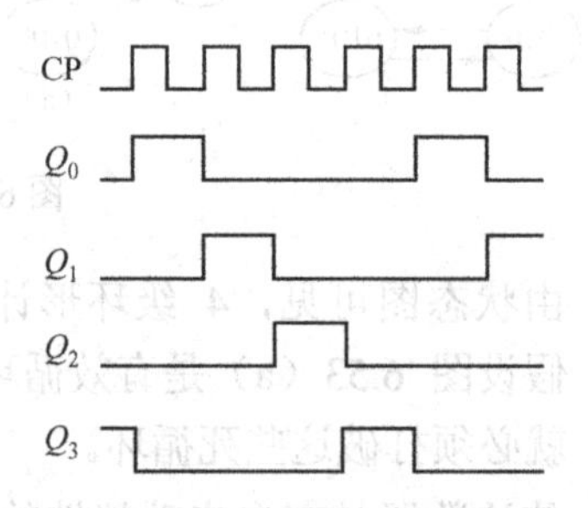

图 6.58 环形计数器的时序图

2. 扭环形计数器

扭环形计数器是把 N 位移位寄存器的末级触发器的 $\overline{Q}$ 输出作为反馈信号，连接到移位寄存器的串行输入端构成。例如，由 4 级右移移位寄存器构成的扭环形计数器电路如图 6.59 所示。

根据电路结构很容易分析出扭环形计数器的状态变化，即前三级触发器 $Q_0Q_1Q_2$ 的状态各自向右移一位，末级触发器的反相输出端 $\overline{Q}_3$ 状态反馈到最左边的触发器 Q_0，就得到一组初态下的次态结果。按照此规律推导出电路状态变化，如图 6.60 所示。

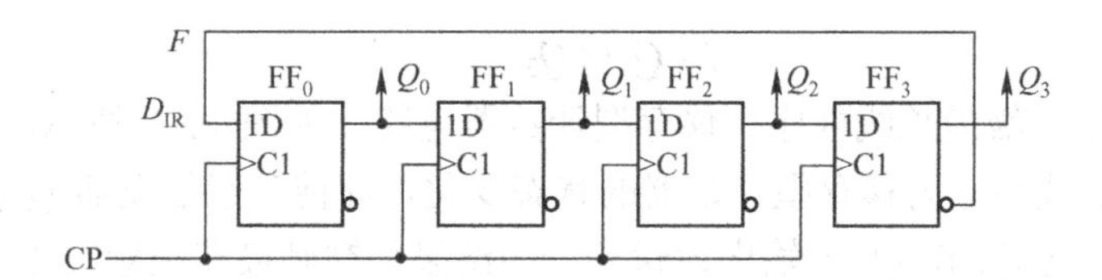

图 6.59　4 位扭环形计数器电路

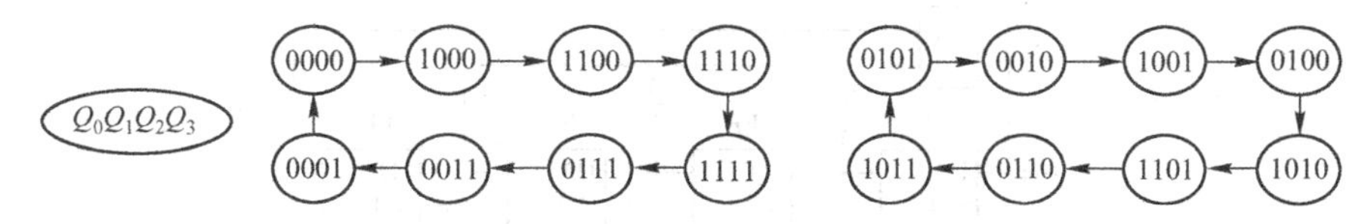

图 6.60　4 级扭环形计数器的状态转换图

由状态转换图可以看出，4 级扭环形计数器的模值为 8（即构成计数器的触发器级数的 2 倍），但不具有自启动特性。为了使扭环形计数器具有自启动特性，也可以按上述的打破死循环方法来实现。此过程留给读者自己完成。

3．最长线性序列移存型计数器

最长线性序列移存型计数器的反馈网络是由异或电路构成的，其反馈函数为

$$F=C_0Q_0\oplus C_1Q_1\oplus\cdots\oplus C_iQ_i\oplus\cdots C_{n-1}Q_{n-1} \tag{6.40}$$

式中，$Q_0\sim Q_{n-1}$ 是构成 N 位移位寄存器的触发器的输出，$C_0\sim C_{n-1}$ 表示触发器的输出是否参与反馈，当 $C_i=0$ 时，表示 Q_i 不参与反馈，$C_i=1$ 时，表示 Q_i 参与反馈。1～50 级最长线性序列移存型计数器的反馈函数如表 6.12 所示。

表 6.12　最长线性序列反馈函数

N	F	N	F	N	F
1	0	18	17，16，15，12	35	34，32
2	1，0	19	18，17，16，13	36	35，34，33，31，30，29
3	2，1	20	19，16	37	36，35，34，33，32，31
4	3，2	21	20，18	38	37，36，32，31
5	4，2	22	21，20	39	38，34
6	5，4	23	22，17	40	39，36，35，34
7	6，5	24	23，22，20，19	41	40，37
8	7，5，4，3	25	24，21	42	41，40，39，38，37，36
9	8，4	26	25，24，23，19	43	42，39，38，37
10	9，6	27	26，25，24，21	44	43，41，38，37
11	10，8	28	27，24	45	44，43，41，40
12	11，10，7，5	29	28，26	46	45，44，43，42，40，35
13	12，11，9，8	30	29，28，25，23	47	46，41
14	13，12，10，8	31	30，27	48	47，46，45，43，40
15	14，13	32	31，30，29，28，26，24	49	48，44，43，32
16	15，13，12，10	33	32，31，28，26	50	49，48，46，45
17	16，13	34	33，32，31，28，27，26		

下面以 4 级最长线性序列移存型计数器为例，介绍它们的结构及工作原理。由表 6.12 查得 4 级最长线性序列移存型计数器的反馈函数为

$$F=Q_3 \oplus Q_2 \tag{6.41}$$

根据反馈函数得到 4 级最长线性序列移存型计数器电路，如图 6.61 所示。由电路结构很容易分析出 4 级最长线性序列移存型计数器的状态变化，即前三级触发器 $Q_0Q_1Q_2$ 的状态各自向右移一位，然后把 Q_3 和 Q_2 的输出逻辑异或的结果反馈到最左边触发器 Q_0，就得到一组初态下的次态结果。按照此规律推导出电路的状态变化如图 6.62 所示。

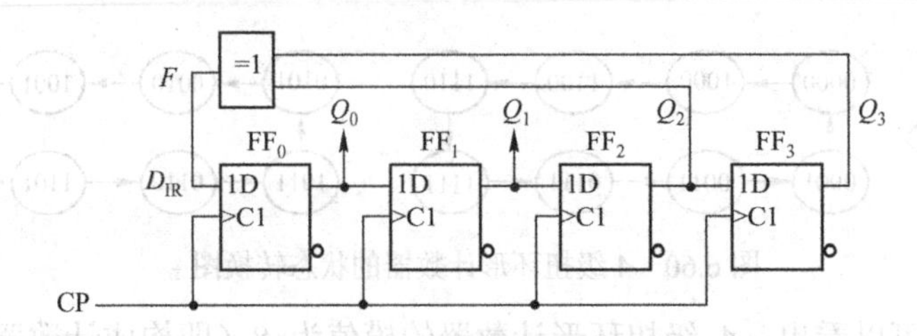

图 6.61　4 级最长线性序列移存型计数器电路

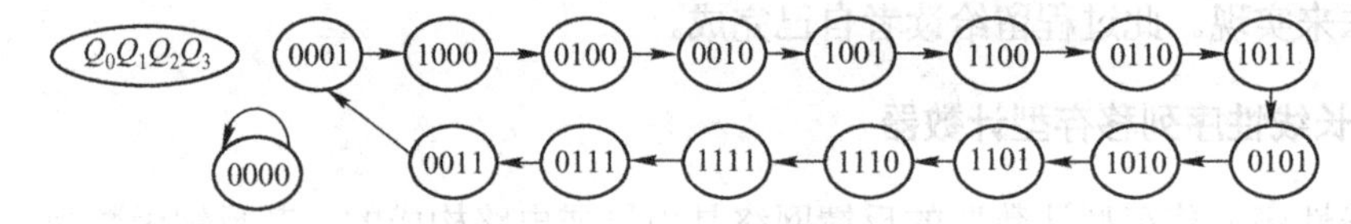

图 6.62　4 级最长线性序列移存型计数器的状态转换图

由状态图可见，4 级最长线性序列移存型计数器的模值为 15（即 2^4-1），但不具有自启动特性。最长线性序列移存型计数器只有当全部触发器的状态为 0 时才构成死循环，为了使其具有自启动特性，只需要把式（6.41）的反馈函数修改为

$$F = C_0Q_0 \oplus C_1Q_1 \oplus \cdots \oplus C_iQ_i \oplus \cdots C_{n-1}Q_{n-1} + \overline{Q}_{n-1}\overline{Q}_{n-2}\cdots\overline{Q}_1\overline{Q}_0 \tag{6.42}$$

例如，4 级最长线性序列移存型计数器，其反馈函数修改为

$$F=Q_3 \oplus Q_2+\overline{Q}_3\overline{Q}_2\overline{Q}_1\overline{Q}_0 \tag{6.43}$$

最长线性序列移存型计数器具有计数功能，其模值 $M=2^N-1$，N 为构成电路的触发器级数。另外，它还是一个序列信号发生器。如果以图 6.61 所示电路的 Q_0 作为输出，则其输出为 010011010111100，010011010111100，…。这是序列信号，序列长度为计数器的模值，即 $M=2^4-1=15$。当触发器的级数 $N\geqslant 15$ 时，序列信号发生器输出的序列长度 $M\geqslant 2^{15}-1$，这种信号的变化比较复杂，被称为伪随机信号。

6.4.4　一般同步时序逻辑电路的设计

一般同步时序逻辑电路的设计步骤与同步计数器的设计步骤没有什么区别，关键而重要的过程是如何实现对逻辑问题进行抽象，建立最简原始状态转换图。直接建立最简原始状态转换图的基本思路是，每设置一个新的原始状态时，一定要考虑它代表的意义和作用。

【例 6.13】 设计一个序列信号检测器，当检测到正确序列信号 1011 时，输出 $Z=1$，其他情况下 $Z=0$。

解：（1）建立最简原始状态图。序列信号检测器设计示意图如图 6.63 所示，X 是序列信号输入端，Z 是输出端。依题意得到电路的原始状态转化图如图 6.64 所示。因为电路只有一个输入端，所以每个原始状态都有 X 端输入 0 和 1 时的两个不同走向。图中的 S_0 状态表示电路加上电源后的初态，并表示没有检测到序列信号中的任何有效信号。在 S_0 状态下，当 X 端输入 0 时，电路仍然没有接收到有效信号，因此保留在 S_0 状态不变；当 X 端输入 1 时，电路检测到正确序列“1011”的第 1 个有效信号“1”，因此用新状态 S_1 表示。在 S_1 状态下，当 X 端输入 0 时，电路接收到了第 2 个有效信号“0”，因此用新状态 S_2 表示，S_2 表示检测到正确序列的前 2 个有效信号“10”。在 S_2 状态下，当 X 端输入 1 时，电路接收到了第 3 个有效信号“1”，因此用新状态 S_3 表示，S_3 表示检测到正确序列的前 3 个有效信号“101”。在 S_3 状态下，如果 X 端又输入 1，表示检测到一组正确序列信号，输出 Z=1，同时返回到 S_0（初态）重新检测新的序列信号。

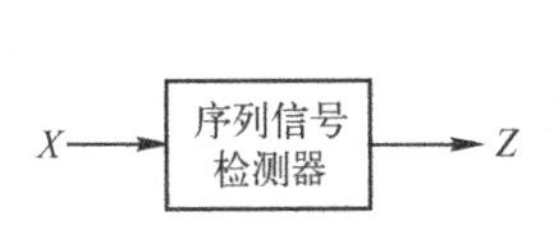

图 6.63　序列信号检测器设计示意图

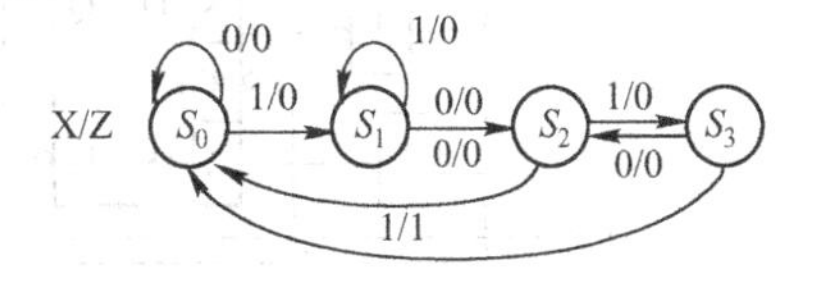

图 6.64　例 6.13 原始状态转换图

另外，在 S_1 状态下，当 X 端输入 1 时，表示从输入端输入“11”信号，“11”不是正确序列的前 2 个有效输入信号，但当前输入的“1”有可能是正确序列信号的第一个“1”，因此 S_1 保留在本状态不变。在 S_2 状态下，当 X 端输入 0 时，由于“100”不是正确序列的前三个有用信号，使 S_2 记录的“10”已没有实用价值，因此返回 S_0 状态重新检测输入信号。在 S_3 状态下，当 X 端输入 0 时，由于“1010”不是正确序列信号，使 S_3 记录的“101”已没有实用价值，但最后记录的“10”可能是正确序列信号的前 2 个有效信号“10”，因此返回 S_2 状态重新检测输入信号。

根据上述的分析可知，为电路设计建立的 4 个原始状态都有特定的意义和作用，不存在多余或无效的状态。因此，由这些原始状态构成的状态转换图是最简的。

（2）确定触发器级数，进行状态编码。由于原始状态数是 4 个，因此需要 2 级触发器来完成电路的设计。把 2 级触发器的 4 种状态组合代替 S_0～S_3，得到状态编码结果，如图 6.65 所示。

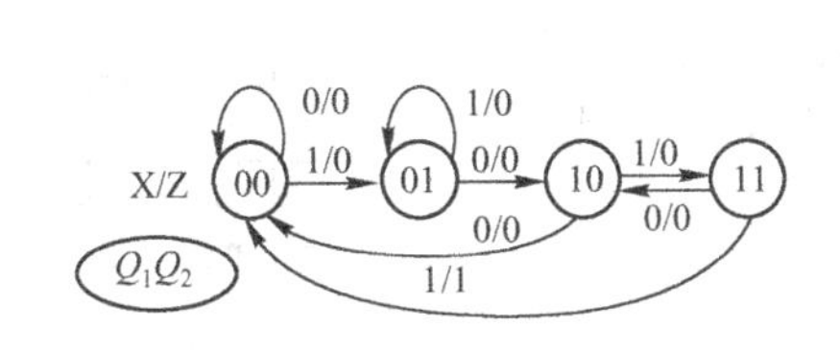

图 6.65　例 6.13 状态编码

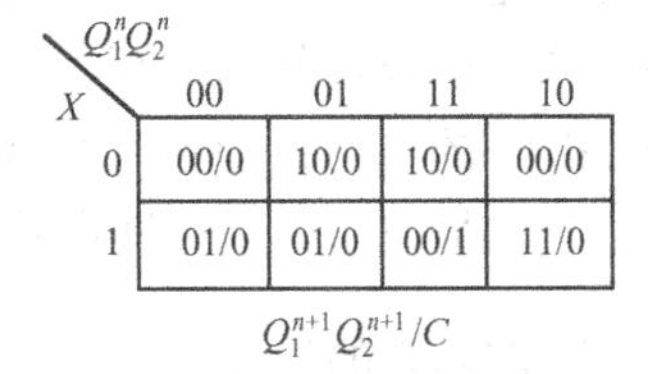

X \ $Q_1^nQ_2^n$	00	01	11	10
0	00/0	10/0	10/0	00/0
1	01/0	01/0	00/1	11/0

$Q_1^{n+1}Q_2^{n+1}/C$

图 6.66　例 6.13 状态转换卡诺图

（3）画状态转换卡诺图，化简求状态方程和输出方程。根据状态编码，画出的状态转换卡诺图如图 6.66 所示。化简得出的状态方程和输出方程为

$$\left.\begin{aligned} Q_1^{n+1} &= \overline{X}Q_2^n\overline{Q}_1^n + \overline{X}Q_2^nQ_1^n + X\overline{Q}_2^nQ_1^n \\ Q_2^{n+1} &= X\overline{Q}_2^n + X\overline{Q}_1^nQ_2^n \end{aligned}\right\} \tag{6.44}$$

$$C = XQ_1^nQ_2^n \tag{6.45}$$

（4）选择触发器的类型，求驱动方程。本例设计选择 JK 触发器作为存储元件，将其特性方程 $Q^{n+1} = J\overline{Q}^n + \overline{K}Q^n$ 与式（6.44）的状态方程比较，得到驱动方程为

$$\left.\begin{aligned} &J_1 = \overline{X}Q_2^n, \quad K_1 = \overline{\overline{X}Q_2^n + X\overline{Q}_2^n} = X \oplus \overline{Q}_2^n \\ &J_2 = X, \; K_2 = X\overline{Q}_1^n \end{aligned}\right\} \tag{6.46}$$

（5）画逻辑图。根据驱动方程和输出方程，得到序列信号检测器的逻辑图，如图 6.67 所示。

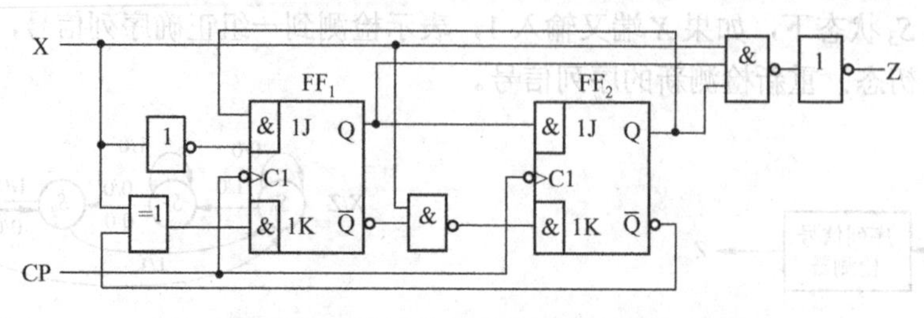

图 6.67　例 6.13 设计的序列信号检测器的逻辑图

6.5　基于 Verilog HDL 的时序逻辑电路的设计

在现代数字逻辑电路的设计中，用 HDL 设计的时序逻辑部件可以作为共享的基本元件保存在设计程序包（文件夹）中，供其他设计和系统调用。下面以数码寄存器、移位寄存器、计数器、顺序脉冲发生器、序列信号产生器和序列信号检测器为例，介绍基于 Verilog HDL 的时序逻辑电路的设计。

6.5.1　数码寄存器的设计

常用的数码寄存器有 8D 锁存器 CT74273 和 CT74373，其中 CT74273 是普通锁存器，CT74373 是三态输出锁存器。前面说过，锁存器是用时钟的电平（高电平或低电平）触发的，但用时钟的边沿作为触发信号的锁存器更具有抗干扰能力，而且在基于 Verilog HDL 的电路设计中，时钟边沿产生的方法很简单，因此下面介绍边沿触发型的锁存器电路的设计。

（a）

1．CT74273 的设计

用 HDL 设计的 8D 锁存器 CT74273 元件符号如图 6.68（a）所示，D8～D1 是 8 位并行数据输入端；CP 是时钟输入端，上升沿有效；Q8～Q1 是 8 位并行数据输出端；CRN 是复位控制输入端，低电平有效，当 CRN=0 时，锁存器被复位（清零）。

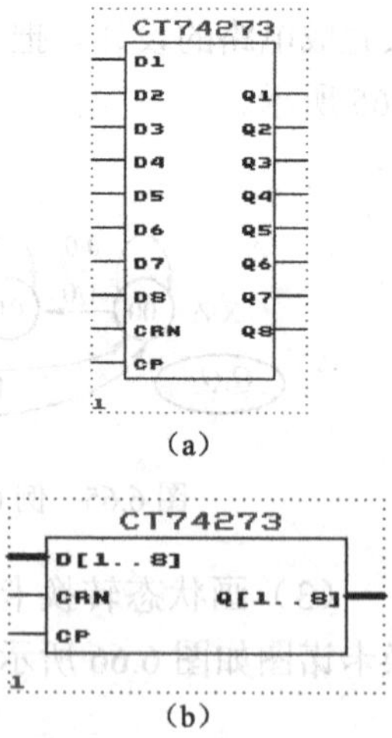

（b）

图 6.68　CT74273 的元件符

根据 8D 锁存器的功能，用 Verilog HDL 设计的源程序 CT74273.v 如下：

```
module    CT74273(D1,D2,D3,D4,D5,D6,D7,D8,CRN,CP,Q1,Q2,Q3,Q4,Q5,Q6,Q7,Q8);
    input       D1,D2,D3,D4,D5,D6,D7,D8,CRN,CP;
    output reg  Q1,Q2,Q3,Q4,Q5,Q6,Q7,Q8;
always      @(posedge CP or negedge CRN)
```

```
        begin
            if (~CRN) {Q1,Q2,Q3,Q4,Q5,Q6,Q7,Q8} = 0;
                else {Q1,Q2,Q3,Q4,Q5,Q6,Q7,Q8}= {D1,D2,D3,D4,D5,D6,D7,D8};
        end
    endmodule
```

为源程序 CT74273.v 生成的元件符号如图 6.68（a）所示，如果在编程中将同类型的输入输出端口用向量（即数组）形式表示，则可以使源程序更加简洁、明了。下面以向量 D[1:8]表示 D1～D8 等 8 个标量，以 Q[1:8]表示 Q1～Q8，编出的源程序 CT74273.v 如下：

```
    endmodule module    CT74273(D,CRN,CP,Q);
        input[1:8]        D;
        input             CRN,CP;
        output[1:8]       Q;
        reg[1:8]          Q;
    always      @(posedge CP or negedge CRN)
        begin
            if (~CRN) Q = 0;
                else Q = D;
        end
    endmodule
```

为上述源程序生成的元件符号如图 6.68（b）所示，图中的 D[1..8]（即 D[1:8]）表示 D1～D8 等 8 个输入；Q[1..8]（即 Q[1:8]）表示 Q1～Q8 等 8 个输出。

CT74273 设计电路的仿真波形如图 6.69 所示，在仿真图中的 0ps 到 1μs 和 1.5μs 到以后阶段是锁存功能，1.0μs 到 1.5μs 阶段是复位（清除）功能，Q=0。仿真结果验证了设计的正确性。

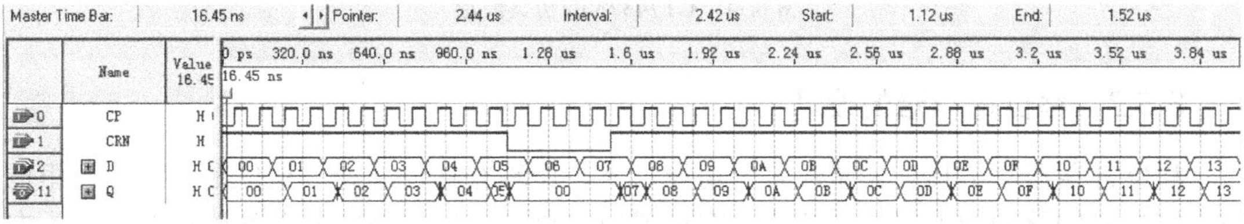

图 6.69　CT74273 的仿真波形

2．8D 锁存器（三态输出）CT74373 的设计

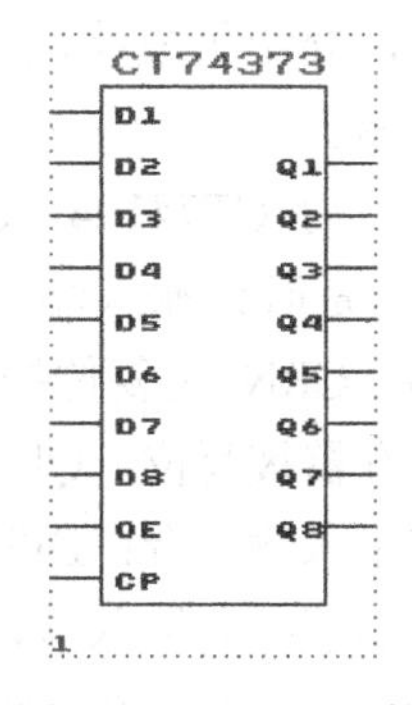

图 6.70　CT74373 的元件符号

用 HDL 设计的 8D 锁存器（三态输出）CT74373 如图 6.70 所示，D8～D1 是 8 位并行数据输入端；CP 是时钟输入端，上升沿有效；Q8～Q1 是 8 位并行数据输出端；OE 是三态控制输入端，高电平有效，当 OE=1 时，锁存器工作，当 OE=0 时，锁存器被禁止，输出为高阻态。

根据 8D（三态输出）锁存器的功能，用 Verilog HDL 设计的源程序 CT74373.v 如下：

```
module    CT74373(D1,D2,D3,D4,D5,D6,D7,D8,OE, CP,Q1,Q2,Q3,Q4,Q5,Q6,Q7,Q8);
      input       D1,D2,D3,D4,D5,D6,D7,D8,OE,CP;
      output reg  Q1,Q2,Q3,Q4,Q5,Q6,Q7,Q8;
      reg[1:8]          QS;
always    @(posedge CP)
      begin
            QS = {D1,D2,D3,D4,D5,D6,D7,D8};
      end
always    @(OE)
      begin
            if (OE) {Q1,Q2,Q3,Q4,Q5,Q6,Q7,Q8} = QS;
                else {Q1,Q2,Q3,Q4,Q5,Q6,Q7,Q8} = 'bzzzzzzzz;
      end
endmodule
```

在源程序中，用了两个 always 块语句，第一个 always 块语句用于描述数据锁存的功能；第二个 always 块语句用于描述电路的三态输出控制。

CT74373 设计电路的仿真波形如图 6.71 所示，仿真图中的 0ps 到 180ns 是三态输出锁存器的工作阶段，输出 Q=D；180ns 到以后是禁止工作阶段，输出为高阻，用“zz”表示 8 位输出的高阻状态。仿真结果验证了设计的正确性。

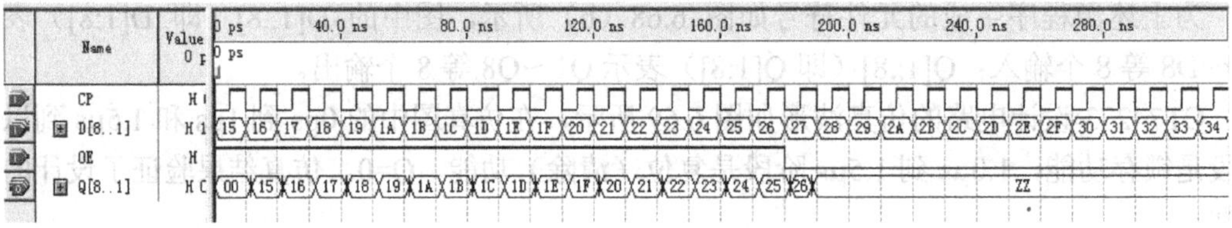

图 6.71　CT74373 的仿真波形

6.5.2　移位寄存器的设计

移位寄存器除了具有存储数码的功能以外，还具有移位功能。移位是指寄存器里的数据能在时钟脉冲的作用下，依次向左移或向右移。使数据既能向左移的寄存器称为左移移位寄存器，能使数据向右移的寄存器称为右移移位寄存器，使数据既能向左移也能向右移的寄存器称为双向移位寄存器。下面以 CT74194（74LS194）双向移位寄存器为例，介绍集成移位寄存器的设计方法。CT74194 的逻辑符号参见图 6.9，其功能参见表 6.3 所示。

为 CT74194 设计生成的元件符号如图 6.72 所示。其中 CP 是时钟输入端，上升沿有效；Q[3..0]是 4 位寄存器输出端；CRN 是复位控制输入端，当 CRN=0（有效）时，移位寄存器被复位，Q[3..0]=0000；DIR 是右串入输入端；DIL 是左串入输入端；D[3..0]是预置 4 位预置数据输入端；S1 和 S0 是功能控制输入端，当 S1S0=00 时，寄存器处在保持功能状态；当 S1S0=01 时寄存器具有右移功能，在右移时，寄存器中的各级触发器在 CP 的控制下依次向右移一位，而且 Q[3]

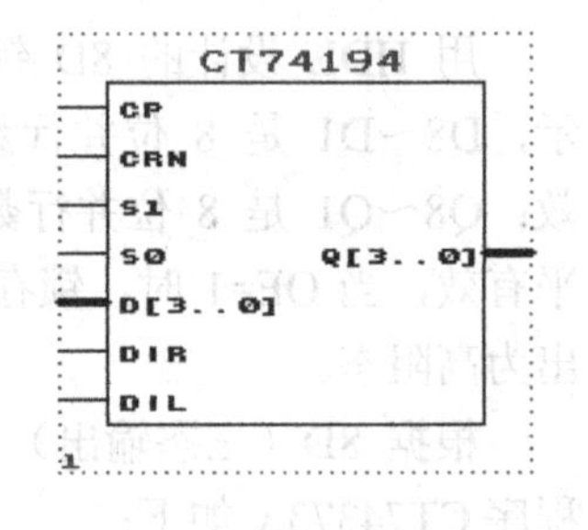

图 6.72　CT74194 元件符号

接收 DIR 的右串入信号；当 S1S0=10 时，寄存器具有左移功能，在左移时，寄存器中的各级触发器在 CP 的控制下依次向左移一位，而且 Q[0]接收 DIL 的左串入信号；当 S1S0=11 时，具有预置功能，在 CP 的上升沿到来时 Q[3..0]=D[3..0]。根据 CT74194 的功能，用 Verilog HDL 设计的源程序 CT74194.v 如下：

```
module CT74194(CP,CRN,S1,S0,D,DIR,DIL,Q);
  input [3:0]      D;
  input            CP,CRN,S1,S0,DIR,DIL;
  output [3:0]   Q;
  reg [3:0]        Q;
always @(posedge CP or negedge CRN)
  begin
     if (~CRN) Q = 0;
       else case({S1,S0})
          'b00:Q = Q;              //保持
          'b01:begin    Q = Q >> 1;
            Q[3]=DIR; end         //实现右移操作
          'b10:begin    Q = Q << 1;
            Q[0]=DIL; end         //实现左移操作
          'b11:   Q = D;          //预置
            endcase
  end
endmodule
```

在 Verilog HDL 源程序中，用“>>”运算符号实现右移操作，用“<<”运算符号实现左移操作。CT74194 的仿真波形如图 6.73 所示，仿真图中的 0ps 到 600ns 阶段是左移功能（S1S0=10、DIL=1）；600ns 到 720ns 阶段是复位功能（CRN=0）；720ns 到 1μs 阶段是右左移功能（S1S0=01、DIR=1）；1μs 到 1.5μs 是预置功能（S1S0=11、D=0101 即 5）；1.5μs 到 2.0μs 是保持功能（S1S0=00）。仿真结果验证了设计的正确性。

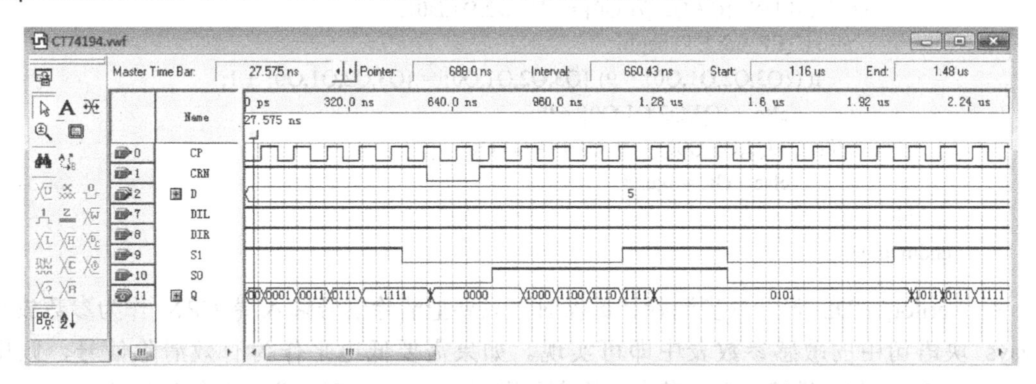

图 6.73　CT74194 的仿真波形

6.5.3　计数器的设计

在传统的时序逻辑电路的设计中，包括同步时序和异步时序两类电路的设计。异步时序逻辑单元往往是为了追求电路简单而出现的，但它们牺牲了器件运行的速度，因此在现代数字电路的设计中，仅注重同步时序逻辑单元的设计。下面以十进制同步计数器（异步清除）CT74160、4 位二进制同步计数器（异步清除）CT74161 和 4 位二进制同步计数器（同步清除）CT74163 为例，介绍同步计数器的设计。

1. 十进制同步计数器（异步清除）CT74160

十进制同步计数器（异步清除）CT74160 的逻辑符号参见图 6.25，其逻辑功能参见表 6.7。用 Verilog HDL 设计的 CT74160 的元件符号如图 6.74 所示，其中，D3～D0 是并行数据输入端；CP 是时钟输入端，上升沿有效；Q3～Q0 是计数器的状态输出端，其权值依次为 2^3、2^2、2^1 和 2^0；CRN 是异步复位输入端，低电平有效，当 CRN＝0 时，计数器的状态被复位（清除），Q3Q2Q1Q0＝0000，这种不考虑时钟 CP 的清除称为异步清除；LDN 是预置控制输入端，低电平有效，当 LDN＝0 且 CP 到来一个上升沿时，计数器被预置为并行数据输入的状态，即 Q3Q2Q1Q0＝D3D2D1D0；EP 和 ET 是使能控制输入端，高电平有效，当 EP 和 ET 均为高电平时，计数器工作，否则计数器处于保持状态（不计数）；OC 是进位输出端，当 Q3Q2Q1Q0＝1001 且 ET＝1 时，OC＝1。

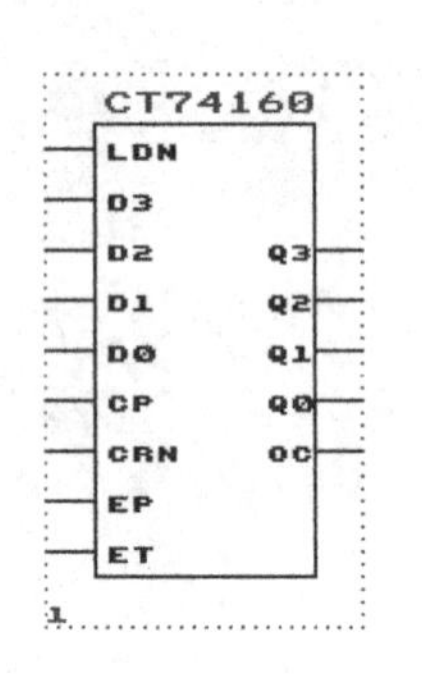

图 6.74 CT74160 的元件符号

根据十进制同步计数器（异步清除）的功能，用 Verilog HDL 设计的源程序 CT74160.v 如下：

```
module      CT74160(LDN,D3,D2,D1,D0,CP,CRN,EP,ET,Q3,Q2,Q1,Q0,OC);
        input          LDN,D3,D2,D1,D0,CP,CRN,EP,ET;
        output reg  Q3,Q2,Q1,Q0,OC;
always      @(posedge CP or negedge CRN )
    begin
        if (~CRN) {Q3,Q2,Q1,Q0}= 0;
            else if (~LDN) {Q3,Q2,Q1,Q0} = {D3,D2,D1,D0};
                else if (EP && ET) begin
                    if ({Q3,Q2,Q1,Q0} < 9) {Q3,Q2,Q1,Q0} = {Q3,Q2,Q1,Q0} + 1;
                        else   {Q3,Q2,Q1,Q0} = 0;
                    if ({Q3,Q2,Q1,Q0} == 9 & ET == 1) OC = 1;
                        else   OC = 0;end
    end
endmodule
```

用 Verilog HDL 设计异步清除计数器时，只要把清除信号输入端 CRN 作为参数放在 always 块语句中的敏感参数表中即可实现。如果需要低电平作为有效清除信号，则用“negedge CRN”作为敏感参数；若高电平有效则用“posedge CRN”作为敏感参数。

将源程序 CT74160.v 中的标量 D3～D0 用向量 D[3:0]表示，将 Q3～Q0 用向量 Q[3:0] 表示，编写的 CT74160 的源程序如下：

```
module      CT74160(LDN,D,CP,CRN,EP,ET,Q,OC);
        input              LDN,CP,CRN,EP,ET;
        input[3:0]         D;
```

```
        output reg[3:0]   Q;
        output reg        OC;
    always     @(posedge CP or negedge CRN )
      begin
        if (~CRN) Q = 0;
          else if (~LDN) Q = D;
            else if (EP && ET) begin
              if (Q < 9) Q = Q + 1;
                else   Q = 0;
            if (Q == 9 && ET == 1) OC = 1;
                else   OC = 0;end
      end
    endmodule
```

CT74160 设计电路的仿真波形如图 6.75 所示，在仿真图中的 600.0ns 到 700.0ns 阶段是清除功能（CRN=0），Q=0；在 920.0ns 到 1.08μs 阶段是预置功能，Q=D（值为 6）；1.08μs 到以后阶段是计数功能，在 CP 时钟的控制下完成加 1 计数，计到 9 时产生进位输出，OC=1。仿真结果验证了设计的正确性。

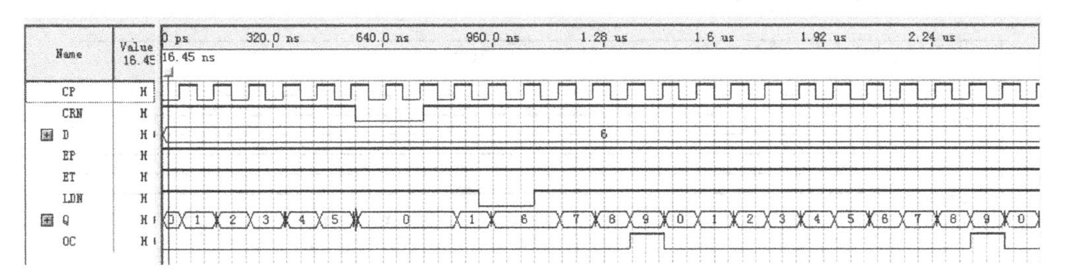

图 6.75　CT74160 的仿真波形

2．4 位二进制同步计数器（异步清除）CT74161

4 位二进制同步计数器（异步清除）CT74161 的逻辑符号参见图 6.24，其逻辑功能参见表 6.7。用 Verilog HDL 设计的 CT74161 的元件符号如图 6.76 所示，其端口名称和功能与 CT74160 相同，区别在于 CT74160 是十进制计数器，因此其输出在 Q3Q2Q1Q0=1001（即 9）时且 ET=1 产生进位，输出 OC=1，因此用“if (Q == 9 && ET == 1) OC = 1;else　OC = 0;end”语句实现输出 OC 功能的描述；而 CT74161 是 4 位进制计数器，因此其输出在 Q3Q2Q1Q0=1111（即 15）且 ET=1 时产生进位，输出 OC=1，因此应该用“if (Q == 15 && ET == 1) OC = 1;else　OC = 0;end”语句实现输出 OC 功能的描述。

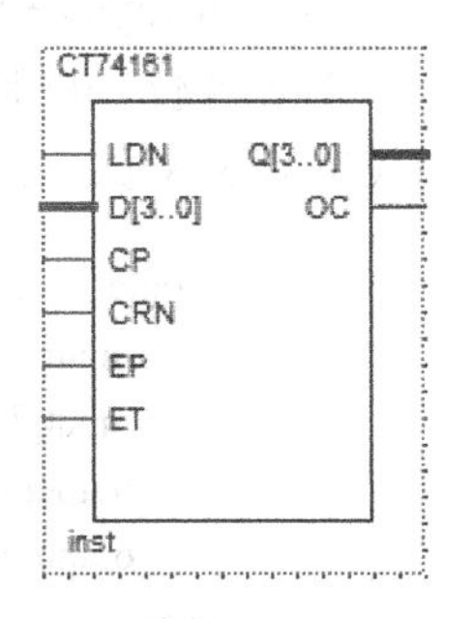

图 6.76　CT74161 的元件符号

据 4 位二进制同步计数器（异步清除）CT74161 的功能，用 Verilog HDL 设计的源程序 CT74161.v 如下：

```
    module     CT74161(LDN,D,CP,CRN,EP,ET,Q,OC);
        input            LDN,CP,CRN,EP,ET;
        input[3:0]       D;
        output reg[3:0]  Q;
        output reg       OC;
```

```
always      @(posedge CP or negedge CRN )
  begin
     if (~CRN) Q = 0;
        else if (~LDN) Q = D;
           else if (EP && ET) begin
              if (Q < 15) Q = Q + 1;
                  else   Q = 0;
              if (Q == 15 && ET == 1) OC = 1;
                  else   OC = 0;end
  end
endmodule
```

在源程序中用向量 D[3:0]表示标量 D3～D0，用 Q[3:0]表示标量 Q3～Q0。

CT74161 设计电路的仿真波形如图 6.77 所示，在仿真图中的 300.0ns 到 520.0ns 阶段是清除功能（CRN=0），Q=0；在 640.0ns 到 920.0ns 阶段是预置功能，Q=D（值为 6）；920.0ns 到以后阶段是计数功能，在 CP 时钟的控制下完成加 1 计数，计到 F（即 15）时产生进位输出，OC=1；在计数阶段的 1.0μs 到 1.36μs 阶段是保持功能，计数器的状态保持不变。仿真结果验证了设计的正确性。

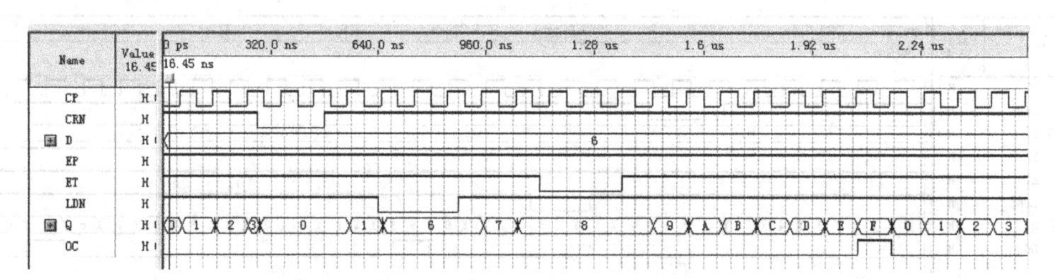

图 6.77　CT74161 的仿真波形

3．4 位二进制同步计数器（同步清除）CT74163

用 Verilog HDL 设计的 4 位二进制同步计数器（同步清除）CT74163 的元件符号与 CT74161 的元件符号相同（参见图 6.76 所示）。CT74163 与 CT74161 的功能基本相同，区别在于 CT74161 是异步清除计数器，在其源程序的 always 块的敏感参数表中包含“or negedge CRN”语句，如果不要此语句，则为同步清除计数器，因此在编制 CT74163 源程序时，将其 always 块的敏感参数表中的“or negedge CRN”语句去掉即可。

根据 4 位二进制同步计数器（同步清除）CT74163 的功能，用 Verilog HDL 设计的源程序 CT74163.v 如下：

```
module      CT74163(LDN,D,CP,CRN,EP,ET,Q,OC);
     input             LDN,CP,CRN,EP,ET;
     input[3:0]        D;
     output reg[3:0]   Q;
     output reg        OC;
always      @(posedge CP)
  begin
     if (~CRN) Q = 0;
        else if (~LDN) Q = D;
```

```
            else if (EP && ET) begin
               if (Q < 15) Q = Q + 1;
                  else   Q = 0;
              if (Q == 15 && ET == 1) OC = 1;
                  else   OC = 0;end
       end
    endmodule
```

请读者认真阅读计数器 CT74161 和 CT74163 的 Verilog HDL 源程序，分清异步清除与同步清除在语句使用方面的区别。

CT74163 设计电路的仿真波形如图 6.78 所示。在仿真波形的 650.0ns 时刻，时钟 CP 的上升沿到来，这时清除信号 CRN=0 才能起作用，这种清除称为同步清除。仿真结果验证了设计的正确性。

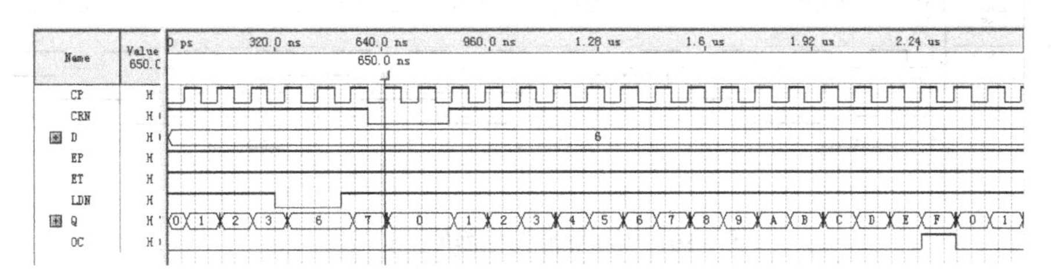

图 6.78　CT74163 的仿真波形

6.5.4　顺序脉冲发生器的设计

顺序脉冲发生器已在 6.4 节中介绍过，下面以 4 位顺序脉冲发生器为例，介绍基于 Verilog HDL 的顺序脉冲发生器的设计。4 位顺序脉冲发生器电路的状态图如图 6.79 所示。它由 4 个状态构成，每个状态中“1”的个数都是 1 个，表示每个时钟周期内只有 1 个触发器的输出端为高电平（脉冲），而且是轮流出现的，因而构成顺序脉冲信号。

在基于 Verilog HDL 的时序逻辑电路中，也可以直接对状态图进行描述，一般称为状态机描述法。采用状态机描述法时，需要设置一些常量来替代状态图中的各个状态。例如在图 6.79 中，用 s0、s1、s2 和 s3 常量分别替代“0001”、“1000”、“0100”和“0010”状态。

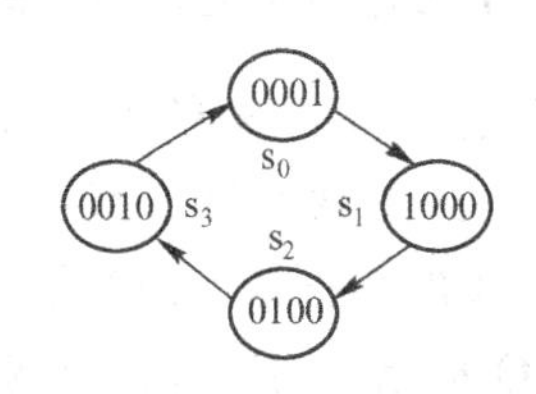

图 6.79　序列信号产生器的状态转换图

根据 4 位顺序脉冲发生器的功能，用 Verilog HDL 设计的源程序 method4.v 如下：

```
module    method4(CP,Q3,Q2,Q1,Q0);
     parameter    s0 = 'b0001,s1 = 'b1000,s2 = 'b0100,s3 = 'b0010;
     input        CP;
     output       Q3,Q2,Q1,Q0;
     reg          Q3,Q2,Q1,Q0;
     reg[3:0]     ss;
always     @(posedge CP )
     begin
          if (ss == s0) ss = s1;
```

```
                else if (ss == s1) ss = s2;
                    else if (ss == s2) ss = s3;
                        else if (ss == s3) ss = s0;
                            else ss= 'b0001;
        {Q3,Q2,Q1,Q0} = ss;
    end
endmodule
```

在源程序中，Q3～Q0 是 4 位顺序脉冲发生器的输出端。程序用 if 语句来完成如图 6.46 所示的状态变化。

4 位顺序脉冲发生器设计电路的仿真波形如图 6.80 所示。从仿真波形中可以见到电路的 Q3～Q0 输出端顺序产生脉冲信号。仿真结果验证了设计的正确性。

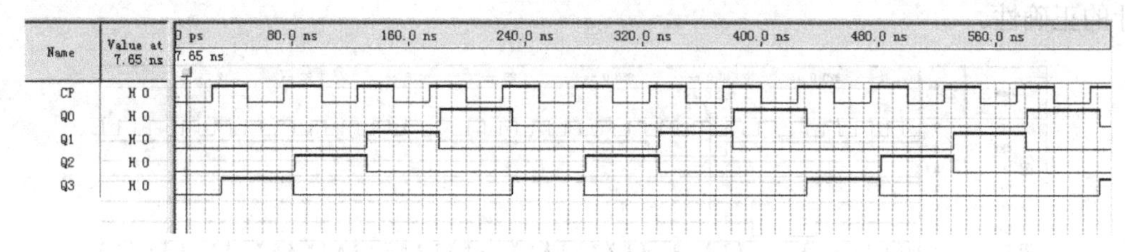

图 6.80　顺序脉冲发生器的仿真波形

电话铃流控制是顺序脉冲发生器应用的一个实例。从图 6.80 所示仿真波形可以看出，如果用 4 位顺序脉冲发生器的某一个输出作为铃流控制信号，而且时钟 CP 周期为 1s，那么电话铃声就会以响 1s 停 3s 的节奏进行。

6.5.5　序列信号发生器的设计

序列信号发生器已在 6.4 节中介绍过，下面以"1101001"序列为例，介绍基于 Verilog HDL 的 7 位序列信号发生器和伪随机码发生器的设计。

1．7 位序列信号发生器的设计

序列信号发生器的电路结构示意图如图 6.81 所示，CP 是时钟输入端；SS 相当于一个 7 位左移（或右移）移位寄存器，SS[6]是最高位，SS[0]是最低位。每当一个时钟脉冲到来后，SS 中的数据依次向左移 1 位，在移位的同时把最高位 SS[6]分别送到最低位 SS[0]和输出 Q；Q 是电路的串行输出端，在 CP 的控制下，输出序列信号。

根据 7 位序列信号发生器的功能，用 Verilog HDL 设计的源程序 signal7.v 如下：

```
module signal7(CP,Q);
    input       CP;
    output reg  Q;
    reg[6:0]    SS;
    initial SS='b1101001;
  always @(posedge CP)
    begin
       Q = SS[6];SS = SS << 1;SS[0] = Q;
    end
endmodule
```

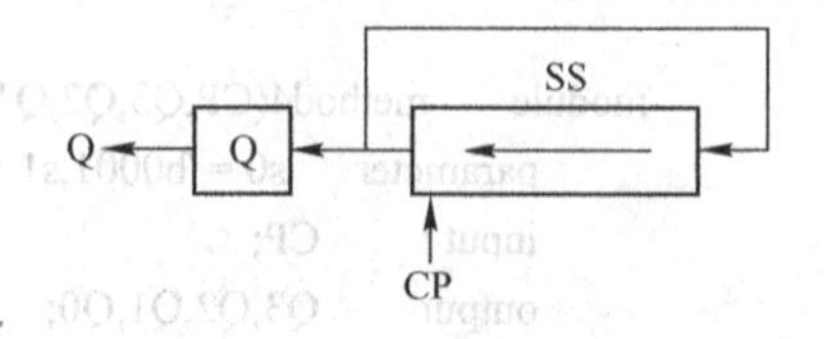

图 6.81　序列信号发生器的电路结构示意图

在源程序中使用了一个 reg 型变量 SS 作为 7 位寄存器，并初始化“1101001”状态，如果需要产生其他序列，仅需要改变初始化状态即可。7 位序列信号发生器设计电路的仿真波形如图 6.82 所示。从仿真波形中可以看到序列信号“1101001”从电路的 Q 输出端顺序输出。仿真结果验证了设计的正确性。

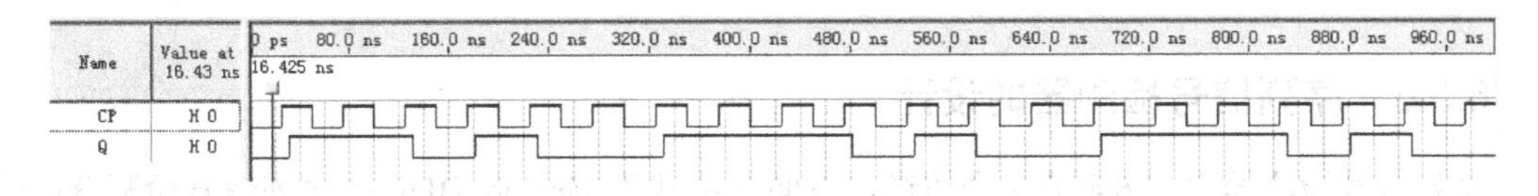

图 6.82　序列信号产生器的仿真波形

2．伪随机码发生器的设计

伪随机码发生器已在 6.4 节中介绍过，它由最长线性序列移存型计数器构成。下面以 N=15 为例，介绍基于 Verilog HDL 的伪随机码发生器的设计。在最长线性序列移存型计数器的反馈函数表（参见 6.12 所示）中，N=15 的反馈函数如下：

$$F = Q_1 \oplus Q_0 \tag{6.47}$$

在 15 位最长线性序列移存型计数器中，有一个由“000000000000000”（15 个“0”）构成的死循环，为了打破死循环可以修改式（6.47）为

$$F = Q_1 \oplus Q_0 + \overline{Q}_{14}\overline{Q}_{13}\overline{Q}_{12}\overline{Q}_{11}\overline{Q}_{10}\overline{Q}_9\overline{Q}_8\overline{Q}_7\overline{Q}_6\overline{Q}_5\overline{Q}_4\overline{Q}_3\overline{Q}_2\overline{Q}_1\overline{Q}_0 \tag{6.48}$$

式 6.48 说明，当 Q_{14}～Q_0=000000000000000 时，反馈函数 F=1，打破了原反馈函数 F=0 出现死循环的状态（在 Verilog HDL 中，反馈函数可以写为：F=(SS[1]^SS[0]) | (~|SS);）。根据 15 位最长线性序列移存型计数器的功能，用 Verilog HDL 设计的源程序 signal15.v 如下：

```
module signal15(CP,Q);
      input       CP;
      output      Q;
      reg         Q,F;
      reg[14:0]   SS;
      initial SS='b100000000000000;
always @(posedge CP)
   begin
      F=(SS[1]^SS[0]) | (~|SS);
      SS = SS >> 1;
      SS[14] = F;
      Q = SS[14];
   end
endmodule
```

在源程序中，SS 是一个 15 位的移位寄存器的标识符；CP 是时钟输入端，在 CP 的上升沿到来时，SS 中的数据向右移一位，SS 的最高位 SS[14]同时接收反馈函数 F 的值；Q 是串行输出端，输出序列信号。

伪随机信号发生器电路的仿真波形如图 6.83 所示，从电路的 Q 输出端输出的序列信号具有随机性，仿真结果验证了设计的正确性。

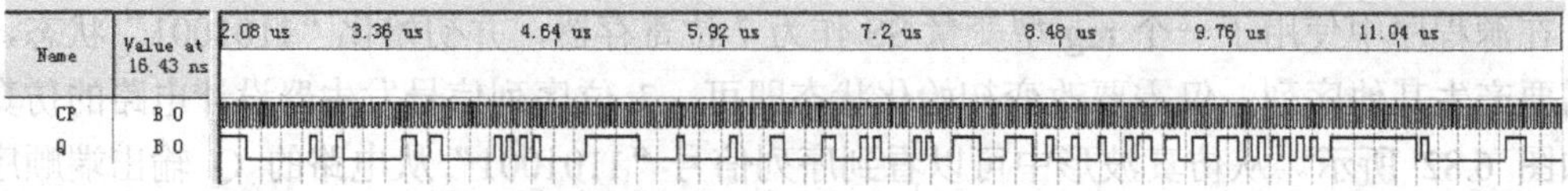

图 6.83　伪随机信号发生器的仿真波形

6.5.6　序列信号检测器的设计

序列信号检测器已在 6.4 节中介绍过，下面介绍基于 Verilog HDL 的序列信号检测器的设计，该检测器可以检测 7 位序列信号。当检测到从输入端 DIN 输入的序列信号为“1101001”（即正确序列）时，输出 FOUT=1，否则（未检测到正确序列或序列信号未检测结束）FOUT=0。根据序列信号检测器的功能，用 Verilog HDL 设计的源程序 monitor7.v 如下：

```
module monitor7(CP,DIN,FOUT);
      input      CP,DIN;
      output     FOUT;
      reg        FOUT;
      reg[6:0]   SS0='b1101001,SS1;
always @(posedge CP)
   begin
      SS1 = SS1 >> 1;
      SS1[6] = DIN;
        if (SS1==SS0) FOUT = 'b1;
           else   FOUT = 'b0;
   end
endmodule
```

在源程序中，SS0 和 SS1 是一个 7 位寄存器，SS0 用于存放正确序列信号（如 1101001），SS1 用于接收电路输入的序列信号。

7 位序列信号检测器设计电路的仿真波形如图 6.84 所示，序列信号从 DIN 端输入，当 DIN 为“1101001”（正确序列）时，输出端 FOUT＝1，表示检测到一组正确序列信号。请读者注意从 DIN 输入序列信号的顺序，应该从“1101001”序列信号的最右边（最低位）的数据开始输入，到最左边（最高位）结束，即按“1→0→0→1→0→1→1”顺序输入。仿真结果验证了设计的正确性。

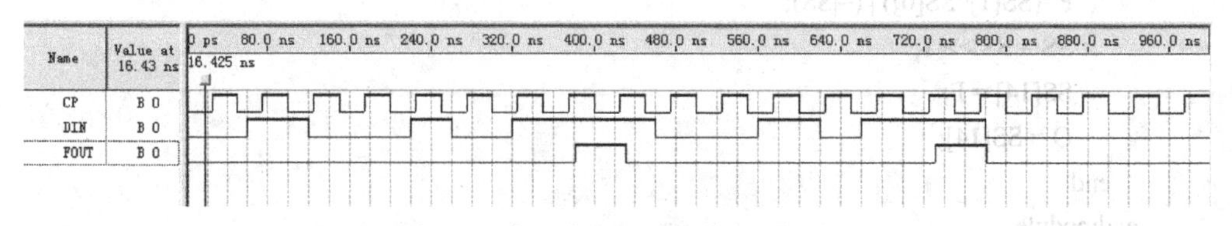

图 6.84　序列信号检测器的仿真波形

本 章 小 结

时序逻辑电路是由组合逻辑电路和存储电路构成的，因此任一时刻的输出信号不仅和当时的输入信号有关，而且还与电路的原来状态有关。触发器是存储电路的基本元件，根据触发器的时钟端的连接方式，把时序逻辑电路分为同步时序逻辑电路和异步时序逻辑电路两大类。

用于描述时序电路逻辑功能的方法通常有方程组（包括驱动方程、输出方程、时钟方程和状态方程）、状态转换表、状态转换图和时序图等，这些方法是分析和设计时序逻辑电路的重要工具。

移位寄存器和计数器是时序逻辑电路的典型电路。移位寄存器主要用来存放数据，也可以构成移存型计数器，还可以实现并/串转换和串/并转换。移存型计数器包括环形计数器、扭环形计数器和最长线性序列移存型计数器。N 级环形计数器的模值是 N，N 级扭环形计数器的模值是 $2N$。N 级最长线性序列移存型计数器的模值是 2^N-1。

计数器的用途非常广泛。计数器可以统计输入脉冲的个数，用于实现计时、计数系统，还可以用于分频、定时、产生节拍脉冲和序列脉冲。

计数器的分析方法是本章学习的重点内容，通过对同步和异步计数器的分析，让读者掌握同步和异步时序逻辑电路的分析方法，同时也掌握计数器的功能和使用方法。

本章介绍了传统的时序逻辑电路的设计方法，也介绍了基于 Verilog HDL 的时序逻辑电路的设计方法，读者通过对这两种设计方法的比较，可以体会出现代数字电路设计方法的优越性和高效性。

思考题和习题

6.1 时序逻辑电路的特点是什么？与组合逻辑电路有什么区别？

6.2 描述时序逻辑电路功能的方法有哪些？各有什么特点？

6.3 什么叫计数器？同步计数器与异步计数器有什么区别？

6.4 什么叫有效状态？什么叫无效状态？有效循环和无效循环的含义是什么？什么叫有自启动特性？

6.5 什么是移位寄存器？它有什么主要用途？

6.6 分析图 6.85 所示电路的逻辑功能，写出电路的驱动方程、状态方程和输出方程，画出电路状态转换图，说明电路是否具有自启动特性。

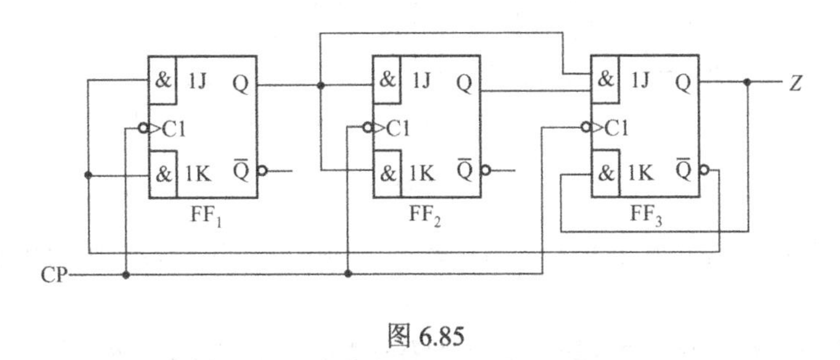

图 6.85

6.7 分析图 6.86 所示电路的逻辑功能，写出电路的驱动方程、状态方程和输出方程，画出电路状态转换图。A 为输入逻辑变量。

6.8 试画出用 4 片 CT74194 组成 16 位双向移位寄存器的逻辑图。CT74194 的功能表如表 6.3 所示。

6.9 分析图 6.87 所示电路，要求写出分析过程，画出状态图和时序图，并说明电路特点。

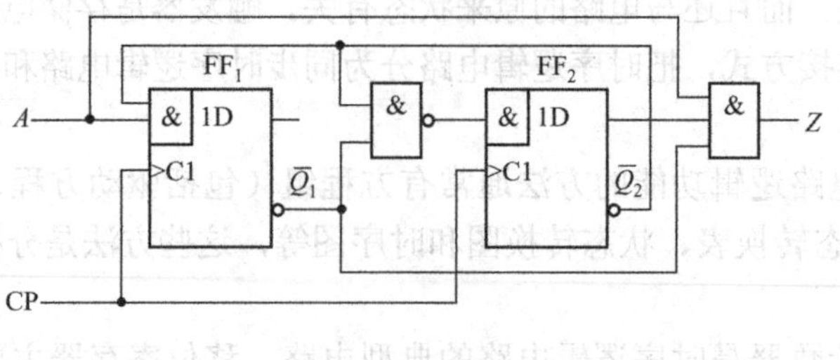

图 6.86

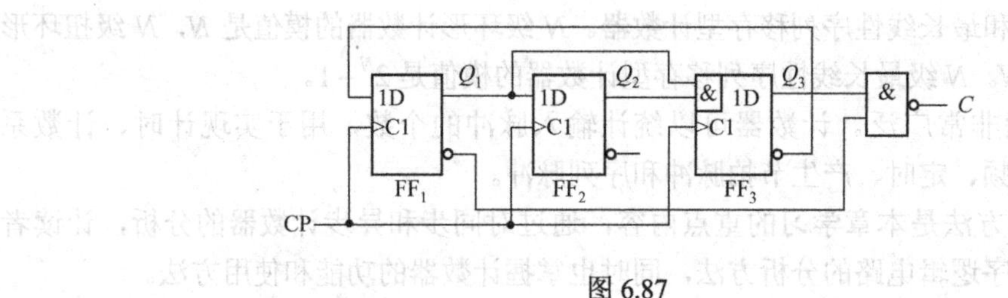

图 6.87

6.10　分析图 6.88 所示电路的逻辑功能，写出电路的驱动方程、状态方程和输出方程，画出电路状态转换图，说明电路是否具有自启动特性。

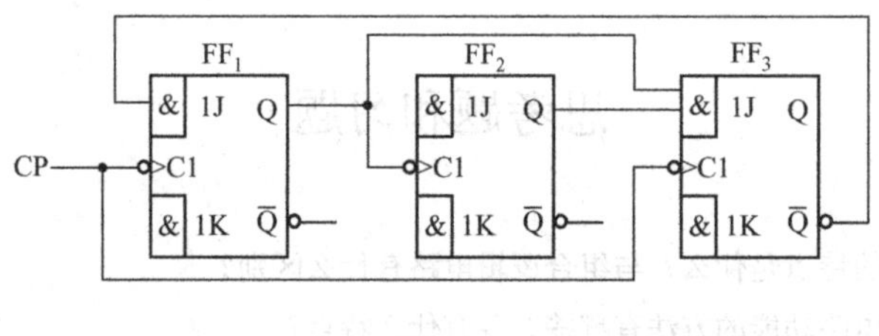

图 6.88

6.11　分析图 6.89 所示电路的逻辑功能，并画出在 CP 的作用下 Q_2 的输出波形（设触发器的初态全为 0），说明 Q_2 输出与时钟 CP 之间的关系。

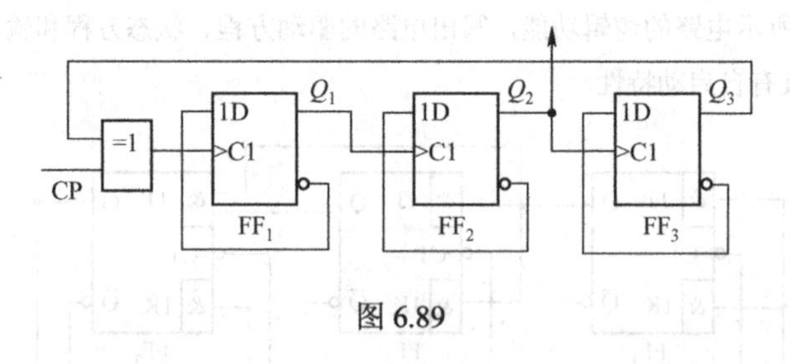

图 6.89

6.12　分析图 6.90 所示的计数器电路，说明计数器的模值。十进制计数器 CT74160 的功能表如表 6.7 所示。

6.13　分析图 6.91 所示的计数器电路，说明计数器的模值。4 位二进制同步计数器 CT74161 的功能表如表 6.7 所示。

6.14　试用 4 位同步二进制计数器 CT74161 接成十二进制计数器，标出输入、输出端。可以附加必要的门电路。CT74161 的功能表如表 6.7 所示。

6.15　设计模 7 同步计数器，触发器自选，画出逻辑图。

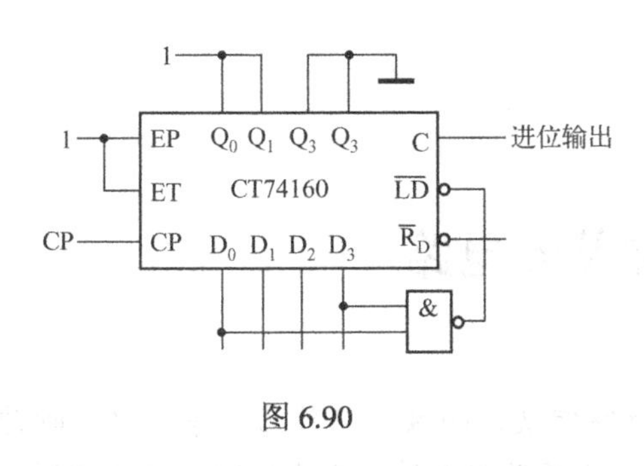

图 6.90

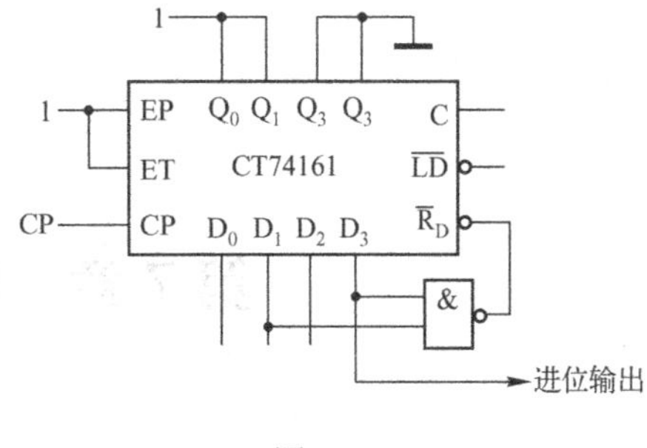

图 6.91

6.16 设计模 5 同步计数器，要求在时钟脉冲 CP 为方波时，输出也是方波。触发器自选，画出逻辑图。

6.17 设计模 7 异步计数器，触发器自选，画出逻辑图。

6.18 设计一个用 M 信号控制的同步五进制计数器，要求当 M=0 时，在 CP 的作用下按加 1 的顺序计数；当 M=1 时，按加 2 的顺序计数（即 0，2，4，…）。触发器自选，画出逻辑图。

6.19 设计一个时序电路，只有在连续两个或两个以上时钟作用期间两个输入信号 X_1 和 X_2 一致时，输出信号才为 1，其余情况输出为 0。

6.20 设计一个字长为 9 位（包括奇偶校验位）的串行奇偶校验电路，要求每当收到 9 位二进制数码是奇数个“1”时，就在最后一个检验位时刻输出 1，其余情况输出 0。

6.21 用 Verilog HDL 设计 4 位右移移位寄存器。电路中 CP 是时钟输入端，上升沿有效；RDN 是异步复位输入端，低电平有效；DIR 是串行数据输入端；Q[3..0]是并行数据输出端。

6.22 用 Verilog HDL 设计 16 位数码锁存器。电路中 CP 是时钟输入端，上升沿有效；RDN 是异步复位输入端，低电平有效；D[15..0]是并行数据输入端；Q[15..0]是并行数据输出端。

6.23 用 Verilog HDL 设计 5 位（同步清除）计数器。电路中 CP 是时钟输入端，上升沿有效；RDN 是同步清除（复位）输入端，低电平有效；Q[4..0]是计数器的状态输出端；COUT 是计数器的进位输出端。

6.24 用 Verilog HDL 设计模 5（异步清除）计数器。电路中 CP 是时钟输入端，下升沿有效；RDN 是异步清除（复位）输入端，低电平有效；Q[2..0]是计数器的状态输出端；COUT 是计数器的进位输出端。

6.25 用 Verilog HDL 设计模值可控计数器。电路中 CP 是时钟输入端，上升沿有效；M 是模值信号输入端，当 M=0 时，是模 5 加法计数器，当 M=1 时，是模 7 加法计数器；Q[2..0]是计数器的状态输出端；COUT 是计数器的进位输出端。

6.26 用 Verilog HDL 设计一个用 M 信号控制的同步五进制计数器，要求当 M=0 时，在 CP 的上升沿的作用下按加 1 的顺序计数，即（0→1→2→3→4）；当 M=1 时，按加 2 的顺序计数（即 0→2→4→6→8）。

6.27 用 Verilog HDL 设计一个 5 位顺序脉冲发生器。电路中的 Q0～Q4 是电路的 5 个脉冲信号输出端，在 CP 的上升沿的作用下依次输出脉冲信号。

6.28 用 Verilog HDL 设计一个 8 位序列信号发生器，在 CP 的上升沿的作用下，电路输出“10010011”序列信号。

6.29 用 Verilog HDL 设计一个 8 位序列信号检测器，当电路接收到“10010011”正确序列信号时，输出 F=1，其他情况下 F = 0。

6.30 用 Verilog HDL 设计一个 16 位最长线性序列移存型计数器，电路的反馈函数从表 6.12 找出。设计的电路要求不存在死循环。

6.31 用 Verilog HDL 设计题 6.19 和题 6.20 要求的电路。

第7章　脉冲单元电路

矩形波是一种脉冲波形，它不仅可以代表数字信息，而且可以作为时序电路的时钟信号。本章介绍矩形脉冲信号的产生和整形电路。多谐振荡器是脉冲产生电路；脉冲整形电路包括施密特触发器和单稳态触发器。555 定时器是一种多用途的数字/模拟混合集成电路，本章以 555 定时器为主，介绍用它构成的多谐振荡器、施密特触发器和单稳态触发器电路，同时还介绍用其他方式构成的脉冲单元电路。

7.1　概　述

7.1.1　脉冲单元电路的分类、结构和波形参数

获取脉冲波形的途径有两种：一种是利用多谐振荡器电路直接产生所需要的矩形脉冲，另一种则是通过整形电路把已有的周期变化波形变换为符合要求的矩形脉冲。因此把脉冲电路分为脉冲产生电路和脉冲整形电路两大类。

脉冲单元电路一般由两部分电路组成：一种是开关电路，另一种是惰性电路。晶体管、逻辑门和 555 定时器都具有开关特性，它们可以构成脉冲电路中的开关电路；电容和电感是惰性元件，它们和电阻可以构成脉冲电路中 RC、LC 和 RLC 惰性电路。

对于代表数字信息和作为时序电路的时钟信号的矩形波来说，其特性直接关系到数字系统是否能正常工作，因此必须对用各种方式获取的矩形波的特性进行分析。为了定量描述矩形脉冲的特性，通常给出图 7.1 中所标注的几个主要参数。

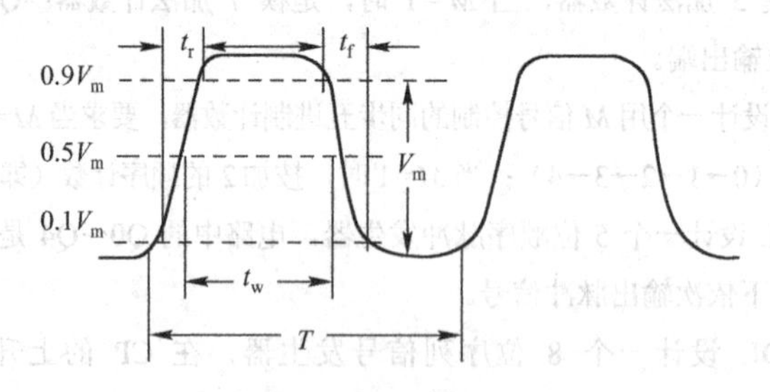

图 7.1　矩形脉冲示意图

这些参数是：

脉冲周期 T——周期性重复的脉冲序列中，两个相邻脉冲的时间间隔；

脉冲幅度 V_m——脉冲电压的最大变化幅度；

脉冲宽度 t_w——从脉冲前沿到达 $0.5V_m$ 起，到脉冲后沿到达 $0.5V_m$ 止的时间；

上升时间 t_r——脉冲上升沿从 $0.1V_m$ 上升到 $0.9V_m$ 所需要的时间；

下降时间 t_f——脉冲下降沿从 $0.9V_m$ 下降到 $0.1V_m$ 所需要的时间；

占空比 q——脉冲宽度与脉冲周期的比值，即 $q=t_w/T$。

7.1.2 脉冲波形参数的分析方法

脉冲单元电路是由开关电路和惰性电路构成的，在本章讲述的脉冲单元电路中，惰性电路主要是由电容和电阻构成的 RC 电路。因此，RC 电路的充放电特性是影响脉冲波形参数的主要因素。为了帮助读者掌握脉冲波形参数的分析方法，下面介绍 RC 电路的充放电特性。

一个简单的 RC 充放电电路如图 7.2 所示，当开关 S 由位置 1 扳到位置 2 时，电容 C 开始经电阻 R 充电，使电容上的电压 $V_C(t)$以指数规律上升，如图 7.3 所示。从电路分析基础的知识可得

$$V_C(t)=V_C(\infty)+[V_C(0^+)-V_C(\infty)]e^{-t/\tau} \tag{7.1}$$

式中，$V_C(\infty)$为电容电压的稳态值，在充电过程中 $V_C(\infty)=E_C$；$V_C(0^+)$为初始值，在充电过程中 $V_C(0^+)=0V$；τ为充放电回路的时间常数，在本电路中$\tau=RC$。

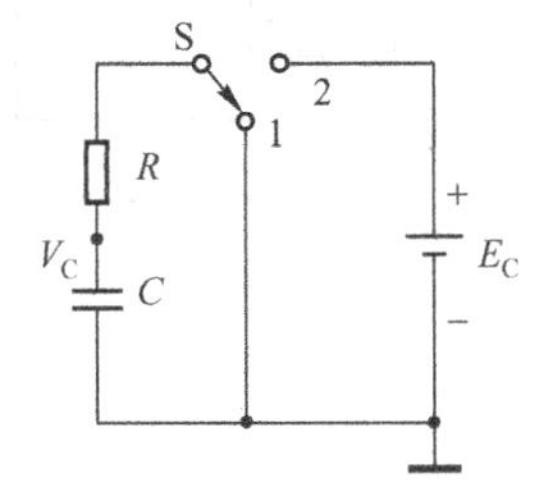

图 7.2 RC 充放电电路图

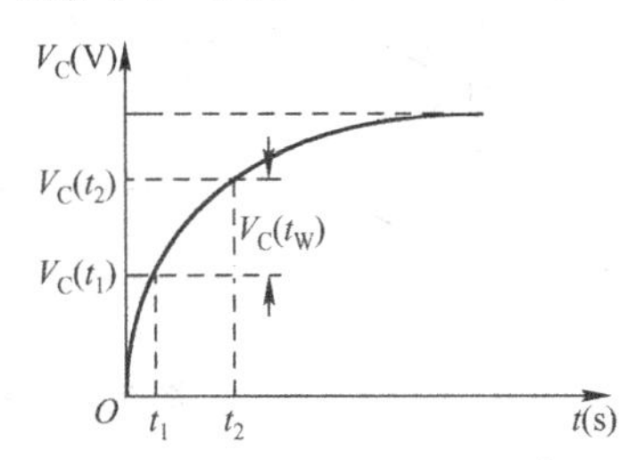

图 7.3 RC 电路的充电特性曲线

在脉冲电路中，一般分析 RC 充、放电过程中的某一阶段的电压变化的幅度，或者充、放电经历的时间。例如，上升时间 t_r 是脉冲波形上升沿从 $0.1V_m$ 上升到 $0.9V_m$ 所需要的时间。下面分析图 7.3 中 t_1 时刻到 t_2 时刻电容电压 $V_C(t)$从 $V_C(t_1)$到 $V_C(t_2)$的阶段变化过程。为了方便分析，把 $V_C(t_1)$看作是电容充电的初始值 $V_C(0^+)$，把 $V_C(t_2)$看作是电容充电的转折值 $V_C(t_w)$，而 t_1 时刻到 t_2 时刻经历的时间为 t_w。在脉冲电路中，如果知道电容电压的稳态值 $V_C(\infty)$、初始值 $V_C(0^+)$和时间常数τ，就可以从式（7.1）推导出 RC 充、放电过程的电压变化幅度，或者充、放电经历的时间，这就是所谓的三要素法。例如，已知充、放电经历的时间为 t_w，则电容电压变化的幅度为：

$$V_C(t_w)=V_C(\infty)+[V_C(0^+)-V_C(\infty)]e^{-t_w/\tau} \tag{7.2}$$

若已知电容电压变化的幅度 $V_C(t_w)$，则充、放电经历的时间为：

$$t_w=\tau\times\ln\left[\frac{V_C(\infty)-V_C(0^+)}{V_C(\infty)-V_C(t_w)}\right] \tag{7.3}$$

7.1.3 555 定时器

开关电路是脉冲单元电路中的一个组成部分，晶体管、逻辑门和 555 定时器都具有开关特性，它们可以构成脉冲电路中的开关电路。在前面的章节中，已经介绍过晶体管和门电路的开关特性，下面介绍 555 定时器的特性。

555 定时器是一种多用途的数字/模拟混合集成电路，利用它可以方便地构成各种脉冲单元电路。国际和国内电子器件公司生产的555定时器产品型号繁多，但所有双极型产品型号后的3位数字都是555，所有CMOS产品型号最后的4位数字都是7555，因此人们习惯地把它们统称为555定时器。

国产双极型定时器CB555的电路结构和电路符号如图7.4所示。电路由电压比较器 C_1 和 C_2、基本RS触发器和集电极开路的放电三极管 VT_D 三部分组成。

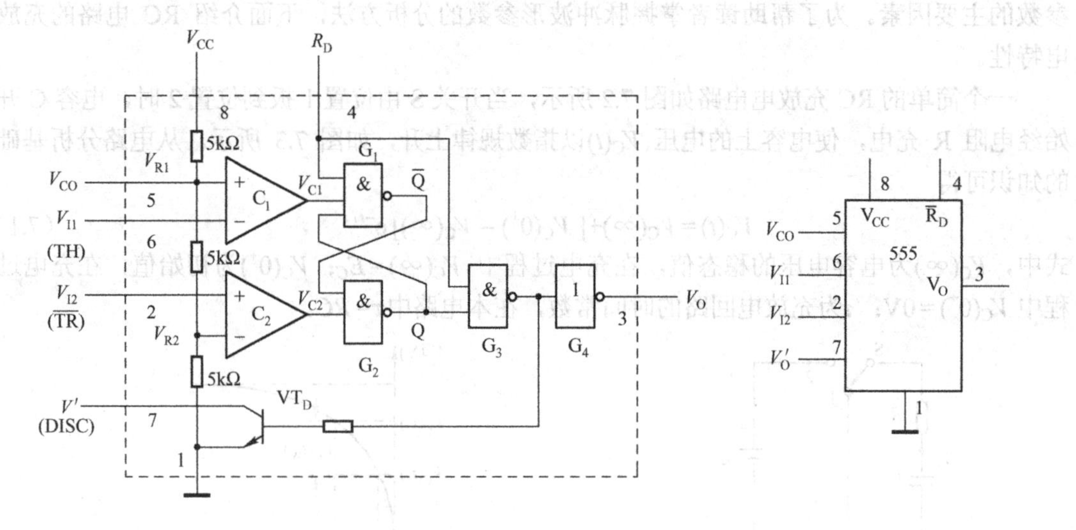

图 7.4　CB555 的电路结构和符号

V_{I1} 是比较器 C_1 的输入端（也称阈值端，用TH标注），V_{I2} 是比较器 C_2 的输入端（也称触发端，用 $\overline{TR}$ 标注）。C_1 和 C_2 的参考电压（电压比较器的基准）V_{R1} 和 V_{R2} 由 V_{CC} 经三个5kΩ电阻分压给出。在控制电压输入端 V_{CO} 悬空时，$V_{R1}=\frac{2}{3}V_{CC}$，$V_{R2}=\frac{1}{3}V_{CC}$。如果 V_{CO} 外接固定电压，则 $V_{R1}=V_{CO}$，$V_{R2}=\frac{1}{2}V_{CO}$。

$\overline{R}_D$ 是置0输入端，只要在 $\overline{R}_D$ 端上加上低电平，输出端 V_O 便立即被置为低电平，不受其他输入端状态的影响，正常工作时必须使 $\overline{R}_D$ 处于高电平。V'_O 是放电三极管 VT_D 的集电极引出端，也称为DISC。图中的数码1～8为器件引脚的编号。

表 7.1　CB555 的功能表

输入			输出	
$\overline{R}_D$	V_{I1}	V_{I2}	V_O	VT_D 状态
0	×	×	低	导通
1	$>\frac{2}{3}V_{CC}$	$>\frac{1}{3}V_{CC}$	低	导通
1	$<\frac{2}{3}V_{CC}$	$>\frac{1}{3}V_{CC}$	不变	不变
1	$<\frac{2}{3}V_{CC}$	$<\frac{1}{3}V_{CC}$	高	截止
1	$>\frac{2}{3}V_{CC}$	$<\frac{1}{3}V_{CC}$	高	截止

CB555的功能如表7.1所示。当 $V_{I1}>V_{R1}$、$V_{I2}>V_{R2}$ 时，比较器 C_1 的输出 $V_{C1}=0$，比较器 C_2 的输出 $V_{C2}=1$，基本RS触发器被置0，VT_D 导通，同时输出 V_O 为低电平。

当 $V_{I1}<V_{R1}$、$V_{I2}>V_{R2}$ 时，$V_{C1}=1$，$V_{C2}=1$，基本RS触发器的状态保持不变，因而 VT_D 和 V_O 的状态也维持不变。

当 $V_{I1}<V_{R1}$、$V_{I2}<V_{R2}$ 时，$V_{C1}=1$，$V_{C2}=0$，基本RS触发器被置1，VT_D 截止，输出 V_O 为高电平。

当 $V_{I1}>V_{R1}$、$V_{I2}<V_{R2}$ 时，$V_{C1}=0$，$V_{C2}=0$，基本 RS 触发器处于 $Q=\overline{Q}=1$ 的状态，V_O 为高电平，同时 VT_D 截止，这是基本 RS 触发器的约束状态。

7.2 施密特触发器

施密特触发器（Schmitt Trigger）是脉冲波形变换中经常使用的一种电路。它的性能有两个重要的特点：

① 在输入信号从低电平到高电平的上升过程中，输出状态转换时刻对应的输入电平，与输入信号从高电平到低电平的下降过程中，输出状态转换时刻对应的输入电平不同，即具有“回差”。

② 在电路转换时，通过电路内部的正反馈过程使输出电压波形的边沿变得很陡峭。

利用这两个特点，不仅能将边沿缓慢的信号波形整形为边沿陡峭的矩形波，而且可以将叠加在输入波形上的噪声有效地清除。

7.2.1 用 555 定时器构成施密特触发器

用 555 定时器构成的施密特触发器如图 7.5 所示。在电路中，将 555 定时器的 V_{I1} 和 V_{I2} 输入端连接在一起，作为信号输入端 V_I，由 V_{CC} 经三个电阻分压产生 C_1 和 C_2 的参考电压，即 $V_{R1}=\frac{2}{3}V_{CC}$，$V_{R2}=\frac{1}{3}V_{CC}$。控制电压输入端 V_{CO} 未用，为了防止引脚悬空引入干扰，将 V_{CO} 通过 0.01μF 的电容接到地端。

施密特触发器的主要用途是将缓变的输入波形变换为边沿陡峭的矩形波。下面以三角波作为输入信号，分析施密特触发器的工作过程。

电路的输入波形如图 7.6 所示，输入信号经历上升和下降两个过程。在 V_I 由 0 开始逐渐上升的过程中，当 $V_I<\frac{1}{3}V_{CC}$（$V_{I1}<V_{R1}$，$V_{I2}<V_{R2}$）时，$V_{C1}=1$，$V_{C2}=0$，基本 RS 触发器被置 1，输出为高电平，即 $V_O=V_{OH}$。

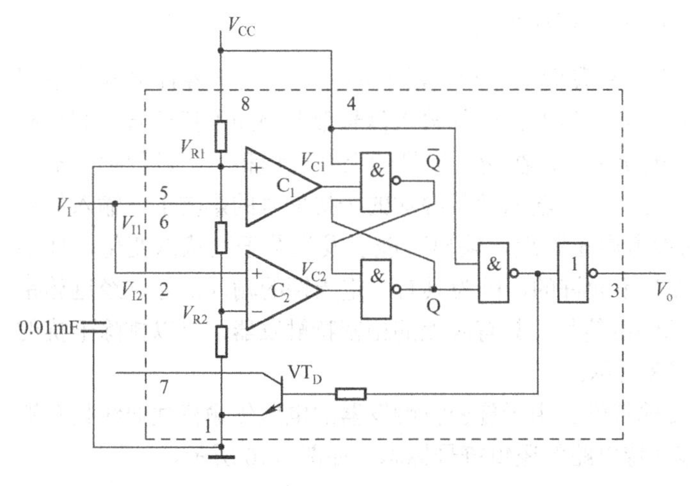

图 7.5　用 555 定时器构成的施密特触发器

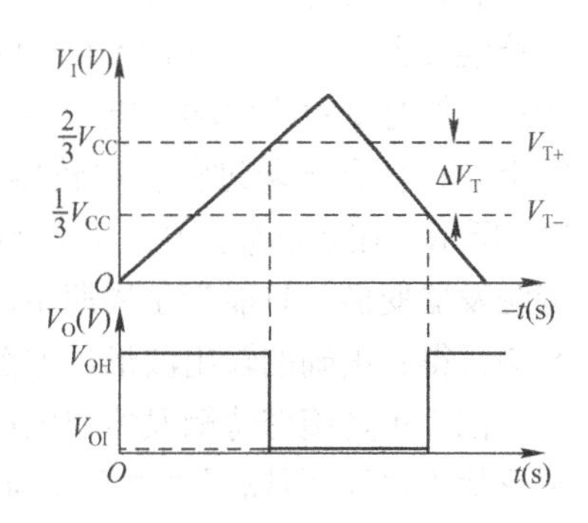

图 7.6　图 7.5 电路的电压波形图

当 V_I 上升到$\frac{1}{3}V_{CC}<V_I<\frac{2}{3}V_{CC}$（$V_{I1}<V_{R1}$，$V_{I2}>V_{R2}$）时，$V_{C1}=1$，$V_{C2}=1$，基本 RS 触发器处于保持状态，故 $V_O=V_{OH}$不变。

当 V_I 上升到 $V_I>\frac{2}{3}V_{CC}$（$V_{I1}>V_{R1}$，$V_{I2}>V_{R2}$）时，$V_{C1}=0$，$V_{C2}=1$，基本 RS 触发器被置 0，输出为低电平，即 $V_O=V_{OL}$。由于电压比较器是电压敏感元件，可以认为，输出由高电平到低电平的状态变化是发生在 $V_I=\frac{2}{3}V_{CC}$ 的时刻。因此，把上升过程电路发生状态变化的输入电平称为正向阈值电压 V_{T+}，在本电路中，$V_{T+}=\frac{2}{3}V_{CC}$。

在 V_I 从高于$\frac{2}{3}V_{CC}$开始下降的过程中，当 $V_I>\frac{2}{3}V_{CC}$（$V_{I1}>V_{R1}$，$V_{I2}>V_{R2}$）时，$V_{C1}=0$，$V_{C2}=1$，基本 RS 触发器被置 0，输出为低电平，$V_O=V_{OL}$。

当 V_I 下降到$\frac{1}{3}V_{CC}<V_I<\frac{2}{3}V_{CC}$（$V_{I1}<V_{R1}$，$V_{I2}>V_{R2}$）阶段时，$V_{C1}=1$，$V_{C2}=1$，基本 RS 触发器处于保持状态，故 $V_O=V_{OL}$不变。

当 V_I 下降到 $V_I<\frac{1}{3}V_{CC}$（$V_{I1}<V_{R1}$，$V_{I2}<V_{R2}$）时，$V_{C1}=1$，$V_{C2}=0$，基本 RS 触发器被置 1，输出为高电平，$V_O=V_{OH}$。同样可以认为，输出由低电平到高电平的状态变化是发生在 $V_I=\frac{1}{3}V_{CC}$的时刻。因此，把下降过程电路发生状态变化时刻的输入电平称为负向阈值电压 V_{T-}，在本电路中，$V_{T-}=\frac{1}{3}V_{CC}$。

从上述的分析可见，施密特触发器可以将缓变的输入波形转换为边沿陡峭的矩形波。同时也看出，在输入信号的上升过程中，输出状态转换时刻对应的输入电平 V_{T+}，与输入信号下降过程中，输出状态转换时刻对应的输入电平 V_{T-}的值是不同的。它们之间的差值称为“回差”，记作ΔV_T，即$\Delta V_T=V_{T+}-V_{T-}$。在本电路中，$\Delta V_T=V_{T+}-V_{T-}=\frac{2}{3}V_{CC}-\frac{1}{3}V_{CC}=\frac{1}{3}V_{CC}$。

如果参考电压由外接的电压 V_{CO} 供给，则 $V_{T+}=V_{CO}$，$V_{T-}=\frac{1}{2}V_{CO}$，$\Delta V_T=V_{T+}-V_{T-}=\frac{1}{2}V_{CO}$。通过改变 V_{CO}的值，可以调节回差电压的大小。

回差的作用是抗干扰。大家知道，在我们工作和生活的环境中，由于各种电器的使用和自然界的雷电都会造成不同程度的干扰，因此，任何输入信号都会叠加干扰信号。假如施密特触发器没有回差（即$\Delta V_T=0$），也就是说，在输入信号的上升过程和下降过程中，输出状态转换时刻对应的输入电平相同。这样，在输入信号叠加的干扰信号的影响下，输入信号的上升过程和下降过程在比较器的参考电压附近，输出可能会发生若干次状态变化，如图 7.7 所示。在实际使用中，这种现象是不允许的，因为具有一定周期的输入信号，经过施密特触发器变换，只能产生周期相同的输出信号。具有回差的施密特触发器，可以排除干扰的影响，得到正确的输出波形，如图 7.8 所示。

图 7.9 是施密特触发器的电压传输特性。由于施密特触发器的电压传输特性曲线具有滞回形状“ꟷꟷ”，所以用“ꟷꟷ”作为施密特电路的逻辑符号标志，如图 7.10 所示。

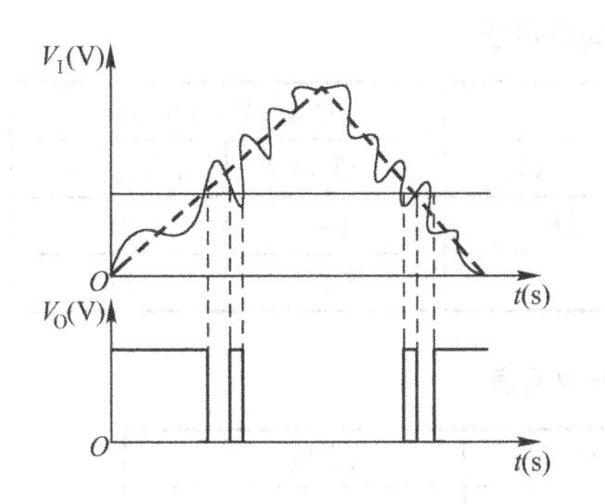

图 7.7　没有回差的输出电压波形

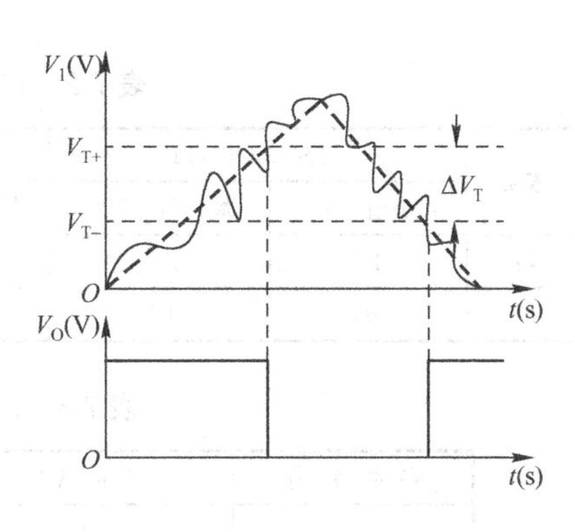

图 7.8　有回差的输出电压波形

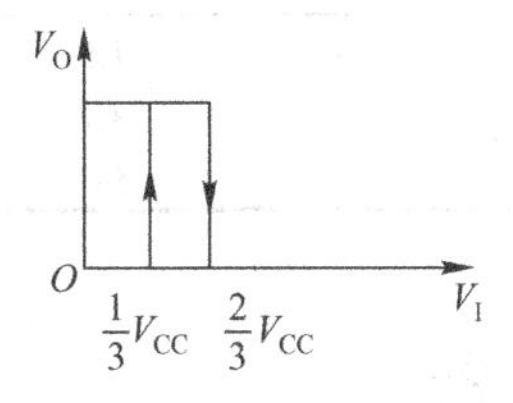

图 7.9　图 7.5 电路的电压传输特性

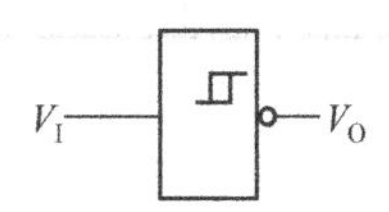

图 7.10　施密特触发器的逻辑符号

施密特触发器的主要用途是波形变换，可以把边沿变化缓慢的周期性信号变换为边沿陡峭的矩形波信号。例如，将由直流分量和正弦波叠加而成的输入信号，加在如图 7.10 所示的施密特触发器的输入端，只要输入信号的幅度大于 V_{T+}，即可在输出端得到同频率的矩形脉冲信号，如图 7.11 所示。

7.2.2　集成施密特触发器

由于施密特触发器的应用非常广泛，所以无论是在 TTL 电路中还是在 CMOS 电路中，都有单片集成的施密特触发器产品。TTL 电路产品有施密特 4 输入双与非门 CT5413/CT7413、施密特六反相器 CT5414/CT7414、施密特 2 输入四与非门 CT54132/CT74132 等。CMOS 电路产品有施密特六反相器 CC40106、施密特 2 输入四与非门 CC14093 等。

图 7.12 是 TTL 施密特 4 输入双与非门 CT7413 的逻辑符号。TTL 施密特触发器的阈值电压如表 7.2 所示。CMOS 施密特六反相器 CC40106 的阈值电压如表 7.3 所示，供读者参考。

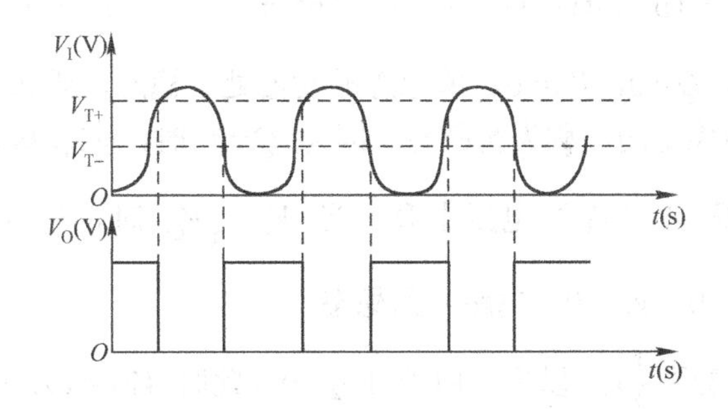

图 7.11　用施密特触发器实现波形变换

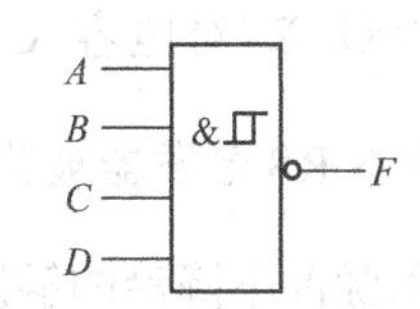

图 7.12　施密特 4 输入与非门的逻辑符号

表 7.2　TTL 施密特触发器阈值电压

参数	CT5413/CT7413		CT5414/CT7414		CT54132/CT74132	
	最小值（V）	最大值（V）	最小值（V）	最大值（V）	最小值（V）	最大值（V）
V_{T+}	1.5	2.0	1.5	2.0	1.4	2.0
V_{T-}	.06	1.1	0.6	1.1	0.5	1.0

表 7.3　CC40106 阈值电压数值表

参 数 名 称	V_{DD}（V）	最小值（V）	最大值（V）
V_{T+}	5	2.2	3.6
	10	4.6	7.1
	15	6.8	10.8
V_{T-}	5	0.3	1.6
	10	1.2	3.4
	15	1.6	5.0

7.3　单稳态触发器

单稳态触发器的特点如下。

① 它有稳态和暂稳态两个不同的工作状态。

② 在外界触发脉冲作用下，能从稳态翻转到暂稳态。在暂稳态维持一段时间以后，再自动返回稳态。

③ 暂稳态维持时间的长短取决于电路本身的参数，与触发脉冲的宽度和幅度无关。

由于具备这些特点，单稳态触发器被广泛应用于脉冲整形、延时（产生滞后于触发脉冲的输出脉冲）以及定时（产生固定时间宽度的脉冲信号）等电路。

7.3.1　用 555 定时器构成单稳态触发器

用 555 定时器构成的单稳态触发器电路如图 7.13 所示。在电路中，555 定时器的 V_{I2} 输入端是电路的外触发信号输入端 V_I，把 V_{I1} 输入端与放电三极管 VT_D 的放电端 V'_O（DISC）连接在一起，并接到 RC 回路中的 V_C 端。

单稳态触发器的外触发信号 V_I 的有效电平是低电平，如果没有触发信号时，V_I 处于高电平（$V_{I2}>\frac{1}{3}V_{CC}$），这时，放电三极管 VT_D 导通，$V_C\approx0$，即 $V_{I1}<\frac{1}{3}V_{CC}$，使得 $V_{C1}=1$、$V_{C2}=1$，基本 RS 触发器处于保持状态，$Q=0$，$V_O=0$，单稳态触发器处于稳态。假如单稳态触发器处于 $Q=1$，$V_O=1$ 状态，是不稳定的，称为暂稳态。因为 $Q=1$ 时，VT_D 截止，V_{CC} 可以经过 R 对电容 C 充电，使得 V_C（V_{I1}）电压上升。当 $V_C>\frac{2}{3}V_{CC}$ 时，$V_{C1}=0$，$V_{C2}=1$，基本 RS 触发器被置 0，使得 $Q=0$，$V_O=0$，电路回到稳态。

在输入脉冲下降沿的触发下，V_{I2} 跳变到 $\frac{1}{3}V_{CC}$ 以下，由于 $V_{C2}=0$（此时 $V_{C1}=1$），基本 RS 触发器被置 1，输出 V_O 跳变到高电平，使 $Q=1$，$V_O=1$，电路进入暂稳态。在暂稳态时，VT_D截止，V_{CC}开始经过 R 对电容 C 充电，使电容器上的电压 V_C 上升。

当 V_C 上升至 V_C（V_{I1}）$>\frac{2}{3}V_{CC}$ 时，$V_{C1}=0$。如果此时输入端的触发已消失，V_I 回到高电平，则基本 RS 触发器将被置 0，输出返回 $V_O=0$ 状态。同时 VT_D 又变为导通状态，电容 C 通过 VT_D 迅速放电，直至 $V_C\approx0$，电路自动恢复到稳态。在输入触发信号作用下，单稳态触发器的 V_C 和 V_O 的电压波形如图 7.14 所示。

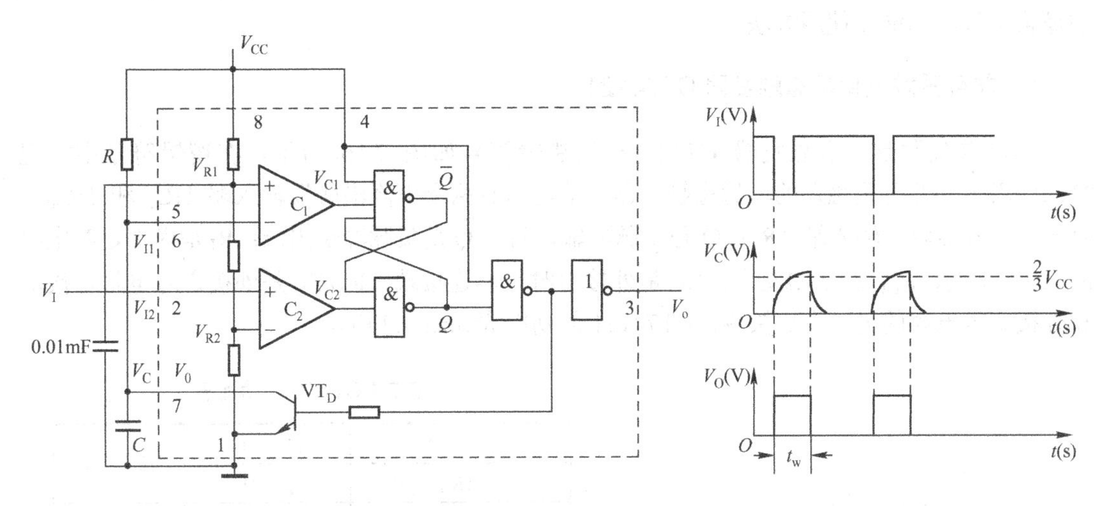

图 7.13　用 555 定时器构成的单稳态触发器电路　　　图 7.14　单稳态触发器的电压波形图

输出脉冲宽度 t_w 是单稳态触发器的主要技术参数，它是暂稳态的持续时间。由如图 7.14 所示的电压波形可见，t_w 等于电容电压 V_C 在充电过程中从 0 上升到 $\frac{2}{3}V_{CC}$ 所需要的时间。在电容的充电过程中，初始值 $V_C(0^+)=0$，转折值 $V_C(t_w)=\frac{2}{3}V_{CC}$，时间常数 $\tau=RC$，稳态值 $V_C(\infty)=V_{CC}$。根据三要素法公式[（见式（7.3）]，可以得到：

$$t_w=\tau\ln\left[\frac{V_C(\infty)-V_C(0^+)}{V_C(\infty)-V_C(t_w)}\right]=RC\times\ln\left[\frac{V_{CC}-0}{V_{CC}-\frac{2}{3}V_{CC}}\right]=RC\times\ln3=1.1RC \tag{7.4}$$

由于单稳态触发器的输出波形的形状是"⎍"，所以用"⎍"作为单稳态触发器的逻辑符号标志，如图 7.15 所示。在逻辑符号上，TR_+表示上升沿触发输入端，TR_-是下降沿触发输入端；Q 是正脉冲输出端，$\overline{Q}$ 是负脉冲输出端。

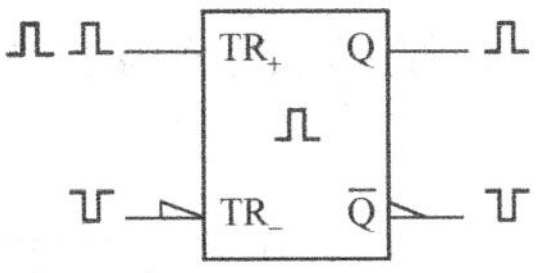

图 7.15　单稳态触发器的逻辑符号

7.3.2　集成单稳态触发器

单稳态触发器的应用十分广泛，在 TTL 和 CMOS 电路的产品中，都有单片集成的单稳态触发器电路。集成单稳态触发器分为可重触发和非可重触发两类。所谓可重触发，是指单稳态触发器在暂稳态期间，能够接收新的触发信号，并重新开始暂稳态过程；而非可重触发，则是在暂稳态期间不受新的触发信号的影响。也就是说，非可重触发单稳态触发器只能在稳态时，才能接收输入触发信号，即使在暂稳态期间有输入触发信号，电路的暂稳态也不会重新开始，直至原来触发的暂稳态结束为止。

常用的 TTL 集成单稳态触发器有非可重触发单稳态触发器 CT54121/CT74121，CT54221/CT74221；可重触发的单稳态触发器 CT54123/CT74123，CT54122/CT74122。常用的 CMOS 集成单稳态触发器有非可重触发单稳态触发器 CC74HC123；可重触发的单稳态触发器 CC14528，CC14538 等。下面以 TTL 集成单稳态触发器为例，介绍集成单稳态触发器的逻辑符号、功能和使用方法。

1. 非可重触发单稳态触发器 CT74121

非可重触发单稳态触发器 CT74121 的逻辑符号如图 7.16 所示，在逻辑符号中标记"1⊓"表示是非可重触发的单稳态触发器。该电路有两个下降沿触发输入端 TR_{-A} 和 TR_{-B}，有一个上升沿触发输入端 TR_{+}；Q 是正脉冲输出端，$\overline{Q}$ 是负脉冲输出端；R_I 是内部定时电阻 R_{int} 的引出端，R_{int} 在 2kΩ左右；C_X 是外接定时电容连接端，R_X/C_X 是外接定时电阻连接端和外接定时电容的另一个连接端。CT74121 的功能表如表 7.4 所示。

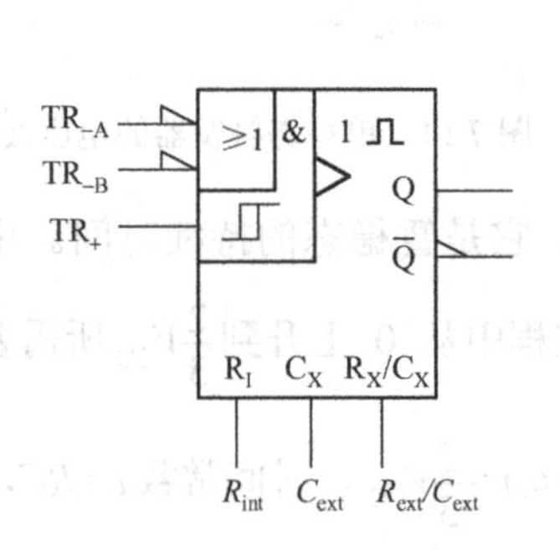

图 7.16　CT74121 逻辑符号

表 7.4 CT74121 功能表

输入			输出		功能
TR_{-A}	TR_{-B}	TR_{+}	Q	$\overline{Q}$	
L	×	H	L	H	保持稳态
×	L	H	L	H	
×	×	L	L	H	
H	H	×	L	H	
H	↓	H	⊓	⊔	下降沿触发
↓	H	H	⊓	⊔	
↓	↓	H	⊓	⊔	
L	×	↑	⊓	⊔	上升沿触发
×	L	↑	⊓	⊔	

利用 CT74121 内部电阻作为定时电阻的电路连接方式如图 7.17（a）所示。在这种连接方式下，输出定时脉冲宽度为：

$$t_W = 0.7R_{int}C_X \tag{7.5}$$

利用外部电阻 R_X 作为定时电阻的电路连接方式如图 7.17（b）所示，输出定时脉冲宽度为

$$t_W \approx 0.7R_XC_X \tag{7.6}$$

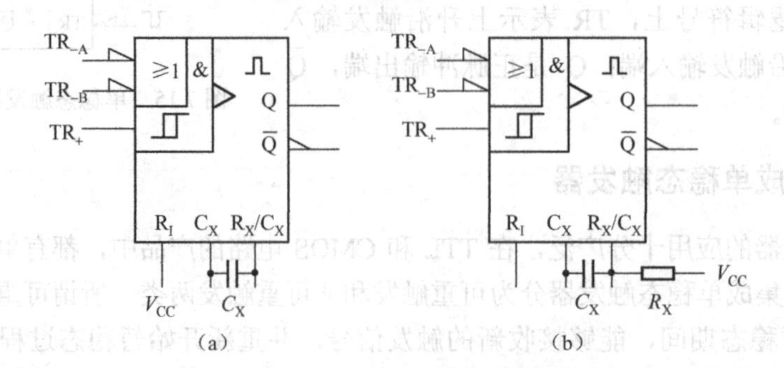

图 7.17　CT74121 定时电阻、电容连接图

C_X一般在 10pF～10μF 之间，R_X一般在 1.4kΩ～40kΩ 之间，因此 t_w在 10ns～300ms 之间。

CT74121 的工作波形如图 7.18 所示。图中给出在输入触发信号 TR_{-A}作用下的输出波形，t_w是输出脉冲宽度。在 t_2 时刻，在输入触发脉冲下降沿的触发下，电路进入暂稳态。当暂稳态尚未结束，新的输入触发脉冲的下降沿又来到时（t_3 时刻），电路继续维持原来的暂稳态不会改变，直至本次触发过程结束。这种触发方式就是非可重触发。

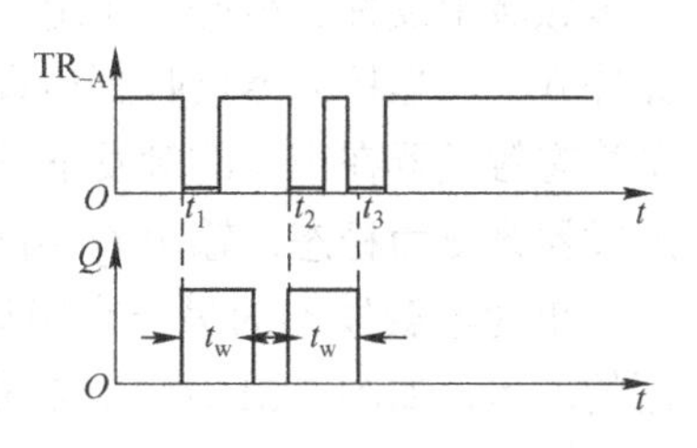

图 7.18　CT74121 工作波形图

2. 可重触发单稳态触发器 CT74122

图 7.19 是可重触发单稳态触发器 CT74122 的逻辑符号，在逻辑符号中标记“⊓”表示是可重触发的单稳态触发器。该电路有两个下降沿触发输入端 TR_{-A}和 TR_{-B}，有两个上升沿触发输入端 TR_{+A}和 TR_{+B}；Q 是正脉冲输出端，$\overline{Q}$是负脉冲输出端；R_I是内部定时电阻 R_{int}的引出端；C_X 是外接定时电容连接端；R_X/C_X 是外接定时电阻连接端和外接定时电容的另一个连接端，外接电阻一般在 5kΩ～40kΩ之间；$\overline{R}_D$是复位端。CT74122 的功能表如表 7.5 所示。

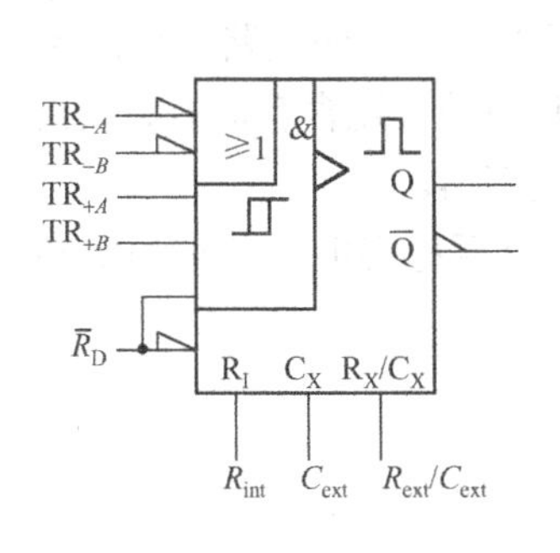

图 7.19　CT74122 逻辑符号

表 7.5　CT74122 功能表

输入					输出		功能
$\overline{R}_D$	TR_{-A}	TR_{-B}	TR_{+A}	TR_{+B}	Q	$\overline{Q}$	
L	×	×	×	×	L	H	复位
×	H	H	×	×	L	H	
×	×	×	L	×	L	H	
×	×	×	×	L	L	H	
H	↓	↓	H	H	⊓	⊔	下降沿触发
H	↓	H	H	H	⊓	⊔	
↓	L	L	H	H	⊓	⊔	
H	L	L	↑	H	⊓	⊔	上升沿触发
H	L	L	H	↑	⊓	⊔	

CT74122 的定时电阻、电容连接方式与 CT74121 相同，但输出定时脉冲宽度为：

$$t_w \approx 0.45 R_{ext} C_{ext} \qquad (7.7)$$

CT74122 的工作波形如图 7.20 所示。图中给出在输入触发信号 TR_{-A} 作用下的输出波形，t_w 是输出脉冲宽度。在 t_2 时刻，在输入触发脉冲的下降沿的触发下，电路进入暂稳态。当暂稳态尚未结束时，新的输入触发脉冲的下降沿又来到（t_3 时刻）时，电路被重新触发，暂稳态在原来定时时间的基础上再维持 t_w时间才结束。这种触发方式就是可重触发。

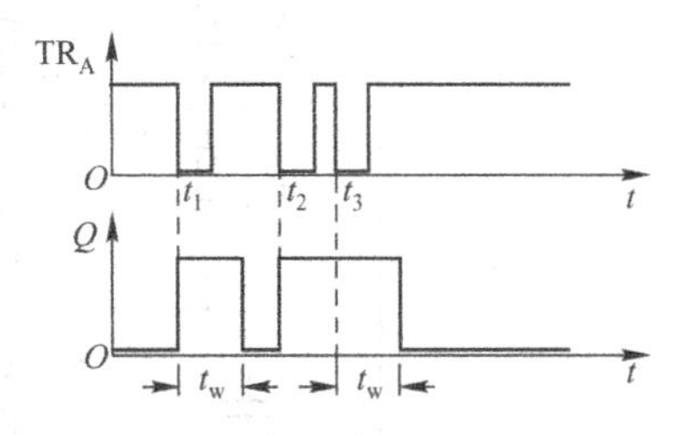

图 7.20　CT74122 工作波形

从图 7.18 和图 7.20 的波形可以都可以看到单稳态触发器的定时和延迟的特性，即在输入脉冲的触发下，输出发生了状态变化，但经过一定的时间 t_w 之后，输出自动恢复原来的状态。由于单稳态触发器具有定时和延迟特性，使它在测量与控制、家用电器、电子玩具等许多领域中发挥了很好的作用。例如，在楼道照明设施的控制器中，目前采用了一种声控和光控开关，当控制器接收到声音后，把它放大并整形，作为单稳态触发器的输入触发信号，单稳态触发器在声音的触发下进入暂稳态，用输出 $Q=1$ 使灯亮。经过一定时间后，单稳态触发器恢复为稳态，输出 $Q=0$ 使灯自动灭掉。

单稳态触发器的另一个用途是整形，可以将一些不规则的波形整形为幅度和宽度都相同的波形，如图 7.21 所示。在图中，用单稳态触发器的 TR_+作为输入信号 V_I，用 Q 作为输出 V_O。

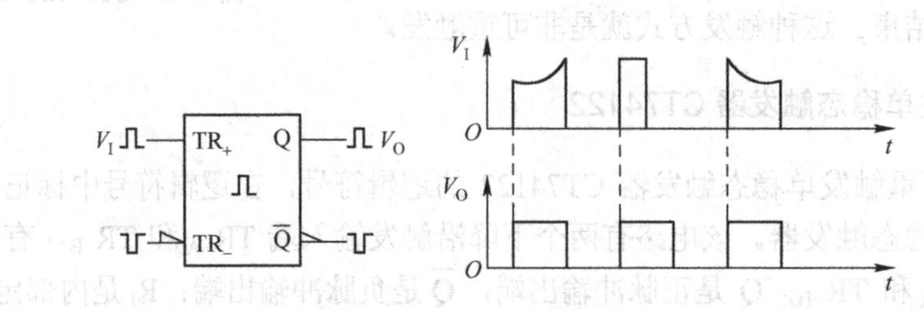

图 7.21 单稳态触发器的整形特性

7.4 多谐振荡器

多谐振荡器是一种脉冲产生电路，它产生的矩形波，可以作为时序电路需要的定时脉冲。矩形波具有很陡峭的上升沿和下降沿，它的频谱中除了基波外，还含有很多高次谐波，所以矩形波也称为多谐波，而把产生矩形波的电路称为多谐振荡器。

多谐振荡器电路没有稳态，但有两个暂稳态，上电后两个暂稳态能自动互相倒换，使输出产生矩形波。

7.4.1 用 555 定时器构成多谐振荡器

用 555 定时器构成的多谐振荡器电路如图 7.22 所示。

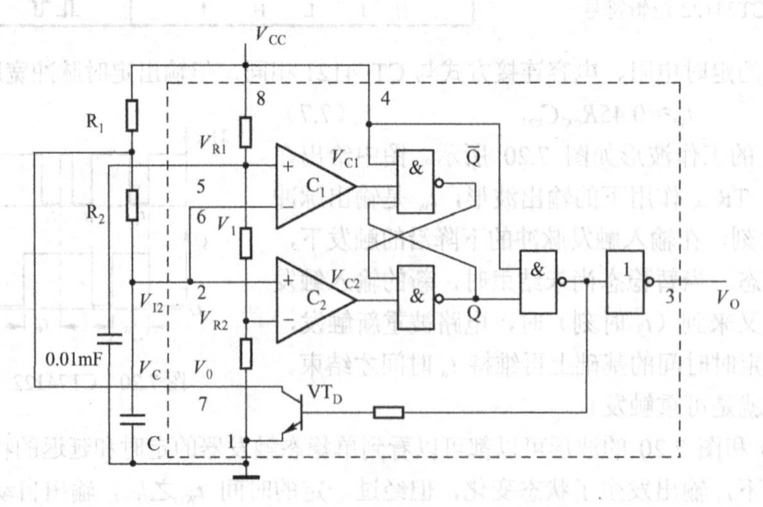

图 7.22 用 555 定时器构成的多谐振荡器

在电路中，将 555 定时器的 V_{I1} 和 V_{I2} 输入端并在一起，接到 RC 电路中电容器 C 的上端；R 由 R_1 和 R_2 两个电阻组成，两个电阻的中点接到放电三极管 VT_D 的放电端 V_O'。比较电压由电源 V_{CC} 经 3 个电阻分压形成。外接控制电压输入端未用，经 0.01μF 电容下地，以防干扰。下面分析该电路的工作原理。

当电路加电时，电容 C 上的电压 $V_C=0$，即 $V_{I1}<V_{R1}$，$V_{I2}<V_{R2}$，$V_{C1}=1$，$V_{C2}=0$，基本 RS 触发器被置 1，输出 V_O 为高电平，这是电路的一种工作状态，而且是不稳定的，称为暂稳态Ⅰ。在暂稳态Ⅰ，V_{CC} 经 R_1、R_2 对电容 C 充电，使 V_C 电压上升。当 V_I 上升到 $\frac{1}{3}V_{CC}<V_I<\frac{2}{3}V_{CC}$（$V_{I1}<V_{R1}$，$V_{I2}>V_{R2}$=阶段时，$V_{C1}=1$，$V_{C2}=1$，基本 RS 触发器的状态保持不变，输出仍为高电平。当 V_C 电压上升到刚超过 $\frac{2}{3}V_{CC}$ 时，$V_{I1}>V_{R1}$，$V_{I2}>V_{R2}$，$V_{C1}=0$，$V_{C2}=1$，基本 RS 触发器被置 0，电路发生状态转换，使输出 V_O 为低电平，这是电路的另一个不稳定状态，称为暂稳态Ⅱ。在暂稳态Ⅱ，VT_D 导通，电容 C 停止充电，反过来经过电阻 R_2 和放电管 VT_D 放电，使 V_C 电压下降。当 V_C 刚下降到 $\frac{1}{3}V_{CC}$ 以下时，$V_{I1}<V_{R1}$，$V_{I2}<V_{R2}$，基本 RS 触发器又被置 1，输出 V_O 变为高电平，电路又回到暂稳态Ⅰ。如此往复，产生矩形波。

多谐振荡器的工作波形如图 7.23 所示，从图中可以看出，电容 V_C 上的电压变化影响输出状态的变化。

振荡周期 T 是多谐振荡器电路的一个重要技术指标，由图 7.23 所示的波形可知振荡周期为：

$$T=t_{w1}+t_{w2} \tag{7.8}$$

式中，t_{w1} 是电容 C 充电过程经历的时间。由图 7.22 和图 7.23 可以看到，充电过程的时间常数 $\tau=(R_1+R_2)C$，起始值 $V_C(0^+)=\frac{1}{3}V_{CC}$，稳态值 $V_C(\infty)=V_{CC}$，转折值 $V_C(t_{w1})=\frac{2}{3}V_{CC}$，由式（7.3）得到：

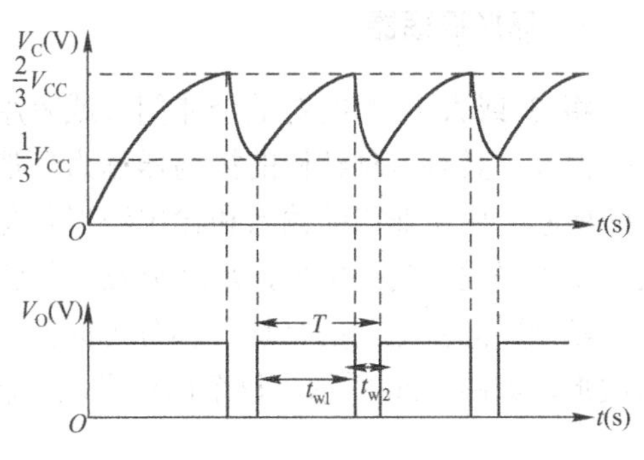

图 7.23　多谐振荡器工作波形

$$t_{w1}=\tau\ln\left[\frac{V_C(\infty)-V_C(0^+)}{V_C(\infty)-V_C(t_{w1})}\right]=(R_1+R_2)C\ln\left[\frac{V_{CC}-\frac{1}{3}V_{CC}}{V_{CC}-\frac{2}{3}V_{CC}}\right]=(R_1+R_2)C\times\ln2=0.7(R_1+R_2)C \tag{7.9}$$

t_{w2} 是电容 C 放电过程经历的时间。放电过程的时间常数 $\tau=R_2C$，初始值 $V_C(0^+)=\frac{2}{3}V_{CC}$，稳态值 $V_C(\infty)=0V$，转折值 $V_C(t_{w2})=\frac{1}{3}V_{CC}$，由式（7.3）得到：

$$t_{w2}=\tau\ln\left[\frac{V_C(\infty)-V_C(0^+)}{V_C(\infty)-V_C(t_{w2})}\right]=R_2C\ln\left[\frac{0-\frac{2}{3}V_{CC}}{0-\frac{1}{3}V_{CC}}\right]=0.7R_2C \tag{7.10}$$

由式（7.9）和式（7.10）得到周期为：

$$T=t_{w1}+t_{w2}=0.7(R_1+R_2)C+0.7R_2C=0.7(R_1+2R_2)C \tag{7.11}$$

改变 R_1、R_2 和 C 的值，可以得到各种周期或频率的矩形波。

占空比 q 是多谐振荡器的另一个主要技术参数，由占空比定义得到：

$$q=t_{w1}/T=\frac{0.7(R_1+R_2)C}{0.7(R_1+2R_2)C}=\frac{R_1+R_2}{R_1+2R_2} \tag{7.12}$$

7.4.2 用门电路构成多谐振荡器

门电路具有开关特性，用门电路作为开关，加上 RC 电路也可以构成多谐振荡器。

1．用 TTL 门构成对称式多谐振荡器

图 7.24 是用 TTL 与非门构成的对称式多谐振荡器典型电路。在电路中，C_1 和 C_2 是耦合电容，由它们将门 G_1 和门 G_2 连接起来形成正反馈电路；R_1 和 R_2 是门 G_1 和门 G_2 的反馈电阻，阻值约为 1kΩ。由于 R_1 和 R_2 的阻值介于关门电阻 R_{OFF} 和开门电阻 R_{ON} 之间，使 G_1 和 G_2 均工作在不稳定的转折区，因此容易振荡。用门电路构成的多谐振荡器比用 555 定时器构成的电路复杂，鉴于篇幅所限，将其工作原理部分省略。

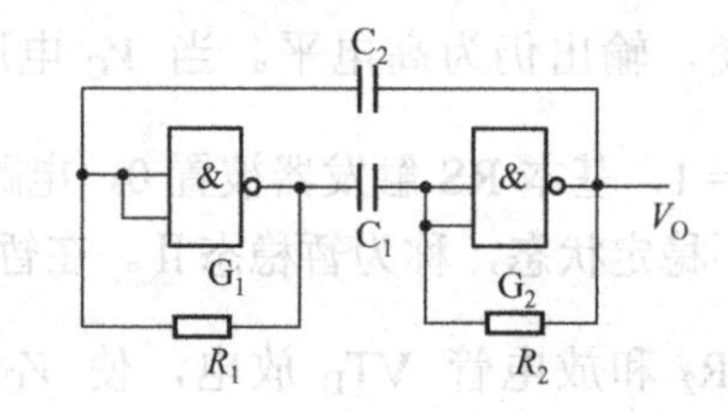

图 7.24 用 TTL 与非门构成的多谐振荡器

2．环形振荡器

将 3 或大于 3 的奇数个非门（或者用与非门、或非门构成的反相器）环接起来也可以产生振荡，具有这种结构的振荡器称为环形振荡器。用 3 个非门构成的环形振荡器电路如图 7.25 所示。由于非门的输入和输出波形总是反相的，即当输入从高跳变到低电平时，输出就要从低电平跳变到高电平，反之亦然。但输入的变化引起输出的变化需要一定的延迟时间，这个延迟时间就是门的平均传输延迟时间 t_{pd}。根据这个原理画出电路中 a、b、c 三点的电压波形，如图 7.26 所示。每个门的平均传输延迟都近似为 t_{Pd}。

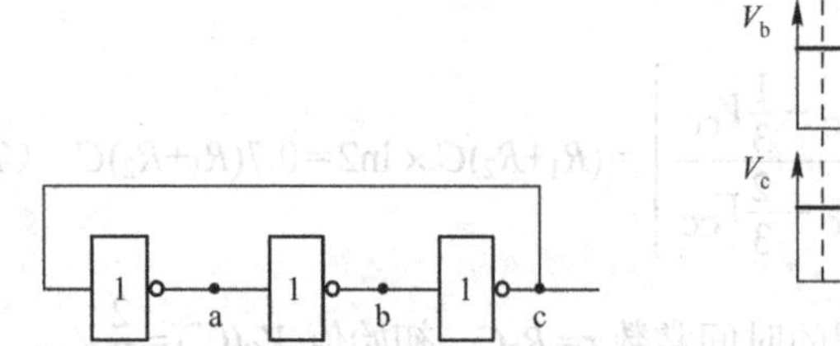

图 7.25 环形振荡器电路图

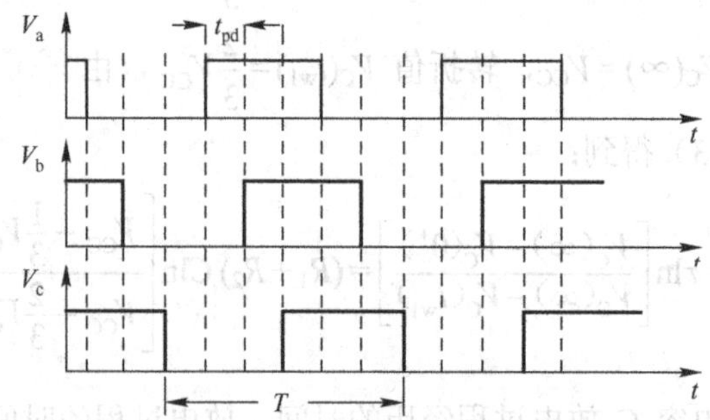

图 7.26 环形振荡器的工作波形图

由电路的工作波形可知，3 级与非门构成的环形振荡器的振荡周期为：

$$T=2\times 3\times t_{pd}=6t_{pd} \tag{7.13}$$

则 N（N 为大于等于 3 的奇数）级非门构成的环形振荡器的振荡周期为：

$$T=2\times N\times t_{pd} \tag{7.14}$$

由于 t_{pd} 的值很小，所以环形振荡器的振荡周期很小，振荡频率很高，而且不好控制。在实际中，一般用这种方式来测量集成电路门的平均传输延迟时间 t_{pd}。由式（7.14）可得

$$t_{pd} = T/(2 \times N) \tag{7.15}$$

式中，振荡周期 T 可以用频率计从电路的输出端测出。

7.4.3 石英晶体振荡器

用电阻和电容作为定时元件构成的多谐振荡器称为 RC 振荡器，其振荡周期或频率由 RC 的值决定。由于 RC 的值容易受到环境温度等因素的影响，所以 RC 振荡器输出波形的频率稳定度不高。为了得到高稳定度的振荡频率，可以使用石英晶体振荡器。

由石英晶体的电抗频率特性可知，它具有极其稳定的串联谐振频率 f_S，在这个频率的两侧，晶体的电抗值迅速增加。把石英晶体串入两级正反馈电路的反馈支路中，如图 7.27 所示，则频率为 f_s 的电压信号最容易通过，并在电路中形成正反馈，而其他频率信号在经过石英晶体时被衰减。因此，振荡器的工作频率必然是 f_s，而且与电路中的 RC 元件值无关。石英晶体振荡器的频率稳定度（$\Delta f_s/f_s$）可达 10^{-7} 左右。

图 7.28 给出了用 CMOS 门构成的石英晶体振荡器电路，供读者在实际应用中参考。电路中的电容 C_1、C_2 用来微调振荡器的频率。

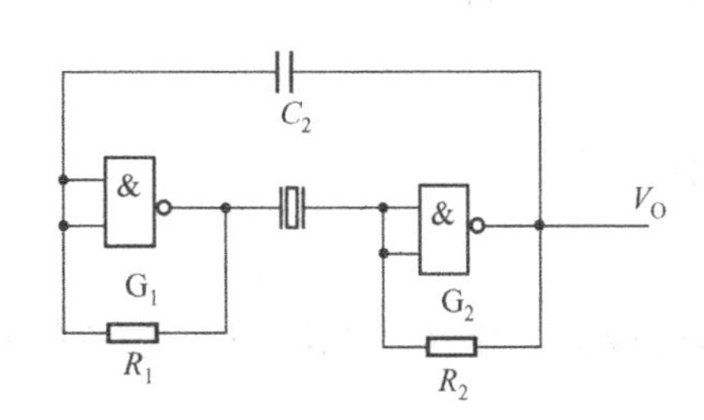

图 7.27 用 TTL 与非门构成的石英晶体振荡器

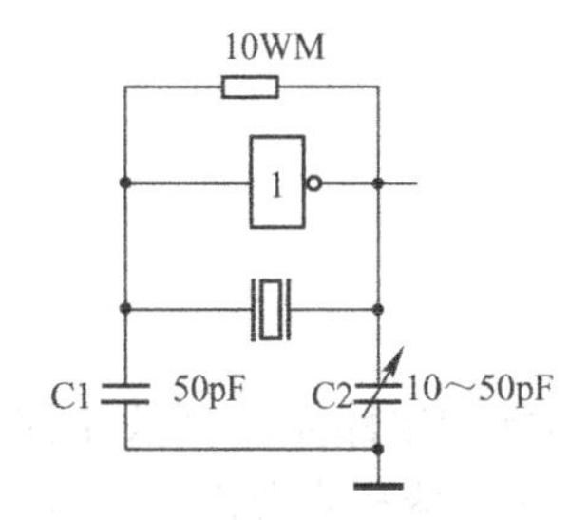

图 7.28 用 CMOS 门构成的石英晶体振荡器

7.4.4 用施密特电路构成多谐振荡器

用施密特与非门、或非门和反相器都可以构成多谐振荡器。用施密特反相器构成的多谐振荡器电路如图 7.29 所示。其工作原理分析如下。

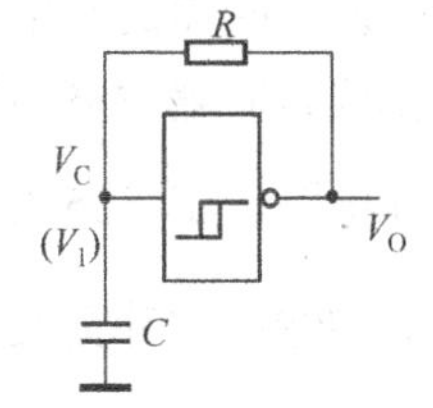

图 7.29 用施密特反相器构成的多谐振荡器

当电路刚加上电源电压时，电容 C 上的电压 $V_C=0$，即 V_I 低于施密特反相器的负向阈值电压 V_{T-}，反相器输出为高电平，$V_O=V_{OH}$。这时，V_{OH} 经过 R 对电容 C 充电，使 V_C（即 V_I）电压上升。当 V_C 上升到施密特电路的正向阈值电平 V_{T+} 时，反相器发生状态变化，输出由高电平变为低电平，$V_O=V_{OL}$。这时，电容 C 停止充电过程，反过来经过电阻 R 向 V_{OL} 放电，使 V_C 电压下降。当 V_C 下降到 V_{T-}时，反相器又发生状态变化，输出由低电平变为高电平，即 $V_O=V_{OH}$。如此往复，使输出产生矩形波。

用施密特反相器构成的多谐振荡器的工作波形如图 7.30 所示。从图中可以看出，振荡周期为：

$$T=t_{w1}+t_{w2} \tag{7.16}$$

其中，t_{w1} 是电容 C 充电过程的时间。充电过程的时间常数$\tau=RC$，起始值 $V_C(0^+)=V_{T-}$，稳态值 $V_C(\infty)=V_{OH}$，转折值 $V_C(t_{w1})=V_{T+}$。由式（7.3）得到：

$$t_{w1}=\tau\ln\left[\frac{V_C(\infty)-V_C(0^+)}{V_C(\infty)-V_C(t_{w1})}\right]$$

$$=RC\ln\left[\frac{V_{OH}-V_{T-}}{V_{OH}-V_{T+}}\right] \quad (7.17)$$

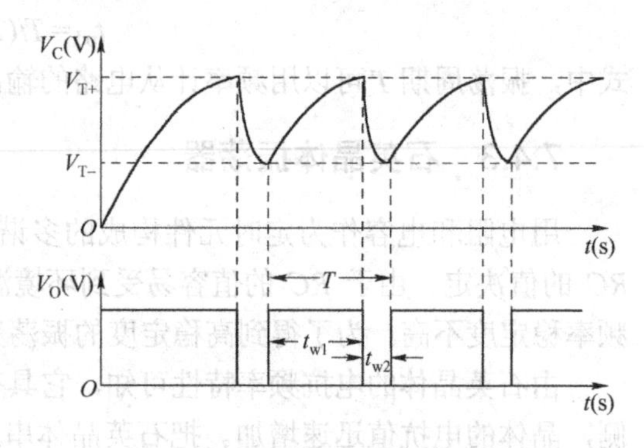

图 7.30 图 7.29 电路工作波形图

t_{w2}是电容 C 放电过程的时间。放电过程的时间常数$\tau=RC$，初始值 $V_C(0^+)=V_{T+}$，稳态值 $V_C(\infty)=V_{OL}$，转折值 $V_C(t_{w2})=V_{T-}$。由式（7.3）得到：

$$t_{w2}=\tau\ln\left[\frac{V_C(\infty)-V_C(0^+)}{V_C(\infty)-V_C(t_{w2})}\right]$$

$$=RC\ln\left[\frac{V_{OL}-V_{T+}}{V_{OL}-V_{T-}}\right] \quad (7.18)$$

电路的周期为：

$$T=t_{w1}+t_{w2}=RC\ln\left[\frac{V_{OH}-V_{T-}}{V_{OH}-V_{T+}}\cdot\frac{V_{OL}-V_{T+}}{V_{OL}-V_{T-}}\right] \quad (7.19)$$

本 章 小 结

一般的脉冲电路是由开关电路和惰性电路构成的。常用的脉冲单元电路有多谐振荡器、单稳态触发器和施密特触发器。

多谐振荡器的主要技术参数是振荡周期 T 和占空比 q。RC 振荡器的振荡频率由 R 和 C 的值决定。石英晶体振荡器具有很高的频率稳定度，它的振荡频率由石英的谐振频率决定。多谐振荡器的主要用途是产生数字逻辑电路所需要的时钟信号。

单稳态触发器的主要用途是脉冲整形和定时，它的主要技术指标是输出脉冲宽度。

施密特触发器的主要用途是将缓变的输入波形变换为快变的矩形波，它的主要技术参数是回差，回差的作用是提高抗干扰能力。

集成定时器 555 是专为脉冲电路而特制的一种电路，用 555 电路可以很方便地实现各种脉冲电路。用 555 定时器构成的施密特触发器的回差$\Delta V_T=\frac{1}{3}V_{CC}$；用 555 构成的单稳态触发器的输出脉冲宽度 $t_w\approx1.1RC$；用 555 构成的多谐振荡器的振荡周期 $T=0.7(R_1+2R_2)C$。

思考题和习题

7.1 用 555 定时器构成的施密特触发器的控制电压输入端 V_{CO} 接 5V 电压时，其上限阈值电压 V_{T+}、下限阈值电压 V_{T-}和回差ΔV各是多少？

7.2 施密特触发的 TTL 集成与非门的两个输入端 A、B 的电压波形如图 7.31 所示，试画出其输出波形（上、下限阈值电压标在图上）。

7.3　石英晶体多谐振荡器的振荡频率由哪个参数决定？若要得到多个其他频率的信号，如何实现？

7.4　在 555 定时器构成的多谐振荡器电路中（如图 7.22 所示），若 $R_1=1.8\text{k}\Omega$，$R_2=3.6\text{k}\Omega$，$C=0.02\mu\text{F}$，试计算脉冲频率和占空比。

7.5　利用集成单稳态触发器 74121 设计一个逻辑电路。它的输入波形及要求产生的输出波形如图 7.32 所示。

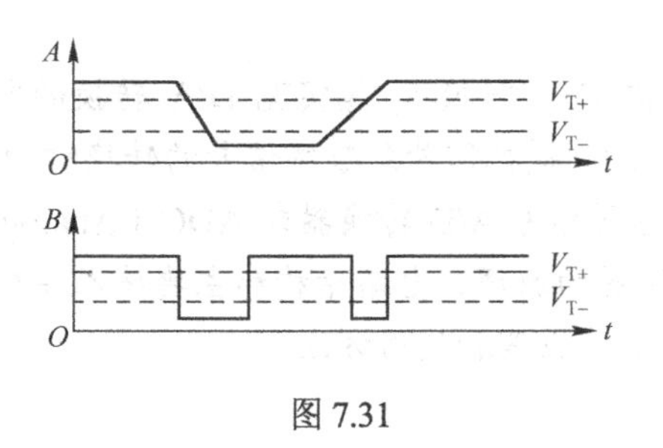

图 7.31

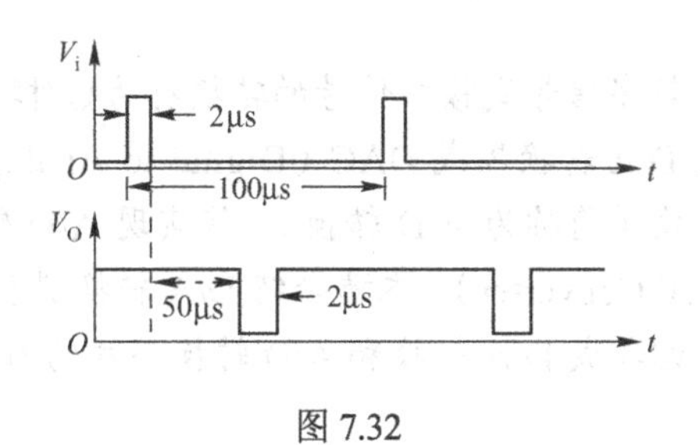

图 7.32

7.6　利用集成单稳态触发器 74121 设计一个逻辑电路，要求在输入信号的上升沿的触发下，产生宽度为 500ns 的负脉冲，画出电路图。

7.7　利用 555 定时器设计一个单稳态触发器，要求输出脉冲宽度在 1s～10s 的范围内连续可调，取定时电容 $C=10\mu\text{F}$，画出电路图。

7.8　利用 555 定时器设计一个脉冲电路，该电路振动 20s 停 10s，如此循环下去。该电路输出脉冲的振荡周期 $T=1\text{s}$，占空比等于 1/2，电容 C 一律为 $10\mu\text{F}$，画出电路图。

第8章　数/模和模/数转换

数字信号到模拟信号的转换称为数/模转换（简称 D/A 转换），能实现 D/A 转换的电路称为 D/A 转换器或 DAC（Digital to Analog Converter）。模拟信号到数字信号的转换称为模/数转换（简称为 A/D 转换），能实现 A/D 转换的电路则称为 A/D 转换器或 ADC（Analog to Digital Converter）。本章介绍 D/A 转换器和 A/D 转换器的原理、电路结构和主要技术指标，并介绍集成 D/A 转换和 A/D 转换芯片的内部结构、工作原理和使用方法。

8.1　概　述

在当今的信息化社会里，使用计算机对信息进行加工和处理变得越来越重要。计算机的基本电路是数字电路，它只能识别由二进制符号构成的数字量信息。但需要计算机处理的并不都是数字量信息，还有大量的模拟量信息，例如温度、压力、流量、速度、声音、视频等。为了使计算机也能对这些模拟量进行处理，必须把模拟信号转换成数字信号，即进行 A/D 转换。另一方面，计算机处理的结果也是数字量，一些使用场合也要把数字量转换为模拟量（即 D/A 转换）才能实现模拟控制。

D/A 和 A/D 转换器在数字控制系统的应用原理如图 8.1 所示。图中描述了用计算机实现数字系统控制的流程。假如计算机控制的对象是温度、压力等非电模拟量，则需要用传感器把它们转换为电流或电压。电流和电压属于电模拟量，还需要用 A/D 转换器把它们转换为数字量，才能送到计算机中进行处理。计算机处理的结果是数字量，有些控制对象属于开关控制，例如电源开关、阀门的闭合与断开等，数字量可以直接实现开关控制。有些控制对象需要模拟控制，例如在恒温箱中，通过模拟控制来改变加温电炉丝的模拟电流，达到缓慢变化温度的目的。实现模拟控制就需要通过 D/A 转换器把数字量转换为模拟量。

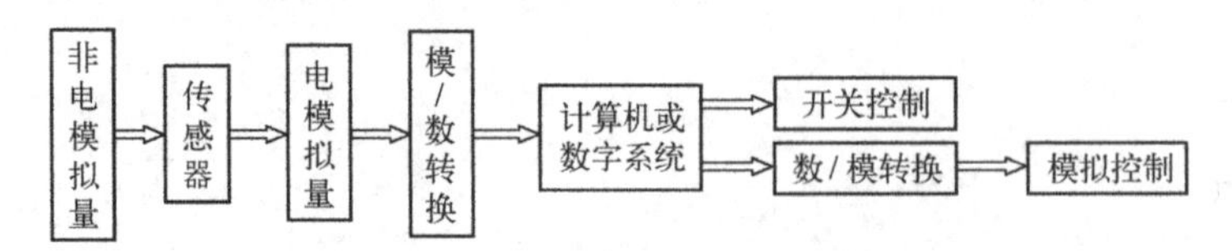

图 8.1　数字控制系统原理框图

在信息传输系统中，数字通信扮演了非常重要的角色，例如数字电话、数字电视等。在这个领域，数/模和模/数转换也是不可缺少的。图 8.2 给出了 D/A 和 A/D 转换在数据传输系统应用的原理框图，首先用传感器（拾音器、摄像机等）把声音、视频图像等非电模拟量转换为电模拟量（电流或电压），再经过 A/D 转换将电模拟量转换为数字量，就可以对数字信息进行存储、传输和处理。由于数字信息只有“0”和“1”两个状态，因此存储非常方便，例如目前的磁盘、磁带、光盘、U 盘、MP3、MP4 等，都是数字信息的存储媒体或设备。

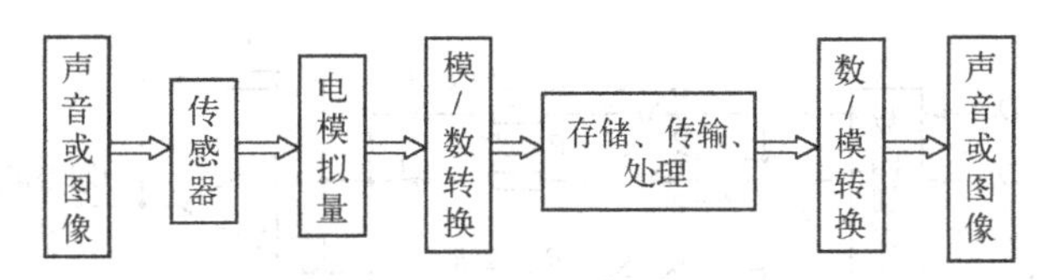

图 8.2 数据传输系统原理框图

由高、低两种电平代表的数字信息在信道上传输具有很强的抗干扰能力，使语音通信和视频通信的质量很高，因此电话和电视技术都朝着数字化方向发展。

8.2 数/模（D/A）转换

目前常见的 D/A 转换器中，有权电阻网络型、倒 T 形电阻网络型、权电流型、权电容网络型、开关树型等几种 D/A 转换器，一些类型的 D/A 转换器已有集成电路产品。下面以权电阻网络型和倒 T 形电阻网络型 D/A 转换器为例，介绍 D/A 转换电路的结构、工作原理和主要技术指标，为读者使用 D/A 转换器打下基础。

8.2.1 D/A 转换器的结构

D/A 转换的结构如图 8.3 所示。它由数码锁存器、电子开关、电阻网络和求和电路构成。数/模转换是需要时间的，数码锁存器的作用就是把要转换的输入数字暂时保存起来，便于完成数/模转换。电子开关有两挡位置，一挡接基准电压 V_{REF}，另一挡接地（0 电平）。电子开关受数码锁存器中的数字控制，当数字为 1 时，开关接于 V_{REF}，为 0 时接地。电阻网络由不同阻值的电阻构成，电阻的一端跟随开关的位置分别接 V_{REF} 或接地。当接 V_{REF} 时，电阻上有电流，接地时无电流。求和电路的作用是把电阻网络中各电阻上的电流汇合起来，再经过一个输出反馈电阻形成输出电压。输入的数字量越大，汇合的电流也越大，输出电压越高，使输出电压与输入的数字成正比例关系，从而实现数字量到模拟量的转换。

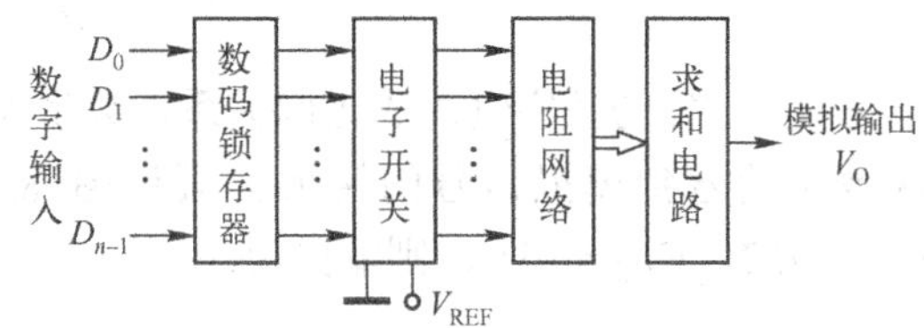

图 8.3 数/模转换结构图

根据电阻网络结构可分为权电阻网络 D/A 转换器、T 形 D/A 转换器和倒 T 形电阻网络 D/A 转换器和倒 T 形 D/A 转换器。

1. 权电阻网络 D/A 转换器

权电阻网络 D/A 转换器的电路结构如图 8.4 所示。它由数码锁存器、电子开关、权电阻网络及求和电路构成。图中的输入是 n 位二进制数 D_0～D_{n-1}，并用 n 位数码锁存器来锁存。n 位电子开关在输入数据的控制下，分别接到基准电压 V_{REF} 和地端。权电阻网络由 n 只权电阻 R_0～R_{n-1} 构成，各电阻的阻值呈二进制权值的变化关系，从数字输入的最高位 D_{n-1} 到最低位 D_0 对应的电阻值，依次为 2^0R～$2^{n-1}R$。数字的权值越大，对应的权电阻的阻值越小，在基准电压的作用下产生的电流也越大，形成的输出模拟电压也越高。求和电路由运算放大器构成，运算放大器的负输入端接电阻网络的输出，正输入端接地，因此 A 点的电压为 0（虚地）。

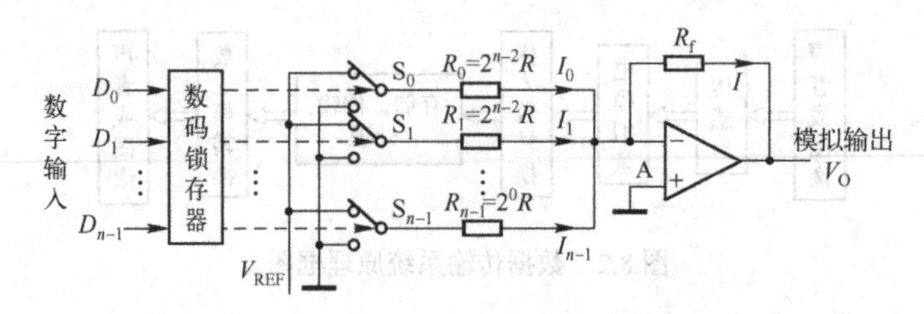

图 8.4　权电阻网络数/模转换器的电路结构

当输入数字 $D_0=1$ 时，开关 S_0 将电阻 R_0 接在 V_{REF} 上，在 R_0 上的电流为：

$$I_0=\frac{V_{REF}}{R_0}\cdot D_0=\frac{V_{REF}}{2^{n-1}R}\cdot D_0=\frac{2V_{REF}}{2^n R}\cdot(D_0\cdot 2^0) \tag{8.1}$$

当 $D_1=1$ 时，在 R_1 上的电流为：

$$I_1=\frac{V_{REF}}{R_1}\cdot D_1=\frac{V_{REF}}{2^{n-2}R}\cdot D_1=\frac{2V_{REF}}{2^n R}\cdot(D_1\cdot 2^1) \tag{8.2}$$

同理，当 $D_i=1$ 时，在 R_i 上的电流为：

$$I_i=\frac{V_{REF}}{R_i}\cdot D_i=\frac{2V_{REF}}{2^n R}\cdot(D_i\cdot 2^i) \tag{8.3}$$

这样，汇集在 A 点的电流为：

$$\begin{aligned}I&=I_1+I_2+\cdots+I_{n-1}\\&=\frac{2V_{REF}}{2^n R}\cdot(D_0\cdot 2^0)+\frac{2V_{REF}}{2^n R}\cdot(D_1\cdot 2^1)+\cdots+\frac{2V_{REF}}{2^n R}\cdot(D_{n-1}\cdot 2^{n-1})\\&=\frac{2V_{REF}}{2^n R}\times\sum_{i=0}^{n-1}(D_i\times 2^i)\end{aligned} \tag{8.4}$$

根据图 8.4 所示电路可知，输出为：

$$V_O=-IR_f=\frac{-2R_f}{R}\cdot\frac{V_{REF}}{2^n}\sum_{i=0}^{n-1}(D_i\cdot 2^i) \tag{8.5}$$

电路输出 V_O 与数字输入成比例关系，数字大则输出电压高，数字小则输出电压低，因而实现数字信号到模拟信号的转换。假设图 8.4 所示电路是 4 位数/模转换器，即 $n=4$，$R_f = R/2$，$V_{REF}=-5V$，则输出为：

$$\begin{aligned}V_O&=-IR_f=\frac{-2R/2}{R}\cdot\frac{(-5)}{2^4}\sum_{i=0}^{3}(D_i\cdot 2^i)\\&=\frac{5}{2^4}(D_0\cdot 2^0+D_1\cdot 2^1+D_2\cdot 2^2+D_3\cdot 2^3)\end{aligned} \tag{8.6}$$

如果输入数字是 1，即 $D_3D_2D_1D_0=0001$，则电路输出为最小值

$$V_O=V_{Omin}=\frac{5}{2^4}(1\cdot 2^0+0\cdot 2^1+0\cdot 2^2+0\cdot 2^3)=\frac{5}{2^4}\ (V) \tag{8.7}$$

如果输入数字是最大值，即 $D_3D_2D_1D_0=1111$，则电路输出为最大值

$$V_O = V_{Omax} = \frac{5}{2^4}(1\cdot2^0+1\cdot2^1+1\cdot2^2+1\cdot2^3) = \frac{5}{2^4}\cdot15 \text{（V）} \tag{8.8}$$

如果输入数字从 0000 上升到 1111，则电路输出的波形如图 8.5 所示。由图可见，模拟输出实际上是阶梯电压。每级阶梯的幅度为ΔV_O，ΔV_O就是最小输出电压 V_{Omin}。数字位数越多，ΔV_O就越小，输出波形就越接近模拟信号，转换精度越高。

一般用分辨率来衡量 D/A 转换的精度。分辨率是电路最小输出电压与最大输出电压的比值。将式（8.7）的结果除以式（8.8）的结果，就得到 4 位 D/A 转换器的分辨率为

$$\text{分辨率} = \frac{V_{Omin}}{V_{Omax}} = \frac{1}{15} = \frac{1}{2^4-1} \tag{8.9}$$

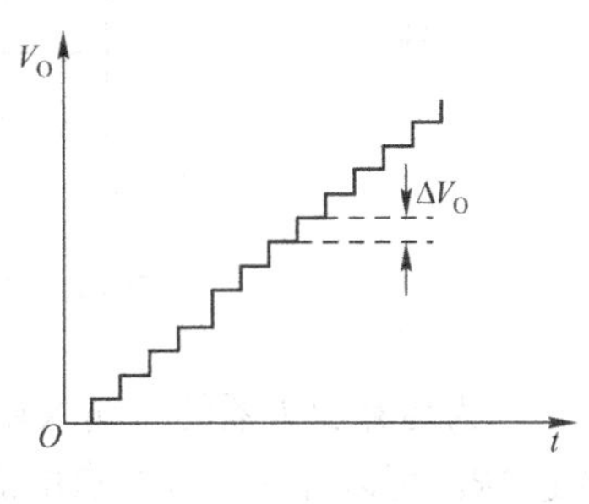

图 8.5　D/A 转换器的输出波形

同理，*n* 位 D/A 转换器的分辨率为

$$\text{分辨率} = \frac{1}{2^n-1} \tag{8.9}$$

例如，10 位 D/A 转换器的分辨率为

$$\frac{1}{2^{10}-1} = \frac{1}{1023} \approx 0.001$$

由于输入数字为 1（即 $\sum_{i=0}^{n-1}(D_i\cdot2^i)=1$）时，$V_O = V_{Omin} = \Delta V_O$，那么可以把 D/A 转换器的输出表达式[见式（8.5）]改写为一般形式

$$V_O = \Delta V_O \times \sum_{i=0}^{n-1}(D_i \times 2^i) \tag{8.10}$$

【例 8.1】 已知某 8 位 D/A 转换器的输入为$(11010001)_2$时，输出 V_O=2.09V，求输入为$(00111100)_2$时的输出电压值。

解： 由式（8.10）可得

$$\Delta V_O = V_{O1}\Bigg/\left(\sum_{i=0}^{n-1}(D_i\cdot2^i)\right) = \frac{2.09}{(11010001)_2} = 0.01 \text{（V）}$$

$$V_{O2} = \Delta V_O\cdot(00111100)_2 = 0.01\cdot60 = 0.6 \text{（V）}$$

权电阻网络 D/A 转换器的电路结构比较简单，但电阻网络中各个电阻的阻值相差太大，当 D/A 转换器的位数增加时，要求在大范围内保证每个电阻的阻值有很高的精度是十分困难的，尤其对制作集成电路更加不利。

2．倒 T 形网络 D/A 转换器

倒 T 形网络 D/A 转换器可以克服权电阻网络 D/A 转换器中，电阻阻值相差太大的缺点。8 位集成倒 T 形网络 D/A 转换器 AD7520 的电路结构如图 8.6 所示。电路中的电阻网络中只需要 *R* 和 2*R* 两种阻值的电阻，这给集成电路的设计和制作带来了很大的方便。

AD7520 电路包括由数码控制的电子开关 S_0～S_7、由电阻 *R* 和 2*R* 构成的分流网络和由运算放大器构成的求和电路等部分。V_{REF}为外加基准电源，用以建立输出电流；R_f是连接运算放大器的反馈电阻，构成电流负反馈；D_0～D_7为控制电流开关的数据输入端。

由于输入端的每一位都对应一个 2*R* 电阻和一个由该位数码控制的开关 S，开关 S_0～S_7的状态又分别受代码 D_0～D_7控制，当相应输入代码为 1 时，开关接通左边触点，电流 I_i流

入运算放大器负输入端；输入数码为 0 时，开关接通右边触点，电流 I_i 流入地端。

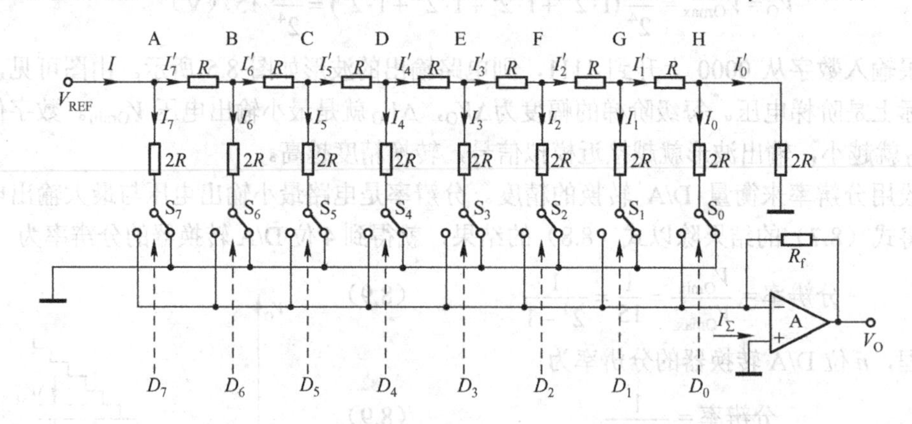

图 8.6　倒 T 型网络 D/A 转换器 AD7520 的电路结构

因为运算放大器的负输入端为虚地，所以从 A～H 各节点向右看的二端网络的等效电阻都是 2R。可以证明，各节点电流具有二进制数据的关系，即：

$$
\begin{aligned}
&I_7 = I/2 = V_{REF}/2R && I_6 = I_6' = I_7/2 = I/2^2 \\
&I_5 = I_5' = I_6/2 = I/2^3 && I_4 = I_4' = I_5/2 = I/2^4 \\
&I_3 = I_3' = I_4/2 = I/2^5 && I_2 = I_2' = I_3/2 = I/2^6 \\
&I_1 = I_1' = I_2/2 = I/2^7 && I_0 = I_0' = I_1/2 = I/2^8
\end{aligned}
\tag{8.11}
$$

当输入数据为全 1（11111111）时，电流开关处于逻辑 1 的状态，开关全部接通左触点，此时求和运算放大器反相输入端总输入电流为：

$$
\begin{aligned}
I_\Sigma &= I_7 + I_6 + I_5 + I_4 + I_3 + I_2 + I_1 + I_0 \\
&= I\left(\frac{1}{2^1}+\frac{1}{2^2}+\frac{1}{2^3}+\frac{1}{2^4}+\frac{1}{2^5}+\frac{1}{2^6}+\frac{1}{2^7}+\frac{1}{2^8}\right) \\
&= \frac{V_{REF}}{R}\left(\frac{1}{2^1}+\frac{1}{2^2}+\frac{1}{2^3}+\frac{1}{2^4}+\frac{1}{2^5}+\frac{1}{2^6}+\frac{1}{2^7}+\frac{1}{2^8}\right)
\end{aligned}
\tag{8.12}
$$

考虑到开关 S_0～S_7 的状态分别受代码 D_0～D_7 控制，且 $D_i=1$（$i=0$～7）时开关接通左触点，$D_i=0$ 时则表示开关接通右触点接地，故有：

$$
I_\Sigma = \frac{V_{REF}}{R}\left(\frac{D_7}{2^1}+\frac{D_6}{2^2}+\frac{D_5}{2^3}+\frac{D_4}{2^4}+\frac{D_3}{2^5}+\frac{D_2}{2^6}+\frac{D_1}{2^7}+\frac{D_0}{2^8}\right)
\tag{8.13}
$$

若 $R_f=R$，则求和运算放大器的输出电压为：

$$
\begin{aligned}
V_O &= -I_\Sigma R_f \\
&= -\frac{V_{REF}}{R}\left(\frac{D_7}{2^1}+\frac{D_6}{2^2}+\frac{D_5}{2^3}+\frac{D_4}{2^4}+\frac{D_3}{2^5}+\frac{D_2}{2^6}+\frac{D_1}{2^7}+\frac{D_0}{2^8}\right)R_f \\
&= -\frac{V_{REF}}{2^8}(D_7\cdot 2^7 + D_6\cdot 2^6 + D_5\cdot 2^5 + D_4\cdot 2^4 + D_3\cdot 2^3 + D_2\cdot 2^2 + D_1\cdot 2^1 + D_0\cdot 2^0) \\
&= -\frac{V_{REF}}{2^8}\sum_{i=0}^{7} D_i\cdot 2^i
\end{aligned}
\tag{8.14}
$$

将式（8.14）推广到 n 位输入的倒 T 形电阻网络 D/A 转换器，可以求得 n 位输入的倒

T 形电阻网络 D/A 转换器的模拟电压计算公式为

$$V_O = -\frac{V_{REF}}{2^n} \cdot \frac{R_f}{R} \sum_{i=0}^{n-1}(D_i \cdot 2^i) \tag{8.15}$$

在倒 T 形 D/A 转换器电路中，模拟开关不管处于什么位置，流过各支路 2*R* 的电流总是接近于恒定值。转换器只采用 *R* 和 2*R* 两种电阻，而且采用电流开关进行控制，具有开关时间短、缓冲性能好、转换精度高、转换速度快等优点。因此，倒 T 形 D/A 转换器是目前 D/A 集成芯片中应用非常广泛的一种。

8.2.2 D/A 转换器的主要技术指标

衡量 D/A 转换器性能优劣的主要技术指标是转换精度和转换速度。

1. 转换精度

在 D/A 转换器中通常用分辨率和转换误差来描述转换精度。上述内容中已经提到分辨率的概念，它是最小输出电压与最大输出电压之比。8 位 D/A 转换器的分辨率为 $1/(2^8-1) \approx 0.39\%$，而 10 位 D/A 转换器的分辨率可以提高到 $1/(2^{10}-1) \approx 0.1\%$。由此可见，数字位数越多，转换精度越高。因此，分辨率也可以用输入的数字量的位数来表示。例如，分辨率为 8 位（bit）、10 位等。

分辨率表示 D/A 转换器在理论上可以达到的精度。然而，由于 D/A 转换器的各个环节在指标和性能上与理论值之间不可避免地存在差异，所以实际能达到的转换精度要低于理论值，由各种因素引起的转换误差也会影响 D/A 转换器的转换精度。

转换误差是指 D/A 转换器的实际转换特性与理想转换特性之间的最大误差或最大偏移。图 8.7 所示的是 4 位 D/A 转换器的转换特性曲线，设满量程模拟电压输出为 5V，对应数字量为 1111，直线(1)表示理想的 D/A 转换特性曲线，它是连接坐标原点和满量程输出的一条直线。不规则曲线(2)表示实际转换特性曲线。由图可以看出，当输入为某个数字量时，理想转换与实际转换的模拟输出电压存在一定偏差。一般情况下，偏差值应小于 ±1/2LSB。LSB 是指最低一位数字量变化所带来的幅度变化。

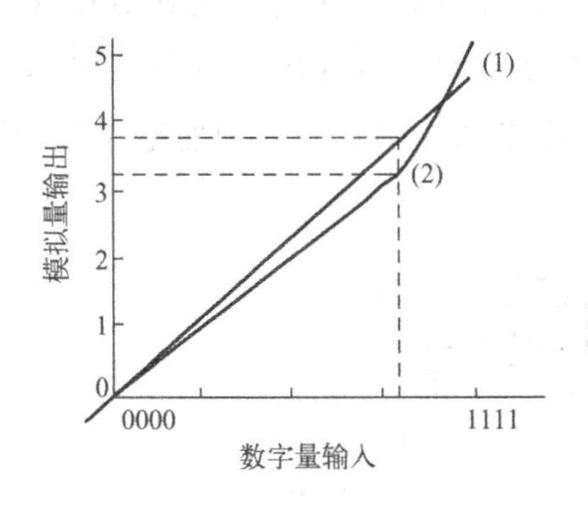

图 8.7 D/A 转换器的转换特性曲线

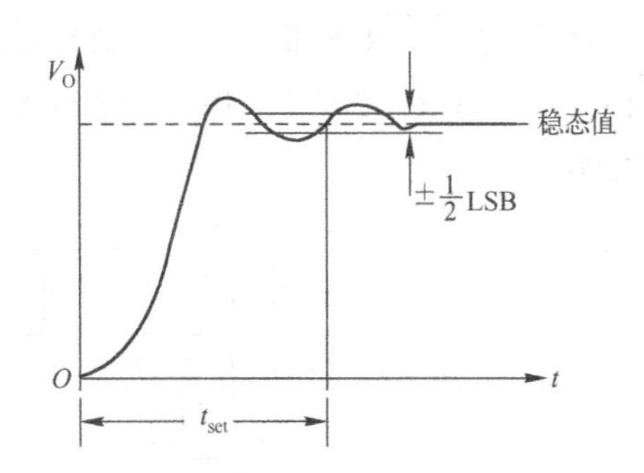

图 8.8 D/A 转换器的建立时间

2. 转换速度

转换速度即每秒钟可以转换的次数，其倒数为转换时间。通常用建立时间 t_{set} 来描述 D/A 转换器的转换速度。

从输入的数字量发生突变开始，直到输出电压进入与稳态值相差$\pm\frac{1}{2}$LSB 范围内的这段时间，称为建立时间 t_{set}，如图 8.8 所示。因为输入数字量的变化越大，建立时间越长，所以一般产品说明书中给出的都是输入数字量从全 0 跳变到全 1 时的建立时间。

在外加运算放大器组成完整的 D/A 转换器时，完成一次转换的全部时间应包括建立时间和运算放大器的上升时间（或下降时间）两部分。若运算放大器输出电压的转换速度为 S_R，则完成一次 D/A 转换的最大转换时间为：

$$T_{TR} = t_{set} + \frac{V_{Omax}}{S_R} \tag{8.16}$$

式中，V_{Omax}为模拟电压的最大值。

除了以上指标外，在使用 D/A 转换器时，还必须知道电源工作电压、输出方式、输出值范围和输入逻辑电平等，这些都可以在手册中查到。

8.2.3 集成 D/A 转换器

集成 D/A 转换器主要有 8 位 D/A 转换器 DAC08 系列和 12 位 D/A 转换器 DAC12 系列产品芯片，DAC08 系列产品包括 DAC0830、DAC0831 和 DAC0832，DAC12 系列包括 DAC1208、DAC1209 和 DAC1210，它们可以完全代换。

DAC08 系列的 D/A 转换器集成芯片具有价格低廉、接口简单、转换控制容易等特点，因此目前还在很多技术领域被使用。下面以 DAC08 系列的 DAC0832 为例，介绍集成 D/A 转换器的内部结构、工作原理和使用方法。

1. DAC0832 的内部结构

DAC0832 的内部结构示意图如图 8.9 所示，包括 8 位输入锁存器、8 位 DAC 寄存器和 8 位 D/A 转换器。8 位输入锁存器用于 8 位数据 D7～D0 的数据采集，其锁存控制信号 LE1 由数据锁存允许信号 ILE、片选信号$\overline{CS}$和输入锁存器写选通信号$\overline{WR1}$控制，其控制表达式为：$IE1 = ILE \cdot \overline{\overline{CS}} \cdot \overline{\overline{WR1}}$，即当 $ILE = 1$，$\overline{CS} = 0$ 和 $\overline{WR1} = 0$ 时，输入锁存器工作。8 位 DAC 寄存器用于 D/A 转换的数据锁存，其锁存控制信号 LE2 由 DAC 锁存器写选通信号$\overline{WR2}$和传送控制信号$\overline{XFER}$控制，其控制表达式为：$IE2 = \overline{\overline{WR2}} \cdot \overline{\overline{XFER}}$，即当 $\overline{WR2} = 0$ 和 $\overline{XFER} = 0$ 时，DAC 锁存器工作。8 位 D/A 转换器完成 D/A 转换，该转换器是 T 形电阻网络转换器。

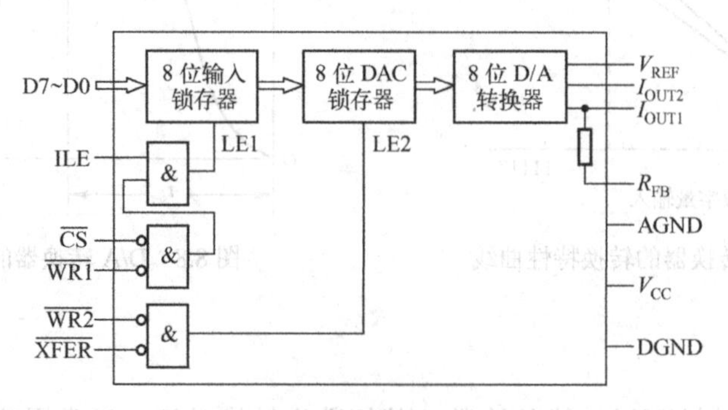

图 8.9　DAC0832 内部结构示意图

图 8.9 中的 V_{REF} 为外部标准电压输入端，工作电压范围为+10V～-10V；I_{OUT1} 和 I_{OUT2} 是一组差动模拟电流输出端，当 DAC 锁存器中的数码为全“1”（最大）时，I_{OUT1} 的电流最大；为全“0”（最小）时，$I_{OUT1}=0$；R_{FB} 是内部反馈电阻引出端，该引出端可以直接接到外部运算放大器的输出端；V_{CC} 是芯片的工作电压输入端，电压范围为+5V～+15V，15V 时工作为最佳；AGND 是模拟地，接于系统的模拟电路的工作地电压；DGND 是数字地，接于系统数字电路的地电压。

2. DAC0832 的工作方式

DAC0832 有双缓冲器、单缓冲器和直通三种工作方式。

双缓冲器方式是用 8 位输入锁存器完成数据采集，用 8 位 DAC 锁存器完成 D/A 转换的数据锁存。这种工作方式的转换速度比较快，但控制电路比较复杂，即既要控制 8 位输入锁存器，又要控制 8 位 DAC 锁存器。

单缓冲器工作方式是仅用一个 8 位输入锁存器，它既完成数据采集，又完成 D/A 转换的数据锁存。在这种工作方式中，$\overline{\overline{WR2}}$ 和 $\overline{\overline{XFER}}$ 接地，使得 LE2 恒为“1”，让 8 位 DAC 锁存器作为一个数据通道。

在直通工作方式中，ILE 接高电平，$\overline{CS}$、$\overline{WR1}$、$\overline{WR2}$ 和 $\overline{XFER}$ 接低电平，使得 LE1 和 LE2 都为“1”，让 8 位输入锁存器和 8 位 DAC 锁存器都作为一个数据通道，数据输入 D7～D0 一旦有数据就直接进行 D/A 转换。

3. DAC0832 应用举例

DAC0832 是电流输出型 D/A 转换器，要获得模拟电压输出，需要外接运算放大器。根据外接的运算放大器的连接方式，可以得到单极性模拟电压输出和双极性模拟电压输出。

单极性模拟电压输出电路如图 8.10 所示，如果参考电压为+5V，当输入数字从全“0”到全“1”变化时，模拟输出电压 V_O 的变化范围是 0V～+5V。

双极性模拟电压输出电路如图 8.11 所示，在电路的输出端增加了一级运算放大电路，当输入数字从全“0”到全“1”变化时，模拟输出电压 V_O 的变化范围是-5V～+5V。

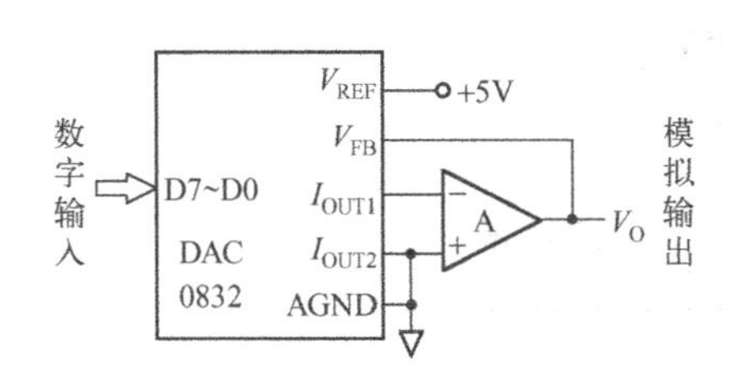

图 8.10　单极性模拟电压输出电路

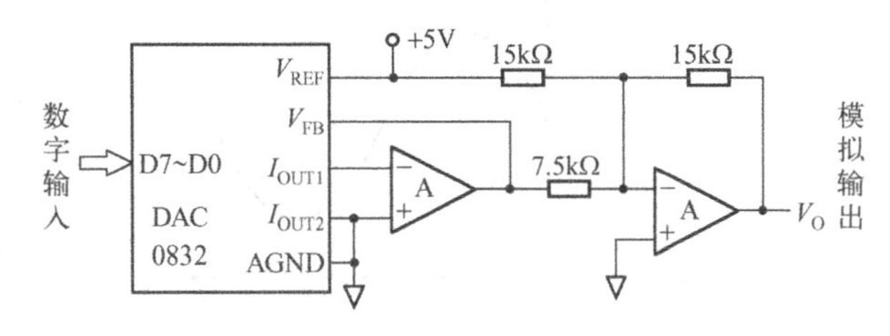

图 8.11　双极性模拟电压输出电路

8.3　模/数（A/D）转换

模拟信号到数字信号的转换称为模/数转换，简称 A/D 转换。能实现 A/D 转换的电路则称为 A/D 转换器或 ADC。

8.3.1 A/D 转换器的基本原理

A/D 转换器的原理框图如图 8.12 所示。要实现模拟量到数字量的转换，通常要经过取样-保持、量化和编码等过程。

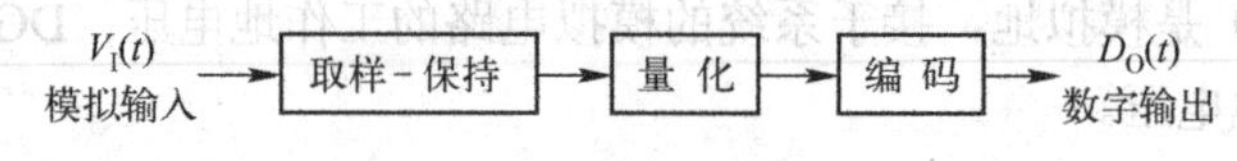

图 8.12 A/D 转换器的原理框图

1．取样-保持

取样就是用周期性的取样脉冲 f_S，对输入模拟信号的幅度定时取出样值，并为 A/D 转换保持一定的时间。取样-保持电路基本形式如图 8.13（a）所示，V_I 为输入模拟信号，V_O 为输出信号。取样脉冲 f_s 的波形如图 8.13（b）所示，f_s 高电平经历的时间是取样时间，低电平经历的时间是保持时间。

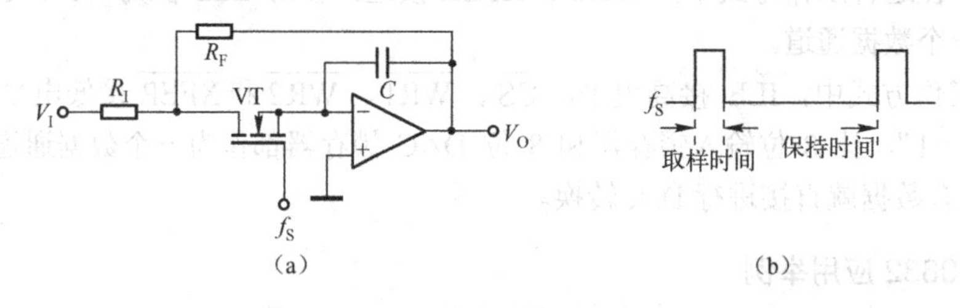

图 8.13 取样-保持电路的基本形式

在图 8.13（a）中，VT 是 N 沟道增强型 MOS 管，作为模拟开关。当取样脉冲 f_s 为高电平时 VT 导通，输入模拟信号 V_I 经 R_I 和 VT 向电容 C 充电。若取 $R_I=R_F$，充电结束后，$V_O=V_C=-V_I$，V_C 是电容 C 上的电压。当 f_s 为低电平时 VT 截止，由于 VT 的漏电阻和运放的输入电阻都很大，电容 C 上的电压和输出电压可以保持一定时间。

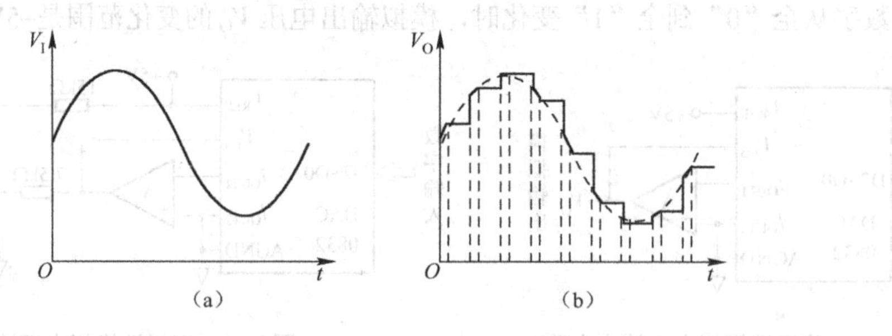

图 8.14 取样-保持电路的输入和输出波形

取样-保持电路的输入和输出波形如图 8.14 所示。由图可见，取样过程的实质就是将连续变化的模拟信号，变成一连串等距而不等幅的脉冲的过程。为了能正确无误地用取样信号代替输入信号，取样脉冲必须有足够高的频率。奈奎斯特（Nyquist）取样定理证明，为了保证被取样的原始信号能不失真地恢复，取样频率脉冲的频率 f_s 必须大于或等于信号中最高频率 f_{imax} 的两倍，即

$$f_s \geqslant 2f_{imax} \tag{8.17}$$

2．量化

从图 8.14（b）所示的波形可以看出，虽然取样输出已经是由离散电平组成的了，但电平的等级数还是无穷的，还不能用有限位数字来表示这些等级数，因此必须把取样电平规范到某个最小单位电压的若干倍，这个转化过程叫做量化，所取的最小单位电压称为量化单位，用$\varDelta$表示。显然，$\varDelta$就是把模拟量转换为数字量后的数字最低有效位为 1 时，代表的输入电平的大小。

量化方法分为只舍不取法和有舍有取法两种。

（1）只舍不取法

只舍不取量化方法如图 8.15 所示。假设取样-保持输出电平在 0～1V 的范围内，完成 A/D 转换后用 3 位二进制代码表示，则量化单位$\varDelta=\frac{1}{8}$V。只舍不取法规定：输入信号电平在 $0\text{V}\leqslant V_I<\frac{1}{8}\text{V}$ 之间时，量化为 $0\varDelta$；在$\frac{1}{8}\text{V}\leqslant V_I<\frac{2}{8}\text{V}$ 之间时，量化为 $1\varDelta$。依此类推，在$\frac{7}{8}\text{V}\leqslant V_I<1\text{V}$ 之间时，量化为 $7\varDelta$，共分为 8 个量化等级。从图可见，量化过程不可避免地引入了误差，这种误差称为量化误差。不难看出，只舍不取量化方法的最大量化误差δ可达$\varDelta$，即：

$$\delta\leqslant\varDelta=\frac{1}{8}\ (\text{V}) \tag{8.18}$$

（2）有舍有取法

为了减小量化误差，可以采用有舍有取量化方法，如图 8.16 所示。在有舍有取量化方法中，量化单位$\varDelta=\frac{2}{15}$V，并规定：输入信号电平在 $0\text{V}\leqslant V_I<\frac{1}{15}\text{V}$ 之间时，量化为 $0\varDelta$；在$\frac{1}{15}\text{V}\leqslant V_I<\frac{3}{15}\text{V}$ 之间时，量化为 $1\varDelta$。依此类推，在$\frac{13}{15}\text{V}\leqslant V_I<1\text{V}$ 之间时，量化为 $7\varDelta$，也分为 8 个量化等级。这样，可以将最大量化误差减小到$\frac{1}{2}\varDelta$，即$\frac{1}{15}$V。

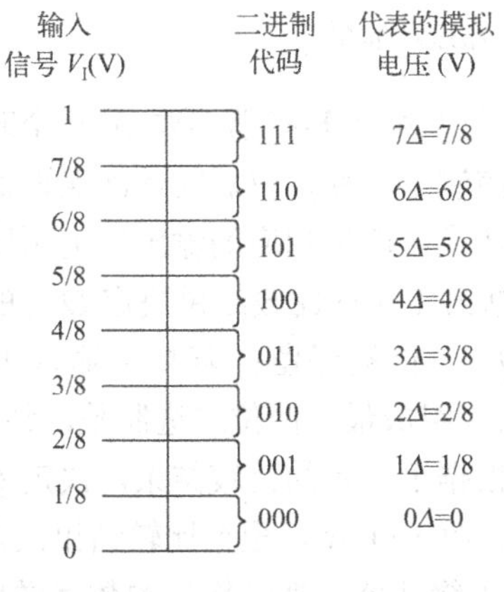

输入信号 V_I(V)	二进制代码	代表的模拟电压 (V)
7/8 ～ 1	111	$7\varDelta$=7/8
6/8 ～ 7/8	110	$6\varDelta$=6/8
5/8 ～ 6/8	101	$5\varDelta$=5/8
4/8 ～ 5/8	100	$4\varDelta$=4/8
3/8 ～ 4/8	011	$3\varDelta$=3/8
2/8 ～ 3/8	010	$2\varDelta$=2/8
1/8 ～ 2/8	001	$1\varDelta$=1/8
0 ～ 1/8	000	$0\varDelta$=0

图 8.15　只舍不取量化方法

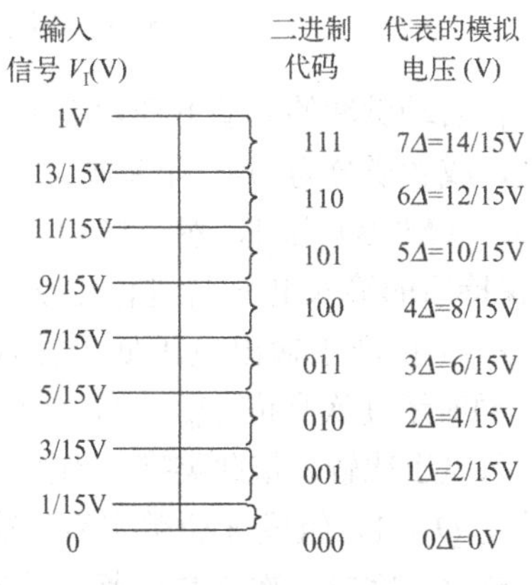

输入信号 V_I(V)	二进制代码	代表的模拟电压 (V)
13/15V ～ 1V	111	$7\varDelta$=14/15V
11/15V ～ 13/15V	110	$6\varDelta$=12/15V
9/15V ～ 11/15V	101	$5\varDelta$=10/15V
7/15V ～ 9/15V	100	$4\varDelta$=8/15V
5/15V ～ 7/15V	011	$3\varDelta$=6/15V
3/15V ～ 5/15V	010	$2\varDelta$=4/15V
1/15V ～ 3/15V	001	$1\varDelta$=2/15V
0 ～ 1/15V	000	$0\varDelta$=0V

图 8.16　有舍有取量化方法

3．编码

由于量化等级数是有限的，所以可以用有限位二进制数来表示。把量化后Δ的倍数用二进制数表示称为编码。编码有不同的方式，例如自然二进制数编码、循环码和 BCD 码等。经过编码后，输入信号就转换成一组由 n 位的二进制符号构成的数字输出。图 8.15 和图 8.16 均给出了用 3 位二进制数表示的量化结果的编码输出。

8.3.2 A/D 转换器的类型

A/D 转换器的种类很多，按转换后的数字位数来分，有 8 位、10 位、12 位、16 位等 A/D 转换器。位数越高，其分辨率就越高。按转换原理来分，有直接转换型和间接转换型两大类。

1．直接型 A/D 转换器

直接型（也称比较型）A/D 转换器能把输入的模拟电压，直接转换为数字量，而不需要经过中间变量。在直接型 A/D 转换器中，将取样-保持后的输入信号电压与基准电压比较，在比较过程中输入电压被量化为数字量，通过计数器计数并输出转换结果。常用的直接型电路有逐次逼近型 A/D 转换器和并联比较型 A/D 转换器。

（1）逐次逼近型 A/D 转换器

逐次逼近型 A/D 转换器电路的原理框图如图 8.17 所示。电路主要由控制逻辑、逐次逼近寄存器、D/A 转换器、电压比较器和输出缓冲器等部分组成。数字输出有 n 位，即 Q_{n-1}～Q_0，其中，Q_{n-1}是最高位（MSB），Q_0是最低位（LSB）。

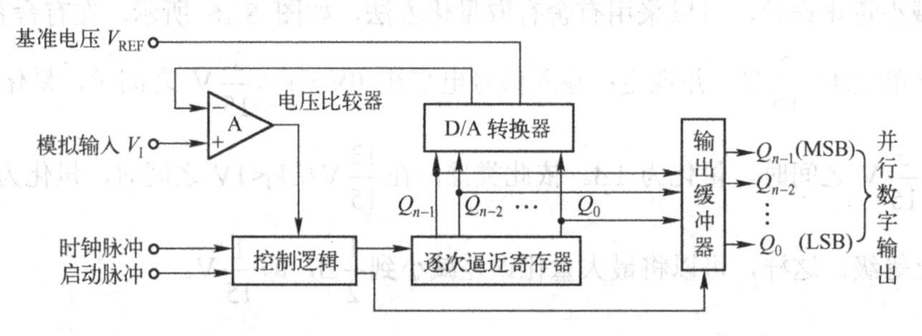

图 8.17 逐次逼近型 A/D 转换器原理框图

电路在启动脉冲的启动下开始工作，n 位逐次逼近型 A/D 转换器需要 n+1 个时钟完成一次转换，或者说分为 n+1 个步骤进行。第 1 步，控制逻辑使复位后的逐次逼近寄存器的最高位 Q_{n-1}（MSB）为 1，然后将 $Q_{n-1}=1$ 经过 D/A 转换，产生相应的输出送电压比较器，与取样-保持后的输入电压 V_I进行比较。第 2 步，根据第 1 步的比较结果决定 Q_{n-1}的去留，如果由 $Q_{n-1}=1$ 产生输出电压低于输入电压，则 $Q_{n-1}=1$ 被保留；若高于输入电压则使 $Q_{n-1}=0$。同时还使次高位 $Q_{n-2}=1$，然后由 Q_{n-1}和 Q_{n-2}组成最高两位二进制数，经 D/A 转换后与输入电压比较。依此类推，当第 n 步到来时，根据上一步的比较结果，决定 $Q_1=1$ 的去留，并使 $Q_0=1$，组成 n 位数字后与输入电压比较。第 n+1 步，根据比较结果决定 $Q_0=1$ 的去留。至此，完成一次 A/D 转换，控制逻辑打开输出缓冲器，把转换后的数字送出。

根据上述分析可知，n 位逐次逼近型 A/D 转换器完成一次转换的时间是$(n+1)T_{CP}$，其中

T_{CP}是输入时钟的周期。

逐次逼近型 A/D 转换器具有转换速度快和转换精度高的特点，因此是目前集成 A/D 转换器产品中用得最多的一种电路结构。

（2）并联比较型 A/D 转换器

3 位并联比较型 A/D 转换器的电路结构如图 8.18 所示。电路由电压比较器、数码寄存器和编码器构成。在电压比较器中，基准电压 V_{REF} 通过 7 只 R 和 1 只 $R/2$ 电阻进行分压，使电压比较器 A_1 的负输入端得到$\frac{1}{15}V_{REF}$的比较电压；A_2 得到$\frac{3}{15}V_{REF}$的比较电压；依此类推，A_7 得到$\frac{13}{15}V_{REF}$ 的比较电压。由此可见，电路采用有舍有取的量化方法，量化单位 $\Delta=\frac{2}{15}V_{REF}$，量化误差$\delta=\Delta/2=\frac{1}{15}V_{REF}$。

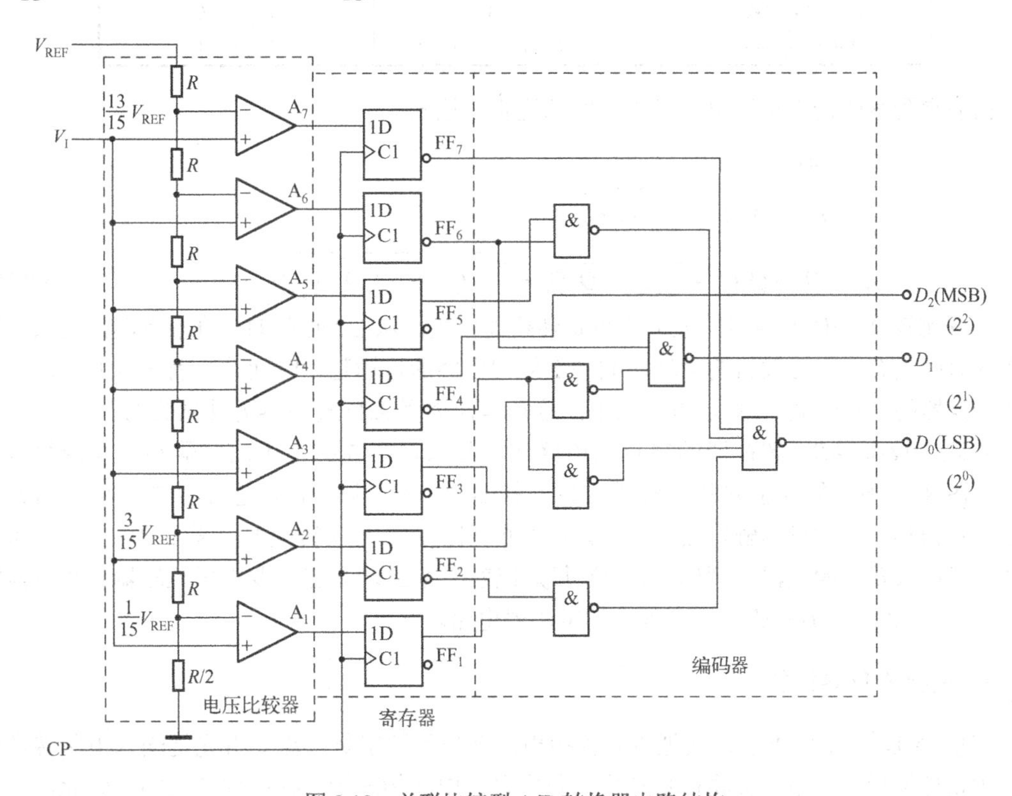

图 8.18　并联比较型 A/D 转换器电路结构

由电路可知，$0\leqslant V_I<V_{REF}$ 是模拟输入信号 V_I 的取值范围。基准电压 V_{REF} 经过电阻分压器的量化后，使电压比较器 A_1～A_7 的比较电压依次为$\frac{3}{15}V_{REF}$～$\frac{13}{15}$ V_{REF}。当输入 V_I 的电压高于某个比较器的比较电压时，该比较器的输出为 1（高电平）；当输入 V_I 的电压低于某个比较器的比较电压时，该比较器的输出为 0（低电平）。例如，$V_I\geqslant\frac{3}{15}V_{REF}$ 时，A_1、A_2 比较器的输出为 1，而 A_3～A_7 比较器的输出为 0。

数码寄存器的作用是暂时保存电压比较器的输出信号，便于完成编码器的操作。当 CP

时钟脉冲的上升沿到来时，7 级触发器同时把其对应比较器输出信号寄存起来。

编码器的作用是把数码寄存器提供的、经过量化并保持的输入信号进行编码，编码器的输出就是由 3 位二进制数组成的数字信号。编码器的编码表如表 8.1 所示。

表 8.1 图 8.15 电路的编码表

输入模拟电压 V_I	寄存器状态（编码器输入） Q_7 Q_6 Q_5 Q_4 Q_3 Q_2 Q_1	数字量输出（编码器输出） D_2 D_1 D_0
$(0\sim1/15)V_{REF}$	0 0 0 0 0 0 0	0 0 0
$(1/15\sim3/15)V_{REF}$	0 0 0 0 0 0 1	0 0 1
$(3/15\sim5/15)V_{REF}$	0 0 0 0 0 1 1	0 1 0
$(5/15\sim7/15)V_{REF}$	0 0 0 0 1 1 1	0 1 1
$(7/15\sim9/15)V_{REF}$	0 0 0 1 1 1 1	1 0 0
$(9/15\sim11/15)V_{REF}$	0 0 1 1 1 1 1	1 0 1
$(11/15\sim13/15)V_{REF}$	0 1 1 1 1 1 1	1 1 0
$(13/15\sim1)V_{REF}$	1 1 1 1 1 1 1	1 1 1

由表得到编码器电路输出与输入之间的逻辑表达式：

$$D_2 = Q_4$$

$$D_1 = Q_6 + \overline{Q}_4 Q_2 = \overline{\overline{Q}_6 \cdot \overline{\overline{Q}_4 Q_2}}$$

$$D_0 = Q_7 + \overline{Q}_6 Q_5 + \overline{Q}_4 Q_3 + \overline{Q}_2 Q_1 = \overline{\overline{Q}_7 \cdot \overline{\overline{Q}_6 Q_5} \cdot \overline{\overline{Q}_4 Q_3} \cdot \overline{\overline{Q}_2 Q}} \qquad (8.19)$$

并联比较型 A/D 转换器的最大优点是转换速度快，从 CP 时钟的上升沿算起，完成一次转换的时间只有 1 级触发器的翻转时间和 3 级门电路的传输延迟时间。目前 8 位并联比较型 A/D 转换器的转换时间可达到 50ns 以下，这是其他类型 A/D 转换器无法做到的。

并联比较型 A/D 转换器的缺点是电路比较复杂，需要的电压比较器和触发器数量很大。从图 8.15 所示的 3 位并联比较型 A/D 转换器的电路可以看出，它需要 7（即 2^3-1）个电压比较器和相同数量的触发器。这样，n 位并联比较型 A/D 转换器就需要 2^n-1 个电压比较器和相同数量的触发器。例如，10 位并联比较型 A/D 转换器需要电压比较器和触发器的数量各为 1023 个，另外还有一个庞大的编码器电路。

2. 间接 A/D 转换器

间接 A/D 转换器不能直接把输入模拟电压转换为数字量，需要首先把输入电压转换为另一种物理量后，再由这种物理量转换为数字量。中间物理量包括频率和时间。因此，间接 A/D 转换器分为电压-频率变换（V-F 变换）和电压-时间变换（V-T 变换）两大类。

V-F 变换是首先把输入的模拟电压信号转换成与之成正比的频率信号，然后在标准闸门时间内对得到的频率信号计数，计数结果就是正比于输入模拟电压的数字量。

V-T 变换原理是用积分器将被测电压转换为时间间隔，然后用电子计数器在此间隔内累计脉冲数，计数的结果就是正比于输入模拟电压的数字信号。下面以双积分型 A/D 转换器为例，介绍 V-T 变换型转换器的结构和工作原理。

双积分型 A/D 转换器的电路结构如图 8.19 所示。电路由积分器、过零比较器、时钟控制与门 G 和计数器构成。

积分器由运算放大器和 RC 积分电路组成，它是转换器的核心。积分器的输入端接开关

S，S 受触发器 FF_n 的状态控制。当 $FF_n=0$ 时，开关接 V_I，使积分器对输入电压进行积分；当 $FF_n=1$ 时，开关接 $-V_{REF}$，使积分器对基准电压进行积分，输入电压是正值，而基准电压是负值。因此，在一次 A/D 转换过程中，积分器进行了两次积分，使这种 A/D 转换器得到双积分型的名称。

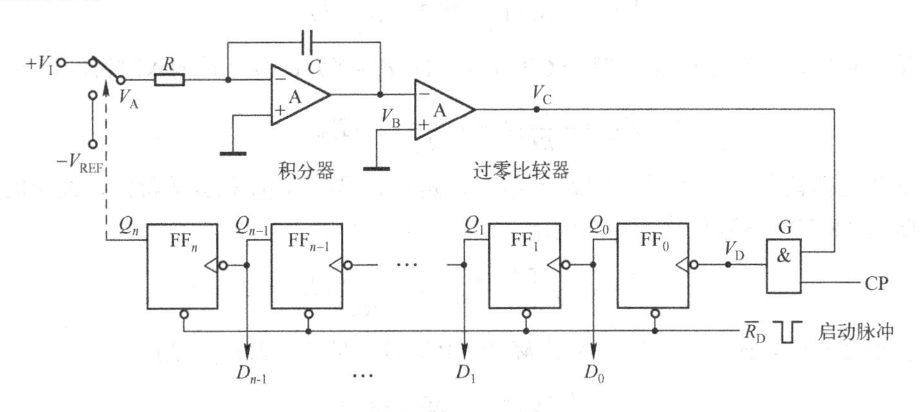

图 8.19　双积分型 A/D 转换器的电路结构

积分器的输出 V_B 接过零比较器。当 $V_B\leqslant 0$ 时，比较器输出 $V_C=1$，打开时钟控制与门 G，允许标准时钟 CP 通过；当 $V_B>0$ 时，$V_C=0$，封锁与门 G，禁止 CP 通过。

计数器是由 $n+1$ 个触发器 FF_0～FF_n 构成的异步二进制加法计数器。全部触发器的异步置 0 端连接在一起，作为启动脉冲信号输入 $\overline{R}_D$。当 $\overline{R}_D=0$ 时，全部触发器被复位，启动 A/D 转换。此时，$Q_n=0$ 使开关 S 接 V_I，积分器开始对 V_I 进行积分，其输出电压为

$$V_B=-\frac{1}{RC}\int_0^t V_I \mathrm{d}t \tag{8.20}$$

由式（8.20）可知，在积分器的第 1 次积分期间，V_B 电压不断下降（为负值），过零比较器输出为 1，控制与 G 门被打开，使计数器工作。假设经过 T_1 时间后，计数器接收了 2^n 个计数脉冲，触发器 FF_n 的输出 Q_n 变为 1，而其余触发器输出全部为 0。$Q_n=1$ 使开关 S 接基准电源，积分器开始对 $-V_{REF}$ 积分，而触发器 FF_{n-1}～FF_0 又从 0 开始计数。此时的积分器输出为

$$V_B=-\frac{1}{RC}\int_0^t -V_{REF}\mathrm{d}t=\frac{1}{RC}\int_0^t V_{REF}\mathrm{d}t \tag{8.21}$$

由式（8.21）可知，在积分器的第 2 次积分期间，V_B 电压不断回升。假设经过 T_2 时间，V_B 电压刚刚超过 0V，使过零比较器的输出 $V_C=0$，与门 G 被封锁，计数器停止计数。此时，计数器的 Q_{n-1}～Q_0 就是本次 A/D 转换的数字量输出。V_I 电压越高，在 T_1 时间内 V_B 上积分得到的负电压越高，由 V_B 电压返回 0 值经历的时间 T_2 越长，计数器在第 2 次积分期间接收的 CP 脉冲个数就越多，输出数字量也越大。这样，输入模拟信号通过与之成正比的时间间隔转换成数字量。

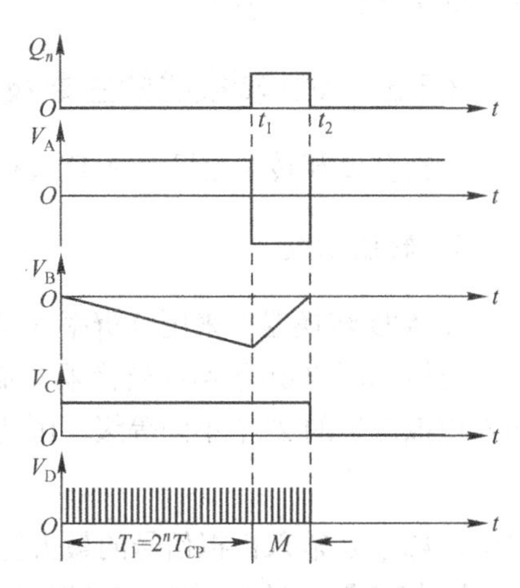

图 8.20　双积分型 A/D 转换器的工作波形

双积分型 A/D 转换器电路中各点的工作波形如图 8.20 所示。图中把一次 A/D 转换分为两个积分阶

段进行分析。

第 1 个积分阶段从 $t=0$ 开始到 $t=t_1$ 结束，是积分器对 V_I 积分的阶段，经历的时间为 T_1。根据式（8.20）得到积分器输出电压

$$V_{B1}=-\frac{1}{RC}\int_0^t V_I \mathrm{d}t=-\frac{V_I}{RC}\cdot T_1 \tag{8.22}$$

在第 1 阶段，计数器接收了 2^n 个 CP 脉冲，即 $T_1=2^nT_{CP}$（T_{CP}是输入时钟的周期），则

$$V_{B1}=-\frac{V_I}{RC}T_1=-\frac{V_I}{RC}\cdot 2^n\cdot T_{CP} \tag{8.23}$$

第 2 积分阶段从 $t=t_1$ 开始，到 $t=t_2$ 结束，是积分器对$-V_{REF}$积分的阶段，经历的时间为 T_2。根据式（8.21）得到积分器输出电压

$$V_{B2}=-\frac{1}{RC}\int_{t_1}^{t_2} -V_{REF}\mathrm{d}t=\frac{V_{REF}}{RC}\cdot T_2 \tag{8.24}$$

设在第 2 积分阶段，计数器接收了 M 个 CP 脉冲，即 $T_2=MT_{CP}$，则

$$V_{B2}=\frac{V_{REF}}{RC}\cdot T_2=\frac{V_{REF}}{RC}\cdot M\cdot T_{CP} \tag{8.25}$$

由于两个积分阶段结束后，$V_B=V_{B1}+V_{B2}=0$，可得

$$-\frac{V_I}{RC}\cdot 2^n\cdot T_{CP}+\frac{V_{REF}}{RC}\cdot M\cdot T_{CP}=0 \tag{8.26}$$

将式（8.26）整理后得到

$$M=\frac{V_I}{V_{REF}}\cdot 2^n \tag{8.27}$$

式（8.27）定量地说明了计数器记录的脉冲数 M 与输入电压 V_I 的正比例关系。因此，当 A/D 转换结束后，计数器中 Q_{n-1}～Q_0 的状态就是 V_I 的数字量 D_{n-1}～D_0。

双积分型 A/D 转换器最突出的优点是工作性能比较稳定。由式（8.27）可知，经过两次积分后，输出数字 M 与电路的 R、C 参数无关。因此 R、C 参数的缓慢变化不影响转换精度。双积分型 A/D 转换器的另一个优点是抗干扰能力较强，在积分器对输入信号 V_I 积分的过程中，对平均值为零的各种噪声有很强的抑制能力。

双积分型 A/D 转换器属于低速 A/D 转换器。最小转换时间为 T_1（即 $2^n\cdot T_{CP}$），最大转换时间为 2 T_1（即 $2\times 2^n\cdot T_{CP}$）。

8.3.3 A/D 转换器的主要技术指标

转换精度和转换速度是 A/D 转换器的主要技术指标。

1. 转换精度

在 A/D 转换器中采用分辨率（又称分解度）和转换误差来描述转换精度。

分辨率用来说明 A/D 转换器对输入信号的分辨能力。有 N 位输出的 A/D 转换器能区分输入模拟信号的 2^n 个不同等级。因此，其分辨率为：

$$\text{分辨率}=V_{Imax}/2^n \tag{8.28}$$

式中，V_{Imax} 是输入模拟信号的最大值。

【例 8.2】 已知 8 位 A/D 转换器的基准电压 $V_{REF}=5.12\text{V}$，求当输入为 $V_I=3.8\text{V}$ 时的数

字量输出。

解：根据题意可知，A/D 转换器的基准电压 V_{REF} 就是输入信号的最大值。8 位 A/D 转换器的分辨率（以Δ表示）为

$$\Delta = V_{Imax}/2^8 = V_{REF}/256 = 5.12/256 = 0.02\ (V)$$

输入 $V_I = 3.8V$ 时的数字量输出为

$$V_I/\Delta = 3.8/0.02 = (190)_{10} = (10111110)_2$$

A/D 转换器的转换误差通常以输出误差的最大值形式给出，它表示实际输出数字量和理论上应得到的输出数字量之间的差别。通常规定转换误差应小于$\pm\frac{1}{2}$LSB，即实际输出数字量和理论上输出数字量之间的误差，应小于最低有效位的半个字。转换误差也反映了 A/D 转换器所能辨认的最小输入量，因而转换误差与分辨率是统一的，提高分辨率可减小转换误差。

2. 转换速度

A/D 转换器的转换速度主要取决于转换电路的类型，不同类型 A/D 转换器的转换速度差异很大。

并联比较型 A/D 转换器的转换速度最快，完成一次转换的时间一般不超过 50ns。逐次逼近型 A/D 转换器的转换速度次之，一般在 10μs～100μs 之间。双积分型 A/D 转换器的转换速最慢，一般在数十毫秒至数百毫秒之间。

8.3.4 集成 A/D 转换器

集成 A/D 转换器的品种较多，目前使用广泛的有逐次逼近型、V-F 转换型和双积分型三种。下面以逐次逼近型 A/D 转换器 ADC0809 为例，介绍集成 A/D 转换器的内部结构、工作原理和使用方法。

1. ADC0809 的内部结构

ADC0809 是 NEC 公司生产的 8 路模拟输入逐次逼近型 A/D 转换器，采用 CMOS 工艺。ADC0809 的内部结构如图 8.21 所示，芯片内部包括通道选择开关、通道地址锁存与译码、8 位逐次逼近型 A/D 转换器、定时与控制、输出控制等电路。其中，通道选择开关用于选择 IN0～IN7 这 8 路模拟输入中的某一个输入完成 A/D 转换；通道地址锁存与译码用于锁存 3 位地址 ADDC、ADDB 和 ADDA，锁存信号为 ALE。当 ADDC、ADDB 和 ADDA 为“000”时，译码输出控制通道选择开关的模拟输入 IN0 选中；当 ADDC、ADDB 和 ADDA 为“001”时，选中 IN1，依此类推。8 位逐次逼近型 A/D 转换器用于完成选中的模拟输入的 A/D 转换，其转换需要的基准参考电压输入为 $V_{REF}(+)$和 $V_{REF}(-)$，使用时一般将 $V_{REF}(+)$接电源正极，$V_{REF}(-)$接电源负极（地）；定时与控制用于完成整个转换电路的时序脉冲的产生与控制，其时钟输入端为 CLOCK，启动 A/D 开始控制输入端为 START，当 START 的上升沿到来时，转换器开始转换，输入输出端 EOC 用于反映 A/D 转换的进程，当 EOC 的下降沿到来时，表示 A/D 转换开始，当 EOC 的上升沿到来时，表示 A/D 转换结束；输出控制用于控制 A/D 转换结束后的数据输出，其控制输入端为 OE，当 OE 为高电平时，数据输出

D7～D0 有效，当 OE 为低电平时，输出为高阻态。

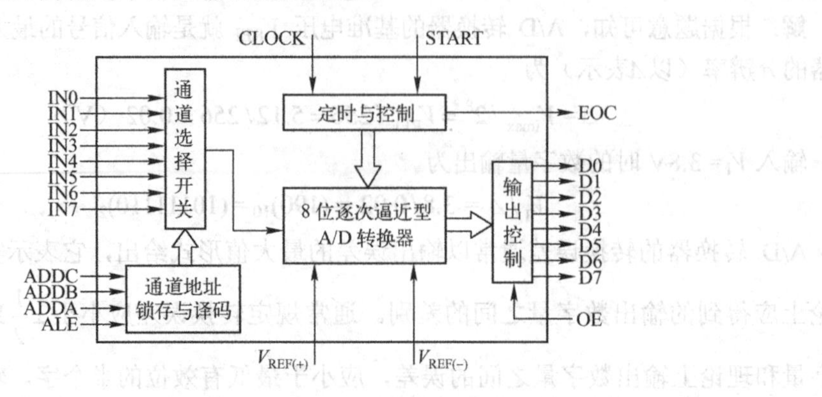

图 8.21 ADC0809 的内部结构

2. ADC0809 的工作原理

ADC0809 的工作分为 4 个阶段。

（1）锁存地址：根据所选通道的编号，输入 ADDA、ADDB 和 ADDC 的值，并使 ALE＝1（正脉冲），锁存通道地址。

（2）启动 A/D 转换：使 START＝1（正脉冲）启动 A/D 转换。一般可以将锁存地址和启动 A/D 转换两个阶段合并，即将 ALE 和 STAET 两个输入端并接在一起，统一受一个正脉冲信号控制。

（3）检查转换结束：转换开始时，EOC 产生一个下降沿，当 EOC 出现上升沿时，表示一次转换结束。因为 A/D 转换是 8 位逐次逼近型的，每路模拟输入需要（8+1）个输入时钟完成，因此每次转换需要 8×9＝72 个时钟脉冲。

（4）输出数据：在 EOC＝1 时，使 OE＝1，将 A/D 转换后的数据取出。

本 章 小 结

D/A 和 A/D 转换器是现代数字系统中的重要组成部分，在各种检测、控制和信号处理等技术领域得到日益广泛的应用。

D/A 转换器根据电路结构分为权电阻网络 D/A 转换和倒 T 形电阻网络 D/A 转换等不同类型。倒 T 形电阻网络 D/A 转换器只需要两种阻值的电阻，因此在集成 D/A 转换器中得到了广泛的应用。

A/D 转换按工作原理主要分为并联比较型 A/D、逐次逼近型 A/D 和双积分型 A/D 等类型。不同类型的 A/D 转换器具有各自的特点。在要求速度高的情况下，可以采用并联比较型 A/D 转换器；在要求精度高的情况下，可以采用双积分型 A/D 转换器；逐次逼近型 A/D 转换器则在一定程度上兼顾了以上两种转换器的优点。

目前，常用的集成 A/D 转换器和 D/A 转换器种类很多，其发展趋势是高速度、高分辨率、易与计算机接口，以满足各个领域对信息处理的要求。

思考题和习题

8.1　常见的 A/D 转换器有几种？其特点分别是什么？

8.2　常见的 D/A 转换器有几种？其特点分别是什么？

8.3　为什么 A/D 转换器需要取样-保持电路？

8.4　若 A/D 转换器（包括取样-保持电路）输入模拟电压信号的最高变化频率为 10kHz，试说明取样频率的下限是多少？完成一次 A/D 转换所用时间的上限是多少？

8.5　比较逐次逼近型 A/D 转换器和双积分式 A/D 转换器的优点，指出它们各适用于哪些情况下采用。

8.6　在图 8.4 电路中，取 $n=4$，$V_{REF}=10V$，$R_f=R/2$ 时，若输入数字量 $D_3=1$，$D_2=0$，$D_1=1$，$D_1=0$，则输出 V_O 为多少？

8.7　在图 8.6 电路中，当 $V_{REF}=10V$，$R_f=R$ 时，若输入数字量 $D_7=1$，$D_6=0$，$D_5=1$，$D_4=0$，$D_3=1$，$D_2=0$，$D_1=1$，$D_0=0$，则输出 V_O 为多少？

8.8　若一理想的 3 位十进制数（BCD 编码）A/D 转换器满刻度模拟输入为 10V，当输入为 7V 时，求此 A/D 转换器采用 BCD 编码时的数字量。

8.9　若一理想的 6 位 D/A 转换器具有 10V 的满刻度模拟输出，当输入数字量为 100100 时，此 D/A 转换器的模拟输出为多少？

8.10　如果将图 8.22 所示的双积分式 A/D 转换器中计数器的位数设为 10 位，时钟信号频率设为 1MHz，试计算转换器的最大转换时间。

第 9 章　半导体存储器

半导体存储器是计算机的主要组成部分。本章首先介绍半导体存储器的结构和特点，然后系统介绍半导体存储器的工作原理和使用方法，并介绍基于 Verilog HDL 的半导体存储器的设计。

9.1　概　　述

9.1.1　半导体存储器的结构

半导体存储器的结构如图 9.1 所示，它由地址译码器、存储矩阵和输出控制电路等部分组成。存储矩阵是存放数据的主体，它由许多存储单元排列而成。每个存储单元能存放 1 位二进制代码（0 或 1），若干个存储单元形成一个存储组，称为“字”，每个字包含的存储单元的个数称为“字长”。在存储器中，字是一个整体，构成一个字的全体存储单元共同用来代表某种信息，并共同写入存储器或从存储器中读出。常用存储器的字长有 1 位（bit，简称 b）、4 位、8 位和 16 位，一般把 8 位字长称为 1 字节（Byte，简称 B），16 位字长称为 1 字（Word）。若干个字构成存储矩阵，为了方便寻找，每个字都有一个对应的地址代码，只有被输入地址代码指定的字或存储单元才能与公共的输入/输出线接通，进行数据的读出或写入。存储矩阵能存放的二进制代码的总位数称为存储容量，存储器容量由字数乘以字长得到。

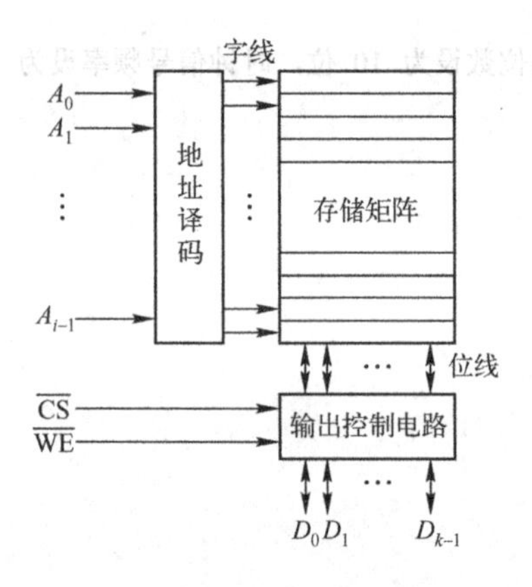

图 9.1　半导体存储器结构图

地址译码器是用来产生地址码的器件，每个地址码对应存储矩阵中的一个字。地址译码器的输入称为地址线，即 A_0～A_{i-1}；译码器的输出称为字线，每条字线控制存储矩阵中的一个字。有 i 条输入地址线的译码器，最多可以有 2^i 条字线，为 2^i 个字提供地址码，则存储器的字数为 2^i 个。例如，地址线是 10 条，则存储器的字数是 $2^{10}=1024$ 个。一般把 1024 称为 1K，把 1024K 称为 1M，把 1024M 称为 1G，把 1024G 称为 1T。因此，通常把 1024×8 位的存储器容量称为 1K 字节，或称为 1KB。

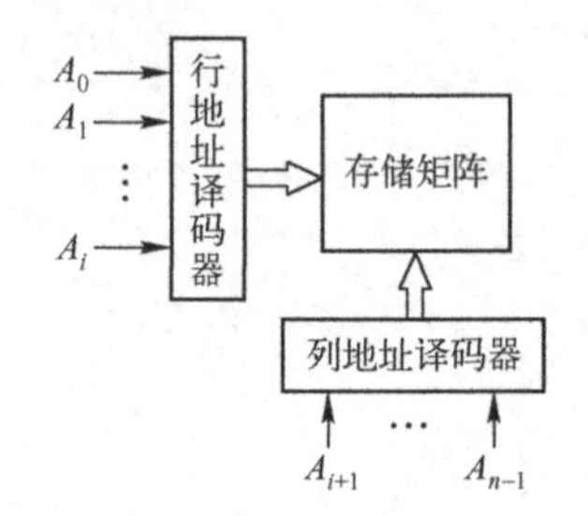

图 9.2　矩阵译码示意图

在存储器中，地址译码一般采用矩阵译码方式，如图 9.2 所示。即将地址线分为两组，一组作为行地址译码器的输入，另一组作为列译码器的输入，只有行译码线和列译码线同时有效的字或存储单元才能被选中，参与数据操作。矩阵译码的优点是译码输出线的条数可以大大减少，若地址线数为 i（偶数），则译码线数为 $2\times2^{i/2}$。例如，$i=10$，则译码线数为 $2\times2^{10/2}=64$（条）。在集成电路中，译码线也占用芯片的面积，因此减少译码线的条数可以扩大半导体芯片的集成度。

输出控制电路用来控制存储器的数据的流向和状态。数据写入和读出是存储器的基本操作，写入操作是把外部的数据送到存储器的某些存储单元中，并保存起来；读出操作是把存在存储器某些存储单元中的数据取出送到数据线上，供其他器件或设备使用。读写信号 $\overline{WE}$ 控制数据的流向，当 $\overline{WE}=0$ 时，数据从外部流入存储器，实现写操作；当 $\overline{WE}=1$ 时，数据从存储器内部流出，实现读操作。存储矩阵与输出电路通过位线连接。$D_0 \sim D_{k-1}$ 是存储器的数据线，一般地说，数据线的条数决定存储器的字长，若数据线有 k 条，则存储器的字长为 k。存储器数据线一般都是连接到计算机或数字系统的数据总线上的，数据总线还连接着其他器件（包括其他存储器），为了防止多片器件同时工作造成数据混乱，存储器芯片一般都有片选控制端 $\overline{CS}$。当 $\overline{CS}=0$（有效）时，存储器芯片被选中，可以进行读/写操作，当 $\overline{CS}=1$ 时，存储器芯片被禁止，数据线呈高阻状态。

9.1.2　半导体存储器的分类

半导体存储器的种类很多，从存、取功能上可把半导体存储器分为只读存储器（Read Only Memory，简称 ROM）和随机存储器（Random Access Memory，简称 RAM）两大类。

ROM 在正常工作状态下，只能从存储器中读取数据，而不能修改或重新写入数据，但保存在其中的数据断电后不会丢失。只读存储器有固定 ROM、可编程 ROM（Programmable Read Only Memory，简称 PROM）、光可擦除可编程 ROM（Erasable Programmable Read Only Memory，简称 EPROM）、电可擦除可编程 ROM（Electricity Erasable Programmable Read Only Memory，简称 EEPROM 或 E^2PROM）和快闪存储器（Flash Memory）等几种不同类型。固定 ROM 中的数据在工厂制作时写入，使用时不能更改。PROM 中的数据可以由用户编程一次性写入，写入后的数据不能再更改。EPROM 中的数据可以由用户编程写入，而且可以用紫外光擦除原有数据，再编程改写。E^2PROM 和快闪存储器中的数据可以由用户编程写入，而且可以用电擦除原有数据，再编程改写。EPROM 和 E^2PROM 及快闪存储器具有很大的使用灵活性。

RAM 在正常工作时，数据可以写入也可以读出，但断电后数据会丢失。

9.2　随机存储器

随机存储器也叫随机读/写存储器，简称 RAM。RAM 工作时可以随时从任何一个指定地址读出数据，也可以随时将数据写入任何一个指定的存储单元中去。根据所采用的存储单元工作原理的不同，RAM 又分为静态随机存储器（Static Random Access Memory，简称 SRAM）和动态随机存储器（Dynamic Random Access Memory，简称 DRAM）。

9.2.1　静态随机存储器（SRAM）

SRAM 的存储矩阵由许多存储单元排列构成，每个存储单元能存储 1 位二进制数码（0

或 1)，在译码电路和输出电路的控制下，既可以写入 0 或 1，也可以将存储的数据读出。

按制造工艺的不同，SRAM 又可以分为双极型和 MOS 型。6 管 NMOS 静态存储单元电路如图 9.3 所示，其中的 VT_1～VT_4 组成基本 RS 触发器，用于记忆 1 位二进制数码。VT_5 和 VT_6 是门控管，作为开关控制触发器的 Q 和 $\overline{Q}$ 与位线 B_j 和 $\overline{B}_j$ 之间的连接。VT_5、VT_6 的开关状态由字线 X_i 的状态决定。$X_i=1$ 时，VT_5、VT_6 导通，触发器的 Q 和 $\overline{Q}$ 端与位线 B、$\overline{B}$ 接通；$X_i=0$ 时，VT_5、VT_6 截止，触发器与位线之间的连接被切断。VT_7、VT_8 是每一列存储单元公用的两个门控管，用于与输出电路之间的连接。VT_7、VT_8 的开关状态由列地址译码器的输出 Y_j 来控制，$Y_j=1$ 时导通，$Y_j=0$ 时截止。

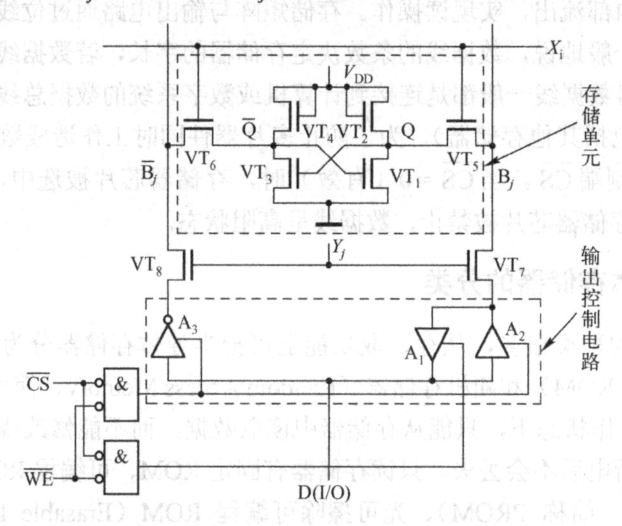

图 9.3　6 管 NMOS 静态存储单元电路

存储单元所在的一行和所在的一列同时被选中以后，$X_i=1$，$Y_j=1$，VT_5、VT_6、VT_7、VT_8 均处于导通状态。Q 和 $\overline{Q}$ 与 B_j 和 $\overline{B}_j$ 接通。如果这时 $\overline{CS}=0$，$\overline{WE}=1$，则输出电路的 A_1 导通，A_2 和 A_3 截止，Q 端的状态经 A_1 送到 D 端，实现数据读出。若此时 $\overline{CS}=0$、$\overline{WE}=0$，则 A_1 截止，A_2 和 A_3 导通，加在 D 端的数据经 A_2 和 A_3 写到存储单元，实现数据写入。当 $\overline{CS}=1$ 时，A_1、A_2、A_3 均截止，输出 D 呈高阻状态，整个芯片处于禁止工作状态。

由于静态存储单元是一个基本 RS 触发器，利用触发器的置 0 和置 1 功能，可以实现数据的写入，利用保持功能，可以保存数据并随时将其读出，但触发器断电时数据立即消失。触发器的性能决定了随机存储器的特点，即在使用中数据可读可写，但断电后数据会丢失。另外，由于 SRAM 中的触发器结构，所以把它归属于时序逻辑电路类型。

除了用 NMOS 工艺制造的 SRAM 芯片外，还有 CMOS 工艺的 SRAM 芯片。CMOS 电路具有微功耗的特点，所以大容量的 SRAM 几乎都采用 CMOS 工艺。双极型 SRAM 的制造工艺复杂，集成度不高，功耗大，但工作速度很快，主要用在一些高速数字系统中。

9.2.2　动态随机存储器（DRAM）

DRAM 的存储单元是利用 MOS 管的栅极电容可以存储电荷的原理制成的。由于栅极电容的容量很小（仅为几皮法），而漏电电流又不可能一点也没有，所以电荷保存的时间有限。为了及时补充漏掉的电荷以避免存储的信号丢失，必须定时给栅极电容补充电荷，通常把这种操作称为“刷新”。

4 管动态存储单元的电路结构如图 9.4 所示，VT_1 和 VT_2 是 N 沟道增强型 MOS 管，它们的栅极和漏极交叉相连，数据以电荷的形式存储在 VT_1 和 VT_2 的栅极电容 C_1 和 C_2 上，而 C_1 和 C_2 上的电压又控制着 T_1 和 T_2 的导通或截止，产生位线 B 和 $\overline{B}$ 上的高、低电平。

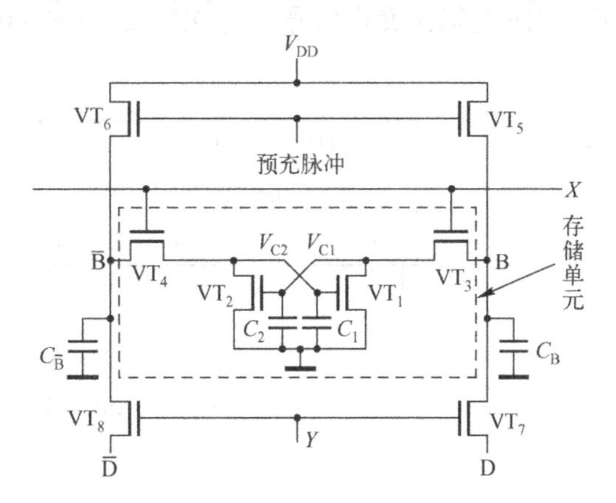

图 9.4　4 管 MOS 动态存储单元电路

在进行写入操作时，X 和 Y 为高电平，存储单元被选中，输入数据加到 D 和 $\overline{D}$ 上，通过 VT_7、VT_8 传到位线 B 、$\overline{B}$，再经过 VT_3、VT_4 将数据写入 C_1 或 C_2 中。若写入的数据是 0，即 D=0、$\overline{D}$ =1，则 C_1 被充电，C_2 没有被充电，使得 VT_1 导通、VT_2 截止。因此，$V_{C1}=1$，$V_{C2}=0$，表示存储单元存储了数据“0”。若写入的数据是 1，即 D=1，$\overline{D}$ =0，则 C_2 被充电，C_1 没有被充电，使得 VT_1 截止、VT_2 导通。因此，$V_{C1}=0$，$V_{C2}=1$，表示存储单元存储了数据“1”。

在进行读出操作时，X 和 Y 为高电平，存储单元被选中，C_1 或 C_2 中存储的电荷以电压的形式经过 VT_3、VT_4 传到位线 B、$\overline{B}$，再通过 VT_7、VT_8 出现在数据线 D 和 $\overline{D}$ 上，实现数据读出。

为了及时补充漏掉的电荷，避免存储的数据丢失，必须定时给栅极电容 C_1 或 C_2 补充电荷，即进行刷新，存储单元的刷新相当于进行一次读出操作。VT_5 和 VT_6 构成了对位线的预充电电路，它们为每一列存储单元所公用。在刷新操作开始时，先在 VT_5 和 VT_6 的栅极上加预充电脉冲，使 VT_5 和 VT_6 导通，位线 B 和 $\overline{B}$ 与 V_{DD} 接通，将位线上的分布电容 C_B 和 $C_{\overline{B}}$ 充至高电平。预充电脉冲消失后，位线上的高电平在短时间内由 C_B 和 $C_{\overline{B}}$ 维持。当 X 和 Y 为高电平时，假定存储单元存储的数据为 0，则 VT_1 导通，VT_2 截止，$V_{C1}=1$，$V_{C2}=0$，这时 C_B 将通过 VT_3 和 VT_1 放电，使位线 B 变成低电平，C_2 将不能被充电。同时，因 VT_2 截止，位线 $\overline{B}$ 保持的接近 V_{DD} 的高电平可以对 C_1 进行充电，使 C_1 上的电荷不仅不会丢失，反而得到了补充，即进行了一次刷新。

9.2.3　随机存储器的典型芯片

随着集成电路工艺水平的不断提高，单片存储器的存储容量不断增加。目前，市场销售的 SRAM 芯片的存储容量已达数十至数百兆字节（MB）。为了方便读者理解，我们仍然以一些早期的存储器芯片产品为例，介绍半导体存储器的功能和使用方法。

Intel 2114 是 1K×4 位 SRAM，它的逻辑符号如图 9.5（a）所示，引脚排列如图 9.5（b）所示。2114 有 10 条地址线 A_0～A_9，4 条数据线 I/O_0～I/O_3，存储容量为 $2^{10}\times4=1024\times4$ 位。$\overline{CS}$ 是片选控制信号，当 $\overline{CS}$ =0 时，芯片处于工作状态；当 $\overline{CS}$ =1 时，芯片被禁止，数据线呈高阻状态。$\overline{WE}$ 是写控制信号，当 $\overline{WE}$ =0（$\overline{CS}$ =0）时，存储器进行写操作；当 $\overline{WE}$ =1 时，进行读操作。

HM6116 是 2K×8 位 SRAM，它的逻辑符号如图 9.6（a）所示，引脚排列如图 9.6（b）所示。HM6116 有 11 条地址线 $A_0 \sim A_{10}$，8 条数据线 $D_0 \sim D_7$，存储容量为 $2^{11} \times 8 = 2048 \times 8$ 位，简称 2KB。$\overline{CS}$ 是片选控制信号，当 $\overline{CS} = 0$ 时，芯片处于工作状态，当 $\overline{CS} = 1$ 时，芯片被禁止，数据线呈高阻状态。$\overline{WE}$ 是写控制信号，当 $\overline{WE} = 0$（$\overline{CS} = 0$）时，存储器进行写操作；$\overline{OE}$ 是输出允许信号，当 $\overline{OE} = 0$（$\overline{CS} = 0$、$\overline{WE} = 1$）时，进行读操作。

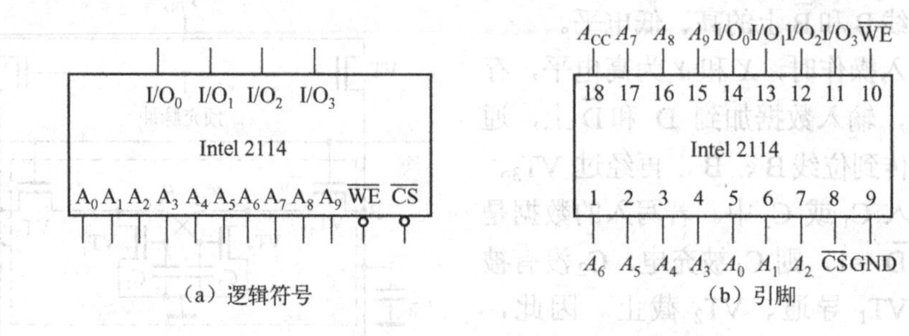

图 9.5 Intel 2114 的逻辑符号和引脚图

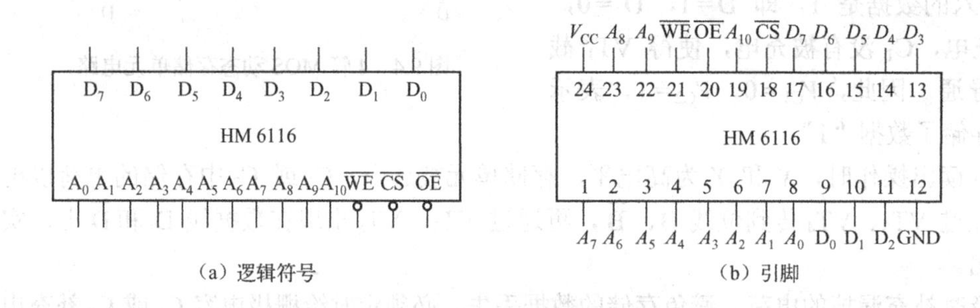

图 9.6 HM 6116 的逻辑符号（a）和引脚图（b）

Intel 2164 是 64K×1 位的 DRAM，其逻辑符号如图 9.7 所示。Intel 2164 内部有 64K（65536）个存储单元，需要 16 条地址线寻址，其中行地址线和列地址线各占 8 条。为了减少器件的封装引脚，仅将 8 条地址线引出到芯片外部，即 $A_0 \sim A_7$。$\overline{RAS}$ 是行地址选通信号，当 $\overline{RAS} = 0$ 时，把当时输入的 8 位地址作为行地址，并锁存于行地址锁存器中。$\overline{CAS}$ 是行地址选通信号，当 $\overline{CAS} = 0$ 时，把当时输入的 8 位地址作为列地址，并锁存于列地址锁存器中。行地址和列地址的锁存需要分时进行。$\overline{WE}$ 是写控制信号，当 $\overline{WE} = 0$ 时，进行写操作；$\overline{WE} = 1$ 时，进行读操作。Intel 2164 的字长是 1 位，因此数据线是 1 条，分为数据输入 D_{IN} 和数据输出 D_{OUT}。

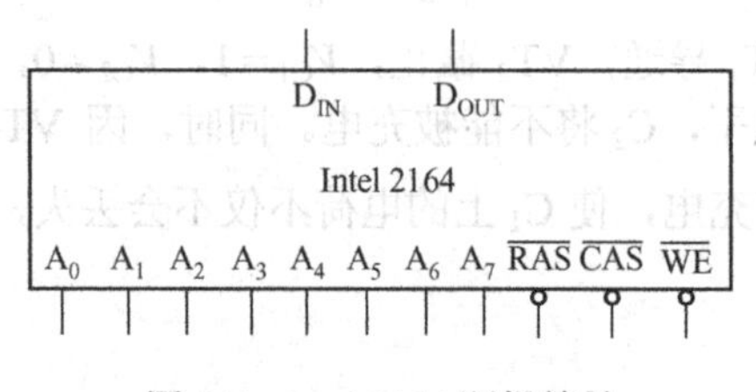

图 9.7 Intel 2164 逻辑符号

Intel 2164 每 2ms 需要刷新一遍，每次刷新 512 个存储单元，64K 个存储单元需要有 128 个刷新周期，每个刷新周期为 15.625μs。

9.2.4 随机存储器的扩展

当使用 1 片存储器芯片不能满足对存储容量的要求时，就需要将若干片存储器芯片组合起来，形成容量更大的存储器，称为存储器的扩展。计算机中的内存条就是存储器扩展后的产品。存储器的扩展分为位扩展和字扩展两种方式，位扩展是增加存储器中每个字的位数，即增加字长；字扩展是增加存储器字数。通常需要用位扩展和字扩展的结合，来增加存储器的容量。

用 2 片 Intel 2114（1K×4 位）芯片实现 1K×8 位扩展的 RAM 位扩展电路连接图如图 9.8 所示。连接的方法十分简单，只需要把 2 片 2114 的所有地址线、$\overline{CS}$和$\overline{WE}$分别并联起来就行了。其中芯片(1)提供 8 位数据线的低 4 位数据 D_0～D_3，芯片(2)提供高 4 位数据 D_4～D_7。

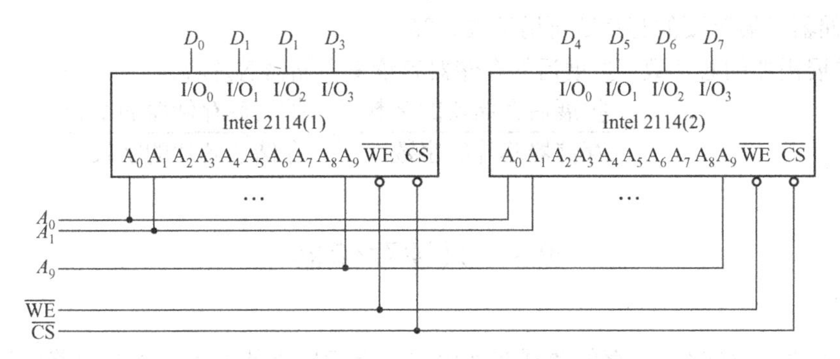

图 9.8　RAM 的位扩展电路连接图

用 4 片 Intel 2114 实现 1K×4 位到 4K×4 位的 RAM 字扩展连接电路如图 9.9 所示。4 片 Intel 2114 的地址线、数据线、$\overline{WE}$ 分别并联。由于 4K 字容量的存储器需要 12 条地址线，而 Intel 2114 只有 10 条，因此需要增加 2 条地址线 A_{10}和 A_{11}，把增加的 2 条地址线作为 2 线-4 线译码器的输入，译码器的 4 个输出$\overline{Y_0}$～$\overline{Y_3}$分别作为 4 片 Intel2114 的片选控制信号$\overline{CS}$。这样，在 A_{10} 和 A_{11} 的控制下，每次仅有 1 片 Intel2114 芯片被选中：当 $A_{11}A_{10}=00$ 时，选中芯片(1)；$A_{11}A_{10}=01$ 时，选中芯片(2)；$A_{11}A_{10}=10$ 时，选中芯片(3)；$A_{11}A_{10}=11$ 时，选中芯片(4)。被选中芯片的数据才能出现在并联的数据线上，而没有被选中芯片的输出呈高阻状态，避免了数据混乱的情况出现。

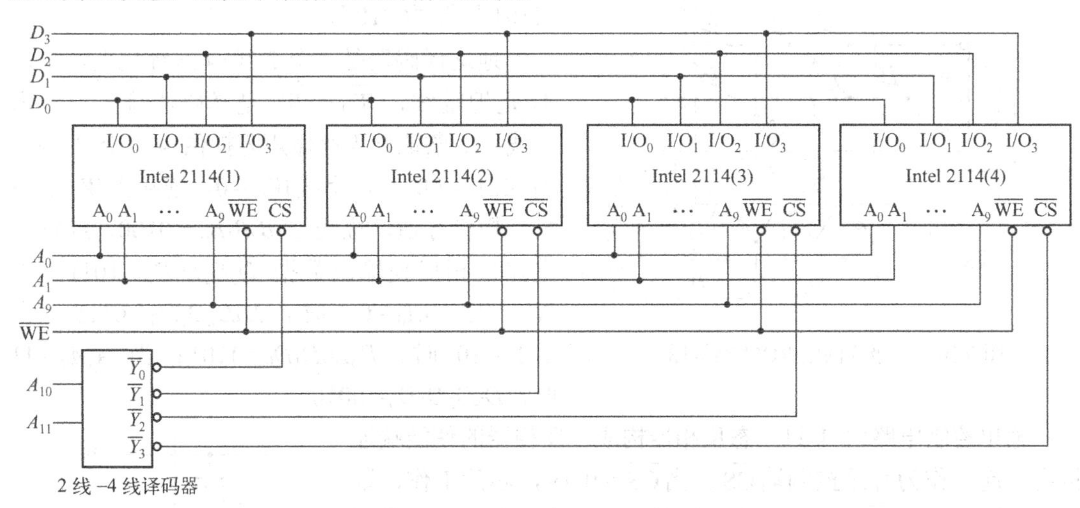

图 9.9　RAM 的字扩展连接图

存储器扩展方法归纳如下：

① 把参与扩展的全部存储器芯片的地址线并联，作为扩展后存储器的低位地址；把全

部存储器芯片的 $\overline{WE}$ 并联，作为扩展后存储器的写控制。

② 在位扩展中，把参与位扩展的存储器芯片的 $\overline{CS}$ 并联，使它们的数据线同时有效，实现输出或输入数据位数的增加。

③ 在字扩展中，把参与字扩展的全部存储器芯片的数据线并联，作为扩展后存储器的数据线；把需要增加的地址线经译码器译码后，控制参与字扩展的各存储器芯片的片选信号。

④ 存储器扩展需要的芯片数可用下式计算

$$\text{存储器扩展需要的芯片数}=\text{扩展后的存储器容量}\div\text{存储器芯片容量}=\frac{\text{扩展后存储器的字数}}{\text{存储器芯片的字数}}\times\frac{\text{扩展后存储器的字长}}{\text{存储器芯片的字长}} \tag{9.1}$$

9.3 只读存储器

只读存储器（ROM）保存的数据在使用中只能读出不能写入，根据电路结构可以分为固定 ROM、PROM、EPROM、E²PROM 和快闪存储器等几种不同类型。

9.3.1 固定 ROM

固定 ROM 中的数据在工厂制作时写入，使用时不能更改。一个 4×4 位的固定 ROM 的电路结构如图 9.10 所示，它由地址译码器、存储矩阵和输出控制电路构成。存储矩阵中的存储单元用半导体二极管构成，生产时需要把某个存储单元写入“1”数据，就在字线和位线的交叉处连接二极管，不接二极管的交叉点表示写入的数据是“0”，因此该存储矩阵写入的 4 个字数据分别是“1011”、“0111”、“1101”和“0010”。

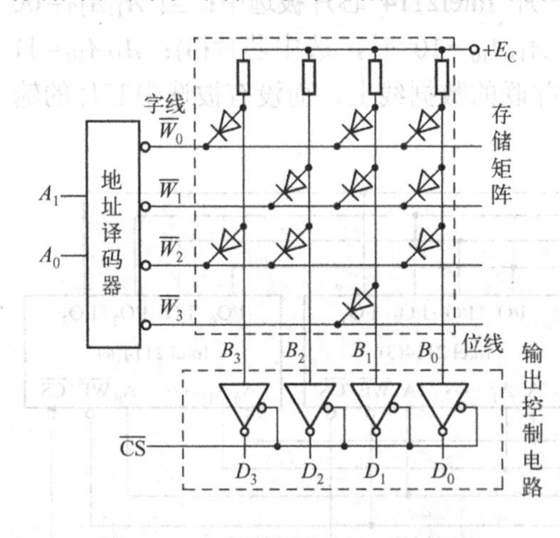

图 9.10 二极管固定 ROM 结构图

地址译码器是一个 2 线-4 线译码器，A_1、A_0 是地址线，$\overline{W}_0\sim\overline{W}_3$ 是译码器输出，称为字线。2 条地址为存储矩阵提供 4 个地址码，当 $A_1A_0=00$ 时，字线 $\overline{W}_0=0$，连接到 $\overline{W}_0$ 的 3 只二极管导通，位线 $B_3B_2B_1B_0=0100$，经输出电路反相后使输出数据 $D_3D_2D_1D_0=1011$。同理，当 $A_1A_0=01$ 时，$D_3D_2D_1D_0=0111$；当 $A_1A_0=10$ 时，$D_3D_2D_1D_0=1101$；当 $A_1A_0=11$ 时，$D_3D_2D_1D_0=0010$。

输出控制电路由 4 只三态反相器构成，反相器的使能端连接在一起，作为片选控制端 $\overline{CS}$。当 $\overline{CS}=0$ 时，芯片工作，数据可以读出；当 $\overline{CS}=1$ 时，芯片被禁止，输出为高阻态。除了二极管存储单元固定 ROM 外，还有 MOS 管存储单元的固定 ROM。在 MOS 管固定 ROM 的存储矩阵中，字线和位线的交叉处连接一只 MOS 管，表示存储的数据为“1”，如图 9.11 所

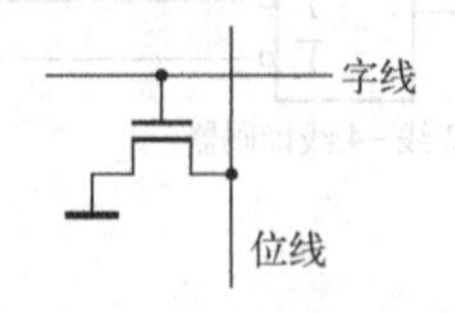

图 9.11 MOS 管固定 ROM 存储单元

示，不接 MOS 管则表示存储数据为“0”。

9.3.2 可编程只读存储器

可编程只读存储器（PROM）中的数据可以由用户编程一次性写入，写入后的数据不能再更改。PROM 的结构与固定 ROM 的结构基本相同，区别在于 PROM 制造时，在每个字线和位线的交叉处连接一只 MOS 管和一只熔丝，如图 9.12 所示。使用时，根据需要通过编程对熔丝进行处理来写入数据，保留某个存储单元的熔丝，表示写入的数据为“1”；熔丝被烧断，表示写入数据“0”。由于被烧断的熔丝不能再接起来，所以 PROM 只能由用户编程一次性写入数据。

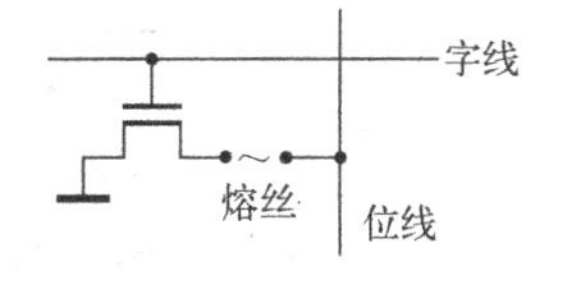

图 9.12 PROM 存储单元

9.3.3 可擦除可编程只读存储器

可擦除可编程只读存储器有光可擦除可编程只读存储器（EPROM）和电可擦除可编程只读存储器（E^2PROM）及快闪存储器。

EPROM 中的数据可以由用户编程写入，而且可以用紫外光擦除后再改写。EPROM 的存储单元如图 9.13（a）所示，EPROM 制造时，在每个字线和位线的交叉处连接一只 MOS 管和一只 FAMOS 管。FAMOS 是浮栅雪崩注入式 MOS（Floating-gate Avalanche-injection MOS），其结构如图 9.13（b）所示。FAMOS 与普通 P 沟道 MOS 结构相似，但是它的栅极没有引出端，被二氧化硅绝缘层包围，称为浮栅。当浮栅上没有电荷时，沟道不能形成，FAMOS 截止。在漏极接上足够大的负电压（–30V 左右）时，使部分自由电子获得高能量，这部分高能电子以高速撞击其他电子，使高能自由电子数量越来越多，产生雪崩效应。一部分高能自由电子越过二氧化硅绝缘层，注入到浮栅中。当漏极的负电压消失后，由于浮栅周围都是绝缘介质，注入浮栅的电荷基本不能泄漏，可以长期保存下来。浮栅中的电荷产生的电场，使沟道形成，FAMOS 导通。EPROM 可以用专用的编程器写入数据，当某个存储单元的 FAMOS 的浮栅不注入电荷时，表示写入 0，注入电荷则表示写入 1。如果需要重新写入数据，可以把 EPROM 放在紫外光下照射 15～30 分钟，即可把 EPROM 中原来的数据全部擦除，再用编程器写入数据。

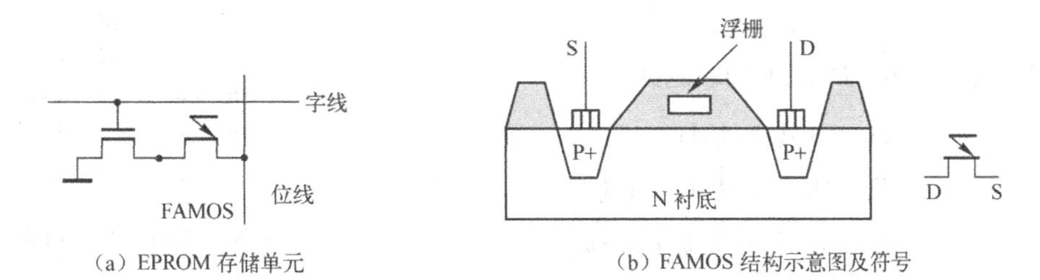

（a）EPROM 存储单元　　（b）FAMOS 结构示意图及符号

图 9.13 EPROM 存储单元和 FAMOS

E^2PROM 是一种电可擦除可编程只读存储器，其存储单元如图 9.14（a）所示。E^2PROM 制造时，在每个字线和位线的交叉处连接一只 MOS 管和一只 SIMOS 管。SIMOS 是重叠栅注入式 MOS（Stacked-gate injection MOS），其结构如图 9.14（b）所示。SIMOS 有两个栅极，上面的栅极称为控制栅，下面的栅极是浮栅。写入数据前，浮栅不带电，在控制栅 G_e 加上正常高电平电压时，能够在漏、源极之间形成导电沟道，使 SIMOS 导通。如果在漏、源间加上高的电压（一般取 25V），同时在控制栅加上高压正脉冲（一般幅度为 25V，宽度为 25ms 左右），则在栅极电压的作用下，使得自由电子穿过二氧化硅绝缘层到达浮栅，被浮栅截获形成注入电荷，相当于写入数据 1。

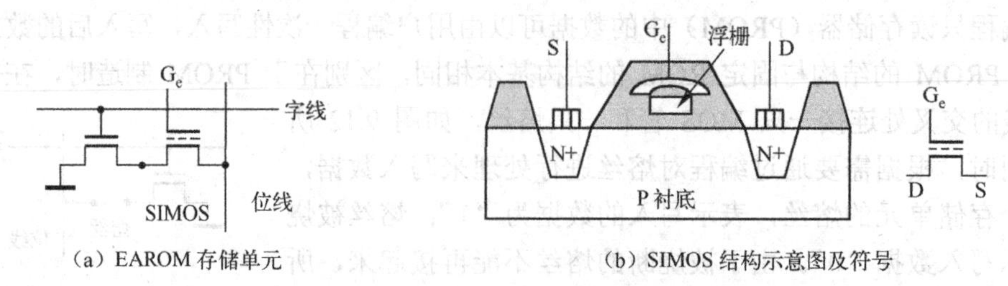

（a）EAROM 存储单元　　（b）SIMOS 结构示意图及符号

图 9.14　E^2PROM 存储单元和 SIMOS

写入 SIMOS 中的数据可以用紫外线或 X 射线擦除，也可以用电压信号快速擦除。如果在 SIMOS 的控制栅 G_e 加上一个较大幅度的负脉冲，则可以在二氧化硅层中感应出足量的正电荷与浮栅中的负电荷中和，从而将原来存储的“1”数据擦除。快闪存储器属于 E^2PROM 的改进产品，它的特点是按块（Block）擦除，而 E^2PROM 按字节（Byte）擦除，因此快闪存储器的擦除速度快。

9.3.4　ROM 的应用

ROM 的主要用途是存放数据和程序，但也可以用来实现组合逻辑电路。下面以图 9.10 所示二极管固定 ROM 为例，分析数据输出 D_3～D_0 与地址输入 A_1、A_0 之间的逻辑关系。图 9.15 是根据图 9.10 单独画出的 D_3 输出的结构图，它是与非门电路。D_3 的表达式为：

$$D_3=\overline{\overline{W}_0\overline{W}_2} \qquad (9.2)$$

式中，$\overline{W}_0$ 和 $\overline{W}_2$ 是 2 线-4 线译码器的输出，它们的表达式为：

$$\overline{W}_0=\overline{\overline{A_1}\,\overline{A_0}} \qquad (9.3)$$

$$\overline{W}_2=\overline{A_1\overline{A_0}} \qquad (9.4)$$

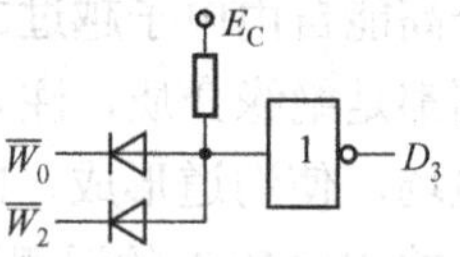

图 9.15　ROM 的 D_3 输出结构

把式（9.3）和式（9.4）代入式（9.2）得到：

$$D_3=\overline{A_1}\,\overline{A_0}+A_1\overline{A_0} \qquad (9.5)$$

同理，推出 D_2、D_1、D_0 的表达式为：

$$\left.\begin{aligned} D_2&=\overline{A_1}A_0+A_1\overline{A_0}\\ D_1&=\overline{A_1}\,\overline{A_0}+\overline{A_1}A_0+A_1A_0\\ D_0&=\overline{A_1}\,\overline{A_0}+\overline{A_1}A_0+A_1\overline{A_0}\end{aligned}\right\} \qquad (9.6)$$

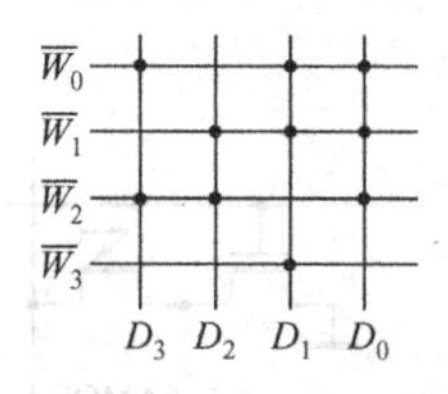

图 9.16　ROM 存储矩阵点阵图

从上面的分析看出，存储器的数据输出 D_3～D_0 与地址译码器的输出字线 $\overline{W}_3$～$\overline{W}_0$ 构成与非逻辑关系。为了简化作图，可以把图 9.10 中的存储矩阵画成点阵图，如图 9.16 所示。图中在存储矩阵的交叉处画一个圆点，表示接入一个存储器件。由于地址译码器的输出与输入之间也是与非逻辑关系，所以也可以把它的电路结构画成点阵图，如图 9.17 所示。把图 9.16 和图 9.17 组合起来，就得到整个固定 ROM 的点阵图，如图 9.18 所示。

虽然 ROM 的存储矩阵和地址译码器的电路结构都是与非逻辑，但从式（9.5）和式（9.6）推导的结果看出，ROM 输出 D_3～D_0 与地址输入 A_1、A_0 构成与或逻辑关系。因此，把地址译码器实现的逻辑，等效为与逻辑，称为与阵列；把存储矩阵实现的逻辑，等效为或逻辑，称为或阵列。所以一般把 ROM 的结构说成是由一个与阵列和一个或阵列构成的。PROM 和 EPROM 中的与阵列不能改变，即不能编程，而或阵列可以改变，即可编程。根据 ROM 的结构可知，它属于组合逻辑电路。利用输出与输入之间构成与或逻辑关系，可以用 ROM 实现组合逻辑电路。

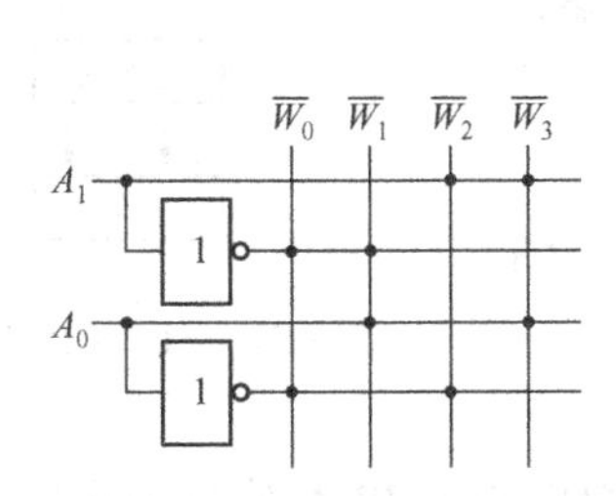

图 9.17　地址译码器点阵图

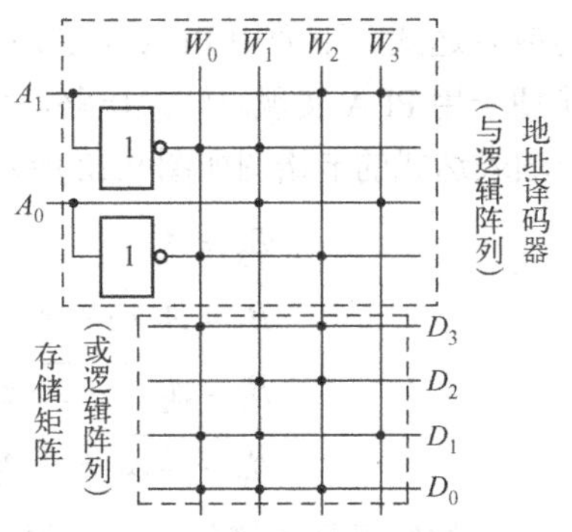

图 9.18　固定 ROM 点阵图

【例 9.1】 用 ROM 设计一个码转换器，用于实现 4 位二进制码到 4 位循环码的转换。

解：图 9.19 是码转换器的示意图，$A_3A_2A_1A_0$ 是 4 位二进制码输入端，$B_3B_2B_1B_0$ 是 4 位循环码输出端。4 位二进制码和 4 位循环码的编码表如表 9.1 所示。

由编码表推导出 $B_3B_2B_1B_0$ 的表达式为：

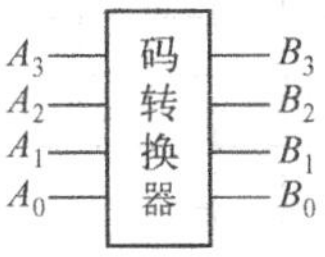

图 9.19　码转换器示意图

$$\left.\begin{aligned} B_3 &= \sum\nolimits_m (8, 9, 10, 11, 12, 13, 14, 15) \\ B_2 &= \sum\nolimits_m (4, 5, 6, 7, 8, 9, 10, 11, 12) \\ B_3 &= \sum\nolimits_m (2, 3, 4, 5, 10, 11, 12, 13) \\ B_0 &= \sum\nolimits_m (1, 2, 5, 6, 9, 10, 13, 14) \end{aligned}\right\} \tag{9.7}$$

根据式（9.7）得到用 ROM 实现的码转换器的电路图如图 9.20 所示。

表 9.1　例 9.1 码转换器的编码表

A_3	A_2	A_1	A_0	B_3	B_2	B_1	B_0
0	0	0	0	0	0	0	0
0	0	0	1	0	0	0	1
0	0	1	0	0	0	1	1
0	0	1	1	0	0	1	0
0	1	0	0	0	1	1	0
0	1	0	1	0	1	1	1
0	1	1	0	0	1	0	1
0	1	1	1	0	1	0	0
1	0	0	0	1	1	0	0
1	0	0	1	1	1	0	1
1	0	1	0	1	1	1	1
1	0	1	1	1	1	1	0
1	1	0	0	1	0	1	0
1	1	0	1	1	0	1	1
1	1	1	0	1	0	0	1
1	1	1	1	1	0	0	0

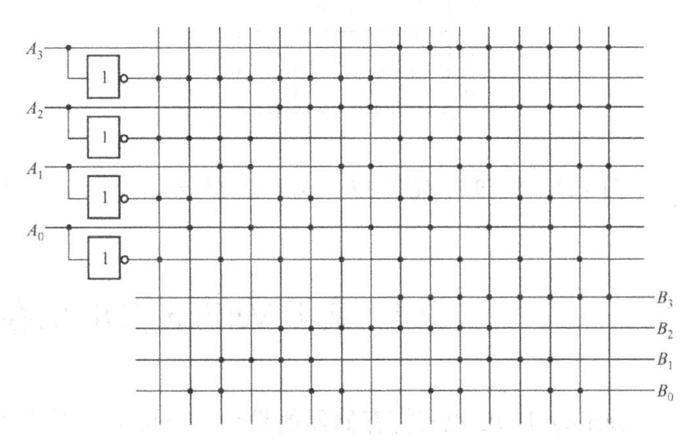

图 9.20　用 ROM 实现的码转换电路图

9.3.5　可编程逻辑阵列 PLA

ROM 是由一个与阵列和一个或阵列构成的，与阵列采用全译码方式，而且不能编程，或阵列可以编程。因此，用 ROM 实现组合逻辑电路时，只能实现最小项形式的与或表达式。

为了便于组合逻辑电路的设计，可以使用可编程逻辑阵列（Programmable Logic Array，简称 PLA）。PLA 的结构框图如图 9.21 所示，它也是由一个与阵列和一个或阵列构成的，但与阵列和或阵列都可以编程。因此，用 PLA 实现组合逻辑电路时，可以实现任何形式的与或表达式。下面用 PLA 来实现例 9.1 的码转换电路。

为了便于用 PLA 实现码转换电路，可以将例 9.1 推导出的式（9.7）化简。式（9.7）提供的各最小项表达式的卡诺图如图 9.22 所示，下式是化简的结果：

$$\left.\begin{aligned} B_3 &= A_3 \\ B_2 &= A_3\overline{A}_2 + \overline{A}_3A_2 \\ B_1 &= A_2\overline{A}_1 + \overline{A}_2A_1 \\ B_0 &= A_1\overline{A}_0 + \overline{A}_1A_0 \end{aligned}\right\} \qquad (9.8)$$

输入 → 与阵列 → … → 与阵列 → 输出

图 9.21 PLA 的结构框图

其中，$B_3=A_3$ 的结果是直接从表 9.1 得出的。由式（9.8）得出的用 PLA 实现的码转换器的电路如图 9.23 所示。比较图 9.23 和图 9.20 可以看出，用 PLA 实现的码转换器的电路结构比用 ROM 实现的电路简单。

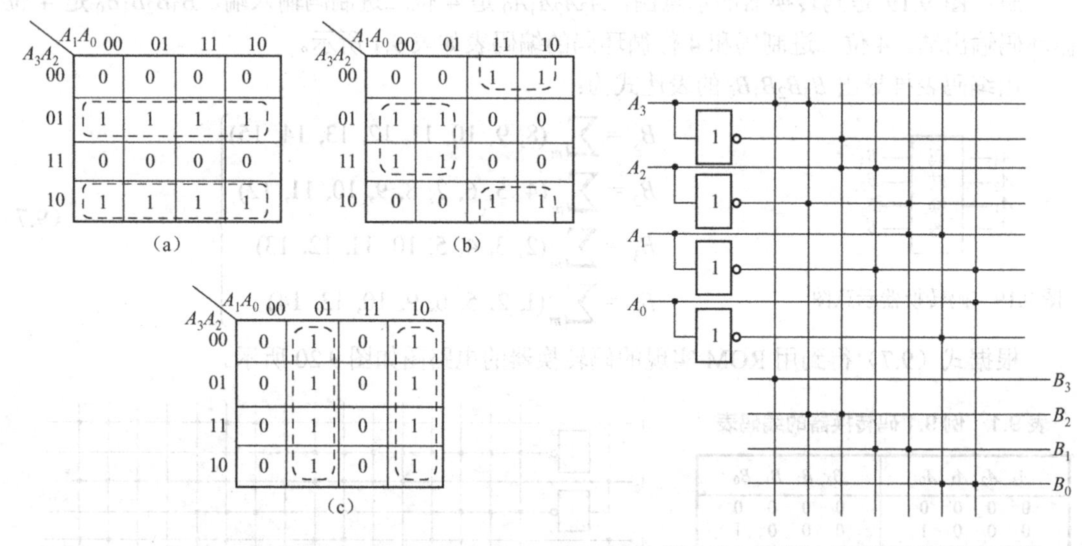

图 9.22 式（9.7）提供的 $B_2B_1B_0$ 对应的卡诺图

图 9.23 用 PLA 实现的码转换电路图

9.4 基于 Verilog HDL 的存储器设计

Verilog HDL 也支持存储器的设计，下面介绍基于 Verilog HDL 的 RAM 和 ROM 的设计。

9.4.1 RAM 设计

在 Verilog HDL 中，若干个相同宽度的向量构成数组，其中 reg（寄存器）型数组变量即为 memory（存储器）型变量。memory 型变量定义语句如下：

```
reg[7:0]          mymemory[1023:0];
```

语句定义了一个 1024 个字的存储器变量 mymemory，每个字的字长为 8 位。经定义后的 memory 型变量可以用下面的语句对存储器单元赋值（即写入）：

```
mymemory[7]=75;          //存储器 mymemory 的第 7 个字被赋值 75
```

存储器单元中的数据也可以读出，因此 memory 型变量相当于一个 RAM。

在存储器设计时，存储容量越大，占用可编程逻辑器件的资源越多。下面以 8×8 位 RAM 的设计为例，介绍基于 Verilog HDL 的 RAM 设计，具体的源程序（myram.v）如下：

```
module myram(clk,addr,csn,wrn,data,q);
     input       [2:0]       addr;
     input                   clk,csn,wrn;
     input [7:0] data;
     output      [7:0]       q;
     reg   [7:0]       q;
     reg         [7:0] mymemory[7:0];
     always @(posedge clk)
          begin
               if (csn)      q = 'bzzzzzzzz;
                 else if (wrn == 0)
                 mymemory[addr] =    data;
                   else if (wrn == 1) q = mymemory[addr];
          end
endmodule
```

在源程序中，clk 是时钟输入端，上升沿有效；addr 是 3 位地址线，可以实现 8 个存储单元（字）的寻址；csn 是使能控制输入端，低电平有效，当 csn=0 时，存储器处于工作状态（可以读或写），当 csn=1 时，存储器处于禁止状态，输出为高阻态（z）；wrn 是写控制输入端，低电平有效，当 wrn=0（csn=0）时，存储器处于写操作工作状态，当 wrn=1（csn=0）时，存储器处于读操作工作状态；data 是 8 位数据输入端，在存储器处于写操作工作状态时，根据地址线提供的地址，把其数据写入相应的存储单元；q 是 8 位数据输出端，当存储器处于读操作工作状态时，根据地址线提供的地址，把相应存储单元的数据送至输出端 q。

在源程序中，如果把定义地址宽度的语句“input [2:0] addr;”更改为“input [9:0] addr;”（即定义地址为 10 位）；把定义存储器容量的语句“reg [7:0] mymemory[7:0];”更改为“reg [7:0] mymemory[1023:0];”，则是一个 1024×8 位的 RAM 电路设计的源程序。

8×8 位 RAM 设计电路的仿真波形如图 9.24 所示，根据控制输入端 csn 和 wrn 的不同组合，将仿真波形分为以下 3 个阶段。

① 由于 csn=0 和 wrn=0，存储器处于写操作阶段。在此工作阶段，存储器根据地址 addr 的变化，将数据 data 写入存储器，此时的输出未具体赋值，因此输出 q 为高阻（z）。

② 由于 csn=0 和 wrn=1，存储器处于读操作阶段。在此工作阶段，存储器根据地址 addr 的变化，将已写入的数据送到 q 输出端。

③ 由于 csn=1，存储器处于禁止工作阶段。在此工作阶段，输出端为高阻状态（z）。仿真结果验证了设计的正确性。

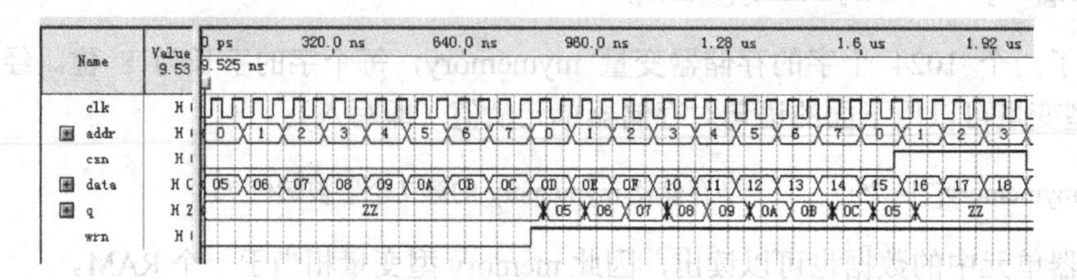

图 9.24　8×8 位 RAM 设计电路的仿真波形

9.4.2　ROM 的设计

在数字系统中，由于 ROM 中的数据掉电后不会丢失，因此得到更广泛的应用。下面介绍基于 Verilog HDL 的 ROM 设计。对于容量不大的 ROM，可以用 Verilog HDL 的数组或 case 语句来实现。用 Verilog HDL 的数组语句实现 8×8 位 ROM 的源程序 from_rom.v 如下：

```
module from_rom(addr,ena,q);
    input      [2:0]      addr;
    input                 ena;
    output     [7:0]      q;
    reg        [7:0]      q;
    reg        [7:0] ROM[7:0];
    always @(ena or addr)
        begin
            ROM[0] = 'b01000001;
            ROM[1] = 'b01000010;
            ROM[2] = 'b01000011;
            ROM[3] = 'b01000100;
            ROM[4] = 'b01000101;
            ROM[5] = 'b01000110;
            ROM[6] = 'b01000111;
            ROM[7] = 'b01001000;
            if (ena)    q  =  'bzzzzzzzz;
                else q = ROM[addr];
        end
endmodule
```

用 case 语句实现 8×8 位 ROM 的源程序 from_rom.v 如下：

```
module from_rom(addr,ena,q);
    input      [2:0]      addr;
    input                 ena;
    output     [7:0]      q;
    reg        [7:0]      q;
    always @(ena or addr)
        begin
            if (ena)    q  =  'bzzzzzzzz;else
```

```
        case (addr)
            0:          q = 'b01000001;
            1:          q = 'b01000010;
            2:          q = 'b01000011;
            3:          q = 'b01000100;
            4:          q = 'b01000101;
            5:          q = 'b01000110;
            6:          q = 'b01000111;
            7:          q = 'b01001000;
            default :   q = 'bzzzzzzzz;
        endcase
    end
endmodule
```

在源程序中，case 语句中的数据可以根据实际需要更改。由源代码生成的 8×8 位 ROM 的元件符号如图 9.25 所示，其中 ADDR[3..0]是地址输入端，ENA 是使能控制输入端，当 ENA＝1 时，ROM 不能工作，输出 Q[7..0]为高阻态，ENA＝0 时，ROM 工作，其输出的数据由输入地址决定。该元件符号保存在工程文件夹中，在原理图设计方式下，可以作为共享元件被其他电路和系统调用。

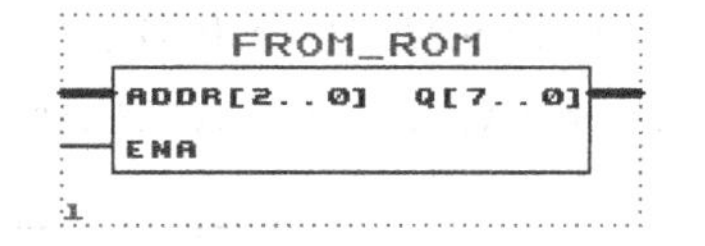

图 9.25　8×8 位 ROM 的元件符号

8×8 位 ROM 的仿真波形如图 9.26 所示。仿真结果验证了设计的正确性。

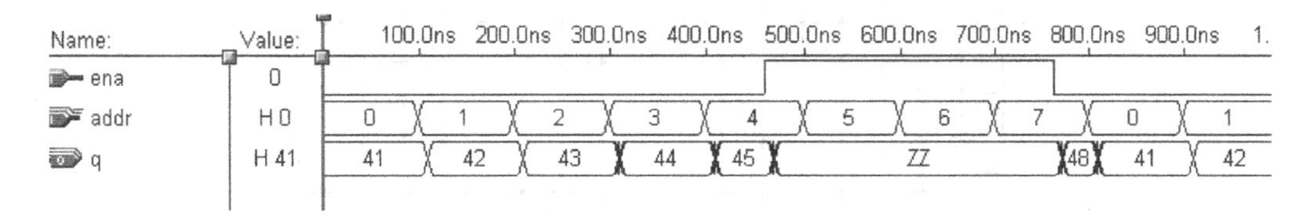

图 9.26　8×8 位 ROM 的仿真波形

本 章 小 结

程序逻辑电路由控制电路和半导体存储器构成，它是一种硬件与程序结合的电路，用一块相同的硬件电路，通过改变存储器中的程序或数据，完成多种功能的操作。

半导体存储器是一种能存储大量二进制信息的器件，在电子计算机和数字系统中，存储器是用来存放程序和数据的。半导体存储器由地址译码器、存储矩阵和输出控制电路等部分组成。存储矩阵能存放的二进制代码的总位数称为存储容量，存储器容量用字数乘以字长表示。

半导体存储器分为随机存取存储器（RAM）和只读存储器（ROM）。RAM 存储矩阵中的存储单元具有触发器结构特点，因此 RAM 属于时序逻辑电路，而且在使用中数据可读可写，但断电后数据会丢失。ROM 存储矩阵中的存储单元具有逻辑门结构特点，因此 ROM 属于组合逻辑电路，而且在使用中数据只可读不可写，但断电后数据不会丢失。

ROM 的结构可以用一个与阵列和一个或阵列来等效，或阵列可以编程，而与阵列不能编程。ROM 可以用来实现组合逻辑电路，但 ROM 只能实现最小项形式与或表达式。PLA 的结构由一个可编程与阵列和一个可编程或阵列组成，因此可以实现任何形式与非表达式的组合逻辑电路。

Verilog HDL 支持存储器的设计，在现代数字系统设计中，可以用 Verilog HDL 设计 RAM 或 ROM 电路，并形成元件符号供其他数字系统设计调用。

思考题和习题

9.1　某台计数器的内存储器设置有 32 位地址线，16 位并行数据输入/输出端，试计数它的最大存储容量是多少？

9.2　试用 4 片 Intel 2114（1K×4 位的 RAM）和 3 线-8 线译码器 74LS138 组成 4K×4 位的 RAM。

9.3　试用 16 片 Intel 2114（1K×4 位的 RAM）和 3 线-8 线译码器 74LS138 组成 8K×8 位的 RAM。

9.4　图 9.27 是一个 16×4 位的 ROM，$A_3A_2A_1A_0$ 是地址输入，$D_3D_2D_1D_0$ 是数据输出。若将 D_3、D_2、D_1、D_0 视为 A_3、A_2、A_1、A_0 的逻辑函数，试写出 D_3、D_2、D_1、D_0 的逻辑函数表达式。

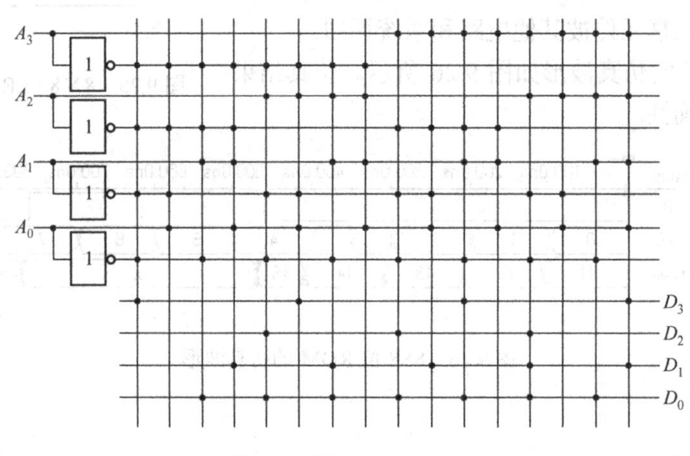

图 9.27

9.5　用 16×4 位的 ROM 设计一个将两个 2 位二进制数相乘的乘法器电路，画出存储矩阵的点阵图。

9.6　设计一个信号发生器电路，电路的输出为正弦波。

第 10 章　可编程逻辑器件

随着微电子技术的发展，单片集成电路包含的晶体管或逻辑单元 LEs（Logic Elements）个数越来越多，使得可编程逻辑器件（Programmable Logic Device，简称 PLD）的内部结构也越来越复杂。如今的 PLD 内部的功能模块越来越丰富，在传统 PLD 模块的基础上增加了片内存储器（ROM 和 RAM）、锁相环（PLL）、数字信号处理器（DSP）、定时器、嵌入式微处理器（CPU）等模块。因此，熟知 PLD 的内部结构和工作原理不是简单的学习过程。另外，由于 EDA 软件已经发展得相当完善，用户甚至可以不用详细了解 PLD 的内部结构，也可以用自己熟悉的方法（如原理图输入或 HDL 语言）来完成相当优秀的 PLD 设计。对初学者而言，首先应了解 PLD 开发软件和开发流程，不过了解 PLD 的内部结构，合理地使用其内部的功能模块和布线资源，将有助于提高设计的效率和可靠性。

10.1　PLD 的基本原理

PROM 始于 1970 年出现的第一块 PLD，随后 PLD 又陆续出现了 PLA、PAL、GAL、EPLD 及现阶段的 CPLD 和 FPGA 等。当今的 PLD 无论在结构、工艺、集成度、性能、速度和设计灵活性等方面都有很大的改进与提高。

PLD 的出现，不仅改变了传统的数字系统设计方法，而且促进了 EDA 技术的高速发展。EDA 技术是以计算机为工具，代替人去完成数字系统设计中各种复杂的逻辑综合、布局布线和设计仿真等工作的。设计者只需用原理图或硬件描述语言（HDL）完成对系统设计的输入，就可以由计算机软件自行完成各种设计处理，得到设计结果。利用 EDA 工具进行设计，可以极大地提高设计的效率。

10.1.1　PLD 的分类

目前，PLD 尚无统一和严格的分类标准，主要原因是 PLD 有许多品种，各品种之间的特征往往相互交错，或者是同一种器件也可能会具备多种器件的特征。下面介绍几种比较通行的分类方法。

1. 按集成密度分类

集成度是集成电路一项很重要的指标，PLD 从集成密度上可分为低密度可编程逻辑器件（LDPLD）和高密度可编程逻辑器件（HDPLD）两类，如图 10.1 所示。LDPLD 和 HDPLD 的区别，通常是按照其集成密度小于或大于 1000 门/片左右来区分的。PROM、PLA、PAL 和 GAL 是早期发展起来的 PLD，其集成密度一般小于 1000 等效门/片，它们同属于 LDPLD。

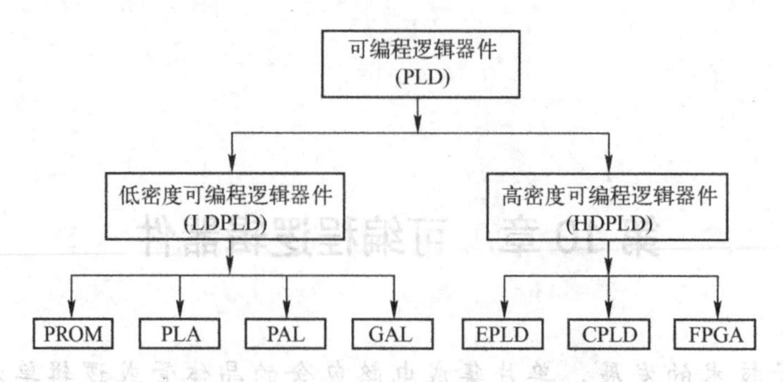

图 10.1 可编程逻辑器件的密度分类

HDPLD 包括可擦除可编程逻辑器件（Erasable Programmable Logic Device，EPLD）、复杂可编程逻辑器件（Complex PLD，CPLD）和现场可编程门阵列（FPGA）三种，其集成密度大于 1000 门/片。随着集成工艺的发展，HDPLD 集成密度不断增加，性能不断提高。如 Altera 公司的 EPM9560，其密度为 12000 门/片，Lattice 公司的 pLSI/ispLSI3320 为 14000 门/片等。目前集成度最高的 HDPLD 可达 50 亿晶体管/片以上。

说明：不同厂家生产的 PLD 的叫法不尽相同，Xilinx 把基于查找表技术、SRAM 工艺、要外挂配置用的 EEPROM 的 PLD，叫做 FPGA；把基于乘积项技术、Flash（类似 E^2PROM 工艺）工艺的 PLD，叫做 CPLD；Altera 把自己的 MAX 系列（乘积项技术，E^2PROM 工艺）和 FLEX 系列（查找表技术，SRAM 工艺）的 PLD 产品都叫做 CPLD，即复杂 PLD。由于 FLEX 系列也是 SRAM 工艺、基于查找表技术、要外挂配置用的 EPROM，用法和 Xilinx 的 FPGA 一样，所以很多人把 Altera 的 FELX 系列产品也叫做 FPGA。

2．按编程方式分类

PLD 的编程方式分为两类：一次性编程（One Time Programmable，OTP）器件和多次编程（Many Time Programmable，MTP）器件。OTP 器件是属于一次性使用的器件，只允许用户对器件编程一次，编程后不能修改，其优点是可靠性与集成度高，抗干扰性强。MTP 属于可多次重复使用的器件，允许用户对其进行多次编程、修改或设计，特别适合于系统样机的研制和初级设计者的使用。

PLD 的编程信息均存储于可编程元件中。根据各种可编程元件的结构及编程方式，PLD 通常又可以分为 5 类：

① 采用一次性编程的熔丝（Fuse）或反熔丝（Antifuse）元件的 PLD，如 PROM、PAL 和 EPLD 等。

② 采用紫外线擦除、电可编程元件，即采用 EPROM、UVCMOS 工艺结构的可多次编程器件。

③ 采用电擦除、电可编程元件。其中一种是采用 E^2PROM 工艺结构的 PLD；另一种是采用快闪存储器单元（Flash Memory）结构的可多次编程器件。

基于 EPROM、E^2PROM 和快闪存储器件的 PLD 的优点是，系统断电后，编程信息不丢失。其中基于 E^2PROM 和快闪存储器的编程器件可以编程 100 次以上，因而得到广泛应用。在系统编程（In System Programmable，简称 ISP）器件就是利用 E^2PROM 或快闪存储器来存储编程信息的。基于只读存储器的 PLD 还设有保密位，可以防止非法复制。

目前的 PLD 都可以用 ISP 在线编程，也可用编程器编程。这种 PLD 可以加密，并且很难解密，所以常常用于单板加密。

④ 基于查找表（Look-Up table，LUT）技术、SRAM 工艺的 FPGA。这类 PLD 的优点是可进行任意次数的编程，并在工作中可以快速编程，实现板级和系统级的动态配置，因而也称为在线重配置的 PLD 或重配置硬件。目前多数 FPGA 是基于 SRAM 结构的 PLD，如 Altera 的所有 FPGA（ACEX、Cyclone 和 Stratix 系列）、Xilinx 的所有 FPGA（Spartan 和 Virtex 系列）、Lattice 的 EC/ECP 系列等。由于 FPGA 的 SRAM 工艺的特点，掉电后数据会消失，因此调试期间可以用下载电缆配置 PLD 器件，调试完成后，需要将数据固化在一个专用的 E^2PROM 中（用通用编程器烧写，也有一些可以用电缆直接改写）。上电时，由这片配置 E^2PROM 先对 FPGA 加载数据，十几毫秒到几百个毫秒后，FPGA 即可正常工作。亦可由 CPU 配置 FPGA。但 SRAM 工艺的 PLD 一般不可以直接加密。

⑤ 反熔丝（Antifuse）技术的 FPGA，如 Actel 和 Quicklogic 的部分产品就采用了这种工艺。但这种 PLD 不能重复擦写，需要使用专用编程器，所以开发过程比较麻烦，费用也比较昂高。但反熔丝技术也有许多优点，如布线能力强、系统速度快、功耗低、抗辐射能力强、耐高低温、可以加密等，所以在一些有特殊要求的领域中运用较多，如军事及航空航天。为了解决反熔丝 FPGA 不可重复擦写的问题，Actel 等公司在 20 世纪 90 年代中后期开发了基于 Flash 技术的 FPGA，如 ProASIC 系列，这种 FPGA 不需要配置，数据直接保存在 FPGA 芯片中，用户可以改写，但需要十几伏的高电压。

随着 PLD 技术的发展，在 2004 年以后，一些厂家推出了一些新的 CPLD 和 FPGA，这些产品模糊了 CPLD 和 FPGA 的区别。例如 Altera 最新的 MAX II系列，这是一种基于 FPGA（LUT 技术）结构、集成配置芯片的 PLD，在本质上它就是一种在内部集成了配置芯片的 FPGA，但由于配置时间极短，上电就可以工作，对用户来说，感觉不到配置过程，可以与传统的 CPLD 一样使用，加上容量和传统 CPLD 类似，所以 Altera 把它归为 CPLD。还有如 Lattice 的 XP 系列 FPGA，也是使用了同样的原理，将外部配置芯片集成到内部,在使用方法上和 CPLD 类似，但是因为容量大，性能和传统 FPGA 相同，也是 LUT 架构，所以 Lattice 仍把它归为 FPGA。

3. 按结构特点分类

目前常用的 PLD 都是从与或阵列和门阵列发展起来的，所以可以从结构上将其分为阵列型 PLD 和现场可编程门阵列型 FPGA 两大类。

阵列型 PLD 的基本结构由与阵列和或阵列组成。简单 PLD（如 PROM、PLA、PAL 和 GAL 等）、EPLD 和 CPLD 都属于阵列型 PLD。

现场可编程门阵列型 FPGA 具有门阵列的结构形式，它由许多可编程单元（或称逻辑功能块）排成阵列组成，称为单元型 PLD。

除了以上的分类法外，还可将可编程逻辑器件分为简单 PLD、复杂 PLD 和 FPGA 三大类，或者将可编程逻辑器件分为简单 PLD 和复杂 PLD（CPLD）两类，而将 FPGA 划入 CPLD 的范畴之内的。总之，PLD 种类繁多，其分类标准不是很严格。但尽管如此，了解和掌握 PLD 的结构特点，对于 PLD 的设计实现和开发应用都十分重要。

10.1.2 阵列型 PLD

阵列型 PLD 包括 PROM、PLA、PAL、GAL、EPLD 和 CPLD。由于 EPLD 和 CPLD 都

是在 PAL 和 GAL 基础上发展起来的，因此下面首先介绍简单 PLD 的结构特点，然后再介绍 EPLD 和 CPLD 的结构特点。

1. 简单 PLD 的基本结构

因为 PLD 内部电路的连接规模很大，用传统的逻辑电路表示方法很难描述 PLD 的内部结构，所以对 PLD 进行描述时采用了一种特殊的简化方法。PLD 的输入、输出缓冲器都采用了互补输出结构，其表示法如图 10.2 所示。

PLD 的与门表示法如图 10.3（a）所示。图中与门的输入线通常画成行（横）线，与门的所有输入变量都称为输入项，并以画成与行线垂直的列线表示与门的输入。列线与行线相交的交叉处若有“·”，表示有一个耦合元件固定连接（即不可编程）；若有“×”，则表示是编程连接（即可编程）；若交叉处无标记，则表示不连接（被擦除）。与门的输出称为乘积项 P，图 10.3（a）中与门输出 $P=A\cdot B\cdot D$。或门可以用类似的方法表示，也可以用传统的方法表示，如图 10.3（b）所示。

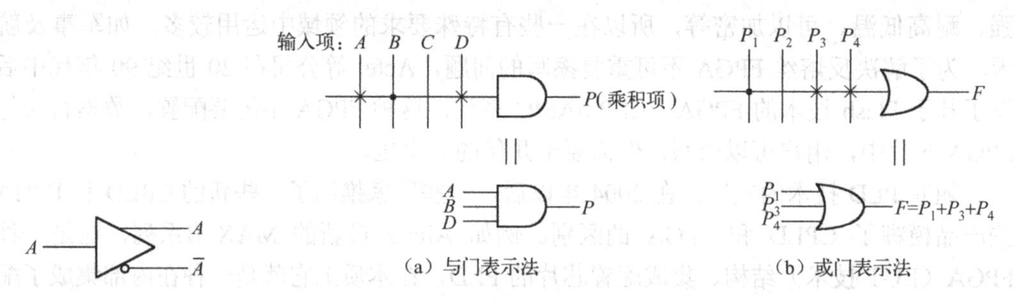

（a）与门表示法　　（b）或门表示法

图 10.2　PLD 缓冲器表示法　　图 10.3　PLD 的与门表示法和或门表示法

图 10.4 是 PLD 中与门的简略表示法，图中与门 P_1 的全部输入项接通，因此 $P_1=A\cdot\overline{A}\cdot B\cdot\overline{B}=0$，这种状态称为与门的默认（Default）状态。为简便起见，对于这种全部输入项都接通的默认状态，可以用带有“×”的与门符号表示，如图中的 $P_2=P_1=0$ 均表示默认状态。P_3 中任何输入项都不接通，即所有输入都悬空，因此 $P_3=1$，也称为悬浮“1”状态。

简单 PLD 的基本结构框图如图 10.5 所示。图中与阵列和或阵列是电路的主体，主要用来实现组合逻辑函数。输入电路由缓冲器组成，它使输入信号具有足够的驱动能力，并产生互补输入信号。输出电路可以提供不同的输出方式，例如直接输出的组合方式或通过寄存器输出的时序方式。此外，输出端口上往往带有三态门，通过三态门来控制数据直接输出或反馈到输入端。通常 PLD 电路中只有部分电路可以编程或组态，PROM、PLA、PAL 和 GAL 等 4 种 PLD 电路主要是编程和输出结构不同，因而电路结构也不相同。表 10.1 列出了 4 种 PLD 电路的结构特点。

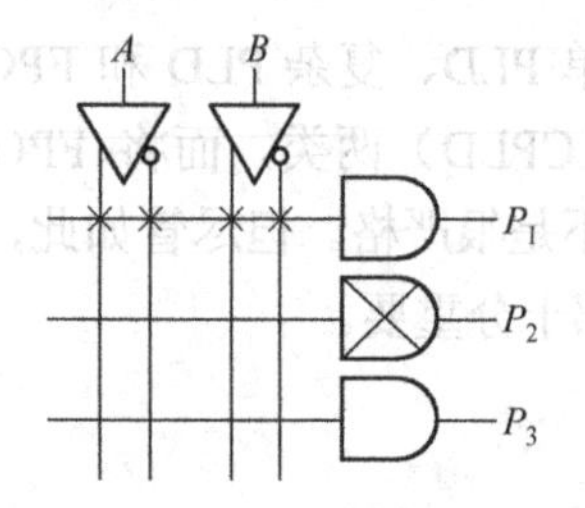

图 10.4　PLD 与门的简略表示法

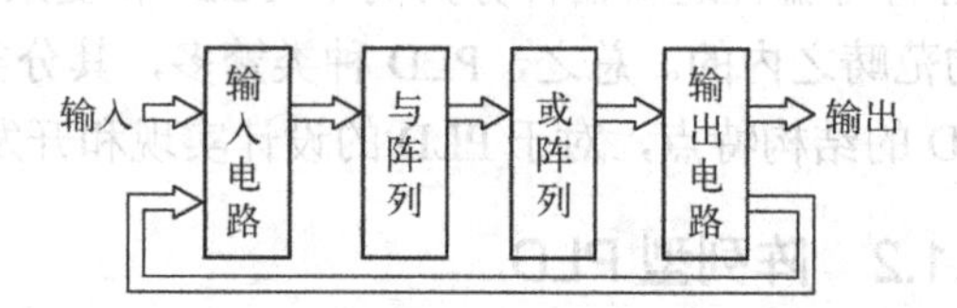

图 10.5　简单 PLD 的基本结构

表 10.1　4 种 PLD 电路的结构特点

类　型	阵　列		输出方式
	与	或	
PROM	固定	可编程	TS，OC
PLA	可编程	可编程	TS，OCH，OCL
PAL	可编程	固定	TS，I/O，寄存器
GAL	可编程	固定	可编程（用户定义）

图 10.6 和图 10.7 分别画出了 PLA 和 PAL（GAL）的阵列结构。从其阵列结构可以看出，PAL 和 GAL 的基本门阵列结构相同，均为与阵列可编程，或阵列固定连接，也就是说，每个或门的输出是若干个乘积项之和，其中乘积项的数目是固定的。一般在 PAL 和 GAL 的产品中，最多的乘积项数可达 8 个。PROM 的阵列结构刚好与 PAL（或 GAL）的阵列结构相反，为或阵列可编程，与阵列固定连接。

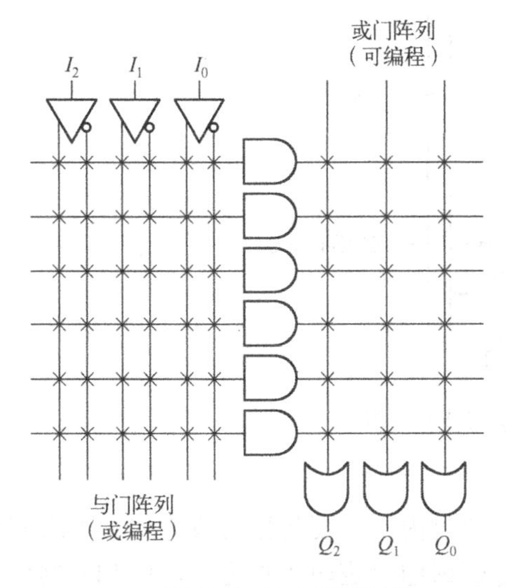

图 10.6　PLA 阵列结构

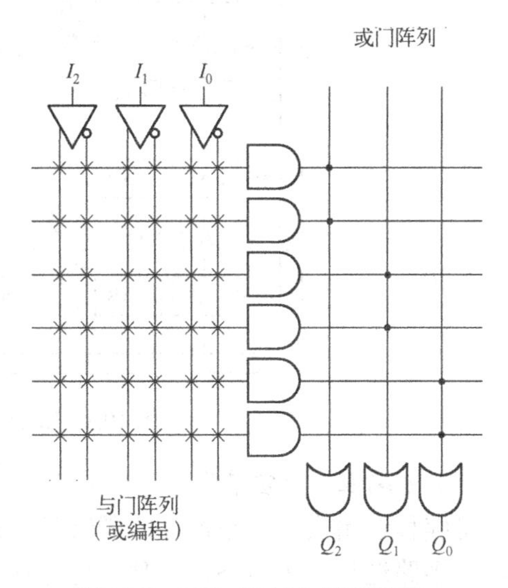

图 10.7　PAL（GAL）阵列结构

虽然 PAL 和 GAL 的阵列结构相同，但它们的输出结构却不相同。PAL 有几种固定的输出结构，选定芯片型号后，其输出结构也就选定了，PAL 产品有 20 多种不同的型号可供用户选用。例如，PAL16L8 属于组合型 PAL 器件，有 8 个输出，因为每个输出的时间有可能不一致，因此称为异步 I/O 输出结构；PAL16R8 属于寄存器型（R 代表 Register）PAL 器件，其芯片中每个输出为寄存器输出结构。PAL 器件除了以上两种输出结构外，还有专用组合输出、异或输出和算术选通反馈结构输出等。PAL 采用 PROM 编程工艺，只能一次性编程，而且由于输出方式是固定的. 不能重新组态，因而编程灵活性较差。

GAL 和 PAL 最大的区别在于 GAL 有一种灵活的、可编程的输出结构，它只有两种基本型号：GAL16V8 和 GAL20V8（或 GAL22V10），并可以代替数十种 PAL 器件，因而称为通用可编程逻辑器件。GAL 的可编程输出结构称为输出逻辑宏单元（Output Logic Macro Cell，OLMC）。

对于 GAL16V8 和 GAL20V8 两种器件，其 OLMC 与 GAL22V10 的 OLMC 相似。GAL 器件的主要优点是 GAL 器件的每个宏单元（OLMC）均可根据需要任意组态，所以它的通用性好，比 PAL 使用更加灵活。而且 GAL 器件采用了 E^2PROM 工艺结构，可以重复编程，通常可以擦写上百次以上，甚至上千次。由于这些突出的优点，因而 GAL 比 PAL 应用更为广泛。

2. EPLD 和 CPLD 的基本结构

EPLD 和 CPLD 是从 PAL、GAL 发展起来的阵列型高密度 PLD 器件，它们大多数采用了 CMOS EPROM、E^2PROM 和快闪存储器等编程技术，具有高密度、高速度和低功耗等特点。EPLD 和 CPLD 的基本结构如图 10.8 所示，尽管 EPLD 和 CPLD 与其他类型 PLD 的结构相比，各有其特点和长处，但概括起来，它们均是由可编程逻辑宏单元、可编程 I/O 单元和可编程内部连线三大部分组成的。

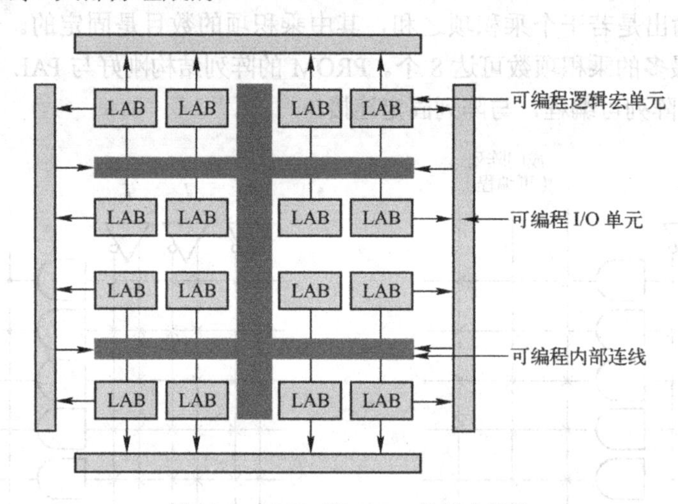

图 10.8　EPLD 和 CPLD 的基本结构

（1）可编程逻辑宏单元

可编程逻辑宏单元是器件的逻辑组成核心，宏单元内部主要包括与或阵列、可编程触发器和多路选择器等电路，能独立地配置为时序逻辑或组合逻辑工作方式。EPLD 器件与 GAL 器件相似，但其宏单元及与阵列数目比 GAL 要大得多，且和 I/O 制作在一起。CPLD 器件的宏单元在芯片内部，称为内部逻辑宏单元。EPLD 和 CPLD 的逻辑宏单元主要有以下特点：

① 多触发器结构和“隐埋”触发器结构。GAL 器件每个输出宏单元只有一个触发器，而 EPLD 和 CPLD 的宏单元内通常含两个或两个以上的触发器，其中只有一个触发器与输出端相连，其余触发器的输出不与输出端相连，但可以通过相应的缓冲电路反馈到与阵列，从而与其他触发器一起构成较复杂的时序电路。

② 乘积项共享结构。在 PAL 和 GAL 的与或阵列中，每个或门的输入乘积项最多为 8 个，当要实现多于 8 个乘积项的“与或”逻辑函数时，必须将“与或”函数表达式进行逻辑变换。在 EPLD 和 CPLD 的宏单元中，如果输出表达式的与项较多，对应的或门输入端不够用时，可以借助可编程开关将同一单元（或其他单元）中的其他或门与之联合起来使用，或者在每个宏单元中提供未使用的乘积项供其他宏单元使用和共享，从而提高了资源利用率，实现快速复杂的逻辑函数。

③ 异步时钟和时钟选择。EPLD 和 CPLD 器件与 PAL、GAL 相比，其触发器的时钟既

可以同步工作，也可以异步工作，有些器件中触发器的时钟还可以通过数据选择器或时钟网络进行选择。此外，逻辑宏单元内触发器的异步清零和异步置位也可以用乘积项进行控制，因而使用起来更加灵活。

（2）可编程 I/O 单元

输入/输出单元，简称 I/O 单元（或 IOC），它是芯片内部信号到 I/O 引脚的接口部分。由于阵列型 HDPLD 通常只有少数几个专用输入端，大部分端口均为 I/O 端，而且系统的输入信号常常需要锁存，因此 I/O 常作为一个独立单元来处理。

（3）可编程内部连线

EPLD 和 CPLD 器件提供丰富的内部可编程连线资源。可编程内部连线的作用是，给各逻辑宏单元之间以及逻辑宏单元与 I/O 单元之间提供互连网络。各逻辑宏单元通过可编程内部连线接收来自专用输入或通用输入端的信号，并将宏单元的信号反馈到其需要到达的目的地。这种互连机制有很大的灵活性，它允许在不影响引脚分配的情况下改变内部的设计。

10.1.3 现场可编程门阵列（FPGA）

FPGA 是 20 世纪 80 年代中期出现的高密度 PLD。FPGA 与 CPLD 都是可编程逻辑器件，它们是在 PAL、GAL 等逻辑器件的基础之上发展起来的。同以往的 PAL、GAL 等相比较，FPGA 和 CPLD 的规模比较大，它可以替代几十甚至几千块通用 IC 芯片。这类 FPGA 和 CPLD 实际上就是一个子系统部件，受到世界范围内电子工程设计人员的广泛关注和普遍欢迎。经过了十几年的发展，许多公司都开发出了多种 PLD。比较典型的就是 Xilinx 公司的 FPGA 器件系列和 Altera 公司的 CPLD 器件系列，它们开发较早，占用了较大的 PLD 市场。通常来说，在欧洲用 Xilinx 的人多，在日本和亚太地区用 ALTERA 的人多，在美国则是平分秋色。全球 CPLD 和 FPGA 产品 60%以上是由 Altera 和 Xilinx 提供的。可以讲 Altera 和 Xilinx 共同决定了 PLD 技术的发展方向。当然还有许多其他类型器件，如 Lattice，Vantis，Actel，Quicklogic，Lucent 等。

FPGA 的结构类似于掩膜可编程门阵列（MPGA），它由许多独立的可编程逻辑模块组成，用户可以通过编程将这些模块连接起来实现不同的设计。FPGA 兼容了 MPGA 和阵列型 PLD 两者的优点，因而具有更高的集成度、更强的逻辑实现能力和更好的设计灵活性。

1. FPGA 的分类

不同厂家、不同型号的 FPGA 其结构各有特色，但就其基本结构来分析，大致有以下几种分类方法。

（1）按逻辑功能块的大小分类

可编程逻辑块是 FPGA 的基本逻辑构造单元。按照逻辑功能块的大小不同，可将 FPGA 分为细粒度结构和粗粒度结构两类。

细粒度 FPGA 的逻辑功能块一般较小，仅由几个晶体管组成，非常类似于半定制门阵列的基本单元。其优点是功能块的资源可以被完全利用，缺点是完成复杂的逻辑功能需要大量的连线和开关，因而速度慢。粗粒度 FPGA 的逻辑块的规模大、功能强，完成复杂逻辑只需较少的功能块和内部连线，因而能获得较好的性能，缺点是功能块的资源有时不能充分被利用。

近年来随着工艺的不断改进，FPGA 的集成度不断提高，同时硬件描述语言（HDL）的设计方法得到广泛应用。由于大多数逻辑综合工具是针对门阵列的结构开发的，细粒度的FPGA较粗粒度的FPGA可以得到更好的逻辑综合结果，因此，许多厂家开发出了一些具有更高集成度的细粒度FPGA，如Xilinx公司采用MicroVia技术的一次编程反熔丝结构的XC8100系列，GateField公司采用快闪存储器控制开关元件的可再编程GFl00K系列等，它们的逻辑功能块的规模相对都较小。

（2）按互连结构分类

根据FPGA内部连线结构的不同，可将其分为分段互连型和连续互连型两类。

分段互连型FPGA中有不同长度的多种金属线，各金属线段之间通过开关矩阵或反熔丝编程连接。这种连线结构走线灵活，有多种可行方案，但走线延时与布局布线的具体处理过程有关，在设计完成前无法预测，设计修改将引起延时性能的变化。

连续互连型FPGA是利用相同长度的金属线，通常是贯穿于整个芯片的长线来实现逻辑功能块之间的互连的，连接与距离远近无关。在这种连线结构中，不同位置逻辑单元的连接线是确定的，因而布线延时是固定和可预测的。

（3）按编程特性分类

根据采用的开关元件的不同，FPGA可分为一次编程型和可重复编程型两类。

一次编程型FPGA采用反熔丝开关元件，其工艺技术决定了这种器件具有体积小、集成度高、互连线特性阻抗低、寄生电容小及可获得较高的速度等优点。此外它还有加密位、反复制、抗辐射、抗干扰和不需外接PROM（或EPROM）等特点。但它只能一次编程，一旦将设计数据写入芯片后，就不能再修改设计，因此比较适合于定型产品及大批量应用。

可重复编程型，FPGA采用SRAM开关元件或快闪存储器控制的开关元件。FPGA芯片中，每个逻辑块的功能，以及它们之间的互连模式，由存储在芯片中的SRAM或快闪存储器中的数据决定。采用SRAM开关元件的FPGA中的数据是易失性的，每次重新加电，FPGA都要重新装入配置数据，但其突出的优点是可反复编程，系统上电时，给FPGA加载不同的配置数据，即可令其完成不同的硬件功能。这种配置的改变甚至可以在系统的运行中进行，实现系统功能的动态重构。采用快闪存储器控制开关的FPGA具有非易失性和可重复编程的双重优点，但在再编程的灵活性上较SRAM型FPGA差一些，不能实现动态重构。此外，其静态功耗较反熔丝型及SRAM型的FPGA高。

2. FPGA的基本结构

FPGA具有掩膜可编程门阵列的通用结构，它由逻辑功能块排成阵列，并由可编程的互连资源连接这些逻辑功能块来实现不同的设计。下面以Xilinx公司的FPGA为例，分析其结构特点。

FPGA的基本结构如图10.9所示。FPGA一般由3种可编程电路和1个用于存放编程数据的静态存储器SRAM组成。这3种可编程电路是：可编程逻辑块（Configurable Logic Block，CLB）、输入/输出模块（I/O Block，IOB）和互连资源（Interconnect Resource，IR）。

CLB是FPGA的主要组成部分，是实现逻辑功能的基本单元，主要由逻辑函数发生器、触发器、数据选择器和变换电路等组成。CLB通常规则地排列成一个阵列，散布于整个芯片中。

IOB主要由输入触发器、输入缓冲器和输出触发/锁存器、输出缓冲器组成。每个IOB控制一个引脚，它们可被配置为输入、输出或双向I/O功能。IOB主要完成芯片上的逻辑与外部封装脚的接口，它通常排列在芯片的四周。

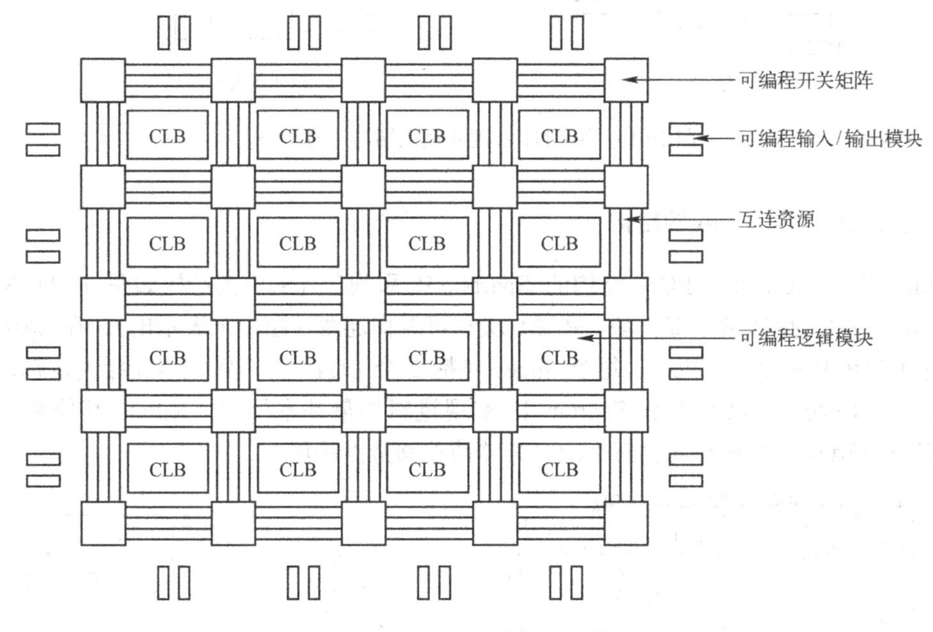

图 10.9 FPGA 的基本结构

IR 包括各种长度的连线线段和一些可编程连接开关，它们将各个 CLB 之间或 CLB、IOB 之间以及 IOB 之间连接起来，构成特定功能的电路。

FPGA 的功能由逻辑结构的配置数据决定。工作时，这些配置数据存放在片内的 SRAM 或熔丝图上。基于 SRAM 的 FPGA 器件，在工作前需要从芯片外部加载配置数据，配置数据可以存储在片外的 EPROM 或其他存储体上。用户可以控制加载过程，在现场修改器件的逻辑功能，即所谓现场编程。

10.1.4 基于查找表（LUT）的结构

基于查找表（Look Up Table，简称 LUT）结构的 PLD 芯片也称为 FPGA，如 Altera 的 ACEX、APEX 系列，Xilinx 的 Spartan、Virtex 系列等。

1. LUT 原理

LUT 本质上就是一个 RAM。目前 FPGA 中多使用 4 输入的 LUT，所以每一个 LUT 可以看成一个有 4 位地址线的 16×1 位的 RAM。当用户通过原理图或 HDL 语言描述了一个逻辑电路以后，FPGA 开发软件会自动计算逻辑电路的所有可能的结果，并把结果事先写入 RAM，这样对每输入一个信号进行逻辑运算就等于输入一个地址进行查表，找出地址对应的内容，然后输出相应的结果。

用 LUT 实现 4 输入端与门的实例如图 10.10 所示。当用户通过原理图或 HDL 语言描述了一个 4 输入端与门以后，FPGA 开发软件会自动计算 4 输入端与门的所有可能的结果，并把结果事先写入 RAM。即当 a、b、c 和 d 输入端为 0000～1110 这 15 种组合时，写入 RAM 中的值是“0”，只有 abcd＝1111 时，写入 RAM 中的值才是“1”。这样 4 输入端与门每输入一组信号就等于输入一个地址进行查表，找出地址对应的内容，然后输出。

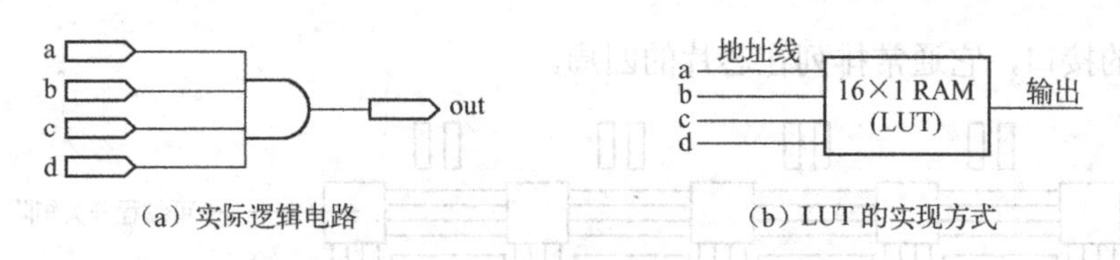

图 10.10　用 LUT 实现 4 输入端与门的实例

2. 基于 LUT 的 FPGA 的结构

Xilinx 基于 LUT 的 FPGA 结构的 Spartan II 系列芯片的内部结构如图 10.11 所示。Spartan II 主要包括 CLBs、I/O 块、RAM 块和可编程连线（图中未表示出）。在 spartan II 中，1 个 CLBs 包括 2 个 Slices，每个 Slices 包括 2 个 LUT、2 个触发器和相关逻辑，如图 10.12 所示。Slices 可以看成是 Spartan II 实现逻辑的最基本结构（Xilinx 其他系列，如 SpartanXL、Virtex 的结构与此稍有不同，具体请参阅数据手册）。

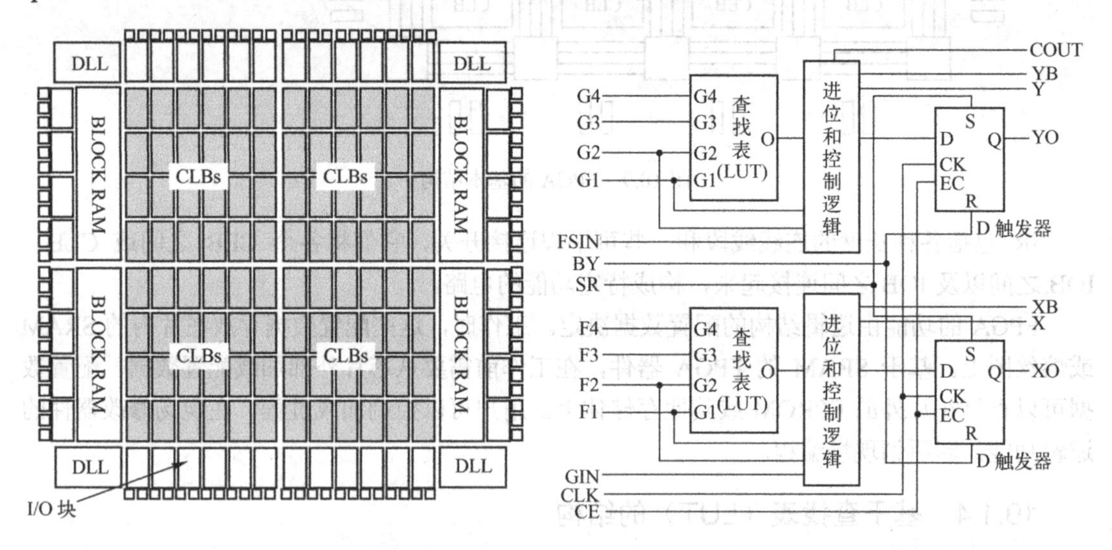

图 10.11　Xilinx Spartan-II 芯片内部结构　　　　图 10.12　Slices 结构

Altera 的 FLEX/ACEX 等芯片的结构如图 10.13 所示。FLEX/ACEX 的结构主要包括逻辑阵列（LAB）模块、I/O 模块、RAM 模块（未表示出）和可编程互连线资源。在 FLEX/ACEX 中，一个 LAB 模块包括 8 个逻辑单元（LE），每个 LE 包括 1 个 LUT、1 个触发器和相关逻辑，如图 10.14 所示。LE 是 FLEX/ACEX 芯片实现逻辑的最基本结构（Altera 其他系列，如 APEX 的结构与此基本相同，具体请参阅数据手册）。

在 FPGA 中，可编程互连线资源起着非常关键的作用。FPGA 可编程的灵活性，在很大程度上都归功于其内部丰富的互连线资源。互连线资源缺乏将导致设计无法布线，降低 FPGA 的可用性。而且，随着 FPGA 工艺的不断改进，设计中的走线延时往往超过逻辑延时，因此 FPGA 内部互连线的长短和快慢，对整个设计的性能起着决定性的作用。

LAB 中的逻辑单元（LE）是 FPGA 内部最小的逻辑组成部分，因此 LE 的个数也是衡量 PLD 集成度的参数，2006 年 Altera 生产的单片 FPGA 的 LE 个数达到 330000 个。1 个 LE 主要由 4 个查找表（LUT）和 1 个可编程触发器，再加上一些辅助电路组成。

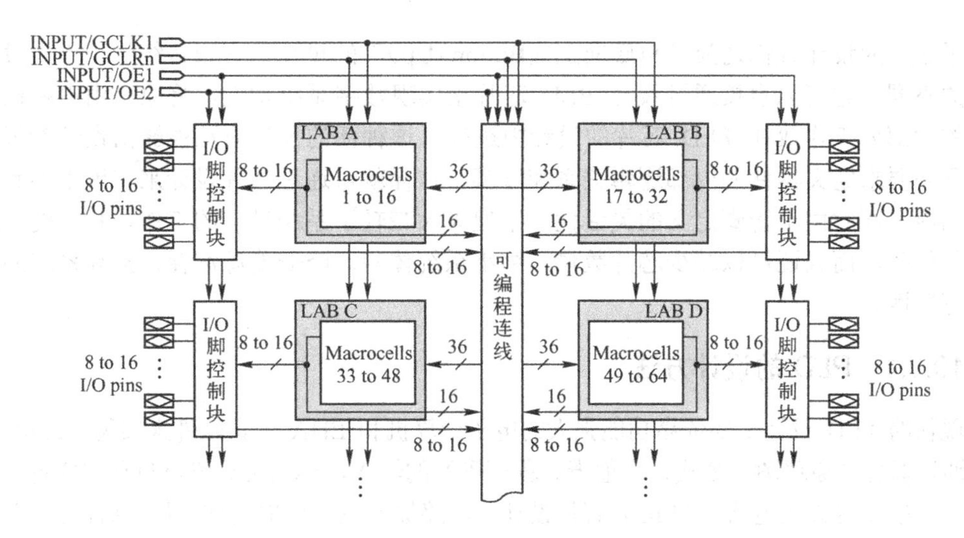

图 10.13　Altera 的 FLEX/ACEX 等芯片的结构

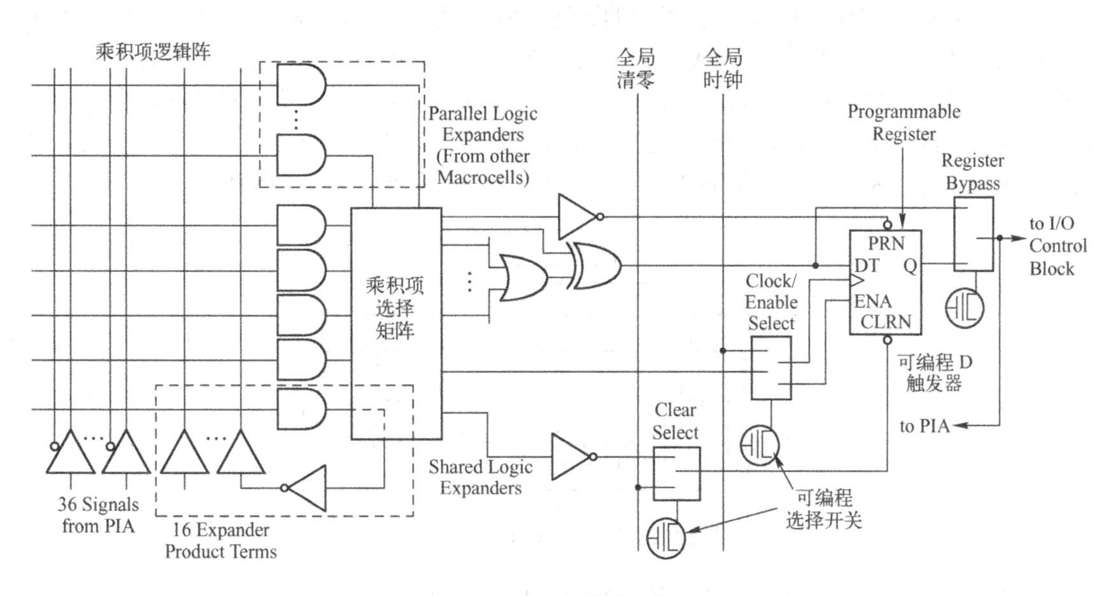

图 10.14　LAB 模块结构图

10.2　PLD 的设计技术

在 PLD 没有出现之前，数字系统的传统设计往往采用“积木”式的方法，实质上是对电路板进行设计，通过标准集成电路器件搭建成电路板来实现系统功能，即先由器件搭成电路板，再由电路板搭成系统。数字系统的“积木块”就是具有固定功能的标准集成电路器件，如 TTL 的 74/54 系列、CMOS 的 4000/4500 系列芯片和一些固定功能的大规模集成电路等。用户只能根据需要选择合适的集成电路器件，并按照此种器件推荐的电路搭成系统并调试成功。设计中，设计者没有灵活性可言，搭成的系统需要的芯片种类多且数目大。

PLD 的出现，给数字系统的传统设计法带来新的变革。采用 PLD 的数字系统设计，是基于芯片的设计或称之为“自底向上（Bottom-Up）”的设计，它跟传统的积木式设计有本质的不同。它可以直接通过设计 PLD 芯片来实现数字系统功能，将原来由电路板设计完成的大部分工作放在 PLD 芯片的设计中进行。这种新的设计方法能够由设计者根据实际情况和要求定义器件的内部逻辑关系和管脚，这样就可通过芯片设计来实现不同数字系统的功能。同时由于管脚定义的灵活性，不但大大减轻了系统设计的工作量和难度，提高了工作效率，而且还可以减少芯片数量，缩小系统体积，降低能源消耗，提高系统的稳定性和可靠性。

10.2.1　PLD 的设计方法

现代的 PLD 设计主要依靠功能强大的电子计算机和 EDA 工具软件来实现。EDA 工具可以通过概念（原理图、公式、真值表、程序等）的输入，然后由计算机自动生成各种设计结果，包括专用集成电路（ASIC）芯片设计、电路原理图、PCB 板图以及软件等，并且可以进行机电一体化设计。

硬件描述语言 HDL 在 EDA 技术中的迅速应用，特别是 IEEE 标准的 HDL（如 VHDL 和 Verilog HDL 等）日益成为 EDA 中主流设计语言，又给 PLD 和数字系统的设计带来了更新的设计方法和理念，产生了目前最常用的“自顶向下（Top-Down）”的设计法。自顶向下的设计采用功能分割的方法从顶向下逐次将设计内容进行分块和细化，在设计过程中采用层次化和模块化将使系统设计变得简洁和方便，其基本设计思想如图 10.15 所示。

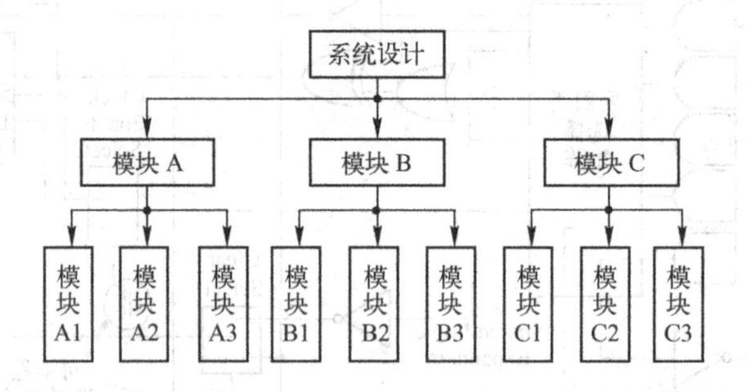

图 10.15　Top-Down 的设计思想

层次化设计是指分层次、分模块地进行设计描述。描述器件总功能的模块放在最上层，称为顶层设计；描述器件某一部分功能的模块放在下层，称为底层设计；底层模块还可以再向下分层，直至完成硬件电子系统电路的整体设计。

10.2.2　PLD 的设计流程

PLD 设计的大部分工作是在 EDA 软件工作平台上进行的，PLD 设计流程如图 10.16 所示。EDA 设计流程包括设计准备、设计输入、设计处理和器件编程 4 个步骤，以及相应的功能仿真、时序仿真和器件测试 3 个设计验证过程。

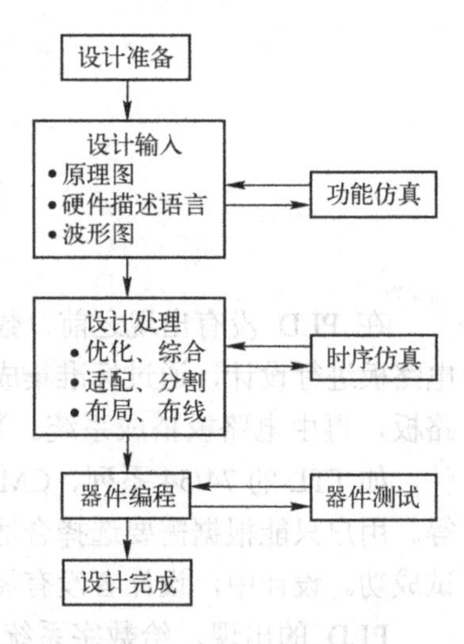

图 10.16　PLD 设计流程

1. 设计准备

设计准备是指设计者在进行设计之前，依据任务要求，确定系统所要完成的功能及复杂程度，器件资源的利用、成本等所要做的准备工作，如进行方案论证、系统设计和器件选择等。

2. 设计输入

设计输入是指将 PLD 设计的系统或电路按照 EDA 开发软件要求的某种形式表示出来，并通过编辑方式输入计算机的过程。设计输入有多种方式，包括采用硬件描述语言（如 VHDL 和 Verilog HDL 等）进行设计的文本编辑输入方式、图形编辑输入方式和波形编辑输入方式，或者采用文本、图形两者混合的编辑输入方式。也可以采用自顶向下（Top-Down）的层次结构设计方法，将多个输入文件合并成一个设计文件等。

（1）图形输入方式

图形输入也称为原理图输入，这是一种最直接的设计输入方式，它使用软件系统提供的元器件库及各种符号和连线画出设计电路的原理图，形成图形输入文件。这种方式大多用在对系统及各部分电路很熟悉的情况，或者系统对时间特性要求较高的场合。优点是容易实现仿真，便于信号的观察和电路的调整。

（2）文本输入方式

文本输入是指采用硬件描述语言进行电路设计的方式。硬件描述语言有普通硬件描述语言和行为描述语言，它们用文本方式描述设计和输入。普通硬件描述语言有 AHDL、CUPL 等，它们支持逻辑方程、真值表、状态机等逻辑表达方式。

行为描述语言是目前常用的高层硬件描述语言，如 VHDL 和 Verilog HDL，它们具有很强的逻辑描述和仿真功能，可实现与工艺无关的编程与设计，可以使设计者在系统设计、逻辑验证阶段便确立方案的可行性，而且输入效率高，在不同的设计输入库之间转换也非常方便。运用 VHDL、Verilog HDL 硬件描述语言进行设计已是当前的趋势。

（3）波形输入方式

波形输入主要用于建立和编辑波形文件以及输入仿真向量和功能测试向量。波形设计输入适用于时序逻辑和有重复性的逻辑函数，系统软件可以根据用户定义的输入/输出波形自动生成逻辑关系。

波形编辑功能还允许设计者对波形进行复制、剪切、粘贴、重复与伸展。从而可以用内部节点、触发器和状态机建立设计文件，并将波形进行组合，显示各种进制的状态值。还可以通过将一组波形重叠到另一组波形上，对两组仿真结果进行比较。

3. 设计处理

设计处理是 PLD 设计中的核心环节。在设计处理阶段，编译软件将对设计输入文件进行逻辑化简、综合和优化，并适当地用一片或多片器件自动地进行适配，最后产生编程用的编程文件。设计处理主要包括设计编译和检查、逻辑优化和综合、适配和分割、布局和布线、生成编程数据文件等过程。

（1）设计编译和检查

设计输入完成之后，立即进行编译。在编译过程中首先进行语法检验，如检查原理图的信号线有无漏接，信号有无双重来源，文本输入文件中关键词有无错误等各种语法错误，并及时标出错误的位置信息报告，供设计者修改。然后进行设计规则检验，检查总的设计有无超出器件资源或规定的限制并将编译报告列出，指明违反规则和潜在不可靠电路的情况以供设计者纠正。

（2）逻辑优化和综合

逻辑优化是化简所有的逻辑方程或用户自建的宏，使设计所占用的资源最少。综合的目的是将多个模块化设计文件合并为一个网表文件，并使层次设计平面化（即展平）。

（3）适配和分割

在适配和分割过程，确定优化以后的逻辑能否与下载目标器件 CPLD 或 FPGA 中的宏单元和 I/O 单元适配，然后将设计分割为多个便于适配的逻辑小块形式映射到器件相应的宏单元中。如果整个设计不能装入一片器件时，可以将整个设计自动分割成多块并装入同一系列的多片器件中去。

分割工作可以全部自动实现，也可以部分由用户控制，还可以全部由用户控制。分割时应使所需器件数目和用于器件之间通信的引脚数目尽可能少。

（4）布局和布线

布局和布线工作是在设计检验通过以后由软件自动完成的，它能以最优的方式对逻辑元件布局，并准确地实现元件间的布线互连。布局和布线完成后，软件会自动生成布线报告，提供有关设计中各部分资源的使用情况等信息。

（5）生成编程数据文件

设计处理的最后一步是产生可供器件编程使用的数据文件。对 CPLD 来说，是产生熔丝图文件，即 JEDEC 文件（电子器件工程联合会制定的标准格式，简称 JED 文件）；对于 FPGA 来说，是生成位流数据文件（Bit-stream Generation，BG）。

4．设计校验

设计校验过程包括功能仿真和时序仿真，这两项工作是在设计处理过程中同时进行的。功能仿真是在设计输入完成之后，选择具体器件进行编译之前进行的逻辑功能验证，因此又称为前仿真。此时的仿真没有延时信息或者有由系统添加的微小标准延时，这对于初步的功能检测非常方便。仿真前，要先利用波形编辑器或硬件描述语言等建立波形文件或测试向量（即将所关心的输入信号组合成序列），仿真结果将会生成报告文件和输出信号波形，从中便可以观察到各个节点的信号变化。若发现错误，则返回设计输入中修改逻辑设计。

时序仿真是在选择了具体器件并完成布局、布线之后进行的时序关系仿真，因此又称为后仿真或延时仿真。由于不同器件的内部延时不一样，不同的布局、布线方案也给延时造成不同的影响，因此在设计处理以后，对系统和各模块进行时序仿真，分析其时序关系，估计设计的性能，以及检查和消除竞争-冒险等是非常有必要的。

5．器件编程

编程是指将设计处理中产生的编程数据文件通过软件放到具体的可编程逻辑器件中去的过程。对 CPLD 器件来说是将 JED 文件下载（Down Load）到 CPLD 器件中去，对 FPGA 来说是将位流数据 BG 文件配置到 FPGA 中去。

器件编程需要满足一定的条件，如编程电压、编程时序和编程算法等。普通的 CPLD 器件和一次性编程的 FPGA 需要专用的编程器完成器件的编程工作。基于 SRAM 的 FPGA 可以由 EPROM 或其他存储体进行配置。在系统的可编程器件（ISP-PLD）则不需要专门的编程器，只要一根与计算机互连的下载编程电缆就可以了。

6. 器件测试和设计验证

器件在编程完毕之后，可以用编译时产生的文件对器件进行检验、加密等工作，或采用边界扫描测试技术进行功能测试，测试成功后才完成其设计。

设计验证可以在 EDA 硬件开发平台上进行。EDA 硬件开发平台的核心部件是一片可编程逻辑器件 FPGA 或 CPLD，再附加一些输入/输出设备，如按键、数码显示器、指示灯、喇叭等，还提供时序电路需要的时钟脉冲源。将设计电路编程下载到 FPGA 或 CPLD 中后，根据 EDA 硬件开发平台的操作模式要求，进行相应的输入操作，然后检查输出结果，验证设计电路。

10.2.3 在系统可编程技术

在系统可编程（ISP）技术是 20 世纪 80 年代末 Lattice 公司首先提出的一种先进的编程技术。在系统可编程是指对器件、电路板或整个电子系统的逻辑功能可随时进行修改或重构的能力。支持 ISP 技术的 PLD 称为在系统可编程器件（ISP-PLD），如 Lattice 公司生产的 ispLSI1000～ispLSI8000 系列器件。

1. 在系统可编程技术特点

传统的 PLD 只能插在编程器上先进行编程，然后再装配；而 ISP-PLD 可以摆脱编程器，通过计算机接口和编程电缆，直接在目标系统或印制电路板上进行编程。它既可以先编程后装配，亦可以先装配后编程，使用起来更加方便和灵活。这种编程可以在产品设计、制造过程中的每个环节，甚至在交付用户之后进行，大大简化生产流程，提高为系统的可靠性，可以免去重做印制电路板的工作，给样机设计、电路板调试、系统制造、系统现场维护和升级带来革命性的变化。

采用 ISP 技术，使系统内硬件的功能可以像软件一样，通过编程很方便地予以配置、重构或升级。ISP 技术开始了器件编程的一个新时代，对系统的设计、制造、测试和维护也产生了重大的影响，是今后电子系统的设计和产品性能改进的一个新的发展方向。

2. 在系统可编程的基本原理

ISP 技术是一种串行编程技术。下面以 Lattice 公司的 ispLSI 器件为例说明其编程原理。ispLSI 器件的编程结构如图 10.17 所示。器件的编程信息数据用 CMOS 工艺的 E^2PROM 元件存储，E^2PROM 元件按行和列排成阵列，编程时通过行地址和数据位对 E^2PROM 元件寻址。编程的寻址和移位操作由地址移位寄存器和数据移位寄存器完成。两种寄存器都按 FIFO（先入先出）的方式工作。数据移位寄存器按低位字节和高位字节分开操作。

由于器件是插在目标系统中或电路板上进行编程的，因此在系统编程的关键是编程时如何使芯片与外系统脱离。ISP-PLD 编程接口如图 10.18 所示，接口有 5 根信号线：$\overline{\text{ispEN}}$、SLCK、MODE、SDI 和 SDO，它们起传递编程信息的作用。其中 $\overline{\text{ispEN}}$ 是编程使能信号。当 $\overline{\text{ispEN}}=1$ 时，器件为正常工作状态；$\overline{\text{ispEN}}=0$ 时，器件所有的 I/O 端被置成高阻状态，因而割断了芯片与外电路的联系，避免了被编程芯片与外电路的相互影响。SLCK

为串行时钟线；MODE 为编程状态机的控制线；SDO 为数据输出线。

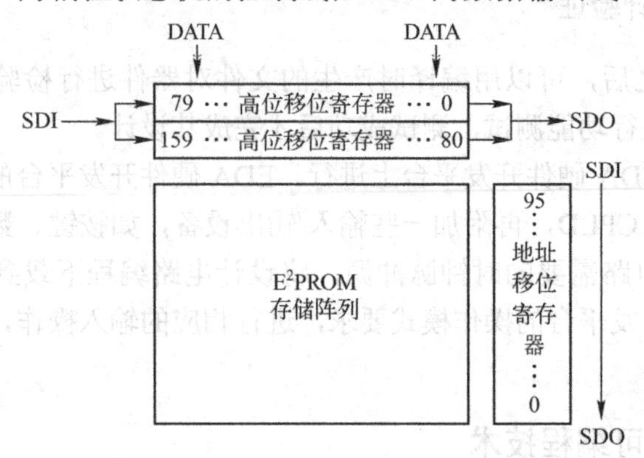

图 10.17　ispLSI 器件的编程结构

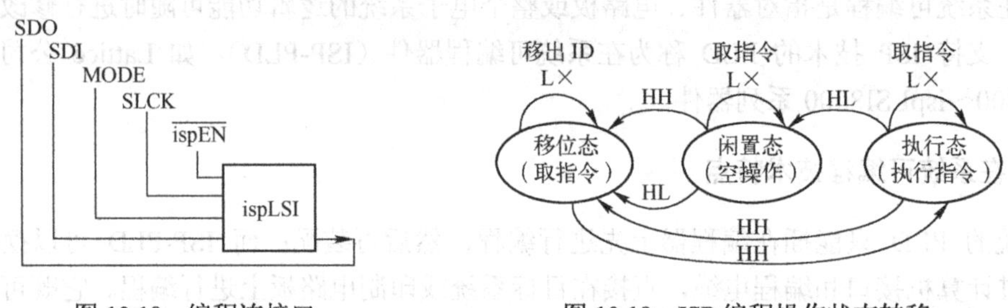

图 10.18　编程连接口　　图 10.19　ISP 编程操作状态转移

SDI 具有双重功能：作为器件的串行移位寄存器的数据输入端，与 MODE 一起作为编程状态机的控制信号。SDI 的功能受 MODE 控制。当 MODE 为低电平时，SDI 作为移位寄存器的串行输入端；当 MODE 为高电平时，SDI 为编程状态机的控制信号。

ISP 状态机共有 3 个状态：闲置态（IDLE）、移位态（SHIFT）和执行态（EXECUTE），其状态转移如图 10.19 所示。

ispLSI 器件内部设有控制编程操作的时序逻辑电路，其状态受 MODE 和 SDI 信号的控制。器件进入 ISP 编程模式时，闲置态是第一个被激活的状态。在编程模式、器件空闲或读器件标识时（每一个类型的 ISP 器件都有唯一的 8 位标识码 ID），状态机处在闲置态。当 MODE 和 SDI 都置为高电平（即 MODE 和 SDI 为“HH”），并且在 ISP 状态机处在时钟边沿时，状态转移到移位态。在移位态下，当 MODE 处于低电平时，SCLK 将指令移入状态机。一旦指令装进状态机，状态机就必须转移到执行态，去执行指令。MODE 和 SDI 均置为高电平时，状态机就从移位态转移到执行态。如果需要使状态机从移位态转移到闲置态，则将 MODE 置为高电平，SDI 置为低电平。在执行态，状态机执行在移位态已装入器件的指令。执行指令时，MODE 置为低电平，SDI 置为任意态。将 MODE 和 SDI 均置为高电平时，状态机回到移位态；将 MODE 置为高电平、SDI 置低电平时，状态机回到闲置态。

3. 在系统编程方法

在系统 PLD 从编程元件上来分有两类：一类是非易失性元件的 E²PROM 结构或快闪存储器单元结构的 PLD，另一类是易失性元件的 SRAM 结构的 FPGA 器件。现场可编程 FPGA 器件和 ISP-PLD 都可以实现系统重构。采用 ISP-PLD 通过 ISP 技术实现的系统重构称为静态重构；基于 SRAM 的 FPGA 实现的系统重构称动态重构。所谓动态重构是指在系统运行期间，可根据需要适时地对芯片重新配置以改变系统的功能。FPGA 可以无限次地被重新编程，利用它可以在 1s 内几次或数百次地改变器件执行的功能，甚至对器件的部分区域进行重组，且在部分重组期间，芯片的其他部分仍可有效地运行。

目前在系统编程的实现方法有以下几种方式。

（1）利用计算机接口和下载电缆对器件编程

ISP 器件编程的一大优点或方法是直接利用计算机接口在开发软件支持下进行编程。它可以利用串口的 Bit-Blaster 串行下载或利用并口的 Byte-Blaster 并行下载。例如，这种编程方法对 Altera 公司 CMOS 结构的 MAX7000 系列器件或 SRAM 结构的 FLEX 系列器件均适应。

另一种方法是脱离 ISP 的开发环境，根据编程时序的要求，利用自己的软件向 ISP 器件写入编程数据。这种方法多适用于 SRAM 结构的 FPGA 器件。

（2）利用目标板上的单片机或微处理器对 ISP 器件编程

这种在系统编程方法是将编程数据存储在目标板上的 EPROM 中，当目标板上电时自动对 ISP 器件进行编程。编程的关键在于提供准确的 ISP 编程时钟。此种编程方法适用于易失性的 SRAM 结构的 FPGA 器件。

（3）多芯片 ISP 编程

ISP 器件有一种特殊的串行编程方式，称为菊花链结构（Daisy Chain），如图 10.20 所示。其特点是多片 PLD 公用一套 ISP 编程接口，每片 PLD 的 SDI 输入端与前一片 PLD 的 SDO 输出端相连，最前面一片 PLD 的 SDI 端和最后一片的 SDO 端与 ISP 编程口相连，构成一个类似移位寄存器的链形结构。链中器件数可以很多，只要不超出接口的驱动能力即可。

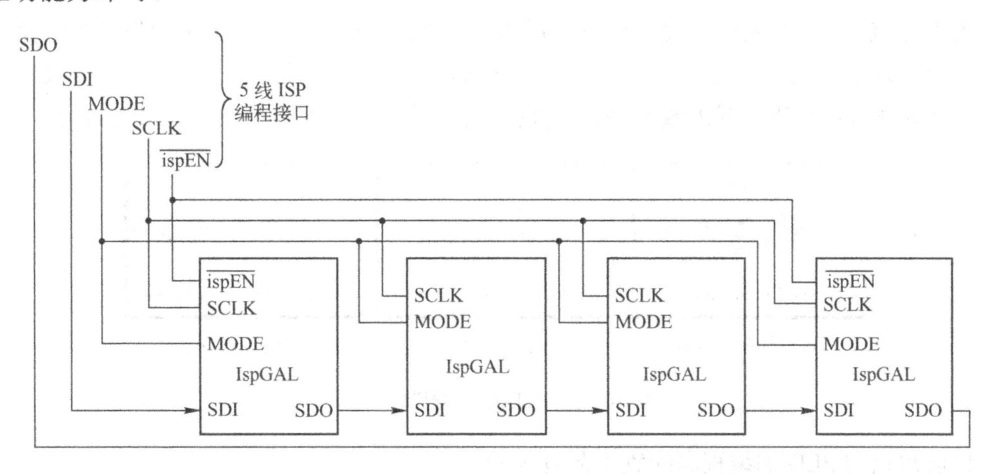

图 10.20　菊花链编程结构

10.2.4　边界扫描技术

边界扫描测试（Boundary Scan Testing，BST）是针对器件密度及 I/O 口数增加，信号注入和测取难度越来越大而提出的一种新的测试技术。它是由联合测试活动组织 JTAG 提出来的，而后 IEEE 对此制定了测试标准，称为 IEEE 1149.1 标准。边界扫描测试技术主要解决芯片的测试问题。

以往在生产过程中，对电路板的检验是由人工或测试设备进行的，但随着集成电路密度的提高，集成电路的引脚也变得越来越密，测试变得很困难。例如，TQFP 封装器件，管脚的间距仅有 0.6mm，这样小的空间内几乎放不下一根探针，难以用普通的器件进行测试。

BST 结构不需要使用外部的物理测试探针来获得功能数据，它可以在器件（必须是支持 JTAG 技术的 ISP 可编程器件）正常工作时进行。器件的边界扫描单元能够迫使逻辑追踪引脚信号，或是从引脚、器件核心逻辑信号中捕获数据。强行加入的测试数据，串行移入边界扫描单元，捕获的数据串行移出并在器件外部同预期的结果进行比较。通过 JTAG 测试端口实现对 ISP 器件的在系统编程，可以很容易地完成电路测试。

标准的边界扫描测试只需要 4 根信号线：TDI（测试数据输入）、TDO（测试数据输出）、TMS（测试模式选择）和 TCK（测试时钟输入），能够对电路板上所有支持边界扫描的芯片内部逻辑和边界管脚进行测试。应用边界扫描技术能够增强芯片、电路板甚至系统的可测试性。

边界扫描技术有着广阔的发展前景。现在已经有多种器件支持边界扫描技术，如 Xilinx4000 系列的 FPGA 以及 Lattice 的 ispLSI3000、ispLSI6000 系列与 Altera 的 MAX7000、MAX9000、FLEX6000、FLEX8000、FLEX10K 等器件和 MACH4000、5000 系列条。

10.3 PLD 的编程与配置

由于 PLD 具有在系统下载或重新配置功能，因此在电路设计之前就可以把其焊接在印刷电路板（PCB）上，并通过电缆与计算机连接，操作过程如图 10.21 所示。在设计过程中，用下载编程或配置方式来改变 PLD 的内部逻辑关系，达到设计逻辑电路的目的。

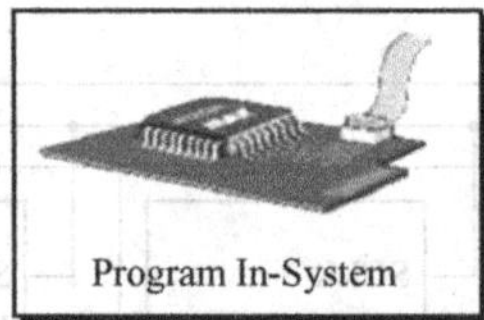

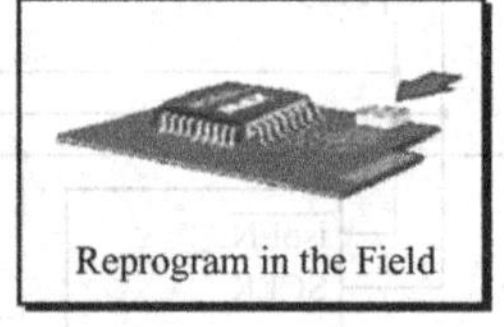

图 10.21 PLD 的编程操作过程

目前常见的 PLD 的编程和配置工艺有 3 种：

① 基于电可擦存储单元的 E^2PROM 或 Flash（快闪存储器）技术的编程工艺。此工艺的优点是编程后的信息不会因掉电而丢失，但编程次数有限，编程速度不快。CPLD 一般使用此技术进行编程。

② 基于 SRAM 查找表的编程单元的编程工艺。此工艺适于 SRAM 型的 FPGA，配置次数为无限，在加电时可随时更改逻辑，但掉电后芯片中的信息会丢失。

③ 基于反熔丝编程单元的编程工艺。此工艺适于一次性 PLD。

10.3.1 CPLD 的 ISP 方式编程

ISP 方式是指当系统上电并正常工作时，计算机就可以通过 CPLD 器件拥有的 ISP 接口直接对其进行编程，器件被编程后立即进入正常工作状态。这种编程方式的出现，改变了传统使用编程器的编程方法，为器件的实际应用带来极大的方便。

CPLD 的编程和 FPGA 的配置可以使用专用的编程设备，也可以使用下载电缆。例如用 Altera 公司的 ByteBlaster（MV）并行下载电缆，将 PC 的并行打印口与需要编程或配置的器件连接起来，在 EDA 工具软件的控制下，就可以对 Altera 公司的多种 CPLD 和 FPGA 进行编程或配置。

Altera 公司的 ByteBlaster（MV）并行下载电缆与 PLD 的接口如图 10.22 所示，它是一个 10 芯接口，“MV”表示混合电压。电缆的 10 芯信号如表 10.2 所示。

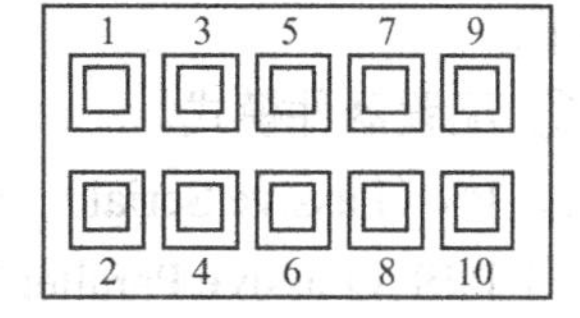

图 10.22 ByteBlaster 接口顶视图

表 10.2 ByteBlaster 接口引脚信号

引脚	1	2	3	4	5	6	7	8	9	10
PS 模式	DCK	GND	CONF_DONE	VCC	nCONFIG	—	nSTAUS	—	DATA0	GND
JATG 模式	TCK	GND	TDO	VCC	TMS	—	—	—	TDI	GND

Altera 公司的 MAX7000 系列的 CPLD 采用 IEEE 1149.1 JTAG 接口方式对器件进行在系统编程，ByteBlaster 的 10 芯接口的 TCK、TDO、TMS 和 TDI 是 4 条信号线。JTAG 接口本来是用于边界扫描测试（BST）的，用于编程接口则可以省去专用的编程接口，减少系统的引出线。

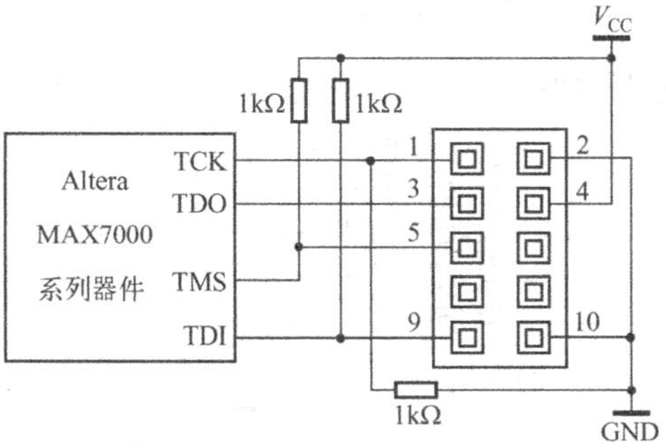

图 10.23 CPLD 编程下载连线图

采用 JATG 模式对 CPLD 编程下载的连线如图 10.23 所示。这种连线方式既可以对 CPLD 进行测试，也可以进行编程下载。由于 ISP 器件具有串行编程方式，即菊花链结构，其特点是各片公用一套 ISP 编程接口，每片的 SDI 输入端与前一片的 SDO 输出端相连，最前面一片的 SDI 端和最后一片的 SDO 端与 ISP 编程口相连，构成一个类似移位寄存器的链形结构。因此采用 JTAG 模式可以对多个 CPLD 器件进行 ISP 在系统编程，多 CPLD 芯片 ISP 编程下载的连线如图 10.24 所示。

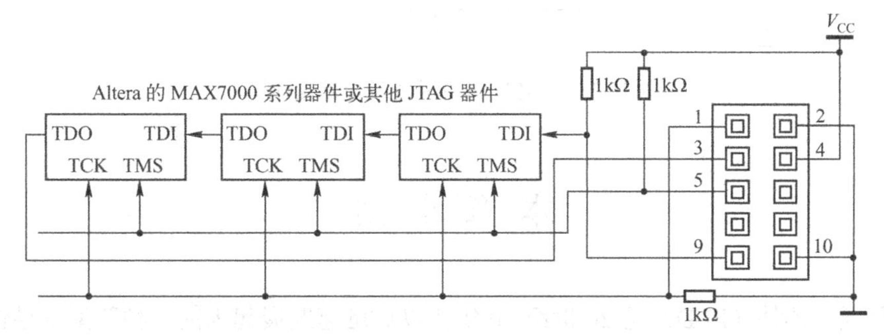

图 10.24 多 CPLD 芯片 ISP 编程下载连线图

10.3.2 使用 PC 的并口配置 FPGA

基于 SRAM LUT 结构的 FPGA 不属于 ISP 器件，它是以在线可重配置方式（In Circuit Reconfigurability，ICR）改变芯片内部的结构来进行硬件验证的。利用 FPGA 进行电路设计时，可以通过下载电缆与 PC 的并口连接，将设计文件编程下载到 FPGA 中。

Altera 的 SRAM LUT 结构的器件中，FPGA 可以使用 6 种配置模式，这些模式通过 FPGA 上的 2 个模式选择引脚 MSEL1 和 MSEL0 上设定的电平来决定。FPGA 的 6 种配置模式如下：

① 配置器件模式。

② PS（Passive Serial）——被动串行模式。

③ PPS（Passive Parallel Synchronous）——被动并行同步模式。

④ PPA（Passive Parallel Asynchronous）——被动并行异步模式。

⑤ PSA（Passive Serial Asynchronous）——被动串行异步模式。

⑥ JTAG 模式。

Altera 的 PS 模式是可利用 PC 的并口，通过 ByteBlaster 的下载电缆，实现对 Aitera 的 FPGA 器件进行在线可重配置（ICR）。当设计的数字系统比较大时，Aitera 的 PS 模式支持多个 FPGA 器件的配置。使用 PC 的并口通过 ByteBlaster 下载电缆对多个 FPGA 器件进行配置的电路连接如图 10.25 所示。

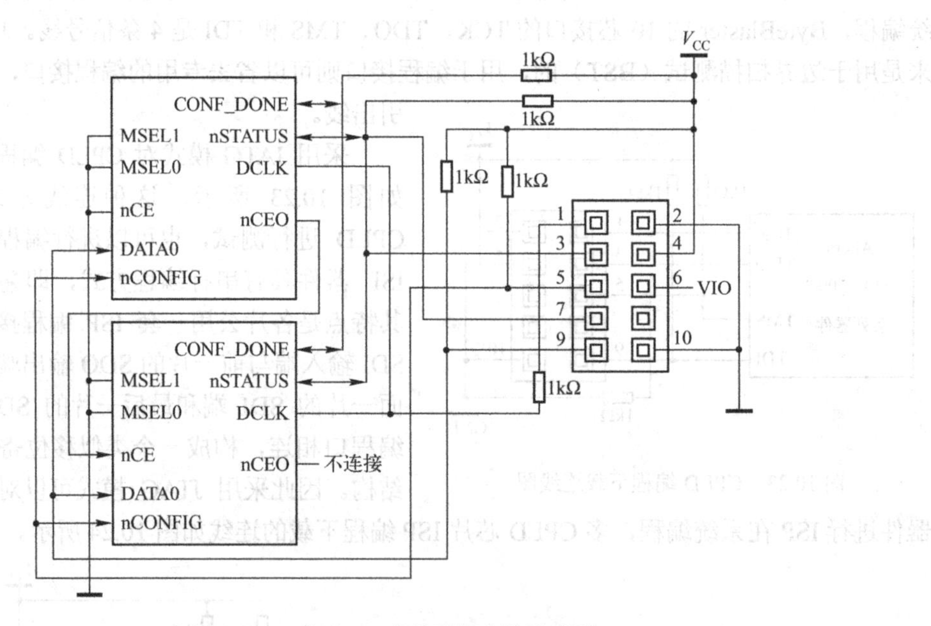

图 10.25 多 FPGA 芯片配置电路连线图

本 章 小 结

可编程逻辑器件（PLD）是 20 世纪 80 年代以后迅速发展起来的一种新型半导体数字集成电路，它的最大特点是可以通过编程的方法设置其逻辑功能。本章重点介绍各种 PLD 在电路结构和性能上的特点及所实现的逻辑功能，以及适用在哪些场合。

到目前为止，已经开发的 PLD 有 PLA、PAL、GAL、CPLD、EPLD、FPGA 及 ISP-PLD 等几种类型。FPGA 和 PAL 是较早应用的两种 PLD。FPGA 具有更高的集成度、更强的逻辑实现能力和更好的设计灵活性。它可采用反熔丝开关元件控制结构，可一次编程，不能改写；也可采用 SRAM 或快闪存储器控制的开关元件控制结构，可重复编程。FPGA 一般由可编程逻辑块（CLB）、可编程 I/O 模块和可编程连接资源（IR）组成，和 EPLD、CPCD 结构较为类似。

PLD 设计采用自底向上（Bottom-Up）和自顶向下（Top-Down）的设计方法，其中 Top-Down 是目前最为常用的设计方法。一个完整的 PLD 设计流程有设计准备、设计输入、设计处理、器件编程 4 个步骤和设计校验（功能仿真和时序仿真）、器件测试 2 种验证过程。

在系统可编程 ISP 技术是目前 PLD 设计过程中较为常用的一种先进的编程技术，该技术支持对器件、电路板或整个电子系统的逻辑功能随时进行修改或重构的功能。

边界扫描测试技术用于解决芯片的测试问题，它是当前对芯片和集成电路测试检验最为有效的方法。

思考题和习题

10.1 PLD 的分类法有哪几种？各有什么特征？

10.2 PAL，GAL，EPLD，CPLD 和 FPGA 有何共同和不同之处？

10.3 你知道多少种 PLD 吗？它们属于 PLD 的哪一类？

10.4 PLA 和 PAL 在结构方面具有什么区别？

10.5 PLD 常用的存储元件有哪几种？各有哪些特点？

10.6 试比较“积木”式、Bottom-Up 式、Top-Down 式三种数字系统设计方法的异同点。

10.7 你如何看待在系统可编程技术和边界扫描测试技术？

10.8 在系统可编程技术是针对电路板和系统上的哪类元件编程的？

10.9 边界扫描测试技术用于解决什么样的问题？

10.10 Altera 公司的 ByteBlaster 的 10 芯接口有何用途？

附录A　国产半导体集成电路型号命名法（GB3430—82）

本标准适用于按半导体集成电路系列和品种的国家标准所生产的半导体集成电路（以下简称器件）。

1．型号的组成

器件的型号由5部分组成，这5个组成部分的符号及意义如下。

第0部分		第1部分		第2部分	第3部分		第4部分	
用字母表示器件符合国家标准		用字母表示器件的类型		用阿拉伯数字和字母表示器件的系列和品种代号	用数字表示器件的工作温度范围（°C）		用字母表示器件的封装形式	
符号	意义	符号	意义		符号	意义	符号	意义
C	中国制造	T	TTL		C	0～70	W	陶瓷扁平
		H	HTL		E	–40～85	B	塑料扁平
		E	ECL		R	–55～85	F	全密封扁平
		C	CMOS		M	–55～125	D	陶瓷直插
		F	线性放大器				P	塑料直插
		D	音响、电视电路				J	黑陶瓷扁平
		W	稳压器				K	金属菱形
		J	接口电路				T	金属圆形
		B	非线性电路					
		M	存储器					
		μ·	微型电路					

2．示例

例1：肖特基TTL双4输入与非门

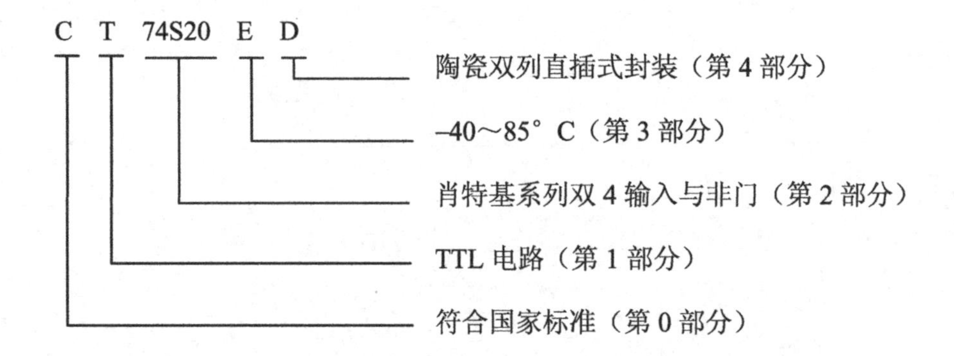

例 2：CMOS 8 选 1 数据选择器（三态输出）

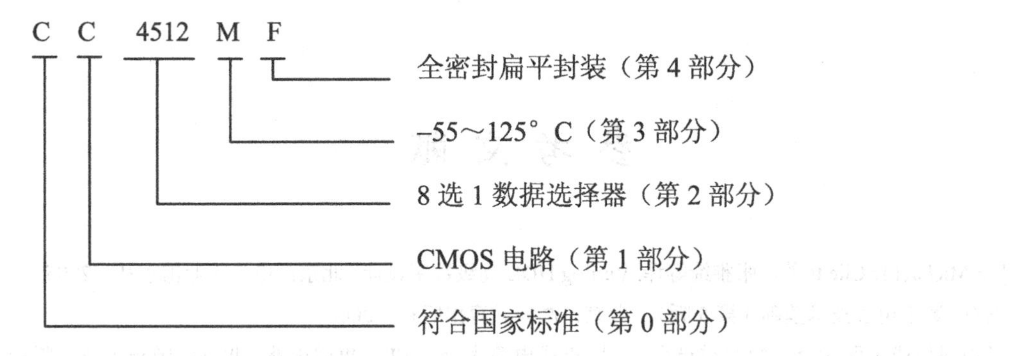

例 3：通用运算放大器

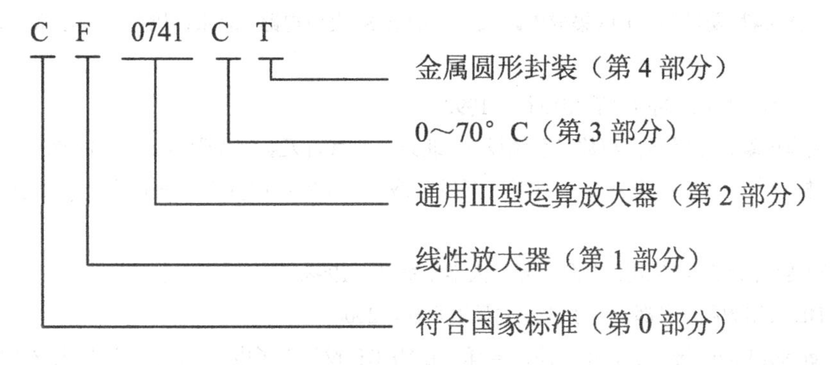

参 考 文 献

[1] [美]Michael D.Ciletti 著，张雅绮等译. Verilog HDL 高级数字设计. 北京：电子工业出版社，2005.

[2] 阎石. 数字电子技术基础（第 5 版）. 北京：高等教育出版社，2006.

[3] 《中国集成电路大全》编写委员会. 中国集成电路大全：TTL 集成电路. 北京：国防工业出版社，1985.

[4] 《中国集成电路大全》编写委员会. 中国集成电路大全：CMOS 集成电路. 北京：国防工业出版社，1985.

[5] 王毓银. 脉冲与数字电路. 北京：高等教育出版社，1992.

[6] 杨晖，张凤言. 大规模可编程逻辑器件与数字系统设计. 北京：北京航天航空大学出版社，1998.

[7] 赵曙光，郭万有，杨颂华. 可编程逻辑器件原理、开发与应用. 西安：西安电子科技大学出版社，2000.

[8] 陈光梦. 可编程逻辑器件的原理与应用. 上海：复旦大学出版社，1998.

[9] 潘松，王国栋. VHDL 实用教程. 成都：电子科技大学出版社，2000.

[10] Stefan Sjoholm，Lennart Lindh 著，边计年，薛宏熙译. 用 VHDL 设计电子电路. 北京：清华大学出版社，2000.

[11] 江国强. 新编数字逻辑电路（第 2 版）. 北京：邮电大学出版社，2013.

[12] 江国强. EDA 技术与应用（第 4 版）. 北京：电子工业出版社，2013